全国高职高专机械设计制造类工学结合"十三五"规划系列教材

丛书顾问　陈吉红

机械设计基础

（第二版）

主　编　姚　明　陈勇亮

赵　华　罗　辉

副主编　（排名不分先后）

文　颖　陶素连　江　涛

刘红芳　冯　琴　刘　松

参　编　陈　虎

主　审　刘小群

华中科技大学出版社

中国·武汉

内 容 简 介

本书采用项目教学模式编写，全书共分 4 个项目，项目一为机械设计基础概论，项目二为机构设计，项目三为连接，项目四为传动装置设计。每个项目下设若干任务，每个任务由若干知识点、案例、学生设计题、思考题、练习题等组成。其中案例与机械设计实际相贴近，而其中任务 3-2 键连接的选型设计、任务 3-3 单级减速器轴的设计、任务 3-4 轴承的选型设计、任务 3-5 联轴器的选型设计、任务 4-1 带传动装置中一级减速器齿轮设计的 5 个案例的数据相串联，可构成一个带传动一级减速器设计说明书的主体框架，使学生在初次进行机械零件设计时“有章可循”，可以减轻学生进行机械零件设计实训的心理压力。

全书内容包括机械设计基础概论、平面机构的运动简图和自由度、平面连杆机构、凸轮机构、螺纹连接、键连接、齿轮传动、蜗杆传动、齿轮系传动、带传动、轴、滚动轴承、滑动轴承、联轴器和离合器等内容。

本书可作为普通高职院校近机类或非机类各专业机械设计基础课程的教材，也可供其他有关专业的师生和工程技术人员参考。

图书在版编目(CIP)数据

机械设计基础/姚明等主编. —2 版. —武汉：华中科技大学出版社，2017.2 (2021.8重印)
全国高职高专机械设计制造类工学结合“十三五”规划系列教材
ISBN 978-7-5680-2616-1

Ⅰ.①机…　Ⅱ.①姚…　Ⅲ.①机械设计-高等职业教育-教材　Ⅳ.①TH122

中国版本图书馆 CIP 数据核字(2017)第 034093 号

机械设计基础(第二版)
Jixie Sheji Jichu(Di-er Ban)

姚　明等　主编

策划编辑：汪　富
责任编辑：姚　幸
封面设计：范翠璇
责任校对：张　琳
责任监印：朱　玢
出版发行：华中科技大学出版社(中国·武汉)　电话：(027)81321913
武汉市东湖新技术开发区华工科技园　邮编：430223
录　排：武汉正风天下文化发展有限公司
印　刷：武汉市洪林印务有限公司
开　本：710mm×1000mm　1/16
印　张：18.25
字　数：362 千字
版　次：2021 年 8 月第 2 版第 2 次印刷
定　价：39.80 元

全国高职高专机械设计制造类工学结合“十三五”规划系列教材

编委会

前　言

本书依据教育部高职高专机械设计课程教学基本要求，结合高职教育的课程改革及工学结合的人才培养模式，采用项目式教学与传统教学内容相结合的方式而编写。在课程结构、教学内容编排上进行了一定的探索和改革创新。

本书内容突出实用性，以培养高素质应用型一线工程技术人员为目标，以"必需、够学、够用"为度，精选教学内容，把握理论深度，删减不必要的公式推导，加强机械零件设计的实践训练，突出技能和能力的培养。

全书内容包括机械设计基础概论、平面机构的运动简图和自由度、平面连杆机构、凸轮机构、螺纹连接、键连接、齿轮传动、蜗杆传动、齿轮系传动、带传动、轴、滚动轴承、滑动轴承、联轴器和离合器等内容。

本书由江西工业工程职业技术学院姚明、陈勇亮，广东松山职业技术学院赵华，湖南永州职业技术学院罗辉任主编，由江西工业工程职业技术学院文颖、广东水利电力职业技术学院陶素连、南昌职业学院江涛、湖北职业技术学院刘红芳、湖北职业技术学院冯琴、广东松山职业技术学院刘松任副主编；参加本书编写的还有江西工业工程职业技术学院陈虎。具体分工如下：任务 1-1 由姚明编写，任务 1-2 由罗辉编写，项目二由赵华、刘松编写，任务 3-1、3-2、3-3 由陶素连编写，任务 3-4 由姚明编写，任务 3-5 由江涛编写，任务 4-1 由姚明编写，任务 4-2 由刘红芳编写，任务 4-3 由冯琴编写，任务 4-4 由陈虎编写，任务 4-5 由文颖编写，任务 4-6 由陈勇亮编写。全书由姚明统稿。

本书由江西工业工程职业技术学院刘小群副教授主审。

本书在编写过程中得到江西工业工程职业技术学院吴启仁教授的悉心指教，在此表示衷心感谢。

限于编者的水平和经验，编写时间仓促，书中难免有缺点甚至是错误之处，敬请广大读者批评指正。

编　者

2017 年 1 月

目　　录

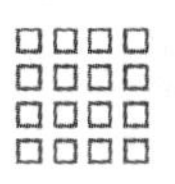

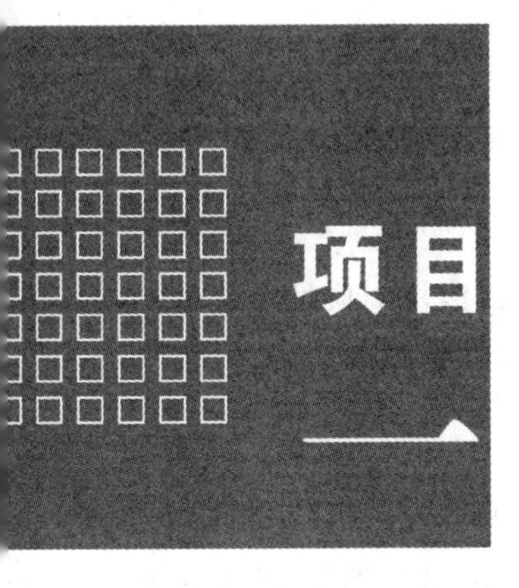

项目一 机械设计基础概论

任务1-1 本课程的性质和研究对象、主要内容与任务

知识点1

本课程的性质和研究对象

1. 本课程的性质

机械设计基础课程是机械类、机电类及近机械类专业必修的主干技术基础课程。该课程将机械原理与机械设计两门课程进行整合，机械零件(通用件)的设计和计算是本课程的基本内容。学习本课程的最终目标是使学生具备综合运用机械零件、机构的相关知识及其他课程的知识设计机械传动装置和一般机械的能力，成为掌握机械设计基本知识和基础理论，具备机械设备的维护、改进和设计能力的高素质和高级应用型人才，为专业知识和职业技能的进一步提高打下必要的基础。

2. 本课程的研究对象

机械设计基础的研究对象是机械，本课程主要介绍常用机构和通用机械零部件的工作原理、结构特点、动力性能、基本设计理论及设计方法。具体研究对象如下。

(1) 常用机构　各种机器中的常见机构，如平面连杆机构、凸轮机构等。

(2) 机械传动　各种机器中的常见机械传动，如齿轮传动、带传动、链传动等。

(3) 通用机械零部件　各种机器中普遍使用的零部件，如轴、轴承、联轴器等。

知识点 2

本课程的内容与任务

1. 本课程的内容

本课程采用项目教学法教学，将教学内容分为四个项目，每个项目又划分为若干个任务，每个任务完成一个零件的设计，以完成一级减速器为最终目标，同时兼顾一般机构设计。课程的具体内容如下。

（1）机械设计基础概论。

（2）机构设计　机构运动简图和自由度计算，平面连杆机构、凸轮机构等。

（3）零部件设计　各种连接零件（如螺纹连接件、键、销、联轴器等）的设计方法和标准选择，轴系零件（如轴、轴承等）的设计计算及结构类型选择。

（4）传动装置设计　齿轮传动、带传动、链传动等的设计计算和参数选择。

2. 本课程的任务

本课程的主要任务是通过本课程的教学，应使学生达到下列基本要求。

（1）熟悉常用机构和通用机械零件的结构、工作原理、特点和应用。

（2）具有与本课程有关的解题、计算、绘图、执行国家标准和较熟练使用有关技术资料的能力，并能掌握简单机械传动部件和简单机械的设计流程。

（3）基本具有使用、维护机械传动装置的能力，初步具有分析和处理机械一般问题的能力。

（4）具备运用标准、规范、手册等设计资料，及查阅相关技术资料的能力。

任务 1-2　机械零件设计概述

知识点 1

机械零件概述

1. 机器的组成

机器的种类繁多。生产中常见的机器有汽车、电动机、机床等，生活中常用的机器有洗衣机、缝纫机、电风扇、摩托车等。它们的构造、性能和用途各不相同，但从机器的组成分析，又有其共同点。

图 1-1 所示为牛头刨床的传动系统，电动机经带传动和齿轮传动装置来实现减速，又通过摆动导杆机构将齿轮的转动转换为滑枕的往复直线移动，从而进行刨削。

图 1-2 所示为单缸四冲程内燃机，由气缸体 1、活塞 2、连杆 3、曲轴 4、齿轮 5 和 6、凸轮 7、顶杆 8 等组成，凸轮和顶杆是用来启闭进气阀和排气阀的。燃气推动活塞移动，经连杆使曲轴作连续转动，从而将燃气的热能转换为曲轴转动的机械能。

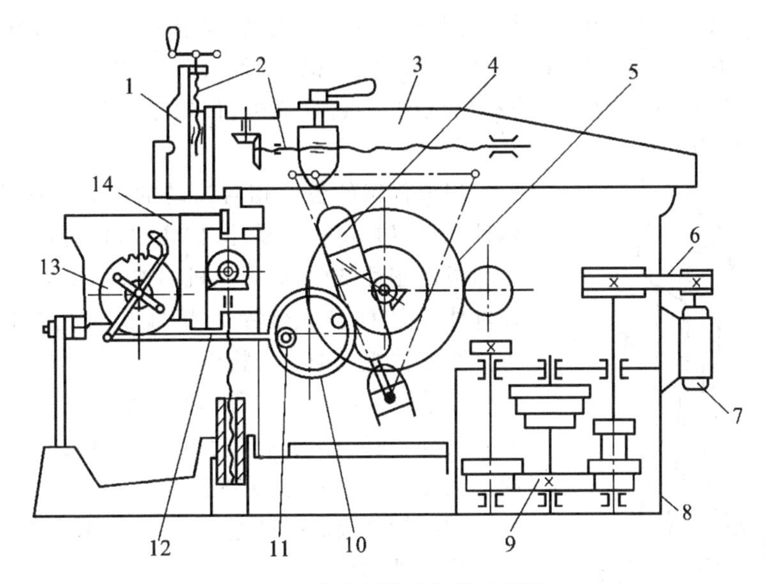

图 1-1　牛头刨床的传动系统图

1—刀架；2—螺旋机构；3—滑枕；4—导杆机构；5—齿轮机构；6—带传动；7—电动机；8—床身；9—齿轮变速机构；10—圆盘；11—销子；12—曲柄连杆机构；13—棘轮机构；14—工作台

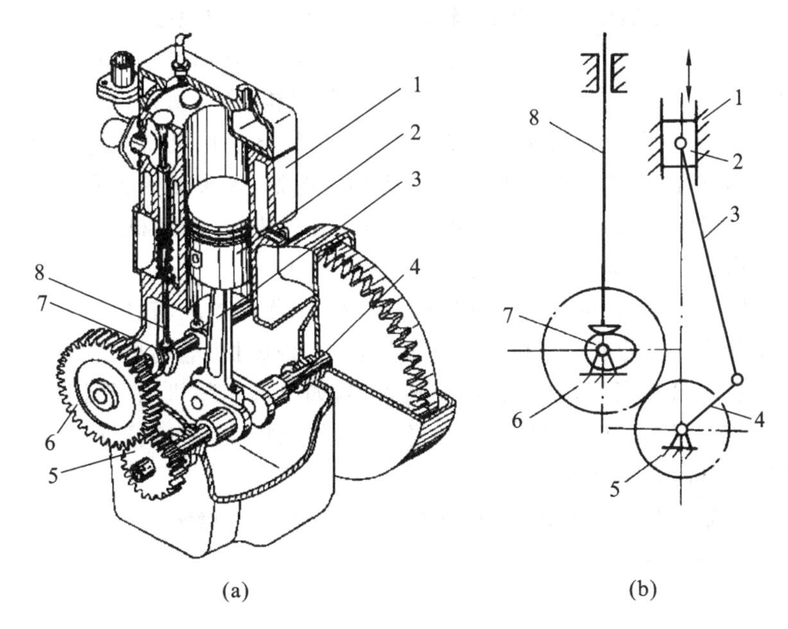

图 1-2　单缸四冲程内燃机

(a)结构图；(b)运动简图

1—气缸体；2—活塞；3—连杆；4—曲轴；5、6—齿轮；7—凸轮；8—顶杆

从上述两例分析可知:既能实现确定的机械运动,又能做有用的机械功或完成能量、物料与信息转换和传递的装置,称为机器;若只能用来传递力或以改变运动形式的机械传动装置,则称为机构,如连杆机构、齿轮机构等。通常将机器和机构统称为机械。

组成机器的各个相对运动的单元体称为构件。构件既可以是单一的零件,如曲轴,也可以是几个零件组成的刚性结构,如内燃机的连杆(见图1-3)是由连杆体1、连杆盖4、螺栓2、螺母3、轴瓦5和轴套6等多个零件组成的一个构件。

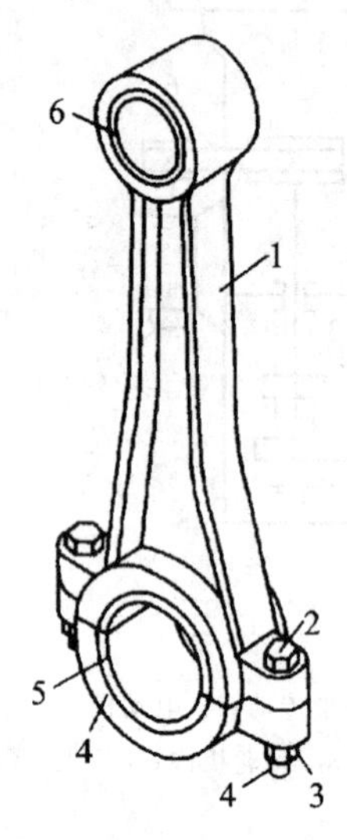

图1-3　内燃机连杆

1—连杆体;2—螺栓;3—螺母;4—连杆盖;5—轴瓦;6—轴套

显然,构件是运动的单元,而零件是制造的单元。另外,通常把为协同完成某一功能而装配在一起的若干个零件的装配体称为部件,它是装配的单元。如联轴器、轴承、减速器等。“机械零件”也常用来泛指零件和部件。

各种机器中普遍使用的零件称为通用零件,如螺钉、齿轮、轴等;只在某些特定类型的机器中才使用的零件,称为专用零件,如发动机中的曲轴和活塞、汽轮机的叶片、纺织机的织梭等。

机器中常用的机构有:带传动机构、链传动机构、齿轮机构、连杆机构、凸轮机构、螺旋机构和间歇机构等。另外,还有组合机构。一部机器,特别是自动化机器,要实现较为复杂的工艺动作过程,往往需要多种类型的机构。例如,牛头刨床含有带传动机构、齿轮机构、连杆机构、间歇机构和螺旋机构等五种机构;内燃机的传动部分由曲柄滑块机构、齿轮机构和凸轮机构组成(见图1-2)。

按照用途的不同,可把机器分为动力机器、工作机器和信息机器。动力机器用来实现其他形式的能量与机械能间的转换,如内燃机、电动机、发电机等;工作机器用来做机械功或搬动物品,即交换物料,如金属切削机床、轧钢机、织布机、收割机、汽车、机车、飞机、起重机、输送机等;信息机器用来获取或变换信息,如照相机、打字机、复印机等。

现代机器一般由动力装置,传动装置,执行装置和操纵、控制装置四个部分组成。此外,还有必要的辅助装置。

1) 动力装置

动力装置是机器的动力来源,有电动机、内燃机、燃气轮机、液压马达、气动马达等。现代机器大多采用电动机,而内燃机主要用于运输机械、工程机械和农业机械。

2) 传动装置

传动装置将动力装置的运动和动力变换成执行装置所需的运动形式、运动

和动力参数，并传递到执行部分。机器中的传动有机械传动、液压传动、气压传动和电力传动。机械传动应用最多。

3）执行装置

执行装置是直接完成机器预定功能的工作部分，如车床的卡盘和刀架、汽车的车轮、船舶的螺旋桨、带式输送机的输送带等。

4）操纵、控制及辅助装置

操纵、控制装置用以控制机器的启动，停车，正、反转，运动和动力参数改变及各执行装置间的动作协调等。自动化机器的控制系统能使机器进行自动检测、自动数据处理和显示、自动控制和调节、故障诊断和自动保护等。辅助装置则有照明、润滑和冷却装置等。

动力装置、传动装置和执行装置这三种装置为机器的基本组成部分。

在如图1-1所示的牛头刨床传动系统中，刀架和工作台为执行装置；带传动、齿轮传动、导杆机构、连杆机构和棘轮机构组成传动系统；电动机的运动和动力经变换和传递，使滑枕和刀架作往复直线移动，进行刨削；使工作台横向移动，完成进给。刀架、工作台的速度和位置是靠操纵机构来控制的。

对于汽车，发动机（汽油机或柴油机）为动力装置；离合器、变速箱、传动和差速器等组成传动装置；车轮、车身、悬挂系统和底盘为执行装置；方向盘和系统、排挡杆、刹车及其踏板、离合器踏板、油门等组成操纵装置；刮雨器、车门开启机构、后视镜等为辅助装置。

2. 机器的特征

（1）机器是由众多实物组成的。

（2）机器的各实物之间具有确定的相对运动。

（3）机器可用来代替和减轻人类的体力劳动，能做有用的机械功或实现能量的转化。

3. 机构的特征

（1）机构是由众多实物组成。

（2）机构的各实物之间具有确定的相对运动。

知识点 2

机械设计的基本要求与内容

1. 机械设计的基本要求

设计机器的任务是由生产或生活需求提出的，一般会有以下要求。

（1）使用功能要求　机器应具有预定的使用功能，因此要正确选择机器的工作原理，合理设计或选用能实现功能要求的执行机构、传动机构、原动机，并配置必要的辅助系统。

（2）寿命及可靠性要求　要求机器能可靠工作并具有一定的使用寿命。机器功能越多，则结构越复杂，发生故障的概率就会增加，机器的可靠性会有所降低。因此设计时要考虑功能多样性与可靠性的关系，妥善处理这两者间的矛盾。

（3）经济性要求　机器的经济性体现在设计、制造和使用的全过程中，设计时就要综合考虑机器的制造成本低、生产效率高、低能耗、低耗材，以及使用时较低的管理、维护费用等指标。

（4）劳动和环境保护要求　设计、制造机器时，应符合劳动保护法规的要求。机器的操作使用简便，有利于减轻操作人员的劳动强度。同时操作系统要有各种保险装置以消除误操作而引起的危险，避免发生人身及设备事故。对生产中有噪声的机器要尽可能降低噪声，有污染物排放的机器要想办法减轻对环境的污染破坏。

（5）其他要求　设计机器时，还应满足一些特殊要求，如机床有长期保持精度的要求；食品机械必须保证食品清洁，不能污染食品；等等。

2. 机械设计的基本内容

一部机器诞生，要经历从感到有某种需求、萌生设计念头、明确设计要求开始，经过产品规划、方案设计、总体设计、结构设计、试制及鉴定到产品定型等多个环节。

（1）产品规划　产品规划的工作是提出设计任务，明确设计要求，确定设计对象的预期功能，有关指标及限制条件。

（2）方案设计　拟定粗线条的总体布置，构思多种可行方案，并进行分析比较，从中选取最佳方案。

（3）总体设计　进行分析计算和经济评价，最后绘制总体设计图。

（4）结构设计　完成机器的总装配图、零件工作图及技术文件。

（5）试制及鉴定　通过样机试制，从技术、经济两方面作出评价。

（6）产品定型　确定能提供某种功能、能满足某种需求的产品的生产形式。

3. 机械零件的设计步骤

机械零件设计是机器设计中的重要环节。设计机械零件的步骤如下。

（1）拟定零件的计算简图。

（2）确定作用在零件上的载荷。

（3）选择合适的材料。

（4）根据零件可能出现的失效形式，选用相应的判定条件，确定零件的形状和主要尺寸。应当注意，零件尺寸的计算值一般并不是最终采用的数值，还要根据制造零件的工艺要求和标准、规格加以圆整。

（5）绘制工作图并标注必要的技术条件。

（6）强度校核计算。

（7）编写设计计算说明书。

知识点 3

零件的失效形式及设计准则

1. 机械零件的失效形式

机械零件由于某种原因不能正常工作时，称为失效。在不发生失效的条件下，零件所能安全工作的限度，称为工作能力。通常此限度针对载荷而言，所以又称承载能力。

机械零件的失效形式主要有以下几种。

(1) 整体断裂　零件在受外载荷作用时，某一危险截面上的应力超过零件的强度极限而发生的断裂，或者零件在受变应力作用时，危险截面上发生的疲劳断裂。如螺栓的断裂。

(2) 过大的残余变形　当作用于零件上的应力超过了材料的屈服极限，零件将产生残余变形。如机床上夹持定位零件的过大的残余变形会降低加工精度。

(3) 零件的表面破坏　零件的表面破坏主要是腐蚀、磨损和接触疲劳。腐蚀是指在金属表面发生的电化学或化学侵蚀，使零件表面受到破坏的现象。磨损是指两个接触表面在做相对运动的过程中表面物质损失的现象。接触疲劳是指受到接触变应力长期作用的表面产生裂纹或微粒剥落的现象。

(4) 破坏正常工作条件引起的失效　有些零件只有在一定的工作条件下才能正常工作。如带传动，只有在传递的有效圆周力小于临界摩擦力时才能正常工作而不打滑。

2. 机械零件的设计准则

机械零件虽然有多种可能的失效形式，但归纳起来最主要的为强度、刚度、耐磨性、稳定性和温度影响等方面的问题。对于各种不同的失效形式，有各种相应的工作能力判定条件。这种为防止失效而制定的判定条件，通常称为工作能力计算准则。

(1) 强度准则　在理想的平稳工作条件下作用在零件上的载荷称为名义载荷。然而在机器运转时，零件还会受到各种附加载荷，通常用引入载荷系数 K（有时只考虑工作情况的影响，则用工作情况系数 K_A）的办法来估计这些因素的影响。载荷系数与名义载荷的乘积，称为计算载荷。按照名义载荷用力学公式求得的应力，称为名义应力；按照计算载荷求得的应力，称为计算应力。

当机械零件按强度条件判定时，是指零件中的应力不得超过允许的限度。强度准则的代表性表达式为

$$\sigma \leqslant \sigma_{\lim} \tag{1-1}$$

考虑到各种偶然性或难以精确分析的影响，式(1-1)右边除以安全系数 S，得许用应力

$$[\sigma]=\frac{\sigma_{\lim}}{S}$$

本书中常用的方式是比较危险截面处的计算应力(σ、τ)是否小于零件材料的许用应力($[\sigma]$、$[\tau]$)，即

$$\left.\begin{array}{l}\sigma\leqslant[\sigma]\\ \tau\leqslant[\tau]\end{array}\right\} \tag{1-2}$$

式中：$[\tau]=\frac{\tau_{\lim}}{S}$；

$\sigma_{\lim}$、$\tau_{\lim}$——极限正应力、极限切应力；

S——安全系数。

材料的极限应力一般都是在简单应力状态下用实验方法测出的。对于在简单应力状态下工作的零件，可直接按式(1-2)进行计算；对于在复杂应力状态下的零件，则应根据材料力学中所述的强度理论确定其强度条件。

许用应力取决于应力的种类、零件材料的极限应力和安全系数等，为了简便，在以下的论述中只提正应力 σ，若研究切应力 τ 时，将 σ 更换为 τ 即可。

(2) 刚度准则　零件在工作时所产生的弹性变形不得超过允许的限度。其表达式为

$$y\leqslant[y] \tag{1-3}$$

式中：y——零件在载荷作用下产生的弹性变形量；

$[y]$——机器工作时允许的极限变形量。

(3) 寿命准则　影响寿命的主要因素有腐蚀、磨损和疲劳，它们有各自的发展规律，目前尚无可靠的设计方法。对于疲劳寿命，通常是求出使用寿命时的疲劳极限或载荷来作为计算的依据。

(4) 可靠性准则　可靠性用可靠度表示，对大量生产而又无法逐件试验或检测的产品，应计算其可靠度。零件的可靠度用零件在规定的使用条件下，在规定的时间内能正常工作的概率来表示，即用规定的寿命时间内能连续工作的件数占总件数的百分比表示。例如有 N_0 个零件，在预期寿命内只有 N 个零件能连续正常工作，则其系统的可靠度为

$$R=\frac{N}{N_0} \tag{1-4}$$

知识点 4

应力的种类

1. 应力的种类

按照随时间变化的情况，应力可分为静应力和变应力。

不随时间变化的应力，称为静应力（见图 1-4(a)），纯粹的静应力是没有的，但如果变化缓慢，就可看做是静应力。例如，锅炉的内压力所引起的应力，拧紧螺母所引起的应力等。

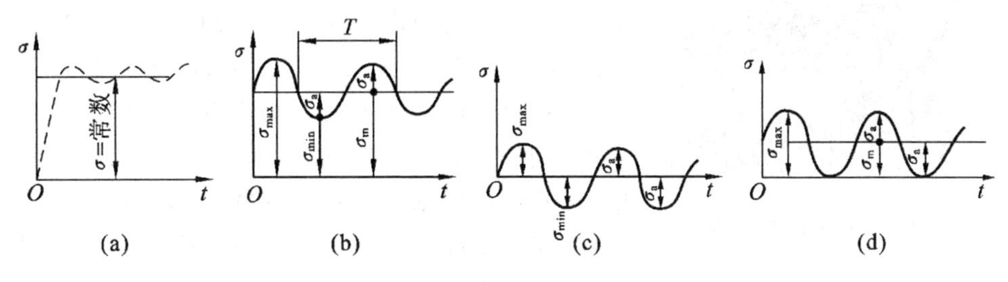

图 1-4　应力的种类

随时间变化的应力，称为变应力。具有周期性的变应力称为循环变应力，图 1-4(b)所示为一般的非对称循环变应力，图中 T 为应力循环周期。从图 1-4(b)可知

$$
\left.\begin{aligned}
&\text{平均应力} \qquad \sigma_m=\frac{\sigma_{max}+\sigma_{min}}{2}\\
&\text{应力幅} \qquad \sigma_a=\frac{\sigma_{max}-\sigma_{min}}{2}
\end{aligned}\right\} \tag{1-5}
$$

应力循环中的最小应力与最大应力之比，可用来表示变应力中的应力变化的情况，通常称为变应力的循环特性，用 r 表示，即 $r=\frac{\sigma_{min}}{\sigma_{max}}$。

当 $\sigma_{max}=-\sigma_{min}$ 时，循环特性 $r=-1$，称为对称循环变应力（见图 1-4(c)），其 $\sigma_a=\sigma_{max}=-\sigma_{min}$，$\sigma_m=0$。当 $\sigma_{max}\neq0$、$\sigma_{min}=0$ 时，循环特性 $r=0$，称为脉动循环变应力（见图 1-4(d)），其 $\sigma_a=\sigma_{max}=\sigma_{max}/2$。静应力可看做变应力的特例，其 $\sigma_{max}=\sigma_{min}$，循环特性 $r=+1$。

2. 静应力下的许用应力

静应力下，零件材料有两种损坏形式：断裂或塑性变形。对于塑性材料，可按不发生塑性变形的条件进行计算。这时应取材料的屈服强度 σ_s 作为极限应力，故许用应力为

$$[\sigma]=\frac{\sigma_s}{S} \tag{1-6}$$

对于用脆性材料制成的零件，应取强度极限 σ_b 作为极限应力，其许用应力为

$$[\sigma]=\frac{\sigma_b}{S} \tag{1-7}$$

对于组织均匀的脆性材料，如淬火后低温回火的高强度钢，还应考虑应力集中的影响。灰铸铁虽属脆性材料，但由于本身有夹渣、气孔及石墨存在，其内部组织的不均匀性已远大于外部应力集中的影响，故计算时不考虑应力集中。

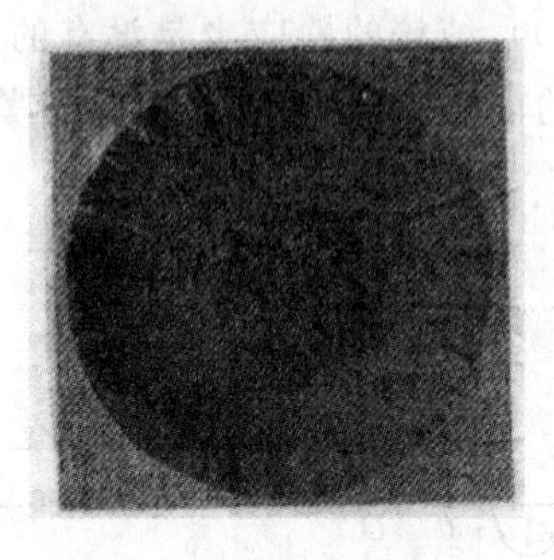

图 1-5　疲劳断裂的断口

3. 变应力下的许用应力

（1）变应力疲劳断裂的特征　变应力下，零件的损坏形式是疲劳断裂。疲劳断裂具有以下特征：①疲劳断裂的最大应力远比静应力下材料的强度极限低，甚至比屈服强度低；②不管脆性材料或塑性材料，其疲劳断口均表现为无明显塑性变形的脆性突然断裂；③疲劳断裂是损伤的积累，它的初期现象是在零件的截面积不足以承受外载荷时，零件就突然断裂。在零件的断口上可以清晰地看到这种情况。图 1-5 所示为轴的弯曲疲劳断裂的断口，微裂纹常起始于应力最大的断口周边上。在断口上明显地有两个区域：一个是在变应力重复作用下裂纹两边相互摩擦形成的表面光滑区；一个是最终发生脆性断裂的粗粒状区。

（2）疲劳曲线　由材料力学可知，表示应力 σ 与应力循环次数 N 之间的关系曲线称为疲劳曲线。如图 1-6 所示，横坐标为循环次数 N，纵坐标为断裂时的循环应力 σ，从图中可以看出，应力越小，试件能经受的循环次数就越多。

从大多数钢铁金属材料的疲劳试验可知，当循环次数 N 超过某一数值 N_0 以后，曲线趋向水平，即可以认为在“无限次”循环时试件将不会断裂（见图 1-6）。N_0 称为循环基数，对应于 N_0 的应力称为材料的疲劳极限。通常用 σ_{-1} 表示材料在对称循环变应力下的弯曲疲劳极限。

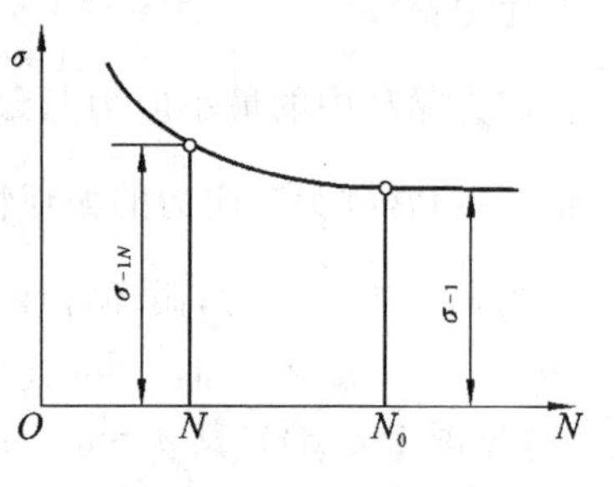

图 1-6　疲劳曲线

疲劳曲线的左半部 $N(N_0)$，可近似地用下列方程式表示为

$$\sigma_{-1N}^{m}N=\sigma_{-1}^{m}N_0=C \tag{1-8}$$

式中：σ_{-1N}——对应于循环次数 N 的疲劳极限；

C——常数；

m——随应力状态而不同的幂指数，如弯曲时 $m=9$。

从式(1-8)可求得对应于循环次数 N 的弯曲疲劳极限

$$\sigma_{-1N}=\sigma_{-1}\sqrt[m]{\frac{N_0}{N}} \tag{1-9}$$

（3）许用应力　变应力下，应取材料的疲劳极限作为极限应力。同时还应考虑零件的切口和沟槽等截面突变、绝对尺寸和表面状态等影响，为此引入有效应力集中系数 k_σ、尺寸系数 ε_σ 和表面状态系数 β 等。当应力是对称变化时，许用应力为

$$[\sigma_{-1}]=\frac{\varepsilon_{\sigma}\beta\sigma_{-1}}{k_{\sigma}S} \tag{1-10}$$

当应力是脉动循环变化时，许用应力为

$$[\sigma_{0}]=\frac{\varepsilon_{\sigma}\beta\sigma_{0}}{k_{\sigma}S} \tag{1-11}$$

式中：S——安全系数；

σ_0——材料的脉动循环疲劳极限；

k_{σ}、ε_{σ} 及 β 的数值可在材料力学或有关设计手册中查得。

以上所述为无限寿命下零件的许用应力。若零件在整个使用期限内，其循环总次数 N 小于循环基数 N_0 时，可根据式(1-9)求得对应于 N 的疲劳极限 σ_{-1N}。代入式(1-10)后，可得有限寿命下零件的许用应力。由于 σ_{-1N} 大于 σ_{-1}，故采用 σ_{-1N} 可得到较大的许用应力，从而减小零件的体积和质量。

(4) 安全系数　安全系数定得正确与否对零件尺寸有很大影响。如果安全系数定得过大，将使结构笨重；如定得过小，又可能不够安全。在机械制造的不同部门，通过长期生产实践，都制定有适合本部门的安全系数(或许用应力)的表格。这类表格具有简单、具体及可靠等优点。本书中主要采用查表法选取安全系数(或许用应力)。

当没有专门的表格时，可参考下述原则选择安全系数。

① 静应力下，塑性材料以屈服极限为极限应力。由于塑性材料可以缓和过大的局部应力，故可取安全系数 $S=1.2\sim1.5$；对于塑性较差的材料(如$\frac{\sigma_s}{\sigma_b}>0.6$)或铸钢件，可取 $S=1.5\sim2.5$。

② 静应力下，脆性材料以强度极限为极限应力，这时应取较大的安全系数。例如，对于高强度钢或铸铁件，可取 $S=3\sim4$。

③ 变应力下，以疲劳极限作为极限应力，可取 $S=1.3\sim1.7$；若材料不够均匀、计算不够精确时，可取 $S=1.7\sim2.5$。

安全系数也可用部分系数法来确定，即用几个系数的连乘来表示总的安全系数，有

$$S=S_1S_2S_3$$

式中：S_1——考虑载荷及应力计算的准确性；

S_2——考虑材料的力学性能的均匀性；

S_3——考虑零件的重要性。关于各项系数的具体数值可参阅有关手册。

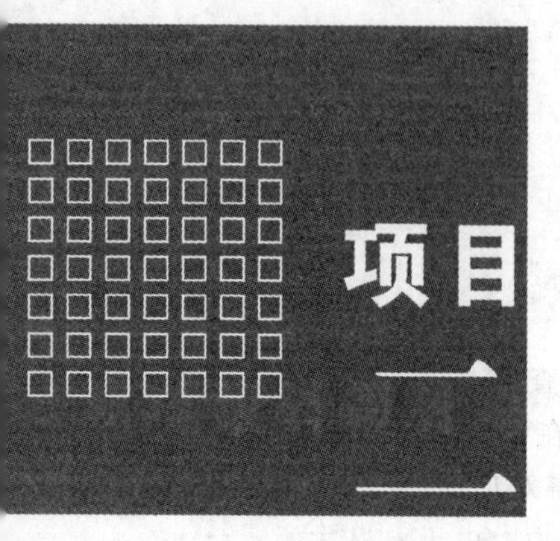

项目二 机构设计

任务 2-1 绘制雨伞支撑机构运动简图

【任务分析】

本任务的对象是机构，所以首先要知道机构是怎样组成的。为了对机构进行分析，既要掌握运动副的分类及表达，还要掌握如何用简单的图形把机构的结构状况表示出来，即画出其机构运动简图。

知识点 1

机构运动简图

1. 运动副

1) 运动副的概念

机器是由许多零件组成的，这些零件有的是作为一个独立的运动单元体而运动的，有的则由于结构和工艺的需要而与其他零件刚性地连接在一起共同组成一个独立的运动单元体，机器中每一个独立的运动单元体称为一个构件。当构件组成机构时，各构件间需要按一定的方式连接起来，并使被连接的构件仍能产生需要的相对运动。通常把两构件直接接触并能产生一定的相对运动的连接方式称为运动副。图 2-1 所示为常见的运动副。

2) 运动副的分类

两个构件组成的运动副，通常有三种接触形式：点接触、线接触和面接触。按照接触的特性，通常把平面运动副分为低副和高副两大类。两构件通过面接触组成的运动副称为低副。根据它们的相对运动是移动还是转动，又可分为移动副和转动副。组成运动副的两个构件只能在一个平面内作相对转动，这种运动副称为转动副，或称铰链，如图 2-1(a)所示，其左图中因一个构件固

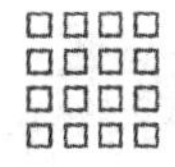

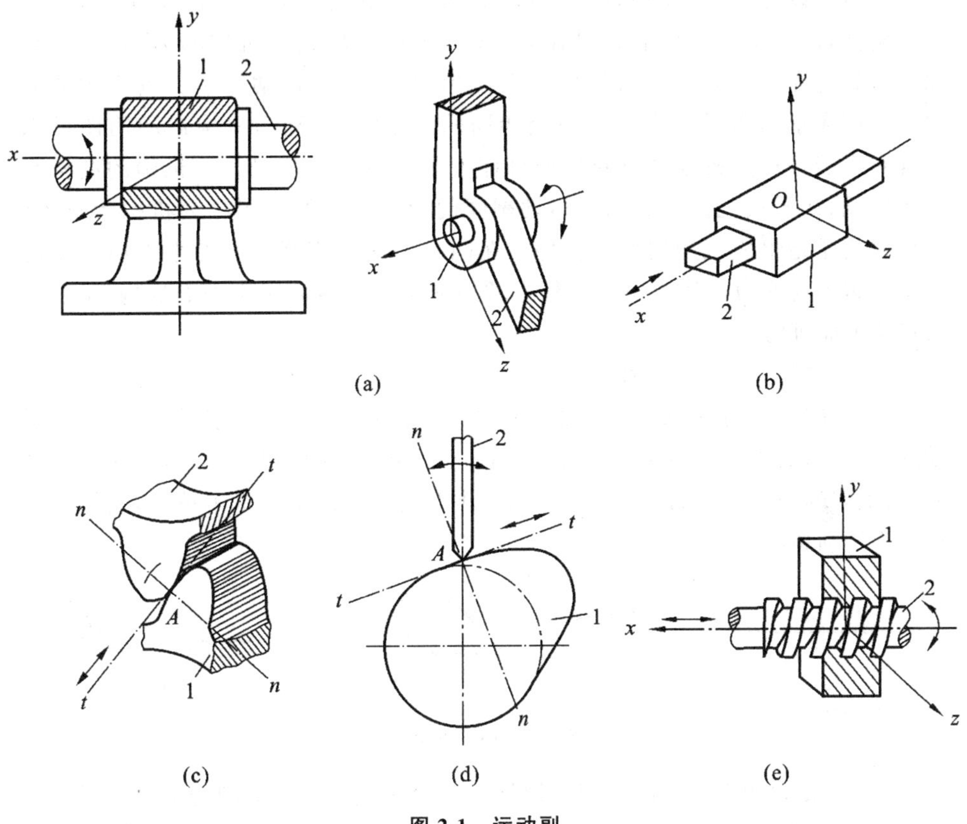

图 2-1 运动副

1—构件 1;2—构件 2

定,称为固定铰链;有的两个构件均可以活动,称为活动铰链,如图 2-1(a)右图所示构件。组成运动副的两个构件只能沿某一轴线相对移动,这种运动副称为移动副。如图 2-1(b)所示,这时,组成移动副的两个构件可能都是运动的,也可能有一个是固定的,但两构件只能做相对移动。两构件以点、线的形式相接触而组成的运动副称为高副。如图 2-1(c)、(d)所示的齿轮副、凸轮副均属于高副。它们在接触点 A 处是以点或线相接触,它们的相对运动是绕接触点 A 的转动和沿公切线 t—t 方向的移动。由于构件间以点、线接触时的接触面积相对较小,故接触处的压力较大。

2. 平面机构运动简图

1) 平面运动简图

构件通过运动副的连接而构成的相对可动的系统称为运动链。在运动链中,将其中某一构件加以固定而构成机架(其作用是支承运动构件),则该运动链便成为机构。机构中按给定的已知运动规律独立运动的构件称为主动件,而其余活动构件称为从动件。实际构件的结构往往很复杂,研究机构时,为了

便于分析和设计，不考虑构件的外形、截面尺寸和运动副的实际结构，用线条代表构件，用简单符号代表运动副，并按一定比例尺表示机构的运动尺寸，与原机械具有完全相同运动特性的简明图形，称为机构运动简图。机构运动简图与它所表示的实际机构具有完全相同的运动特性，利用机构运动简图可以对现有机械进行分析或进行新机械总体方案的设计。若只表示机构的结构和运动情况，而不按比例绘制出各运动副间的相对位置的简图称为机构示意图。平面机构是指组成机构的所有构件均在同一平面或相互平行的平面内运动的机构。否则就称为空间机构。工程中常用的机构大多数属于平面机构，本任务只讨论平面机构。

2）机构运动简图的符号

（1）构件的表示方法　对于轴、杆、连杆，通常用一根直线表示，两端画出运动副的符号，如图 2-2(a)所示；若构件固连在一起，则涂以焊缝记号，如图 2-2(b)所示；机架的表示方法如图 2-2(c)所示，其中左图为机架的基本符号，右图表示机架为转动副的一部分。

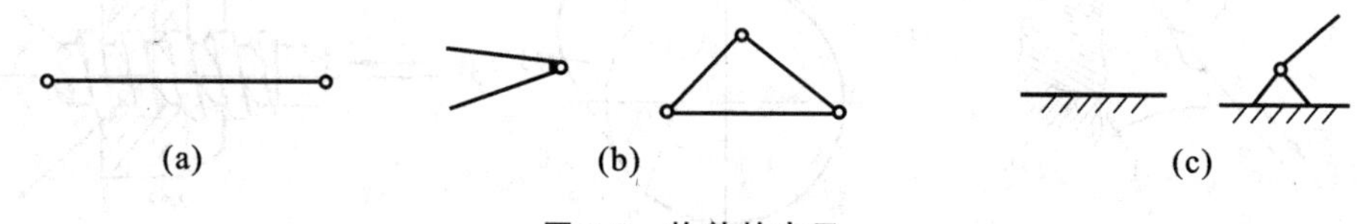

图 2-2　构件的表示

（2）运动副的表示方法　两个构件组成的转动副和移动副的表示方法分别如图 2-3(a)、(b)所示。如果两构件之一为机架，则在固定构件上画上斜线。

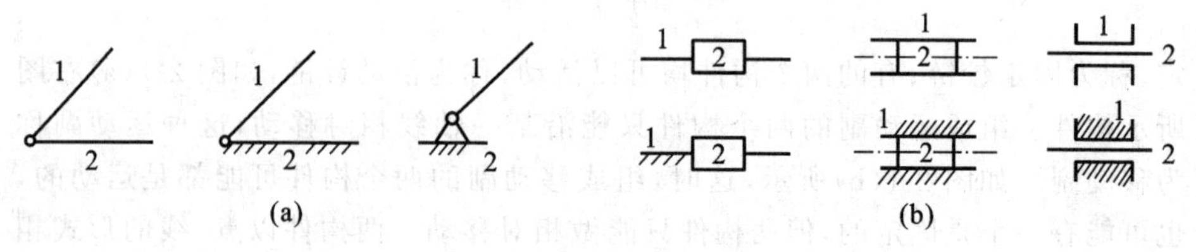

图 2-3　低副的表示方法

常用机构运动简图符号见表 2-1。

表 2-1　常用机构运动简图符号

名　　称	简图符号	名　　称	简图符号
杆 轴		链传动	

续表

名　　称		简图符号	名　　称	简图符号
机架	基本符号		外啮合齿轮圆柱齿轮机构	
	机架是转动副的一部分			
	机架是移动副的一部分		内啮合齿轮圆柱齿轮机构	
弹性联轴节 万向联轴节			齿轮齿条传动	
啮合式联轴器 摩擦式联轴器			蜗杆蜗轮传动	
螺旋副			锥齿轮机构	
在支架上的电动机			凸轮机构	
带传动			棘轮机构	

3）平面机构运动简图的绘制

在绘制机构运动简图时，首先应弄清楚机构的实际结构和运动传递情况。找出机构的主动件、从动件和机架，然后沿着传动路线弄清楚各构件的数目和各运动副的类型和数目。最后选择适当的视图平面，以一定的比例和规定的符号绘制图形。绘制平面机构运动简图步骤如下。

(1) 分析机构的结构和运动情况　观察机构的运动情况，找出主动件、从动件和机架。从主动件开始，沿着传动路线分析各构件的相对运动情况，确定运动关系。

(2) 确定构件、运动副的类型和数目　根据相连两构件间的相对运动性质和接触情况，确定机构中构件的数目和运动副的类型及数目。

(3) 选择视图平面　为了能够清楚表明各构件间的运动关系，对于平面机构，通常选择平行于构件运动的平面作为视图平面。

(4) 选定适当的比例尺 μ_l，绘制机构运动简图　根据机构实际尺寸和图纸幅面确定适当的长度比例尺 μ_l，按照各运动副间的距离和相对位置，并以规定的符号和线条将各运动副连起来，即为所要画的机构运动简图。图中各运动副顺次标以大写英文字母，各构件标以阿拉伯数字，并将主动件的运动方向用箭头标明。

绘制机构运动简图的比例尺为

$$\mu_l=\frac{\text{运动尺寸的实际长度(mm)}}{\text{图上所画的长度(mm)}}$$

【案例】 机构运动简图的绘制

案例 2-1　绘制图 2-4(a)所示的偏心轮滑块机构的运动简图。

解　(1) 分析机构结构，找出“三大件”(即主动件、从动件及机架)。该机构由偏心轮 1、连杆 2、摇杆 3、连杆 4、滑块 5 及机架 6，共六个构件组成。机架 6 为固定件，偏心轮 1 为主动件，其余构件为从动件。

(2) 分析各构件之间相对运动，确定运动副的类型和数目。偏心轮 1 与机架 6、连杆 2 与偏心轮 1、摇杆 3 与连杆 2、摇杆 3 与机架 6、连杆 4 与摇杆 3、滑块 5 与连杆 4 之间的相对运动都是转动，组成 6 个转动副。滑块 5 与机架 6 组成移动副。

(3) 合理选择视图。为了能够清楚表明各构件间的运动关系，对于平面机构，通常选择平行于构件运动的平面作为视图平面。图 2-4(a)已能清楚地表示各构件间的运动关系，故就选此平面作为视图平面。

(4) 选定适当比例尺。根据运动尺寸及图纸大小选定比例尺 μ_l 取为

$$\mu_l=\frac{\text{实际尺寸(mm)}}{\text{图上长度(mm)}}$$

(5) 绘制机构运动简图。首先由从动件开始，定出机架上固定铰链点 O_1。再根据实际相对位置尺寸，按长度比例尺 μ_l 定出固定铰链点 O_3 和固定导槽方位线 $x—x$。选定主动件 O_1A 的某一位置，接着以 A、O_3 点为圆心，以连杆 2 和摇杆 3 为半径画弧交于 B 点，得回转中心 B。再以 B 点为圆心，连杆 4 的长为半径

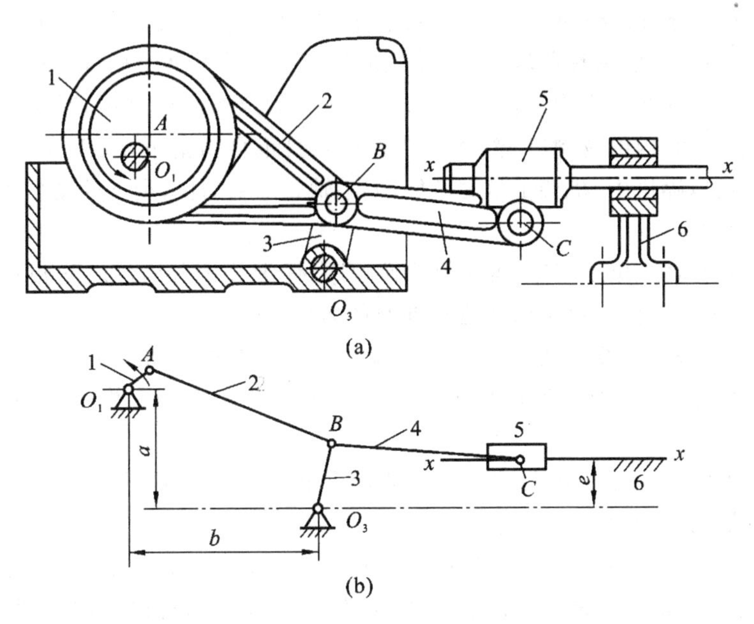

图 2-4 偏心轮滑块机构

(a)偏心轮滑块机构;(b)运动简图

画弧,与直线 $x—x$ 相交于 C 点,得回转中心 C。最后,用构件和运动副的规定符号相连,就绘制出该机构运动简图。注意固定件要加画斜线,主动件应标注指示运动方向的箭头,如图 2-4(b)所示。

案例 2-2 绘制图 2-5(a)所示颚式破碎机的机构运动简图。

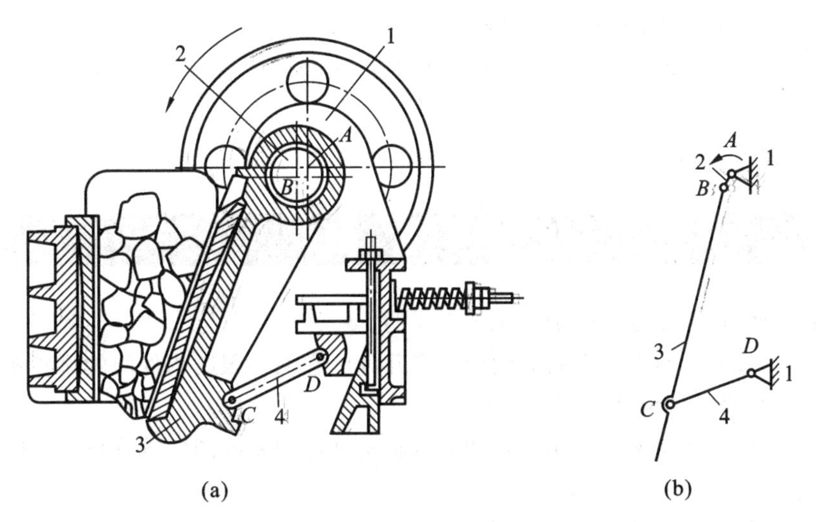

图 2-5 颚式破碎机

(a)颚式破碎机;(b)运动简图

解 (1) 分析机构的运动,认清固定件、主动件与从动件。颚式破碎机的主体机构是由偏心轴(又称曲轴)2、动颚3、肘板4、机架1共四个构件通过回转副连接组成的。当动颚3作周期性复杂运动时,它与固定颚时而靠近,时而离开。靠近时将工作空间内的物料轧碎,离开时物料靠自重自由落下,从而将矿石轧碎。在图示颚式破碎机中,机架1是固定件,偏心轴2是主动件,剩下的动颚3与肘板4都是从动件。

(2) 由主动件开始,按照运动的传递顺序,仔细分析各构件之间相对运动的性质,从而确定构件的数目以及运动副的种类和数目。

颚式破碎机中,偏心轴2与机架1、偏心轴2与动颚3、动颚3与肘板4、肘板4与机架1之间的相对运动都是转动。因此,机构中共有四个构件,组成四个回转副。

(3) 选定适当的比例尺,定出各运动副的相对位置。用构件和运动副的规定符号绘制机构运动简图。

图2-5(b)所示为颚式破碎机的机构运动简图,其绘制过程如下:先画出偏心轴2与机架1组成的回转副中心A;再按D与A的相对位置,画出肘板4与机架1组成的回转副中心D;而后画出偏心轴2与动颚3组成的回转副中心B(B为偏心轴的几何中心),它与A之间的距离称为偏心距,即曲柄的长度,用线段AB表示;接着以B、D为圆心,以圆心到杆3、4回转副中心的距离为半径画弧交于C,得回转副中心C的位置;最后用构件和运动副的规定符号相连,绘制出机构的运动简图。图中,固定件应加画斜剖线,主动件应标注指示运动方向的箭头。

需要指出:虽然曲轴2与动颚3是用一半径大于偏心距AB的回转副连接的,但是,由于运动副的规定符号仅与相对运动的性质有关,所以简图中可用小圆圈表示。

【学生设计题】 绘制雨伞支撑机构运动简图。

思 考 题

1. 构件和零件有何区别?试举例说明。

2. 什么是运动副?平面运动副有哪几种?它们各限制构件间的哪些相对运动?保留构件间的哪些相对运动?

3. 机构运动简图有何作用?如何分析机器传动系统图?试分析一车床的传动系统。

4. 绘制机构运动简图的比例尺与机械制图的比例尺有何不同?

任务 2-2　牛头刨床主体运动机构自由度的计算

【任务分析】

为了按照一定的要求进行运动的传递和变换，当机构的主动件按给定的运动规律运动时，该机构中的其余构件的运动也都应是完全确定的。一个机构在什么条件下才能实现确定的运动呢？这就要用机构自由度的数目与主动件数目的关系来判断。本任务中我们要掌握自由度、约束、局部自由度、虚约束等概念；掌握高副、低副数目的确定方法；掌握平面机构自由度的计算公式及方法；学会平面机构运动确定性的判断。本任务以平面机构为对象。

知识点 1

机构自由度的计算

1. 自由度与约束

一个构件作平面运动时，具有三个独立运动：沿 x 轴和 y 轴的移动以及绕垂直于 xOy 面的 A 轴的转动，如图 2-6 所示。构件的这种独立运动称为构件的自由度。所以，一个作平面运动的自由构件具有三个自由度。当两个构件组成运动副之后，它们之间的相对运动就受到约束，相应的自由度数也随之减少，这种对构件独立运动所加的限制称为约束。自由度减少的个数等于约束的数目。

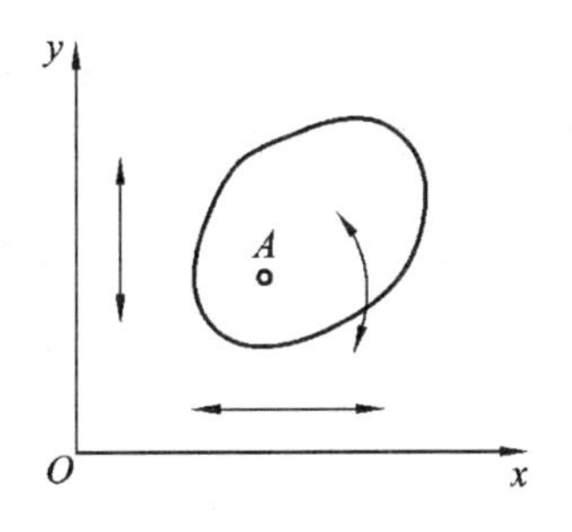

图 2-6　构件在平面坐标系中的自由度

运动副所引入的约束的数目与其类型有关。低副引入两个约束，减少两个自由度。如图 2-1(a)所示的转动副约束了两个移动的自由度，只保留了一个相对转动的自由度；图 2-1(b)所示的移动副约束了沿 y 轴的移动和绕 x 轴的转动两个自由度，只保留沿 x 轴移动的自由度。高副引入一个约束，减少一个自由度。如图 2-1(c)、(d)所示的高副，只约束了沿接触点 A 处公法线 $n—n$ 方向移动的自由度，保留了绕接触点的转动和沿接触处公切线 $t—t$ 方向移动的自由度。因此，在平面机构中，每个低副引入两个约束，使构件失去两个自由度；每个高副引入一个约束，使构件失去一个自由度。

2. 平面机构的自由度的计算

机构能够产生的独立运动的数目称为机构的自由度。要确定机构是否具有确定的相对运动,必须确定机构的自由度。每个作平面运动的构件,在自由状态时都具有3个自由度,那么n个自由构件共有$3n$个自由度。用运动副将这$3n$个运动构件和一个固定构件(机架)连接起来组成机构之后,机构中构件具有的自由度数就减少了。每个低副使构件减少两个自由度,每个高副减少一个自由度。若机构中有P_L个低副和P_H个高副,则共减少$2P_L+P_H$个自由度。于是,平面机构的自由度为

$$F=3n-2P_L-P_H \tag{2-1}$$

式中:n——活动构件数,$n=N-1$(N为机构中构件数,包括机架在内);

P_L——机构中的低副数目;

P_H——机构中的高副数目。

式(2-1)称为平面机构自由度计算公式,也称平面机构的结构式。

3. 计算平面机构自由度时应注意的几个问题

在计算平面机构自由度时,应注意以下几种特殊情况。

1) 复合铰链

两个以上的构件用转动副在同一轴线上连接就构成复合铰链。图2-7(a)所示为由三个构件组成的复合铰链,由图(b)可清楚地看出,这三个构件组成两个转动副。即:若有m个构件组成的复合铰链,其转动副的个数应为$(m-1)$。在计算机构自由度时要注意复合铰链,切不可将其看做一个转动副。

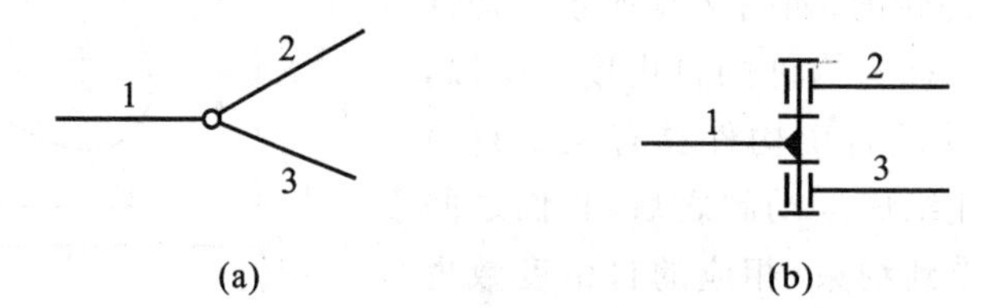

图 2-7 复合铰链

2) 局部自由度

机构中某些不影响整个机构运动的自由度,称为局部自由度。在计算机构自由度时应将局部自由度除去不算。

如图2-8(a)所示的凸轮机构,为了减少高副处的摩擦,变滑动摩擦为滚动摩擦,常在从动件2上装一滚子4。当主动凸轮3绕固定轴A转动时,从动件2则在导路中上下往复运动,滚子4和从动件2是组成一个转动副。但若将从动件2与滚子4焊在一起,如图2-9(b)所示,当凸轮转动时,从动件仍作往复移动。由此可见,该机构中无论滚子是否绕其轴线转动,这个转动副对整个机构的自由度并没有影响,应看做是局部自由度,在计算机构自由度时应除去不计。于是机构的$n=2$,$P_L=2$,$P_H=1$,求得机构的自由度为

$$F=3n-2P_L-P_H=3\times2-2\times2-1=1$$

局部自由度虽然不影响机构的运动规律,但可以将滑动摩擦变为滚动摩擦,改善

机构的工作状况，因此在机械中常有局部自由度存在。

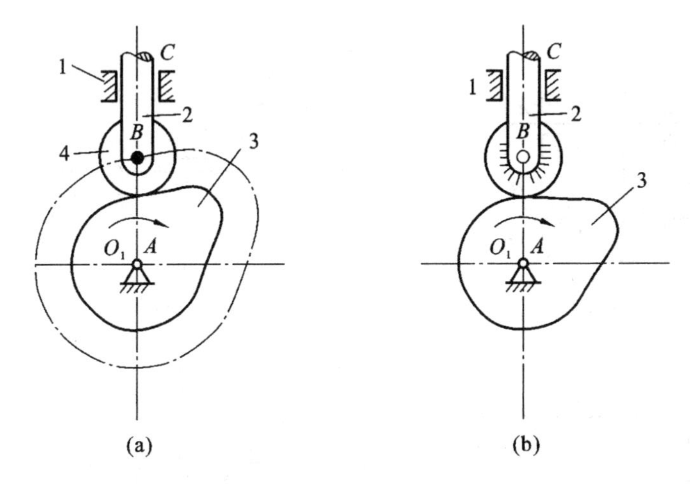

图 2-8　局部自由度

3）虚约束

在运动副引入的约束中，有些约束所起的限制作用是重复的，这种不起独立限制作用的约束称为虚约束。在计算机构自由度时，应将虚约束除去不计。如图 2-9(a)所示的平行四边形机构，其自由度 $F=1$。若在构件 2 和 4 之间铰接一个与构件 1 长度相等且平行的构件 5（见图 2-9(b)），对机构的运动并不影响。但当按式(2-1)计算机构的自由度时，出现 $F=3n-2P_L-P_H=3\times4-2\times6=0$。

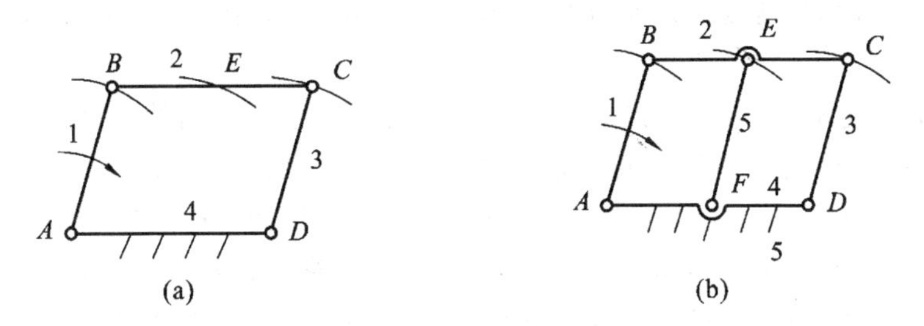

图 2-9　平行四边形机构

显然，计算结果与实际情况不符。这是因为加入的构件 5 与构件 1 长度相等且平行，其运动情况与构件 1 完全相同。虽然多了三个自由度，却因增加了两个转动而引入四个约束。多出的一个约束对机构运动不起限制作用，为虚约束。计算机构的自由度时，应将产生虚约束的构件 5 及运动副全部除去不计。

若 $EF\neq AB$，构件系统自由度为零，产生有效约束，各构件不能相对运动构成桁架。

平面机构中虚约束的常见情况和处理方法如下。

(1) 重复转动副　两构件组成几个转动副，其轴线相互重合时，只有一个转

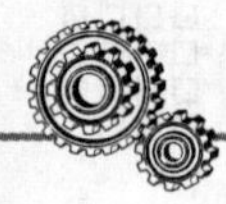

动副起约束作用，其他处则为虚约束。如图 2-10(a)所示，在计算自由度时，只计入一处转动副。

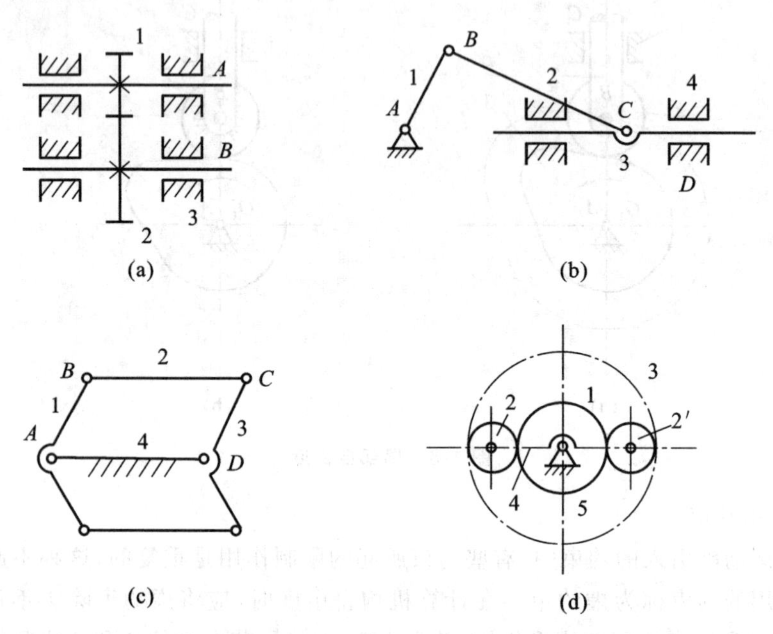

图 2-10　几种虚约束

(2) 重复移动副　两构件组成几个移动副，其导路互相平行，只有一个移动副起约束作用，其他处则为虚约束。如图 2-10(b)所示，在计算自由度时，只计入一处移动副。

(3) 重复轨迹　在机构运动的过程中，若两构件两点间的距离始终保持不变，当用构件将此两点相连，则构成虚约束。如图 2-10(c)所示。

(4) 重复高副　机构中对传递运动不起独立作用的对称部分(指高副)，则为虚约束。如图 2-10(d)所示的行星齿轮传动，为了受力平衡，采用了两个行星轮 2 和 2′对称布置，它们起的作用完全相同，从运动角度来看，只需要一个行星轮即可满足要求。因此其中增加的行星轮之一所组成的运动副是属于虚约束。

对于后两种情况，计算自由度时将构成虚约束的构件及其运动副一起除去。

机构中引入虚约束，主要是为了改善机构的受力情况或增加机构的刚度。

4. 平面机构具有确定运动的条件

机构是用运动副连接起来的，有一个构件为机架的具有确定运动的构件系统。所谓机构具有确定运动，是指该机构中所有构件在任一瞬时的运动都是完全确定的。但不是任何构件系统都能实现确定的相对运动的，因此也就不是任何构件系统都能成为机构的。构件系统能否成为机构，可以用是否具有确定运动的条件来判别。如前所述，若机构的自由度为零，则各构件间不可能产生相对

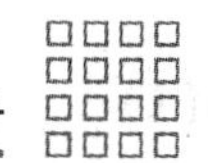

运动。这样的构件组合称为桁架，不是机构。因此，机构的自由度必须大于零。

图 2-11 所示的五杆机构，构件 5 为机架。该机构的自由度为 2。若只给定一个主动件，例如构件 1 绕 A 点均匀转动，当构件 1 处于 AB 位置时，构件 2、3、4 可处于不同的位置(图示出两个位置)，即这三个构件的运动并不确定。但若再给定一个主动件，如构件 4 绕 E 点转动，则构件 2、3 的运动就可完全确定。

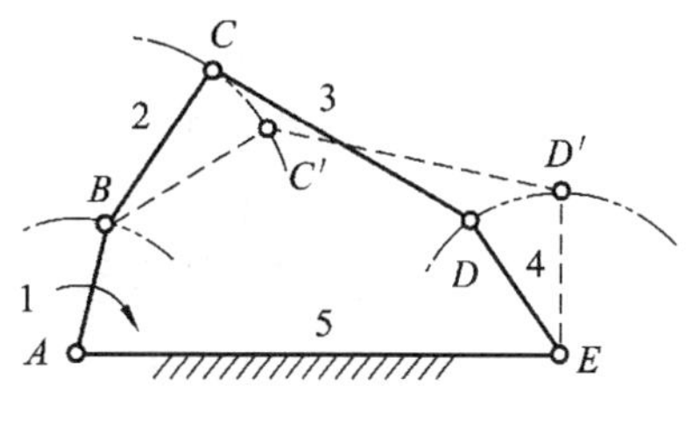

图 2-11　五杆机构

由以上分析可知：**机构具有确定运动的条件是：机构的主动件数目必须等于机构的自由度数。**

【案例】　机构自由度的计算

案例 2-3　试计算图 1-2(b)所示内燃机机构的自由度。

解　内燃机机构共有六个构件：齿轮 5 与曲轴固连为一个构件，齿轮 6 与凸轮 7 都固装在凸轮轴上，一起转动，组成一个运动构件；其余构件为活塞 2、连杆 3、顶杆 8 和气缸(机架)体 1，其中有五个运动构件，$n=5$；四个转动副和两个移动副，共六个低副，即 $P_L=6$；齿轮副、凸轮副各一个，共两个高副，即 $P_H=2$。由式(2-1)得内燃机机构的自由度

$$F=3n-2P_L-P_H=3\times5-2\times6-2=1$$

案例 2-4　试计算图 2-12 所示振动式输送机的自由度。

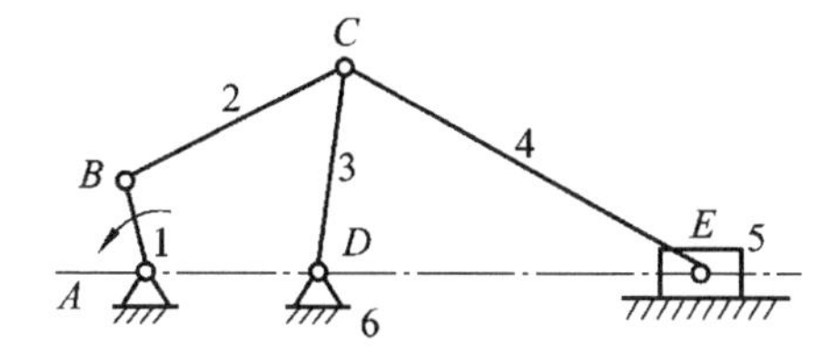

图 2-12　振动式输送机机构

解　(1) 机构分析　原动构件 1 绕 A 轴转动，通过相互铰接的运动构件 2、3、4 带动滑块 5 作往复直线移动。

(2) 计算机构的自由度　构件 2、3 和 4 在 C 处构成复合铰链。此机构有五个活动构件，六个转动副，一个移动副，即 $n=5$，$P_L=7$，$P_H=0$，该机构的自由度由式(2-1)得

$$F=3n-2P_L-P_H=3\times5-2\times7-0=1$$

案例 2-5　试计算如图 2-13 所示行星轮机构的自由度。

解　该机构从受力角度考虑布置三个行星轮，其中有两个(如齿轮 2′和 2″)对传递运动不起独立作用，引入两个虚约束。因此该机构活动构件数 $n=4$，低副

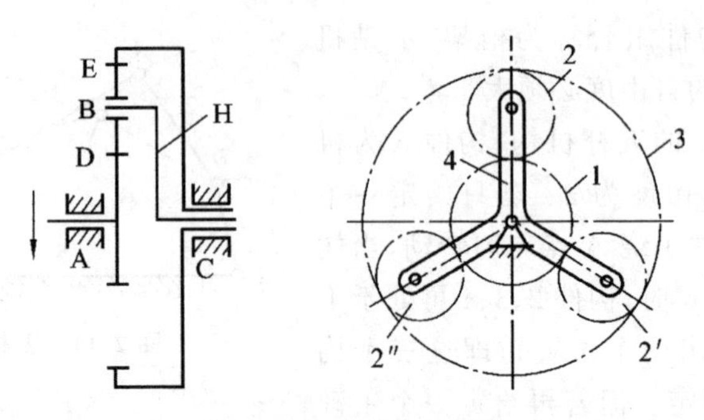

图 2-13　行星齿轮机构

数目 $P_L=4$(转动副 A、B 和复合铰链 C),高副数 $P_H=2$(齿轮副 D、E)。求得机构的自由度为

$$F=3n-2P_L-P_H=3\times4-2\times4-2=2$$

若将内齿圈 3 固定不动,则减少一个活动构件及复合铰链 C 处的一个转动副,这时机构的自由度为

$$F=3n-2P_L-P_H=3\times3-2\times3-2=1$$

案例 2-6　图 2-14 为巧克力包装机的托包机构,试判断其运动是否确定。

解　主动件 1 做旋转运动,通过连杆凸轮组合机构传动使构件 4 慢速托包和快速退回。滚子绕自身轴线转动为局部自由度。构件 2、3 间有相对转动,构成一个转动副。构件 4 与机架 5 构成两个移动副,其一为虚约束。该机构 $n=4$,低副数 $P_L=5$,高副数 $P_H=1$,由式(2-1)得

$$F=3n-2P_L-P_H=3\times4-2\times5-1=1$$

该机构的主动件数为 1,等于自由度,故其运动确定。

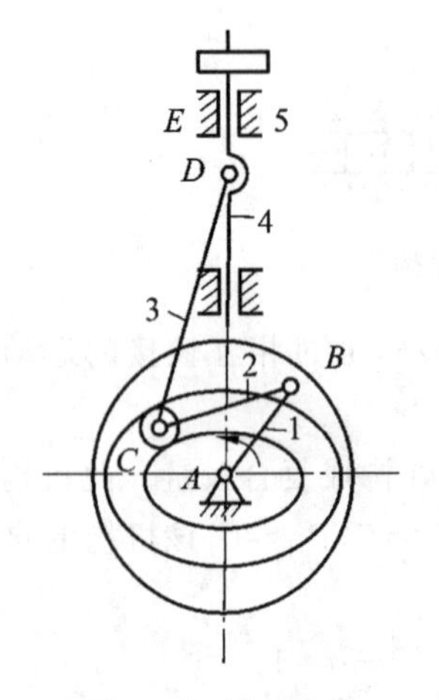

图 2-14　托包机构

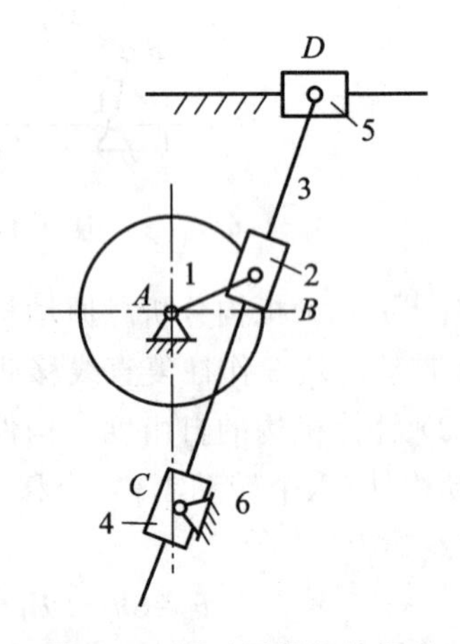

图2-15　摆动导杆机构运动

【学生设计题】　牛头刨床的摆动导杆机构如图 2-15 所示。试计算图中牛头刨床的主体运动机构——摆动导杆机构的自由度。

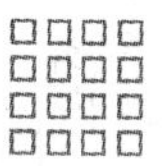

思　考　题

1. 一个机构中既有固定铰链，又有移动副固定导路，那么这个机构有多个机架，这种说法对吗？为什么？

2. 什么是机构的自由度？图 2-9(a)所示的平行四边形机构有三个运动构件，则该机构有三个自由度，这种说法对吗？为什么？

3. 绘图说明什么是复合铰链、局部自由度和虚约束？在计算机构自由度时应如何处理这些问题？

4. 三个杆铰链连接，其中一个杆为机架，构件间有相对运动吗？为什么？

5. 机构具有确定运动的条件是什么？

练　习　题

2-1　图 2-16 所示为一手动冲床机构，试绘制其运动简图，并计算其自由度。试分析是否可行，并提出修改方案。

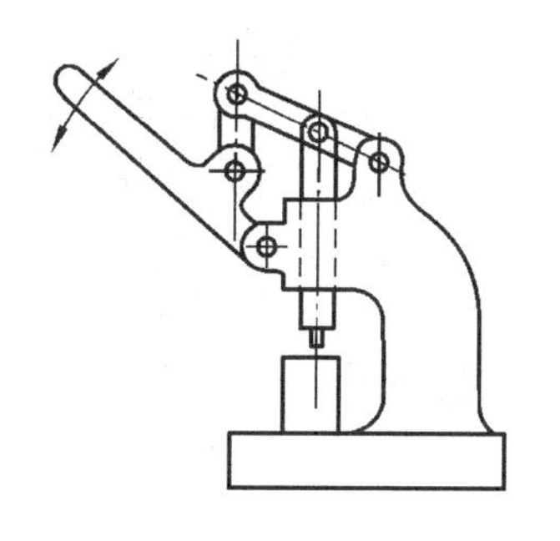

图 2-16　题 2-1 图

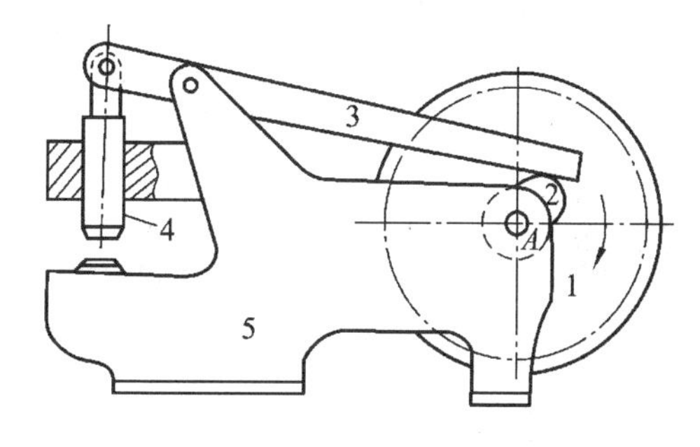

图 2-17　题 2-2 图

2-2　图 2-17 所示为一简易冲床的初拟方案。设想动力由齿轮 1 输入，齿轮 1 和凸轮 2 固装在同一轴 A 上。凸轮转动时，使杠杆 3 摆动，从而使冲头 4 上下运动，达到冲压的目的。试绘出机构运动简图，分析其运动是否确定，并提出修改措施。

2-3　图 2-18 所示为一小型压力机，试绘制其机构运动简图，并计算其自由度。压力机的结构和工作原理为：主动齿轮和偏心轮装在轴 O 上，从动齿轮和凸轮装在轴 E 上，槽形凸轮与装有滚子的摆杆组成凸轮机构。当主动齿轮转动时，一方面通过连杆机构使滑杆往复移动；另一方面通过齿轮传动使凸轮转动，从而使压杆上下往复移动。

2-4　分别计算如图 2-19 所示各机构的自由度，指出机构中的复合铰链、局

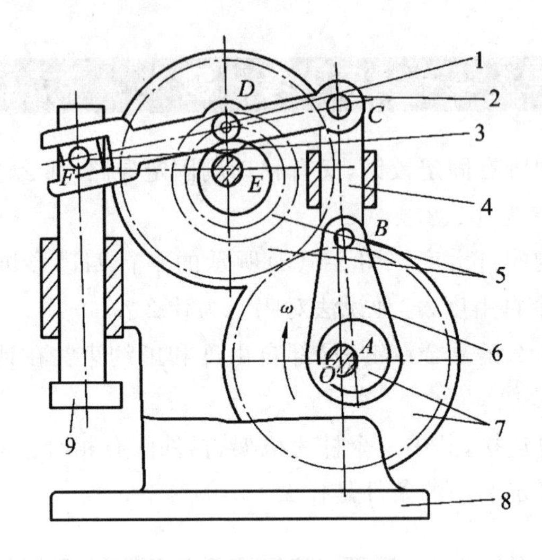

图 2-18　题 2-3 图

1—滚子；2—摆杆；3—滑块；4—滑杆；5—齿轮及凸轮；6—连杆；7—齿轮及偏心轮；8—机架；9—压头

部自由度和虚约束，并判断机构运动是否确定。要求抄画机构简图，适当地标注构件号、运动副的符号。

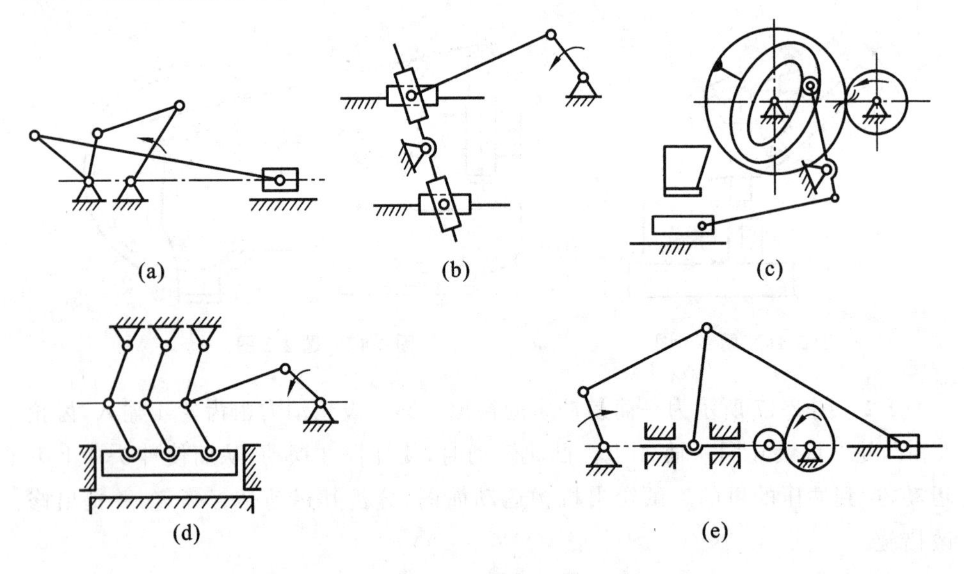

图 2-19　题 2-4 图

(a)钢锭热锯机构；(b)压缩机的压气机构；(c)压力喂料机构；(d)压榨机机构；(e)筛料机的筛料机构

2-5　图 2-20 所示为牛头刨床传动的初拟方案，设想动力由曲柄 1 输入，通过滑块 2 使摆动导杆 3 作往复移动，并带动滑枕 4 作往复移动，以达到刨削的目的。试问图示的构件组合能否达到此目的？若不能，请提出几种修改方案。

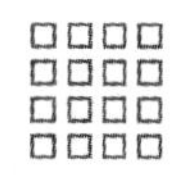

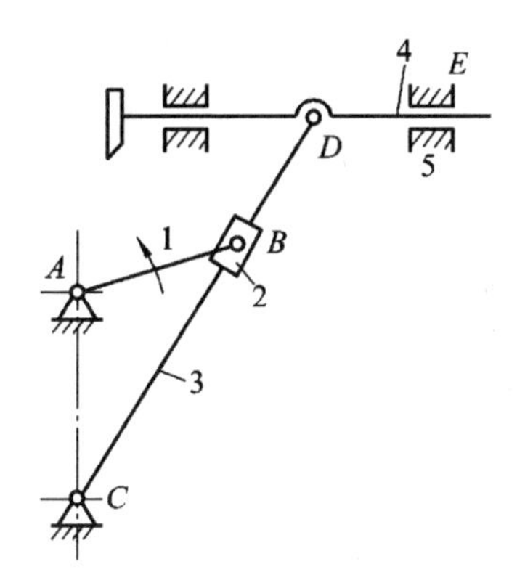

图 2-20　题 2-5 图

任务 2-3　缝纫机踏板机构设计

【任务分析】

本任务中，我们要掌握平面连杆机构的概念；了解铰链四杆机构的基本类型；掌握铰链四杆机构曲柄存在的条件，并会用**杆长之和条件**判别铰链四杆机构的类型；了解铰链四杆机构的基本特性和四杆机构的演化情况；学会简单铰链四杆机构的设计（缝纫机踏板机构设计）方法。

知识点 1

平面连杆机构传动

所有构件间的相对运动均为平面运动，且只用低副连接的机构称为平面连杆机构。连杆机构的构件常呈杆状，有的构件虽不呈杆状但在绘制机构运动简图时仍可抽象为杆状，故均简称为杆。具有四个构件（含机架）的低副机构称为四杆机构，多于四个构件的低副机构统称为多杆机构，多杆机构是在四杆机构的基础上扩展而成的。由于低副是面接触，耐磨损，加上回转副和移动副的接触表面是圆柱面和平面，制造简便，易于获得较高的制造精度。因此，平面连杆机构在各种机械和仪器中获得广泛使用。连杆机构的缺点是：低副中存在间隙，会引起运动误差，而且它的设计比较复杂，不易精确地实现较复杂的运动规律。本任务的重点是平面四杆机构。

1. 铰链四杆机构的类型和应用

构件间用四个转动副相连的平面四杆机构称为铰链四杆机构，如图 2-21 所示。其中固定不动的杆 1 称为机架；与机架相连的杆 2 和杆 4 称为连架杆；不与

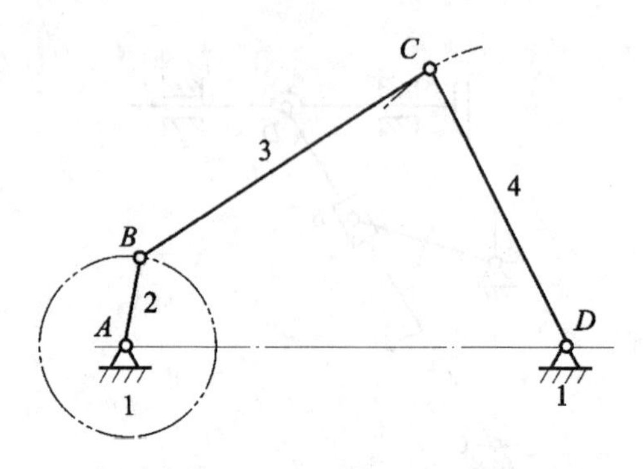

图 2-21　铰链四杆机构

机架相连的杆 3 称为连杆。在连架杆中能绕固定轴线整周回转的构件称为曲柄,只能在某一角度范围内摆动的构件称为摇杆。

铰链四杆机构中,根据连架杆运动形式的不同,可分为三种基本形式。

1) 曲柄摇杆机构

在铰链四杆机构的两连架杆中,若一个为曲柄,另一个为摇杆,则此四杆机构称为曲柄摇杆机构。在图 2-21 中,杆 2 为曲柄,杆 4 为摇杆。曲柄和摇杆可分别作主动件,相应另一杆为从动件。通常曲柄等速转动,摇杆作变速往复摆动。如图 2-22 所示的脚踏缝纫机传动装置及图 2-23 所示的搅拌机传动装置均为曲柄摇杆机构。

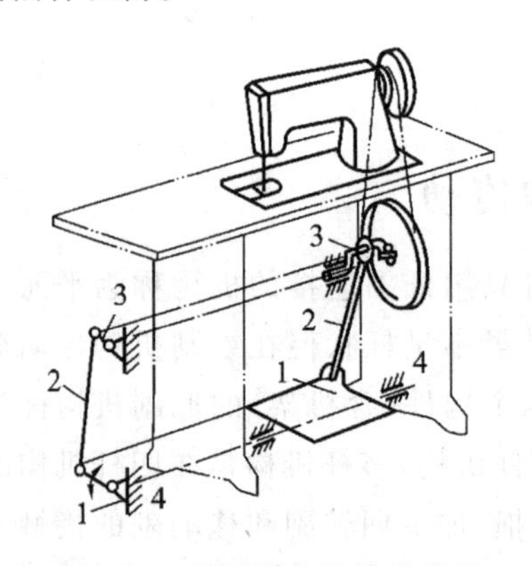

图 2-22　脚踏缝纫机传动装置

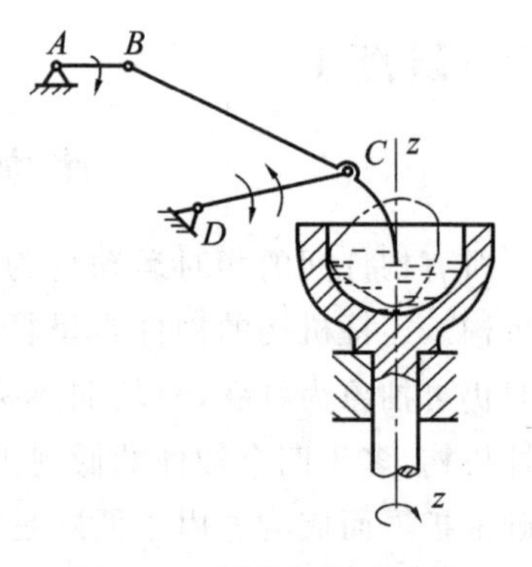

图 2-23　搅拌机传动装置

2) 双曲柄机构

若铰链四杆机构中的两个连架杆均为曲柄,则此四杆机构称为双曲柄机构。如图 2-24 所示惯性筛机构中的机构 $ABCD$ 即为双曲柄机构。其运动特点是当主动曲柄 1 等速转动一周,从动曲柄 3 变速转动一周,使筛子 5 的回程速度较快,以实现惯性筛选的作用。

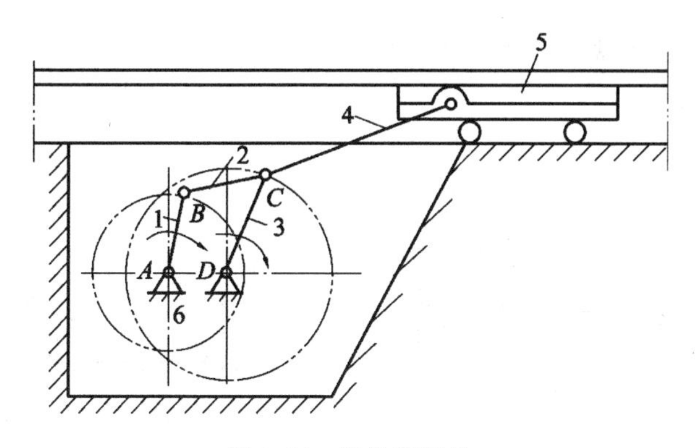

图 2-24　惯性筛机构

在双曲柄机构中，若主动曲柄等速转动，从动曲柄一般变速转动。但当连杆与机架长度相等，两曲柄长度相等且转向相同时，两曲柄的角速度相等（见图 2-25(a)），这样的双曲柄机构称为平行四边形机构。若连杆与机架长度相等，两曲柄长度相等而转向相反的双曲柄机构则称为反平行四边形（见图 2-25(b)）。这两种机构，前者两曲柄的方位时刻相同，实现同向等角速度转动；后者两曲柄转动方向相反，角速度也不相等。

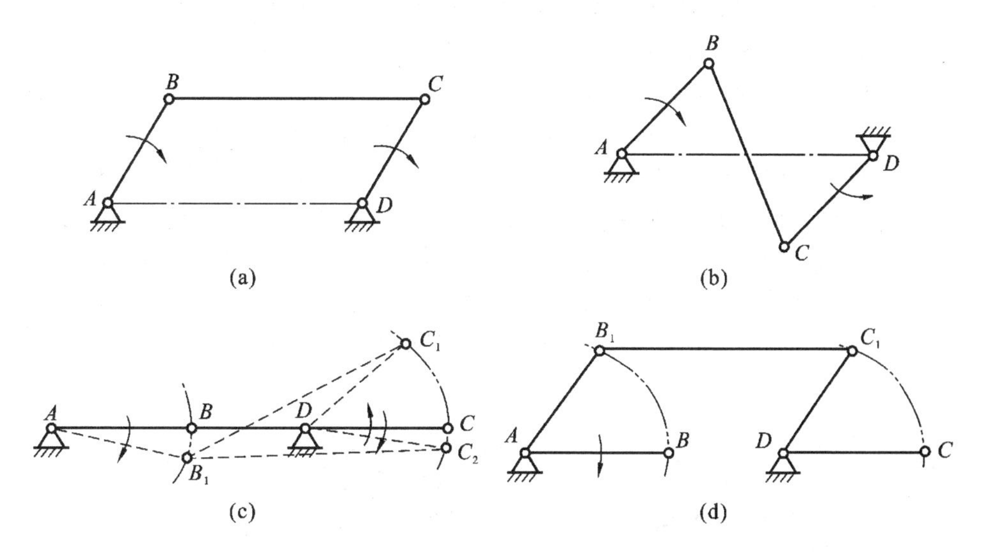

图 2-25　平行四边形机构

如图 2-26 所示的车门启闭机构是反平行四边形机构的应用实例。左、右两车门分别与曲柄 AB、CD 连成一个整体，由气缸（图中未画出）推动曲柄 AB 转动。当左边车门开启或关闭时通过连杆 BC 使曲柄 CD 同时朝相反方向转动，从而保证左、右车门同时开启或关闭。

平行四边形机构能保持连杆始终作平动。图 2-27 所示天平就是其应用实例,它能保证天平托盘 1、2 始终处于水平位置。

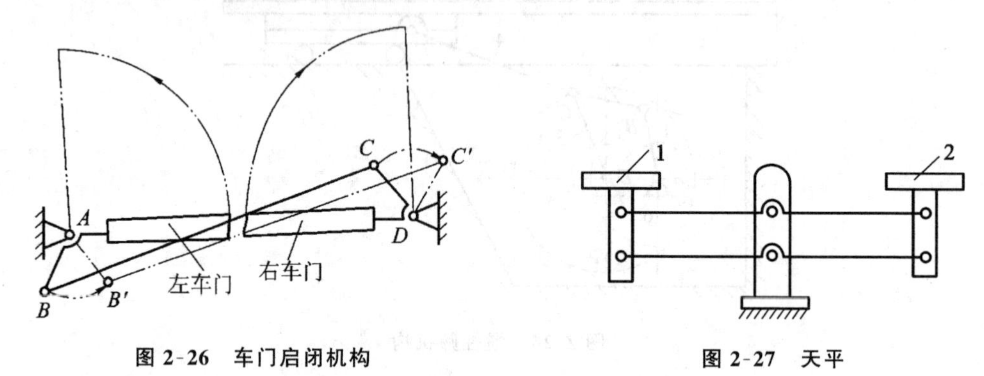

图 2-26　车门启闭机构　　　图 2-27　天平

但当四杆同时位于一条直线即图 2-25(c)所示位置时,从动曲柄 CD 可能向正、反两个方向转动,出现运动不确定现象。要消除这一现象可利用从动曲柄本身的质量或附加飞轮的惯性作用予以导向,或用辅助构件组成多组相同机构,使它们不同时处于运动不确定位置,如图 2-25(d)所示。

3) 双摇杆机构

若铰链四杆机构中的两连架杆均为摇杆,则此四杆机构称为双摇杆机构。

图 2-28 所示为飞机起落架机构运动简图。当飞机将要着陆时,着陆轮 1 需要从机翼 4 中推放出来(如图中实线所示);起飞后为减小飞行中的空气阻力,又要收入机翼之中(如图中虚线所示)。这些动作就由原动摇杆 3 通过连杆 2、从动摇杆 5 带动着陆轮予以实现。双摇杆机构中若两摇杆长度相等则称为等腰梯形机构。图 2-29 所示轮式车辆的前轮转向机构就是其应用实例。当车子转弯时,和两前轮固连的两摇杆摆动的角度 β 和 δ 不相等。如果在任意位置都能使两前轮轴线的交点 P 落在后轮轴线的延长线上,则当整个车身绕 P 点转动时,四个车轮均能在地面上纯滚动,以避免轮胎的滑动损伤。等腰梯形机构能近似满足这一要求。

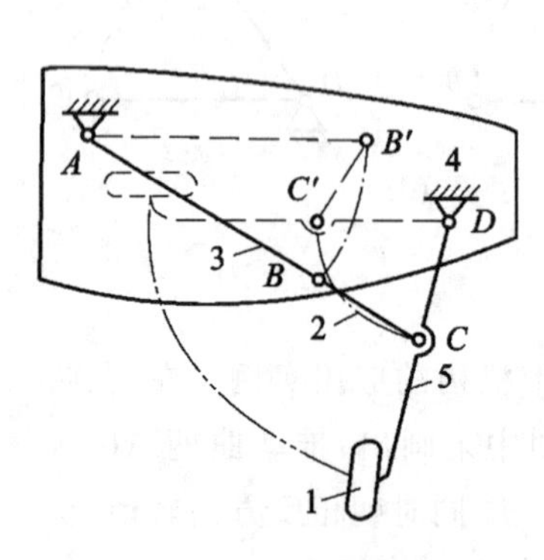

图 2-28　飞机起落架机构

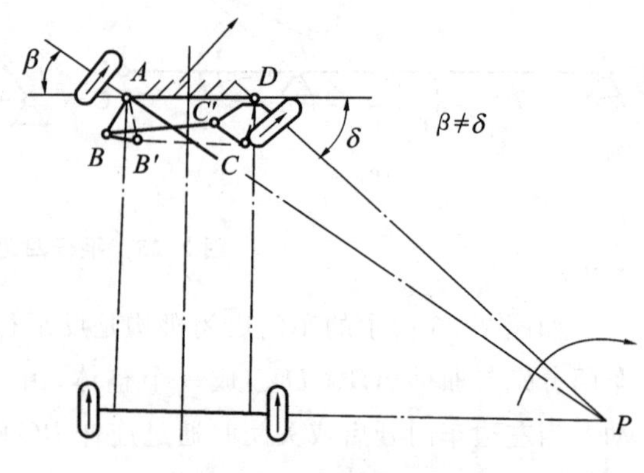

图 2-29　车辆前轮转向机构

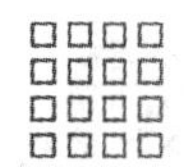

2. 铰链四杆机构的特点

铰链四杆机构具有如下特点:①铰链四杆机构是低副机构,构件间的相对运动部分为面接触,故单位面积上的压力较小。并且低副的构造便于润滑,摩擦磨损较小,寿命长,适于传递较大的动力。如动力机械、锻压机械等都可采用;②两构件的接触面为简单几何形状,便于制造,能获得较高精度;③构件间的相互接触是依靠运动副元素的几何形状来保证的,无须另外采取措施;④运动副中存在间隙,难以实现从动件精确的运动规律。

3. 铰链四杆机构曲柄存在的条件

1) 杆的长度和条件

在铰链四杆机构中,允许两连接构件作相对整周旋转的转动副称为整转副。曲柄是以整转副与机架相连的连架杆,而摇杆则不是整转副与机架相连的连架杆。铰链四杆机构三种基本形式的根本区别在于两连架杆是否为曲柄。而两连架杆是否为曲柄又与各杆长度有关。图 2-30 所示为铰链四杆机构。设各杆长度分别为 a、b、c、d,AD 为机架。由图可知,机构运动时,B 点只能以 A 点为中心,作以 a 为半径的圆周或圆弧运动,在运动中,B、D 两点连线的长度是变化的。若连架杆 AB 能做整周转动,则机构在运动过程中三角形 BCD 的形状是变化的,当 CD 杆在右极限位时,$AC''=a+b$,当 CD 杆在左极限位时,$AC'=b-a$。由于三角形任意两边之和大于第三边,在$\triangle AC'D$ 中应有:$(b-a)+c>d$,$(b-a)+d>c$,整理得

$$b+c>a+d \tag{2-2}$$

$$b+d>c+a \tag{2-3}$$

在$\triangle AC''D$ 中应有

$$c+d>a+b \tag{2-4}$$

将式(2-2)、式(2-3)、式(2-4)两两相加并简化可得

$$\left.\begin{array}{l} a<b \\ a<c \\ a<d \end{array}\right\} \tag{2-5}$$

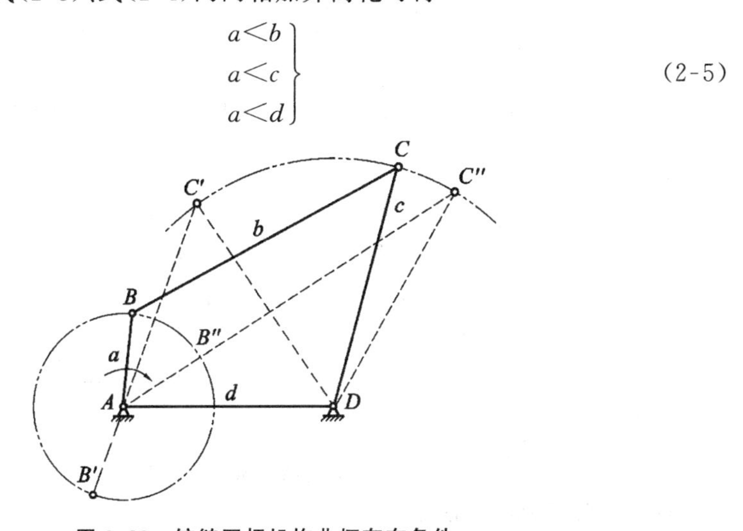

图 2-30　铰链四杆机构曲柄存在条件

由式(2-5)可知,欲使连架杆 AB 成为曲柄,则连架杆 AB 应为最短杆。即只有最短杆的两端才有可能具有整转副。又根据式(2-2)至式(2-4)可知,最短杆 AB 与其他三杆中最长杆的长度之和必小于其余两杆长度之和,同时考虑正平行四边形等情况,得

$$l_{\min}+l_{\max}\leqslant l'+l'' \tag{2-6}$$

这一关系式称为**杆长之和**条件。

归纳起来铰链四杆机构有一个曲柄的条件是:

(1) 最短杆与最长杆之和小于或等于其余两杆长度之和;

(2) 最短杆为连架杆。

由于平面四杆机构的自由度为1,故无论哪个杆为机架,只要已知其中一个可动构件的位置,则其余可动构件的位置必相应确定。因此,可以选任一杆为机架,都能实现完全相同的相对运动关系,这称为运动的可逆性。利用它,可在一个四杆机构中,选取不同的构件作机架,以获得输出构件与输入构件间不同的运动特性。这一方法称为连杆机构的倒置。

2) 铰链四杆机构的基本类型

可用以下方法来判别铰链四杆机构的基本类型。

(1) 如图 2-31 所示,若机构满足杆长之和条件,则

① 以最短杆的相邻杆为机架时为曲柄摇杆机构(见图 2-31(a));

② 以最短杆为机架时为双曲柄机构(见图 2-31(b));

③ 以最短杆的相对杆为机架时为双摇杆机构(见图 2-31(c))。

(2) 若机构不满足杆长之和条件则只能为双摇杆机构。

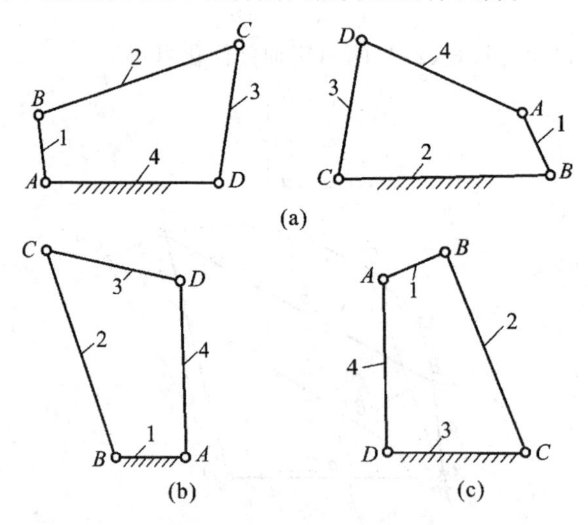

图 2-31 连杆机构的倒置

4. 铰链四杆机构的演化

在实际机械中,为了满足各种工作的需要,还有许多形式不同的平面四杆机

构。它们在外形和构造上虽然存在较大差别，但在运动特性上却有许多相似之处，它们是通过连杆机构的倒置、扩大转动副、转动副转化成移动副、变更构件长度和变更机架等途径演化出其他平面连杆机构。

1）改变运动副类型

如图 2-32(a)所示的曲柄摇杆机构，若摇杆 3 的长度 l_3 增大，则 C 点的轨迹 $\widehat{mm}$ 将趋于平直。当 l_3 无穷大时，如图 2-32(b)铰链中心 D 将位于无穷远，C 点的轨迹成为直线$\overline{mm}$，摇杆 3 与机架 4 组成的回转副也就演化成图 2-32(c)所示的滑块 3 与机架 4 组成的移动副，称为曲柄滑块机构。根据滑块导路中心线$\overline{mm}$是否通过曲柄转动中心 A，可将其分为对心曲柄滑块机构(见图 2-32(c))与偏置曲柄滑块机构(见图 2-32(d))。后者由于存在偏距 e，当曲柄等速转动时，机构具有急回特性。曲柄滑块机构广泛应用在活塞式内燃机、空气压缩机、冲床等许多机械中。

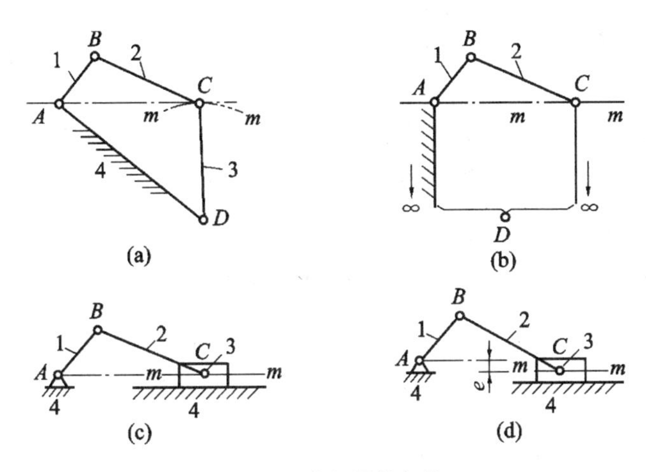

图 2-32 曲柄滑块机构

又如图 2-33(a)所示曲柄滑块机构，连杆 2 与曲柄 1 的铰链中心 B 相对 C 点的运动轨迹为$\widehat{nn}$弧，若连杆 2 的长度 l_2 增至无穷大时，则 C 点将位于无穷远处。如图 2-33(b)所示，原轨迹$\widehat{nn}$会变成$\overline{nn}$直线，连杆 2 和滑块 3 组成的回转副就演化成图 2-33(c)所示的移动副。机构中存在两处移动副，故称为双滑块机构。由于杆 1 旋转时，从动滑杆 3 的位移按正弦规律变化为 $S_3=l_{AB}\sin\varphi$，故也称正弦机构，该机构广泛应用于空气压缩机、水泵和计算机磁盘驱动机构中。

2）连杆机构的倒置

曲柄滑块机构可通过连杆机构的倒置得到不同的机构。

(1) 如图 2-34(a)所示的曲柄滑块机构，若取杆 2 为机架则成为导杆机构(见图 3-34(b))。其中导杆 3 为主动件带动滑块 4 相对杆 1 滑动并随之一起绕 A 点转动。杆 1 起导路作用，称为导杆。若杆 2、杆 3 的长度分别为 l_2、l_3，当 $l_2\leqslant$

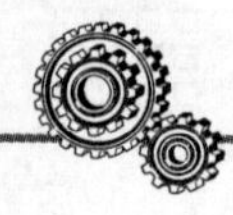

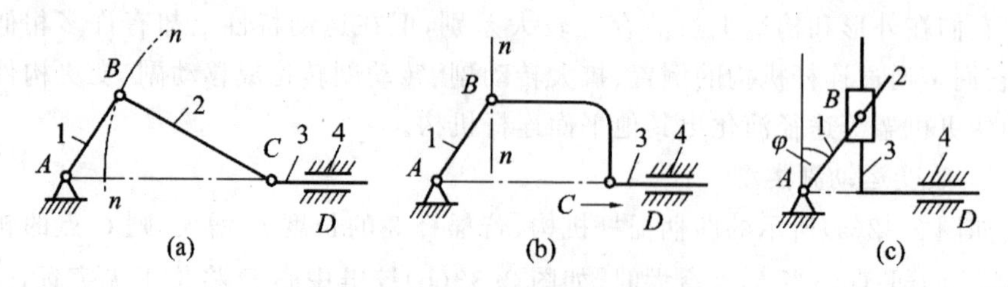

图 2-33　双滑块机构

l_3 时,杆 3 和杆 1 均可整圈旋转,故称为曲柄转动导杆机构;当 $l_2>l_3$ 时,杆 3 可整圈旋转,杆 1 却只能往复摆动,故称为曲柄摆动导杆机构。导杆机构常用于回转式油泵、牛头刨床等工作机构中。

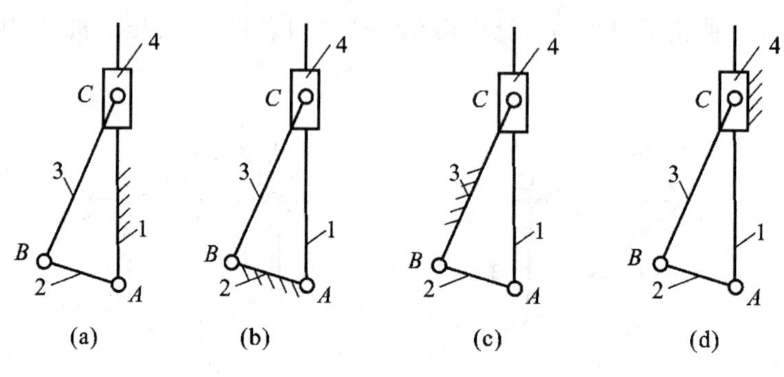

图 2-34　曲柄滑块机构的演化

(2) 若取杆 3 为机架则成为摆动滑块机构(也称摇块机构),如图 2-34(c)所示。这种机构广泛用于摆缸式内燃机和液压驱动装置中。如图 2-35 所示卡车车厢翻斗机构。

(3) 若取杆 4 为机架则成为定块机构(见图 2-34(d))。这种机构常用于手动抽水机构(见图 2-36)中。

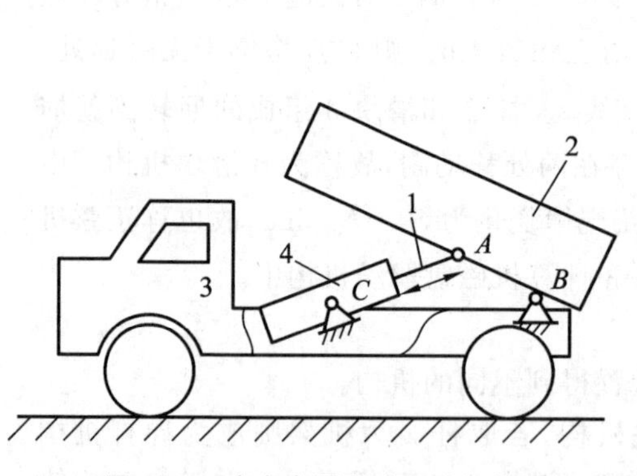

图 2-35　卡车车厢自动翻斗机构

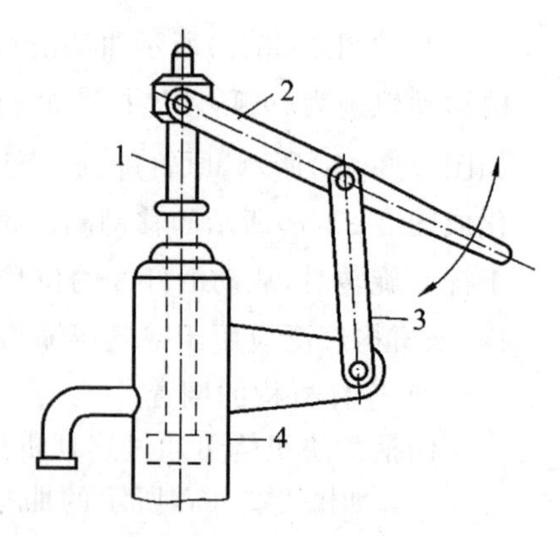

图 2-36　手动抽水机构

3）扩大转动副

在曲柄滑块机构中，若要求滑块行程较小，则必须减小曲柄长度。由于结构上的困难，很难在较短的曲柄上造出两个转动副，往往采用转动副中心与几何中心不重合的偏心轮来代替曲柄（见图 2-37(a)）。两中心间的距离 e 称为偏心距，其值即为曲柄长度，图中滑块行程为 $2e$。这种将曲柄做成偏心轮形状的平面连杆机构称为偏心轮机构，它可视为是图 2-37(b)中的转动副 B 扩大到包容转动副 A，使构件 2 成为转动中心在 A 点的偏心轮而成的，因此其运动特性与原曲柄滑块机构等效。同理，这种机构也可将曲柄摇杆机构按此方法演化而成（见图 2-37(c)、(d)），运动特性与原机构也完全相同。偏心轮机构常用于冲床、剪床和颚式破碎机等机构中。

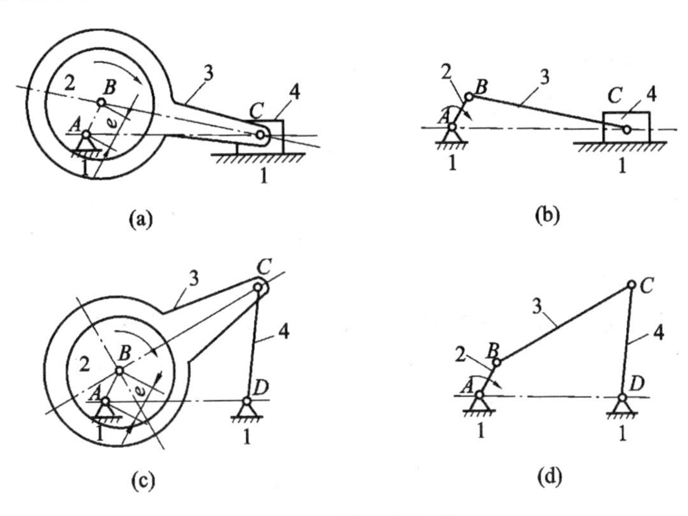

图 2-37 偏心轮机构

由以上分析得到，虽然平面四杆机构的类型多种多样，但其结构可分为三大类：具有四个转动副的机构；具有三个转动副和一个移动副的机构；具有两个转动副和两个移动副的机构。

5. 平面四杆机构的传动特性

平面四杆机构在传动过程中具有某些独特的性能，现分析如下。

1）急回特性

在图 2-38 所示的曲柄摇杆机构中，当曲柄 AB 为主动件（输入件）并作等速回转时，摇杆 CD 为从动件（输出件）并作往复变速摆动，曲柄 AB 在回转一周的过程中有两次与连杆 BC 共线。这时摇杆 CD 分别处在左右两个极限位置 C_1D、C_2D。摇杆 CD 处于此两极限位置时曲柄所在直线之间的锐角 θ 称为极位夹角。它是表示机构有无急回特性的重要参数。机构中输出件在两极限位置间的移动距离或摆动角度 φ 称为行程。

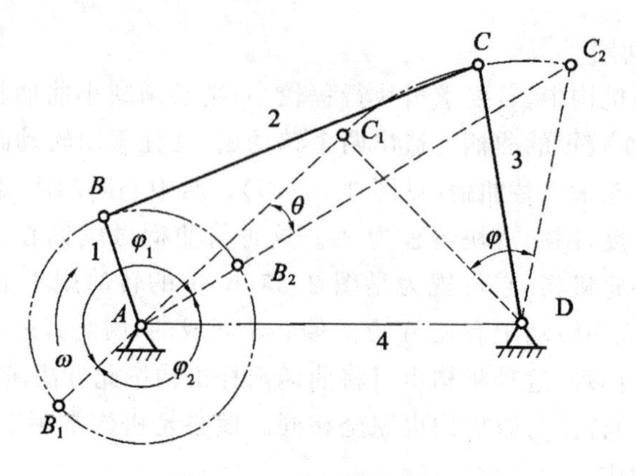

图 2-38　曲柄摇杆机构

当曲柄以等速顺时针从 AB_1 转到 AB_2 位置时，转过角度 $\varphi_1=180°+\theta$，摇杆 C_1D 摆至 C_2D，摆过工作行程 φ 角，所需时间为 t_1，C 点的平均速度为 $v_1=\widehat{C_1C_2}/t_1$。当曲柄继续转过 $\varphi_2=180°-\theta$ 时，摇杆由 C_2D 摆回到 C_1D，摆过的空载行程仍为 φ 角，所需时间为 t_2，C 点的平均速度为 $v_2=\widehat{C_1C_2}/t_2$。因为曲柄等速转动，且 $\varphi_1>\varphi_2$，所以 $t_1>t_2$，则 $v_2>v_1$。由此可见，输入件曲柄作等速转动时，做往复摆动的输出件摇杆在空载行程中的平均速度大于工作行程中的平均速度，这一性质称为连杆机构的急回特性。通常用行程速度变化系数 K 来表示这种特性，即

$$K=\frac{\text{从动件空回程平均速度}}{\text{主动件工作平均速度}}=\frac{\widehat{C_1C_2}/t_2}{\widehat{C_1C_2}/t_1}=\frac{t_1}{t_2}=\frac{\varphi_1}{\varphi_2}=\frac{180°+\theta}{180°-\theta} \tag{2-7}$$

或

$$\theta=180°\frac{K-1}{K+1} \tag{2-8}$$

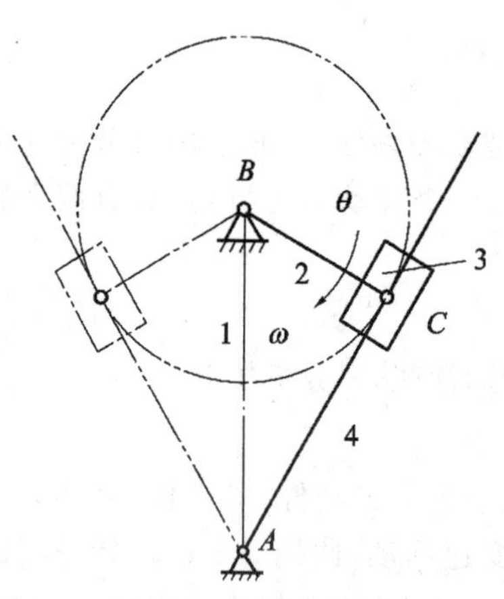

图 2-39　摆动导杆机构

由式(2-8)可见，机构的急回速度取决于夹角 θ 的大小。θ 角越大，K 值越大，则机构的急回程度越高，且机构运动的平稳性越差，一般 $1<K<2$。设计这种机构时，通常根据给定的 K 值算出角 θ 作为已知的运动条件。图 2-32(c)、(d)所示的曲柄滑块机构。当 $e=0$ 时，$\theta=0$，则 $K=1$，机构无急回特性；$e\neq0$ 时，$\theta\neq0$，则 $K>1$，机构有急回特性。如图 2-39 所示的摆动导杆机构，其极位夹角等于导杆摆角，具有急回特性。此外，不等长双曲柄机构(如图 2-24 所示惯性筛中的双曲柄机构)也具有急回特性。

2) 压力角与传动角

生产实际中对连杆机构不仅要求其实现预期的运动规律，而且希望运转轻

便，效率较高。如图 2-40 所示的曲柄摇杆机构，曲柄为主动件。若略去摩擦力、惯性力和重力不计，则驱动力 $\boldsymbol{F}$ 必沿二力杆 BC 的轴线作用在摇杆的 C 点上。将 $\boldsymbol{F}$ 分解可得推动摇杆的有效分力 $\boldsymbol{F}_t=\boldsymbol{F}\cos\alpha$ 和只能产生摩擦阻力的有害分力 $\boldsymbol{F}_r=\boldsymbol{F}\sin\alpha$，其中 α 称为压力角，它是不计摩擦力、惯性力和重力时从动件上 C 点所受作用力的方向与其线速度方向所夹的锐角。压力角大小在机构的运动过程中是变化的，其值愈小，机构中有效分力愈大。所以判断一连杆机构是否具有良好的传力性能，压力角是标志。在实际应用中，为了度量方便，常以连杆与摇杆所夹锐角 γ 来衡量机构的传力性能。如图可见，角 γ 即压力角的余角，称为传动角。因为 $\gamma=90°-\alpha$，故角 γ 愈大，对机构传动愈有利。为保证机构有较好的传力性能，应使机构的最小传动角 γ_{min} 不小于一定的值。通常要求 $\gamma_{min}\geqslant40°$，对高速重载机械则要求 $\gamma_{min}\geqslant50°$。

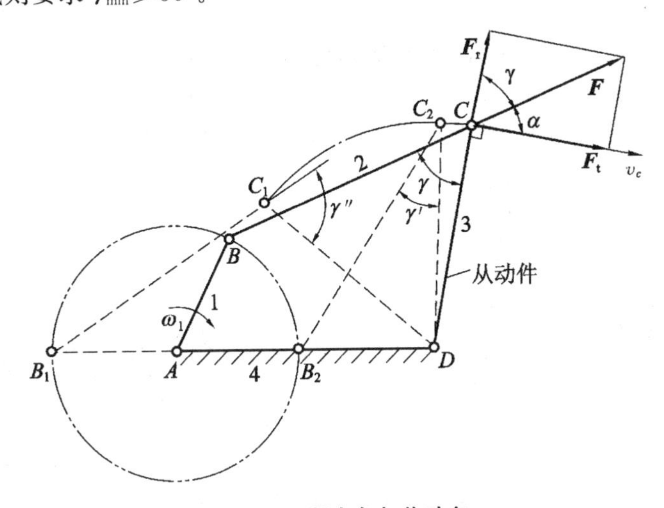

图 2-40　压力角与传动角

为了便于检验机构的传力性能，必须找出机构最小传动角出现的位置。图 2-41 所示为几种四杆机构最小传动角的位置。其中图 2-41(e)所示曲柄为主动件的导杆机构，其传动角 γ 恒为 90°，机构具有良好的传力性能。

3) 极限位置与死角

在图 2-42(a)所示曲柄摇杆机构中，若以曲柄 AB 为主动件，则在其连续传动过程中，摇杆 CD 必在 C_1D 与 C_2D 两位置间来回摆动。在通过这两个位置时，摇杆发生换向运动，其上各点的瞬时速度为零。若称主动件的速度为输入速度，从动件的速度为输出速度，则机构中瞬时输出速度与输入速度的比值为零的位置称为连杆机构的极限位置。

相反，若以摇杆为主动件，则当摇杆处于 C_1D 或 C_2D 位置时，连杆 BC 与曲柄 AB 均共线，连杆作用在曲柄上的力通过铰链 A 的中心，力矩为零，不能推动曲柄旋转。故机构中瞬时输入速度与输出速度的比值为零的位置称为连杆机构的死点位置。图 2-42(b)所示曲柄滑块机构，若滑块为主动件，同样道理，当它在

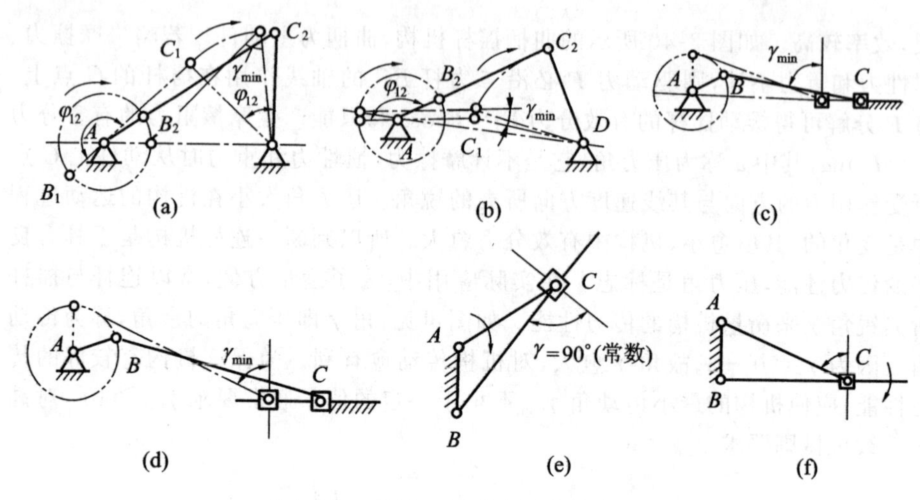

图 2-41　某些四杆机构最小传动角位置

(a)曲柄摇杆机构 $\varphi_{12}>180°$；(b)曲柄摇杆机构 $\varphi_{12}<180°$；(c)对心曲柄滑块机构；(d)偏置曲柄滑块机构；(e)摆动导杆机构(曲柄主动)；(f)转动导杆机构(导杆主动)

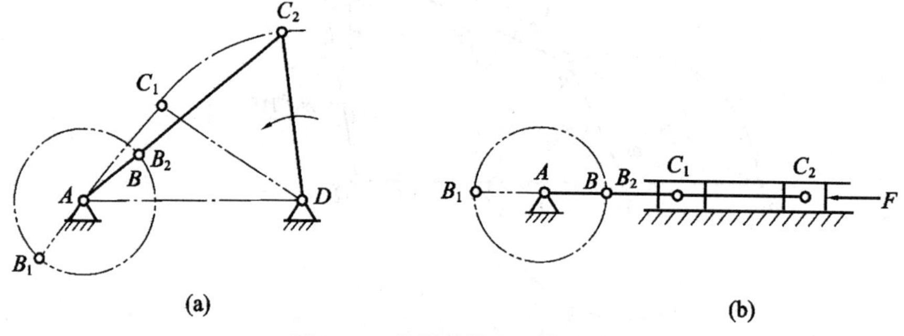

图 2-42　极限位置和死点位置

C_1 和 C_2 位置时，机构处于死点位置。当然如果外力能使该位置稍有偏离，则曲柄可正向或反向旋转，出现运动不确定现象。

为了避免机构在死点位置出现卡死或运动不确定现象，可以对从动件施加外力，或利用飞轮的惯性带动从动件通过死点。如图 2-22 所示的缝纫机踏板机构，就是借助安装在主轴上的皮带轮(相当于飞轮)的惯性作用，使机构顺利通过死点位置。工程上有的采用多套同样机构错位排列，使各套机构的死点位置互相错开，靠位置差通过死点位置。

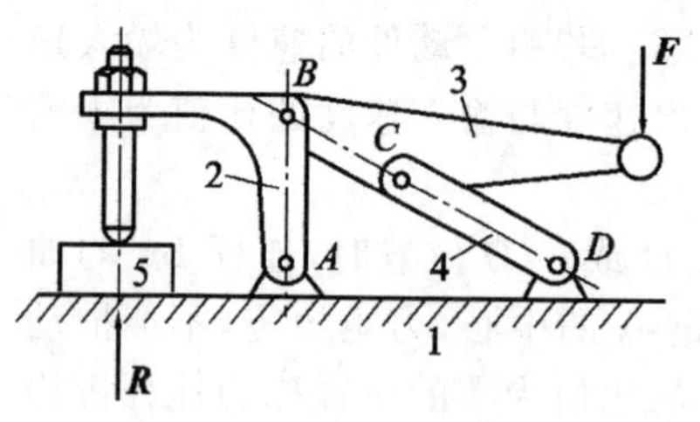

图 2-43　快速夹具

对于传动机构来说，死点位置是有害的，应设法消除其影响。但在实际应用中也有利用死点位置的性质来进行工作的。如图 2-43 所示快速夹具，当工件 5 被夹紧后，若反力 $\boldsymbol{R}$ 反推工件，因 BCD 成一直线，机构处于死点位置，在去除外力 $\boldsymbol{F}$ 后仍可夹紧工件而不自动脱落。只有向上扳动手柄 3 方可松开夹具。

【案例】 设计脚踏轧棉机的曲柄摇杆机构

案例 2-7 设计一脚踏轧棉机的曲柄摇杆机构，如图 2-44 所示。要求踏板 CD 在水平位置上下各摆 10°，且 $L_{CD}=500$ mm，$L_{AD}=1000$ mm，试用图解法求曲柄 AB 和连杆 BC 的长度(建议：用 CAD 绘图更精确)。

解 (1) 先设比例尺，按比例绘制，得图 2-45。

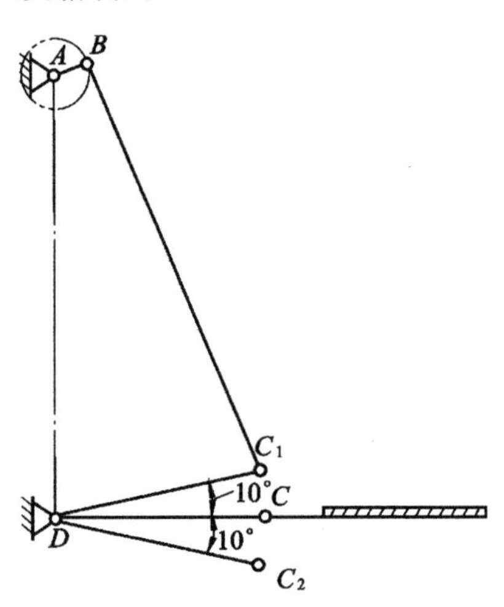

图 2-44　曲柄摇杆机构图 1

(2) 图 2-45 中 C_1、C_2 两点为 C 点运动轨迹的上、下极限位对应点。连接 AC_1、AC_2，得图 2-46。并测量线段 $\overline{AC_1}$、$\overline{AC_2}$ 长度，得 $\overline{AC_1}=1037.47$ mm，$\overline{AC_1}=1037.47$ mm。

(3) 令 $\overline{AB}=a$，$\overline{BC}=b$。对应于 DC 杆处于上、下两极限位构成的 $\triangle AC_1D$ 和 $\triangle AC_2D$，得

$$\begin{cases} b-a=1037.47 \\ b+a=1193.17 \end{cases}$$

联立求解，得 $\begin{cases} a=77.85 \text{ mm} \\ b=1115.32 \text{ mm} \end{cases}$

即：曲柄长 $\overline{AB}=77.85$ mm，连杆长 $\overline{BC}=1115.32$ mm。

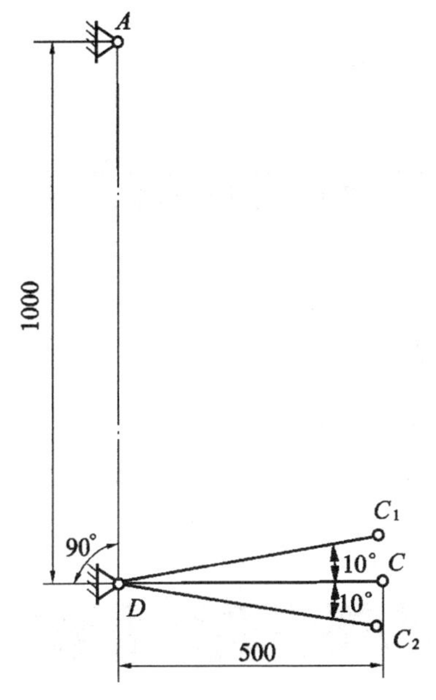

图 2-45　曲柄摇杆机构图 2

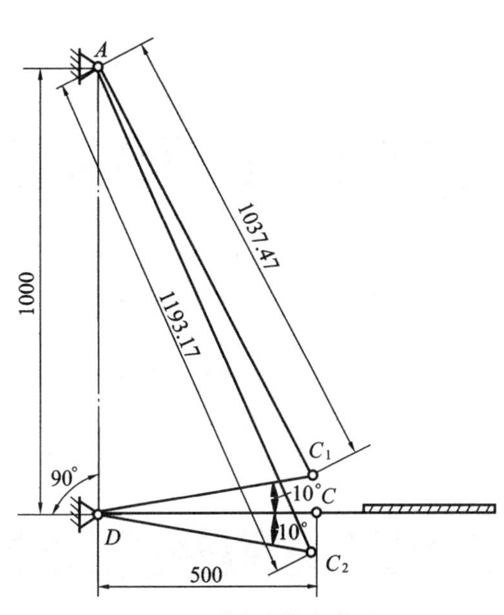

图 2-46　曲柄摇杆机构图 3

【学生设计题】 缝纫机踏板机构设计。

图 2-47 所示为图 2-22 所示脚踏缝纫机的曲柄摇杆机构示意图。要求脚踏板 CD 的下极限位置在水平位置 C_1D 处，上极限位置为向上摆 24°处（即 C_2D 处），且机架 AD 与铅垂方向夹角为 9°，AD 长 300 mm，脚踏板处摇杆 CD 的长度 140 mm，试用图解法求曲柄 AB 和连杆 BC 的长度（建议：用 CAD 绘图更精确）。

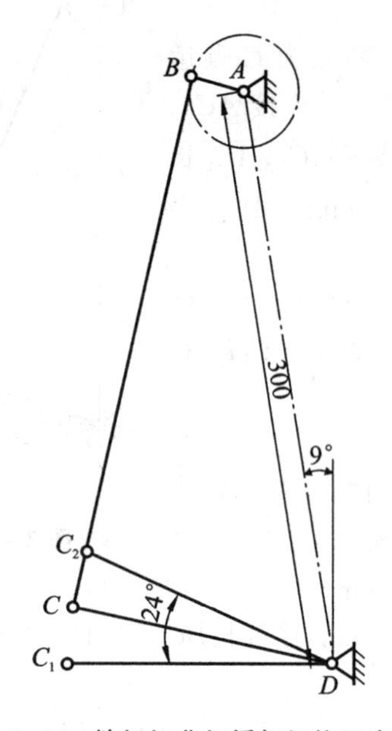

图 2-47 缝纫机曲柄摇杆机构示意图

思 考 题

1. 什么是平面连杆机构？它们有何特点？
2. 铰链四杆机构有哪些类型？各有何运动特点？
3. 举例说明铰链四杆机构的三种演化方法。
4. 机构的急回特性有何作用？怎样判断四杆机构的急回特性？
5. 何谓机构的压力角和传动角？其大小说明什么问题？
6. 平面四杆机构何时会出现死点？如何克服死点对机构运动的影响？

练 习 题

2-6 根据图 2-48 所示各机构的尺寸判断其类型。

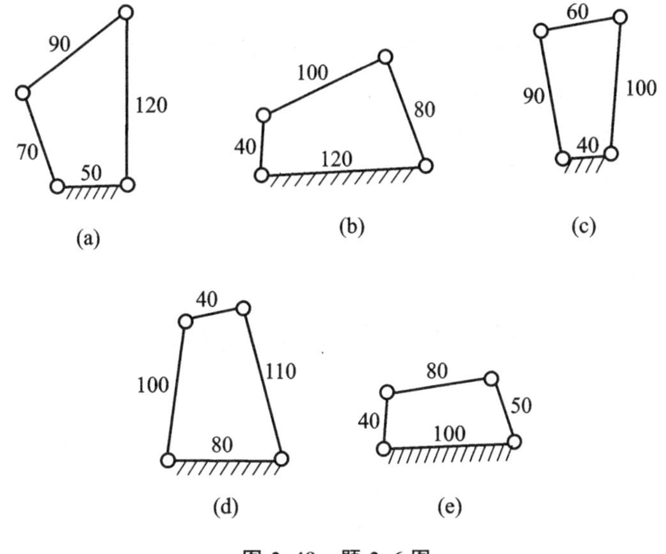

图 2-48　题 2-6 图

2-7　在图 2-49 所示曲柄摇杆机构中，已知 $a=80$ mm，$b=160$ mm，$c=290$ mm，$d=280$ mm。试用作图法求：(1)行程速度变化系数 K；(2)校验最小传动角($\gamma_{\min}>40°$)。

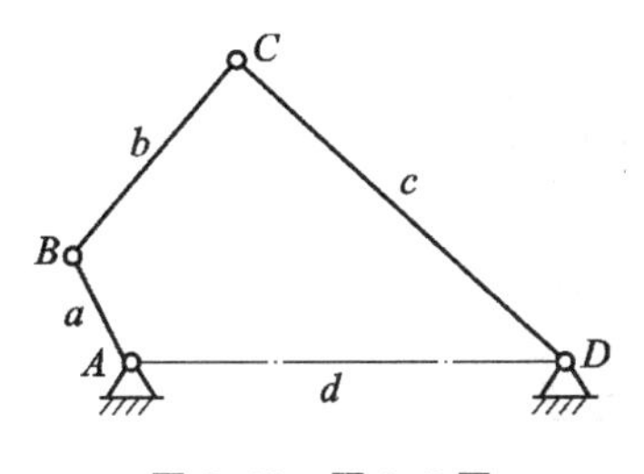

图 2-49　题 2-7 图

任务 2-4　凸轮机构的设计

【任务分析】

凸轮机构的设计是根据工作要求选定合适的凸轮机构的类型、从动件的运动规律和有关的基本尺寸，然后根据选定的从动件运动规律设计出凸轮应有的轮廓曲线的设计方法。

设计凸轮机构时，需要选定凸轮机构的类型、计算从动件的运动参数、确定从动件运动规律、凸轮机构基本尺寸设计、凸轮轮廓曲线设计，以及凸轮和传动件的机构设计和施工设计。

【相关知识】

由于凸轮机构和包含凸轮机构的各种组合机构能够实现各种预期的运动规律,凸轮机构在工程中获得了广泛的应用。诸如在各种半自动和全自动切削机床、内燃机、矿石破碎机、模锻机、冷镦机、钢管冷轧机、全自动包装机、织机、印刷机,以及多种农用机械中都有应用。

知识点 1

凸轮机构的类型及应用

1. 凸轮机构的应用

如图 2-50 所示,凸轮机构是由凸轮 1、从动件 2 和机架 3 组成的高副机构。凸轮具有曲线轮廓(或凹槽),它通常作连续等角速转动(也有作摆动或往复直线移动的),从动件则在凸轮轮廓驱动下按预定的运动规律作往复直线移动或摆动。

图 2-50 所示为用于内燃机配气的凸轮机构。盘形凸轮 1 等速回转时,其轮廓迫使从动件(气门推杆 2)上、下移动,以控制空气在预定的时间进入气缸或排出废气。

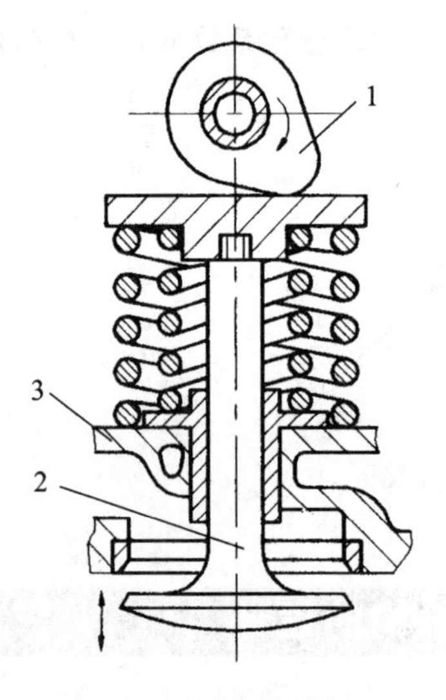

图 2-50　内燃机配气机构

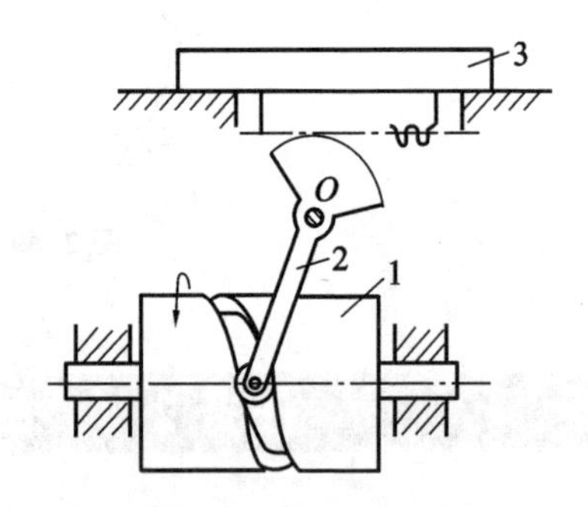

图 2-51　摆动凸轮机构

图 2-51 所示为自动机床上控制刀架运动的摆动凸轮机构。当圆柱凸轮 1 回转时,凸轮凹槽侧面迫使杆 2 运动,以驱动刀架 3 运动。凹槽的形状将决定刀架的运动规律。

图 2-52 所示为利用靠模法车削手柄的移动凸轮机构,凸轮 1 作为靠模被固定在床身上,滚轮 2 在弹簧作用下与凸轮轮廓紧密接触,当拖板 3 横向移动时,与从动件相连的刀具便走出与凸轮轮廓相同的轨迹,因而切出工件的复杂外形。

凸轮机构的主要优点是：只要正确地设计凸轮轮廓曲线，就能使从动件实现任意给定的运动规律，且结构简单、紧凑，工作可靠，易于设计。其缺点是：由于凸轮机构属于高副机构，故凸轮与从动件之间为点或线接触，不便润滑，易于磨损。因此凸轮机构多用于传力不大的控制机构和调节机构。

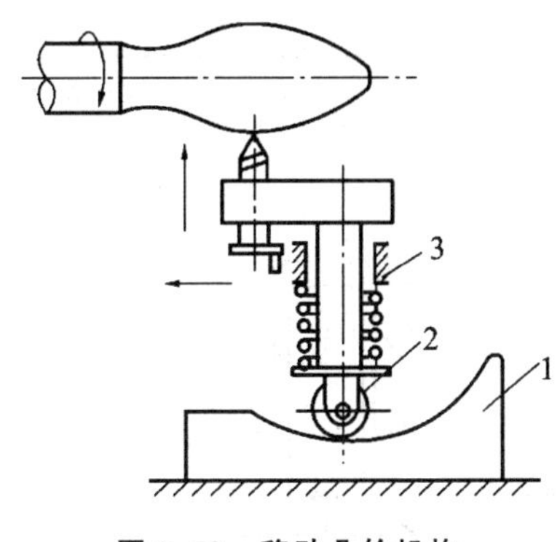

图 2-52　移动凸轮机构

2. 凸轮机构的分类

1）按凸轮的形状分类

（1）盘形凸轮　它是凸轮的最基本形式。这种凸轮是一个绕固定轴转动并且具有变化半径的盘形零件，如图 2-50 所示。

（2）移动凸轮　当盘形凸轮的回转中心趋于无穷远时，凸轮相对机架作直线运动，这种凸轮称为移动凸轮，如图 2-52 所示。

（3）圆柱凸轮　图 2-51 所示为圆柱凸轮，该凸轮是在表面制出一定曲线凹槽的圆柱体。当凸轮回转时，可使从动件在凹槽侧壁的推动下产生不同的运动规律或得到较大的行程。

2）按从动杆的端部形状和运动形式分类

如表 2-2 所示。

表 2-2　凸轮机构从动件的基本类型

端部形状	运动形式		主要特点
	移动	摆动	
尖顶			结构紧凑，能与各种凸轮轮廓上的几乎所有点接触，可实现较复杂的运动规律，但易于磨损。设计时，多借用这种从动件的凸轮机构来进行理论分析，描绘凸轮轮廓
滚子			滚动接触磨损小，可传递较大的力，是一种常用的类型，但结构较复杂，尺寸、质量较大，不易润滑及轴销强度较低

续表

端部形状	运动形式		主要特点
	移动	摆动	
平底			结构紧凑,平底与凸轮接触易形成楔形油膜,润滑较好,磨损小,且当不计摩擦时,凸轮对从动件的作用力始终垂直于平底,传动效率较高,故常用于高速;但不能与内凹或直线轮廓接触
球面			优缺点介于滚子和尖端之间,当机构有变形或安装有偏差时,不至于改变其接触状态,故可避免用滚子时因安装偏斜而造成载荷集中、应力增大的缺点

3) 按从动件运动形式分类

(1) 直动从动件(对心直动从动件和偏置直动从动件)。

(2) 摆动从动件。

4) 按从动件形状分类

(1) 尖顶从动件　尖顶能与任意复杂的凸轮轮廓保持接触,因而能实现任意预期的运动规律。但因为尖顶磨损快,所以只宜用于受力不大的低速凸轮机构中。

(2) 滚子从动件　在从动件的尖顶处安装一个滚子从动件,可以克服尖顶从动件易磨损的缺点。滚子从动件为滑动摩擦,耐磨损,可以承受较大载荷,是最常用的一种从动件形式。

(3) 平底从动件　这种从动件与凸轮轮廓表面接触的端面为一平面,所以它不能与凹槽的凸轮轮廓相接触。这种从动件的优点是:当不考虑摩擦时,凸轮与从动件之间的作用力始终与从动件的平底相垂直,受力平稳,传动效率较高,且接触面易于形成油膜,利于润滑,故常用于高速凸轮机构。

(4) 球面从动件　其优缺点介于滚子与尖端凸轮之间。

5) 按锁合方式的不同分类

(1) 力锁合　凸轮机构中,采用重力、弹簧力使从动件端部与凸轮始终相接触的方式称为力锁合。

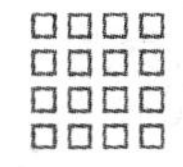

(2) 形锁合　采用特殊几何形状实现从动件端部与凸轮相接触的方式称为形锁合，如图 2-53 所示沟槽凸轮、图 2-54 所示等径及等宽凸轮等。

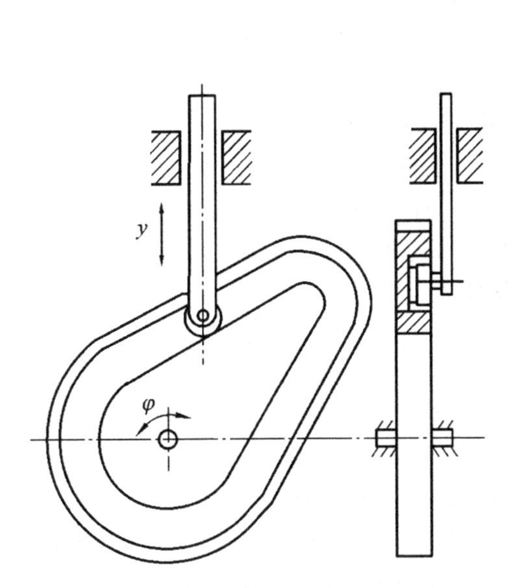

图 2-53　沟槽凸轮机构

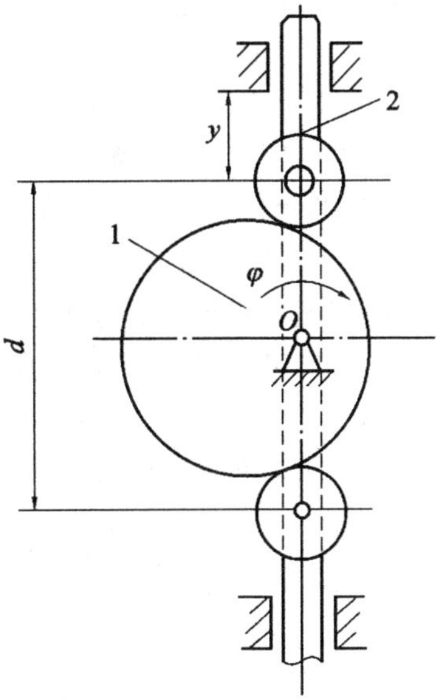

图 2-54　等径凸轮机构

3. 从动件常用运动规律及其选择

1) 凸轮与从动件的运动关系

如图 2-55 所示，以一对心直动尖顶从动杆盘形凸轮机构为例说明名词术语。

(1) 基圆　以凸轮的转动中心 O 为圆心，以凸轮的最小向径为半径 r_b 所作的圆。r_b 称为凸轮的基圆半径。

(2) 起始位置　基圆与廓线的衔接点，也即从动件开始上升的起点，这时从动件处于最低位置(如图 2-55 中的 A 点)。

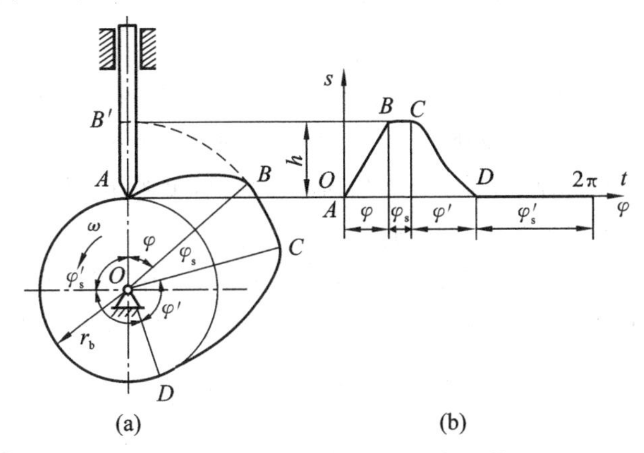

图 2-55　尖顶从动杆盘形凸轮机构

(3) 推程　当凸轮从图 2-55 所示位置 A 点以等角速度 ω 逆时针方向转过 φ 时,从动杆在向径渐增的凸轮轮廓作用下,以一定的运动规律被推至距凸轮回转中心最远的位置 B 点,这一过程称为推程。而相应的凸轮转角 φ 称为推程运动角。

(4) 远休　凸轮继续转动,从动杆将处于最高位置而静止不动时的这一过程。与之相应的凸轮转角 φ_s 称为远休止角。

(5) 回程　凸轮继续转动,从动杆又由最高位置回到最低位置的这一过程。相应的凸轮转角 φ' 称为回程运动角。

(6) 近休　当凸轮转过角 φ'_s 时,从动杆与凸轮廓线上向径最小的一段圆弧接触,而处在最低位置静止不动的这一过程。φ'_s 称为近休止角。

(7) 行程　从动杆在推程或回程中移动的距离 h。

(8) 位移线图　描述位移 s 与凸轮转角 φ 之间关系的图形。

2) 从动件常用运动规律

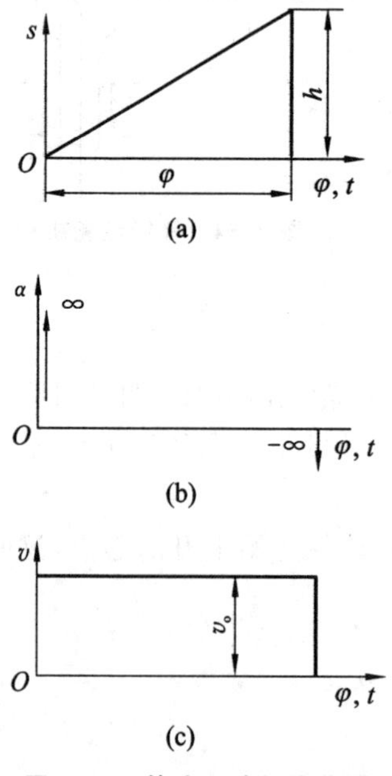

图 2-56　等速运动规律曲线

(1) 等速运动规律　从动件作等速运动时,它的位移和凸轮的转角 φ(或时间 t)成正比,因此它的位移曲线是一条斜直线,如图 2-56(a)所示。图 2-56(b)和图 2-56 (c)分别是从动件的速度、加速度与凸轮转角(或时间)的关系曲线。由图可知,从动件在行程的始末位置 A、B 处,由于速度在瞬时由零突变到 v_0 或从 v_0 突变至零,所以加速度在理论上趋于无穷大,从动件产生的惯性力也将趋于无穷大,此时所引起的冲击,称为刚性冲击。该冲击力将引起机构振动、机件磨损或损坏等不良效果,因此等速运动规律只适用于低速轻载或有特殊需要的凸轮机构中,如在金属切削机床的走刀机构中,为满足表面粗糙度均匀的要求,常常才采用等速运动规律。

(2) 等加速等减速运动规律　该运动规律是从动件在一个行程中,前半段作等加速运动,后半段作等减速运动。通常加速度和减速度的绝对值相等。从动件在各段中的位移也相等,各为行程之半,即 $h/2$。图 2-57 所示为等加速等减速运动规律推程过程中的运动曲线图。加速度曲线图为平行于横坐标轴的两段直线。由加速度 a_0 的一次积分得到速度 $v=a_0 t$,其速度线为两段斜直线。再由速度的一次积分得到位移 $s=\frac{1}{2}a_0t^2$,其位移曲线是两段抛物线。由加速度曲线可知,这种运动规律在 A、B、C 三处加速度发生有限值的突然变化,从而产生有限的惯性力,由此产生的冲击称为柔性冲击。因

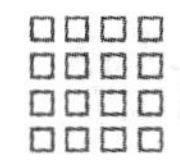

此等加速等减速运动规律多适用于中速轻载的场合。

3）位移曲线的绘制方法

当推程角 φ_0 和升程 h 已知时，加速度位移曲线的近似绘法如下（见图 2-57）。

（1）画直角坐标系，纵轴 s 代表从动件位移，横轴 φ 代表凸轮转角（或时间 t），取角度比例尺 μ_φ（°/mm）和长度比例尺 μ_l。

（2）在纵轴上按 μ_l 截取 h 和 $h/2$，在横轴上按 μ_φ 截取 φ_0 和 $\varphi_0/2$。

（3）把 $\varphi_0/2$ 和 $h/2$ 对应等分为 1′、2′、3′……和 1、2、3……

（4）由 O 点向 1′、2′、3′、4′作射线，与过同名点 1、2、3、4 所引的纵轴平行线分别交于 1″、2″、3″、4″。

（5）用曲线板圆滑连接 0、1″、2″、3″、4″各点，便得等加速度段的位移曲线。

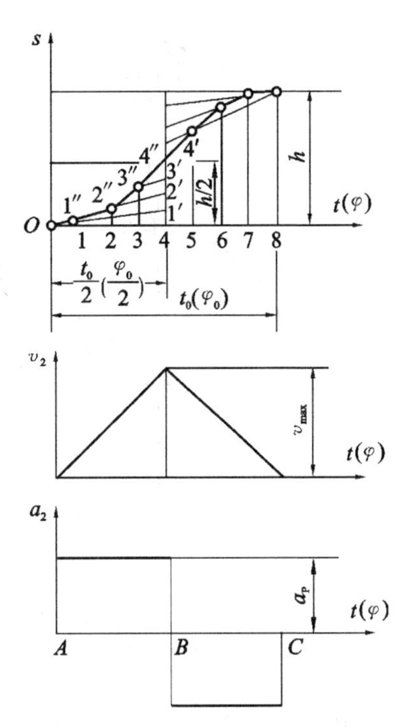

图 2-57 等加速等减速运动规律曲线

同理可得推程等减速段位移曲线。

另外工程上还常用到简谐运动规律、摆线运动规律、函数曲线运动规律等，或者将几种运动规律组合起来使用，设计凸轮机构时可参阅有关资料。

4. 凸轮轮廓曲线设计

在确定了从动件的运动规律及凸轮的转向和基圆半径 r_b 之后，便可以设计凸轮轮廓。凸轮轮廓的设计方法有图解法和解析法两种。图解法直观、方便，在要求精度不高的场合常常应用，下面只介绍图解法。

根据相对运动原理，如果给整个凸轮机构加上一个与凸轮转动角速度 ω 数值相等、方向相反的“$-\omega$”角速度，则凸轮处于相对静止状态，而从动件则一方面按原定规律在机架导路中作往复移动，另一方面随同机架以“$-\omega$”角速度绕 O 点转动，即凸轮机构中各构件仍保持原相对运动关系不变。由于从动件的尖顶始终与凸轮轮廓接触，所以在从动件反转过程中，其尖顶的运动轨迹，就是凸轮轮廓曲线（见图 2-58），这就是凸轮轮廓曲线设计的反转法原理。

1）尖顶对心直动从动件盘形凸轮轮廓的设计

设已知尖顶对心直动从动件盘形凸轮以等角速度 ω 顺时针转动，基圆半径 $r_b=30$ mm，从动件的运动规律如表 2-3 所示，试设计该凸轮的轮廓曲线。

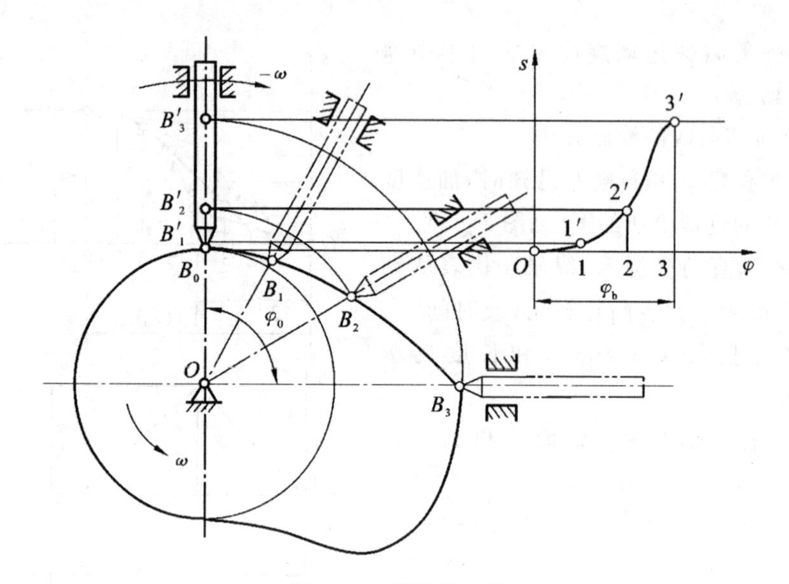

图 2-58　反转法原理

表 2-3　从动件的运动规律

凸轮转角/(°)	0～90	90～150	150～330	330～360
从动件运动	等速上升 30 mm	停止不动	等加速等减速下降到原处	停止不动

凸轮轮廓曲线的绘制步骤如下。

(1) 选取比例尺,作位移曲线　选长度比例尺 $\mu_l=2$ mm/mm,角度比例尺 $\mu_\varphi=6°$/mm 画从动件位移曲线(见图 2-59(a)),并将推程运动角 3 等分,回程运动角 6 等分,得分点 1、2、…、10,停程不必取分点。各分点处对应的从动件位移量为 11′、22′、…、99′。

(2) 画基圆并确定从动件尖顶的起始位置　如图 2-59(b)所示,取相同的比例尺,以 O 为圆心,以 $r_b/\mu_l=(30/2)$ mm$=15$ mm 为半径作基圆。过 O 点画从动件导路与基圆交与 B 点,则 B 点即为从动件尖顶的起始位置。

(3) 画反转过程中从动件的导路位置　自 OB 沿 $-\omega$ 方向量取推程运动角、远休止角、回程运动角和近休止角分别为 90°、60°、180°、30°,并将其分成与位移曲线图中对应的等分,等分线与基圆的交点依次为 B_1、B_2、…、B_{10}。则射线 OB_1、OB_2、…、OB_{10} 即为反转过程中从动件导路所在的各个位置。

(4) 画凸轮工作轮廓　分别在 OB_1、OB_2、…、OB_9 上量取从动件的相对位移量,即线段 $B_1A_1=11'$、$B_2A_2=22'$、…、$B_9A_9=99'$,得反转过程中尖顶的一系列位置 A_1、A_2、…、A_9。将 B、A_1、A_2、…、A_9、B_{10}、B 诸点用光滑曲线连接(其中 $\overset{\frown}{A_3A_4}$、$\overset{\frown}{B_{10}B}$为两段圆弧)即为所求的凸轮工作轮廓。

应当指出,用图解法绘制凸轮工作轮廓时,凸轮转角等分数目越多,绘制的凸轮工作轮廓精确度就越高。

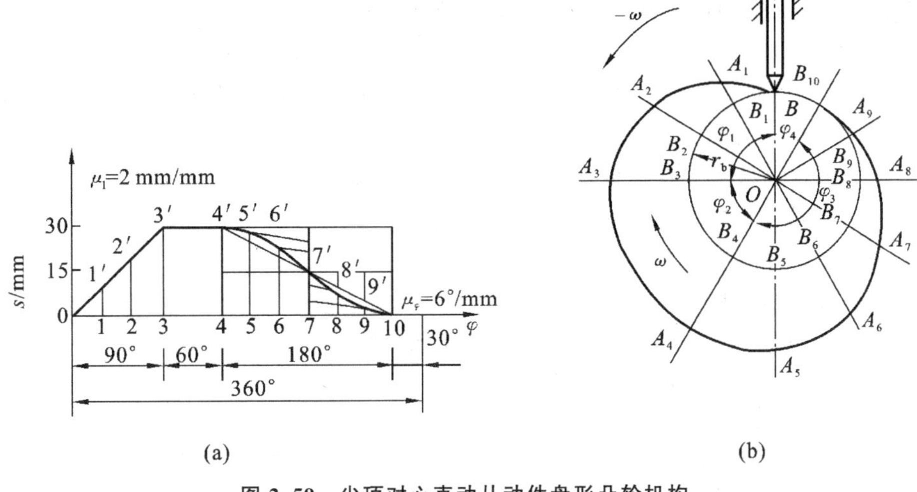

图 2-59　尖顶对心直动从动件盘形凸轮机构

2）对心移动滚子从动件盘形凸轮转廓的设计

对于滚子从动件凸轮机构，在工作时滚子中心始终与从动件保持相同的运动规律，而滚子与凸轮轮廓接触点到滚子中心的距离，始终等于滚子半径 r_r。由此可得步骤如下。

（1）将滚子的回转中心视为从动件的尖顶，按照上例步骤作出尖顶从动件的凸轮轮廓，称为理论轮廓曲线 β（见图 2-60）。

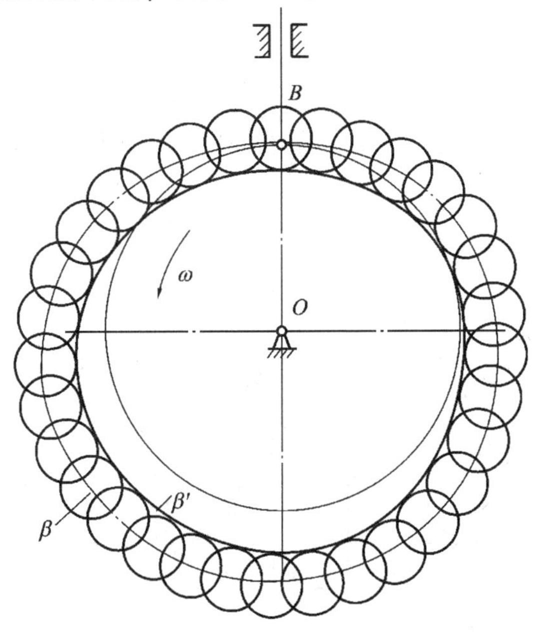

图 2-60　滚子从动件盘形凸轮机构

(2) 以理论轮廓曲线上的各点为圆心,以滚子半径 r_r 为半径,画一系列的圆,再作这一系列圆的内包络线 β',该包络线即为凸轮的工作轮廓(见图 2-60)。

应当注意,由于凸轮工作轮廓 β' 与理论轮廓 β 不是相似形,因此在理论轮廓上简单地沿径向线向内取距离为 r_r 的对应点,再圆滑连接的作图方法是不对的,必须作包络线。此外,凸轮的基圆半径 r_b 是指理论轮廓曲线上的最小向径。

3) 偏置移动尖顶从动件盘形凸轮轮廓的绘制

已知:从动件运动规律,等角速度 ω,偏距 e,基圆半径 r_b。

要求:绘出凸轮轮廓曲线。

设计步骤(见图 2-61):

(1) 以 r_b 为半径作基圆,以 e 为半径作偏距圆;

(2) 过 K 点作从动导路与基圆交于 B_0 点;

(3) 作位移线图,分成若干等份;

(4) 等分偏距圆,过 $K_1, K_2, \cdots, K_9$;过这些点作偏距圆切线,交于基圆,得 $C_1, C_2, \cdots, C_9$ 各点;

(5) 应用反转法,量取从动件在各切线对应置上的位移,由 s-φ 图中量取从动件位移,得 $B_1, B_2, \cdots$,即 $C_1B_1 = 11'$, $C_2B_2 = 22'$, $\cdots$

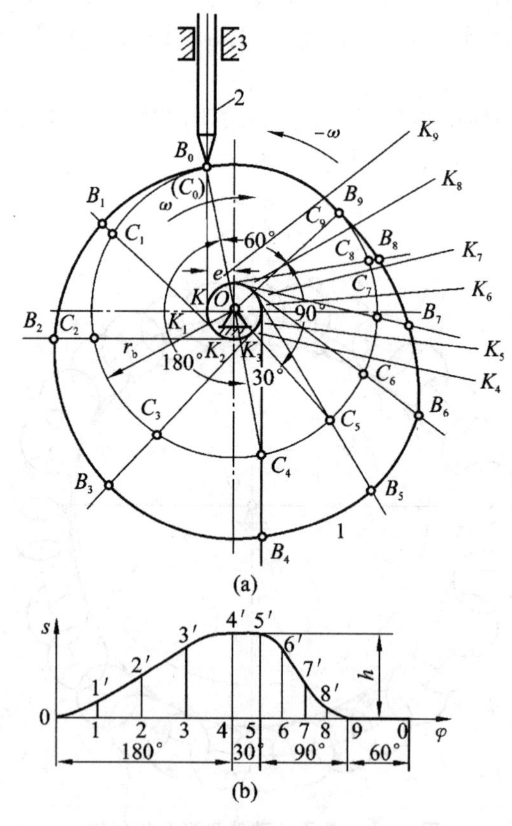

图 2-61 偏置尖顶从动件盘形凸轮

(6) 将 B_0,B_1,…连成光滑曲线,即为凸轮轮廓曲线。

对于滚子从动件星形凸轮机构,其设计方法与上相同,只是要把它的滚子中心看做尖顶从动件凸轮的轮廓曲线,则由上方法得出的轮廓曲线称为理论轮廓曲线,然后以该轮廓曲线为圆心,滚子半径 r_r 为半径画一系列圆,再画这些圆所包络的曲线,即为所设计的轮廓曲线,这称为实际轮廓曲线。其中 r_b 为理论轮廓曲线的基圆半径。对于平底从动件,则只要做出不同位置平底的包络线,即为实际轮廓曲线。

5. 凸轮和从动件的结构设计

在以上介绍用图解法设计凸轮轮廓曲线时,假设凸轮的基圆半径、滚子半径等尺寸均为已知。而在实际设计时,则需根据机构的受力情况,并考虑结构的紧凑性、运动的可靠性等因素,合理确定这些尺寸。下面将介绍如何确定有关的尺寸和参数。

1) 压力角

图 2-62 所示为一尖顶对心移动从动件盘形凸轮机构在推程中的一个位置。如果不考虑摩擦力,从动件的运动方向和凸轮作用于它的法向力 $\boldsymbol{F}_n$ 方向之间所夹的锐角 α 称为压力角。法向力可分解为两个分力

$$\left.\begin{aligned}F_x&=F_n\cdot\sin\alpha\\F_y&=F_n\cdot\cos\alpha\end{aligned}\right\}\tag{2-9}$$

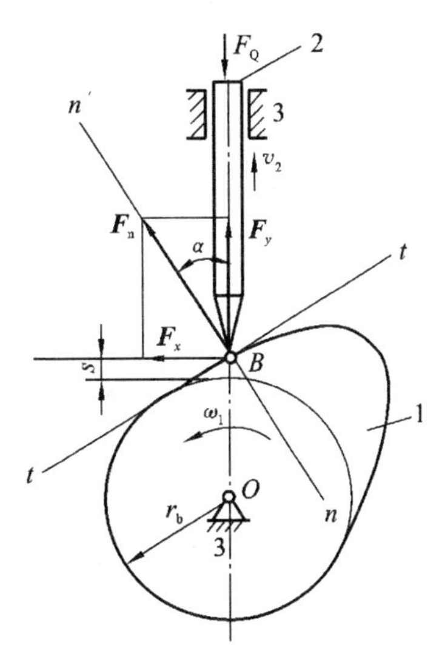

图 2-62　凸轮机构的压力角

显然,F_y 是推动从动件运动的有效分力,它除了克服工作阻力 Q 之外,还须克服导路的摩擦阻力 F_f;而与导路垂直的分力 F_x 将使从动件压紧导路,产生摩擦力,是有害分力。由上述关系可知,压力角 α 愈大,有效分力 F_y 愈小,有害分力 F_x 愈大。当 α 角增大到某一数值时,必将出现 $F_y \leqslant F_x$ 的情况。这时,不论施加多大的 F_n 力,都不能使从动件运动,这种现象称为自锁。因此,为了保证凸轮机构的正常工作,必须对凸轮机构的压力角加以限制,即使其最大压力角 α_{max} 始终小于或等于许用压力角[α]。根据工程实践经验,推荐推程许用压力角取如下数值:

移动从动件[α]$=30°$;

摆动从动件[α]$=45°$;

回程中从动件通常是靠外力或自重作用返回的,一般不会出现自锁现象,压力角可以取大一些,推荐[α]$=70°\sim80°$。

凸轮轮廓曲线绘好后,主要应检查其推程压力角。具体方法是:在轮廓曲线变化大、坡度陡的地方选定一点 K,如图 2-63 所示,过 K 点作凸轮廓线的法线

$\overline{KN}$,$\overline{KN}$即代表受力方向。再自 K 点作从动件的运动方向线$\overline{KB}$,则$\overline{KN}$与$\overline{KB}$之间的夹角就是压力角 α。这样,便可用量角器核查该角是否小于许用压力角。

若 $\alpha_{max}>[\alpha]$,则应修改原设计,通常采用增大基圆半径或将对心式从动件改为偏置式从动件的方法,以减小推程中的压力角。当采用偏置从动件时,如图 2-64 所示,若凸轮逆时针转动,从动件偏置在凸轮转动中心右侧时压力角较小;当凸轮顺时针方向转动时,从动件采用左偏置压力角较小。

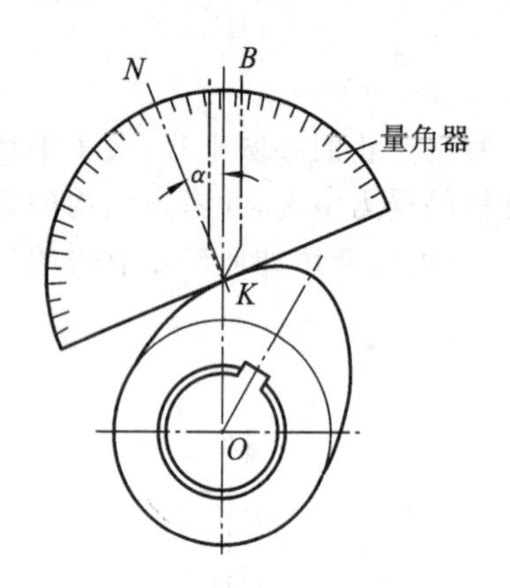

图 2-63　压力角的检验

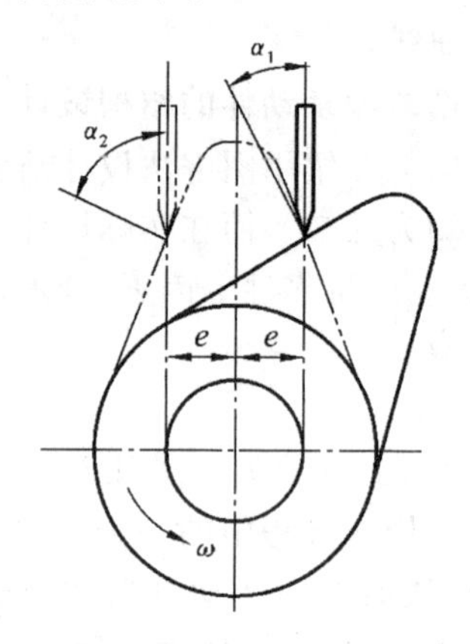

图 2-64　从动件偏置方向对压力角的影响

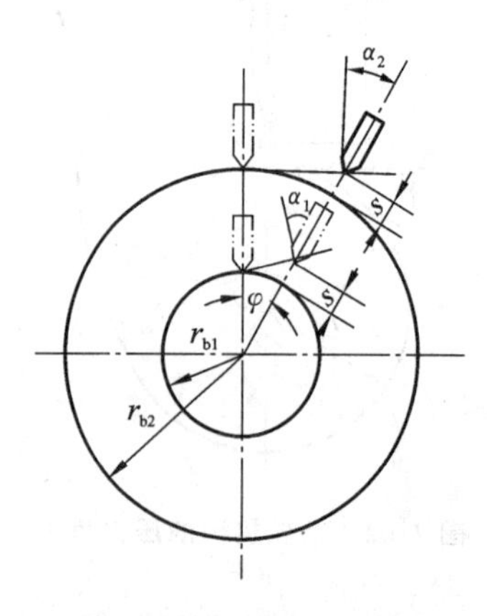

图 2-65　基圆与压力角

2) 凸轮基圆半径的选择

压力角的大小与基圆半径有关。如图 2-65 所示,当凸轮转过相同转角 φ,从动件上升相同位移 s 时,基圆半径较小者凸轮工作轮廓较陡,压力角较大;而基圆较大的凸轮工作轮廓较平缓,压力角较小。

为了减小压力角,宜取较大的基圆半径;欲使结构紧凑,则应尽可能减小基圆半径。因此,设计时应在满足 $\alpha_{max}\leqslant[\alpha]$的条件下取尽可能小的基圆半径。

目前,凸轮基圆半径的选取常用如下两种方法。

(1) 根据凸轮的结构确定 r_b　当凸轮与轴做成一体(凸轮轴)时,有

$$r_b\geqslant r+r_r+(2\sim5)\ \text{mm} \tag{2-10}$$

当凸轮装在轴上时,有

$$r_b\geqslant r_n+r_r+(2\sim5)\ \text{mm} \tag{2-11}$$

式中:r——凸轮轴的半径,mm;

r_n——凸轮轮毂的半径,mm,一般 $r_n=(1.5\sim1.7)r$;

r_r——滚子半径,mm。若从动件不带滚子,则 $r_r=0$。

(2) 根据 $\alpha_{max} \leqslant [\alpha]$ 定 r_b　工程上现已制备了根据从动件常用运动规律确定最大压力角与凸轮基圆半径关系的诺模图，图 2-66 所示为一种适于对心移动从动件盘形凸轮机构的诺模图。图中上半圆的标尺代表凸轮的推程运动角 φ，下半圆的标尺代表最大压力角 α_{max}，直径的标尺代表从动件运动规律的 h/r_b 的值。诺模图的使用方法见案例 2-8。

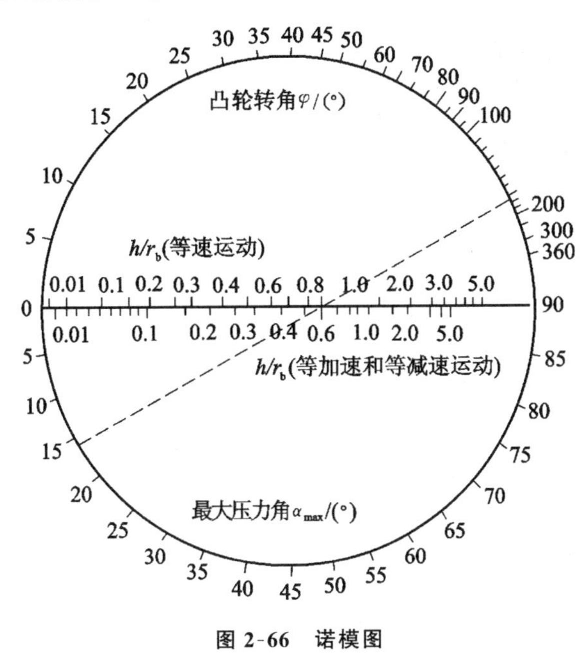

图 2-66　诺模图

【案例】

案例 2-8　设计一尖顶移动从动件盘形凸轮机构，要求凸轮推程运动角 $\varphi_0 = 175°$，从动件在推程中按等加速等减速规律运动，其行程 $h = 18$ mm，最大压力角 $\alpha_{max} = 16°$。试确定其凸轮的基圆半径 r_b。

解　① 根据已知条件将位于圆周上标尺为 $\varphi_0 = 175°$ 和 $\alpha_{max} = 16°$ 的两点以直线相连，如图 2-66 中虚线所示。

② 由虚线与直径上等加速等减速运动规律标尺的交点得：$\dfrac{h}{r_b} = 0.6$；由此得最小基圆半径 $r_{b\,min} = \dfrac{h}{0.6} = \dfrac{18}{0.6}$ mm $= 30$ mm。

③ 基圆半径按 $r_b \gg r_{b\,min}$ 选取。

3) 滚子半径的选择

在滚子从动件凸轮机构中，滚子半径的选择，要综合考虑滚子的结构、强度、凸轮轮廓曲线形状等因素，特别是不能因滚子半径选得过大造成从动件运动规律失真等情况。下面分析凸轮轮廓曲线形状与滚子半径的关系。

如图 2-67 中，ρ 为理论轮廓线某点的曲率半径，ρ' 为凸轮实际轮廓线对应点的曲率半径，r_r 为滚子半径。

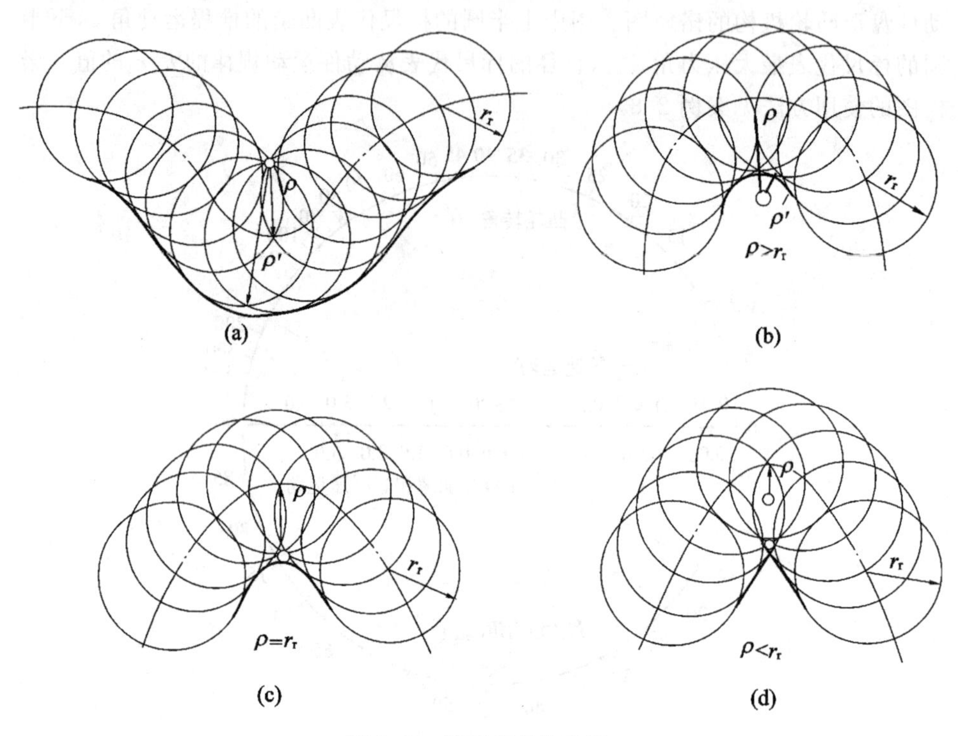

图 2-67　滚子半径的选取

(1) 当理论廓线内凹时（见图 2-67(a)）

$$\rho' = \rho + r_r$$

这时，无论滚子半径大小，凸轮工作轮廓总是光滑曲线。

(2) 当理论廓线外凸时（见图 2-48(b)、(c)、(d)）

$$\rho' = \rho - r_r$$

这时可分三种情况：

① $\rho > r_r$ 时，$\rho' > 0$，这时所得的凸轮实际轮廓为光滑的曲线（见图 2-67(b)）；

② $\rho = r_r$ 时，$\rho' = 0$，实际廓线变尖（见图 2-67(c)）极易磨损，不能使用；

③ $\rho < r_r$，$\rho' < 0$，即实际廓曲线出现交叉（见图 2-67(d)），交点以外的廓线在加工时将被切去。致使从动件不能按预定的运动规律运动，这种现象称为失真。

综上所述，欲保证滚子与凸轮正常接触，滚子半径必须小于理论廓线外凸部分的最小曲率半径 ρ_{min}。通常设计时可取 $r_r \leqslant 0.8\rho_{min}$。若此要求无法满足时，可适当增大基圆半径重新设计；若机器的结构不允许增大凸轮尺寸时，可改用尖顶从动件。

理论轮廓曲线的最小曲率半径可用作图法求得，先在理论廓线上目测出曲率最小处 H（见图 2-68），在 H 附近作三个半径相等的适当小圆，由几何关系可知，H

处的曲率中心在 C 点，曲率半径 $\rho_{\min}=\overline{CH}$，$\overline{CH}$ 直线也在 H 点的法线 nC 上。

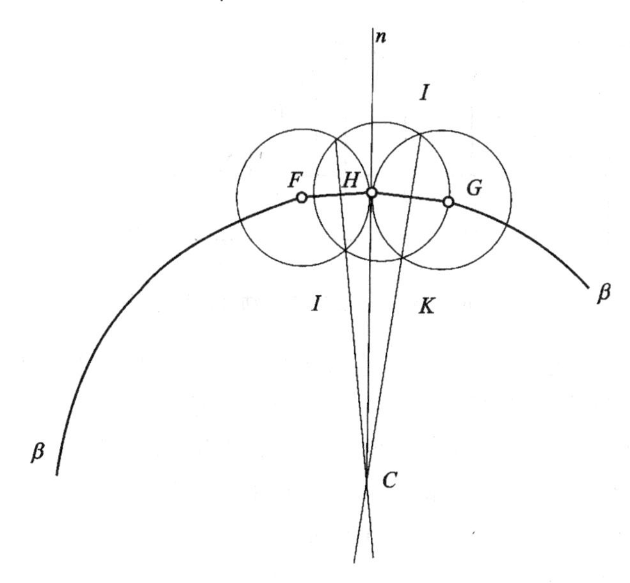

图 2-68　曲率半径的近似求法

【案例】　设计精压机中送料凸轮机构

案例 2-9　设计精压机中送料凸轮机构

解　1. 设计要求与数据

送料机构采用凸轮机构，将毛坯送入模腔并将成品推出，坯料输送最大距离 200 mm。

2. 设计过程

1）选择凸轮机构的类型

按设计要求，采用尖顶对心直动从动件盘形凸轮机构。

【说明】

① 盘形凸轮与圆柱凸轮对比，机构简单、加工工艺性好。

② 因送料推力不大，因此采用简单的尖顶直动从动件，这对凸轮轮廓线的设计要求也比较低。

2）从动件运动规律的选择

因对从动件运动的动力性能无特别的要求，因此在推程和回程均采用等速运动规律。考虑整个运动过程中不需要远休，可设定推程运动角为 180°，回程运动角和近休止角均为 90°。凸轮机构行程 h 应能满足送料的行程范围，根据坯料输送的最大距离为 200 mm，取凸轮的行程 $h=200$ mm。从动件的运动规律如图 2-69 所示。

应根据工作条件确定从动件的运动规律。

（1）只对从动件的工作行程有要求，而对运动规律无特殊要求。

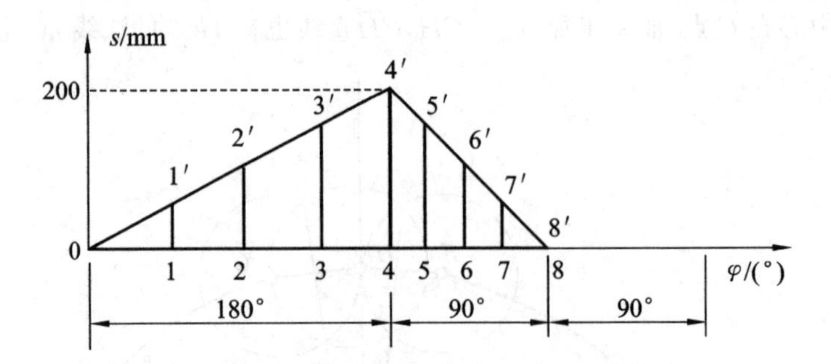

图 2-69　偏置移动尖顶从动件运动规律

低速轻载凸轮机构,采用圆弧、直线等易于加工的曲线作为凸轮廓线;高速凸轮机构首先考虑动力特性,以避免产生过大的冲击。

(2) 机器的工作过程对从动件的运动规律有特殊的要求。

凸轮转速不高,按工作要求选择运动规律;凸轮转速较高时,选定主运动规律后,进行组合改进,以消除刚性和柔性冲击。

3) 凸轮结构基本尺寸的确定

根据诺模图求凸轮的基圆半径:

在本例中,推程运动角 $\varphi_0=180°$,行程 $h=200$ mm,从动件以等速运动,要求 $a_{max}\leqslant 33°$;

由图 2-70,得$\dfrac{h}{r_b}=2$,所以 $r_b=100$ mm。

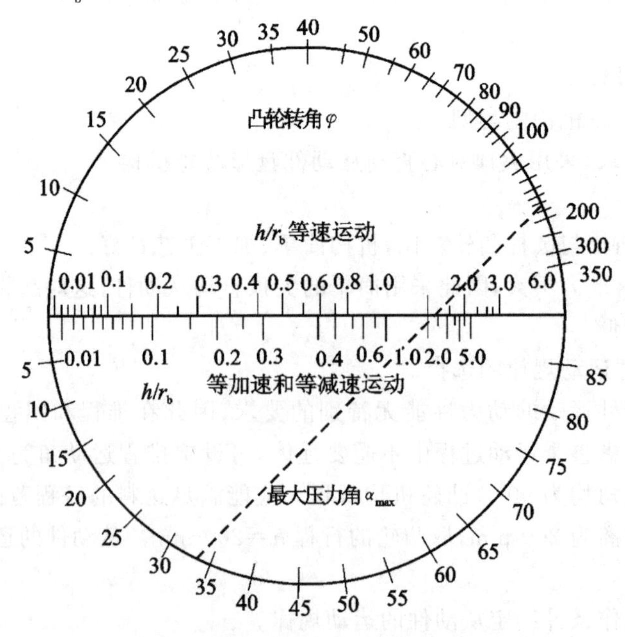

图 2-70　根据诺模图求凸轮的基圆半径

4）根据图解法求凸轮廓线

（1）一般取比例尺为1，做推杆的 s-φ 位移曲线图，并将其横坐标分为8等分。如图2-69所示。

（2）选取同样的比例尺，绘出基圆及从动件的起始位置线。

（3）画出从动件导路的反转位置；在基圆上沿 $-\omega$ 方向，将基圆分成与 s-φ 的横坐标相对应的等分点1，2，…。O_1，O_2，O_3，…这些代表推杆导路在反转过程中所占的位置。

（4）根据运动规律，画出尖顶位置；沿 O_1，O_2，O_3，…从基圆起，向外截取 s-φ 曲线相应的线段长度 $11'$，$22'$，…得到的这些线段外端点 $1'$，$2'$，…，即代表从动件尖顶依次占据的位置。

（5）将上述线段外端点连成光滑曲线，即得所求凸轮廓线曲线，如图2-71所示。

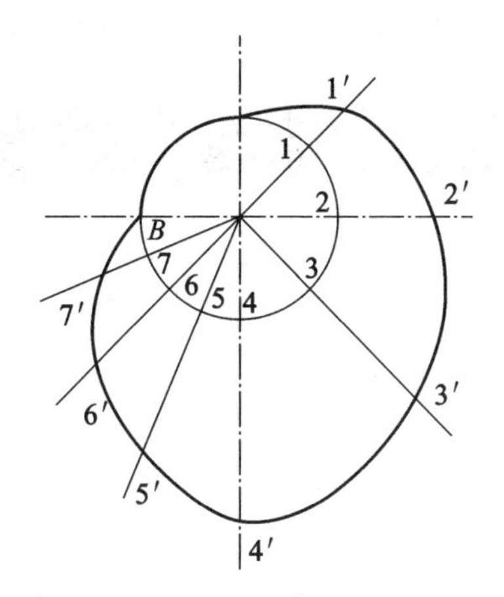

图2-71 凸轮轮廓曲线

思 考 题

1. 试述凸轮机构的特点，并与连杆机构进行对比。

2. 从动件常用运动规律有哪几种？各有何特点？

3. 何谓凸轮机构传动中的刚性冲击和柔性冲击？

4. 何谓凸轮压力角？压力角的大小对机构有何影响？用作图法求图2-72中各凸轮由图示位置逆转45°时，凸轮机构的压力角，并标在图中。

5. 在绘制滚子从动件盘形凸轮工作廓线时，可否由其理论廓线上各点的曲率半径减去滚子半径求得？为什么？

6. 滚子从动件的滚子半径如何选取？

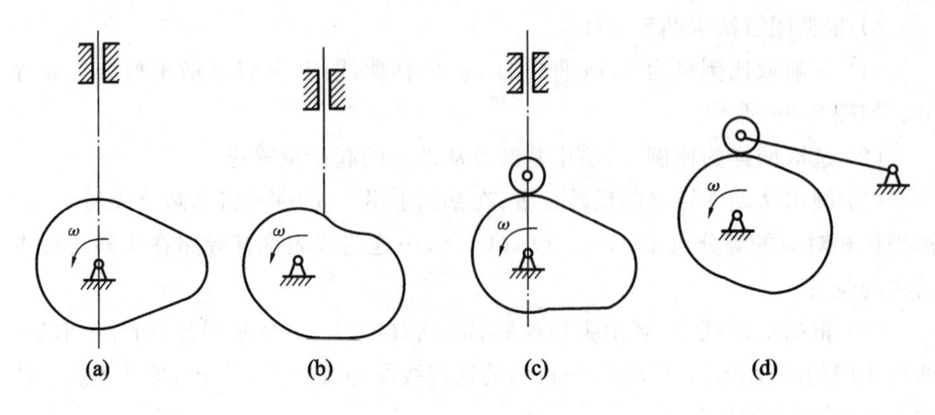

图 2-72　思考题 4 图

7. 凸轮的基圆指的是哪个圆？滚子从动件盘形凸轮的基圆在何处度量？

8. 何谓运动失真？应如何避免凸轮机构在运动过程中的运动失真？

练　习　题

2-8　有一尖顶对心移动从动件盘形凸轮，其向径的变化如下表所示，试画出其位移线图(s-φ 图)，并据位移线图，判断从动件的运动规律。

凸轮转角 φ/(°)	0	30	60	90	120	150	180	210	240	270	300	330	360
向径 r/mm	30	35	40	45	50	55	60	55	50	45	40	35	30

2-9　画出图 2-73 中凸轮机构 A 点和 B 点位置处从动件的压力角，若此偏心凸轮推程压力角过大，则应使凸轮中心向何方偏置才能减小压力角？

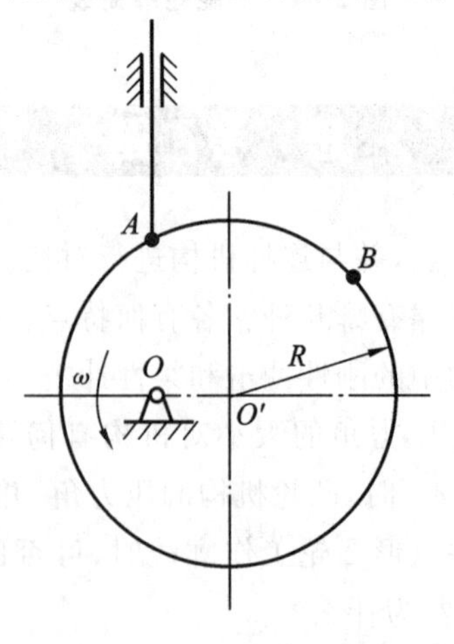

图 2-73　题 2-9 图

【学生设计题】 设计一顺时针转动的偏置尖顶移动从动杆盘形凸轮。已知其运动规律为 $\varphi_0=120°$，$\varphi_s=60°$，$\varphi_0'=120°$，$\varphi_s'=60°$从动杆在推程以等速上升，升程 $h=30$ mm，回程以等加速等减速运动规律返回原位。基圆半径 $r_b=35$ mm，从动件偏距 $e=8$ mm，(从动件导路中心偏于凸轮转动中心左侧)试绘制凸轮的轮廓。

若改为滚子从动件，滚子半径 $r_r=8$ mm，其余条件不变，如何画出凸轮的轮廓？

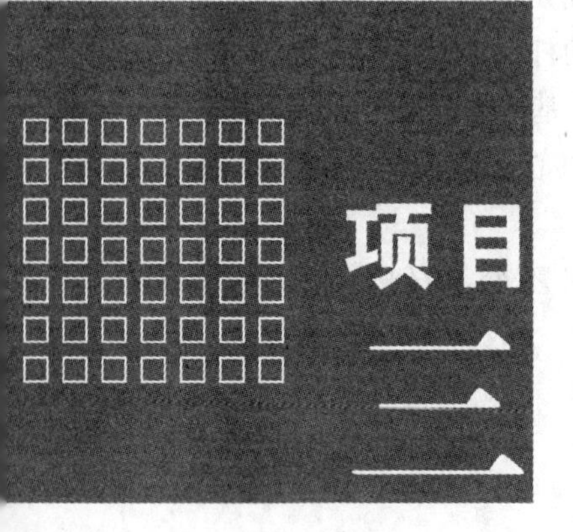

连　接

任务 3-1　螺栓连接的选型设计

【任务分析】

螺栓连接有普通螺栓连接、绞制孔螺栓连接两大类。而普通螺栓连接又分为松连接和紧连接两类,紧螺栓连接又分受横向工作载荷和轴向载荷两种受力情况。因此在此任务案例中我们既要了解螺栓的材料、性能等级及对应 σ_b、σ_s数据的获取方法,还要掌握不同受力情况应用的相应强度公式及载荷的计算方法,并掌握螺栓的最终选型。

【相关知识】

为便于使用、制造、装配、维修及运输机器,机器各零件需要彼此连接。按被连接零件之间在工作时是否有相对运动,连接可分为动连接和静连接两大类。导向平键和导向花键、铰链等都是动连接。而箱盖与箱座之间所用的螺栓连接、销连接等则属于静连接。在机械设计中,通常所指的连接主要是静连接。

静连接可分为可拆连接和不可拆连接两大类。可拆连接包括:螺纹连接;键、花键、销连接;楔连接;型面连接等。不可拆的连接包括:铆接;过盈连接;焊接;胶接等。可拆连接是指连接拆开时,不破坏连接中的零件,重新安装即可继续使用的连接。不可拆连接是指连接拆开时,要破坏连接中的零件,不能继续使用的连接。

设计中选用何种连接,主要取决于使用要求和经济要求。一般说来,采用可拆连接是考虑结构、安装、维修和运输上的需要,而采用不可拆连接,主要是考虑工艺和经济上的要求。

螺纹连接是利用具有螺纹的零件构成的一种可拆连接,主要有结构简单、装拆方便、成本低廉、工作可靠、互换性强、供应充足等优点,所以螺纹连接应用非常广泛。

知识点 1

螺纹连接选型计算及强度校核

1. 螺纹的主要参数、螺纹的类型、特点和应用

如图 3-1 所示，普通螺纹的主要几何参数有：螺纹大径 $d(D)$、小径 $d_1(D_1)$、中径 $d_2(D_2)$、螺距 P、螺纹线数 n、导程 L、螺旋升角 λ、牙型角 α、牙型斜角 β。其中 D、D_1、D_2 用于内螺纹，螺纹的大径为公称直径。螺距与导程的关系为 $L=nP$。

根据螺纹的牙型，可分为三角形螺纹、矩形螺纹、梯形螺纹和锯齿形螺纹等，其形状及代号见表 3-1；根据螺旋线方向，可分为左旋（见图 3-2(a)）和右旋（见图 3-4(b)）螺纹（当螺纹轴线垂直放置时，螺纹自左到右升高者，称为右旋，反之为左旋），一般常用右旋；根据螺旋线的数目，螺纹分为单线（见图 3-2(a)）和多线（见图 3-2(b)），连接螺纹一般用单线；按螺距（大径相同时）分，可分为粗牙螺纹和细牙螺纹；按母体形状分，可分为圆柱螺纹和圆锥螺纹。

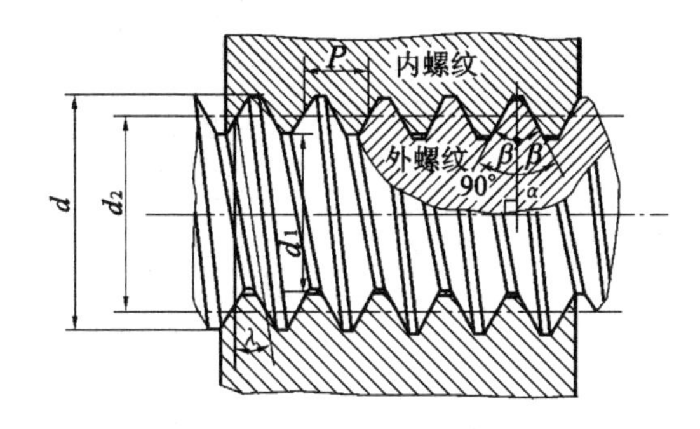

图 3-1 螺纹的主要参数

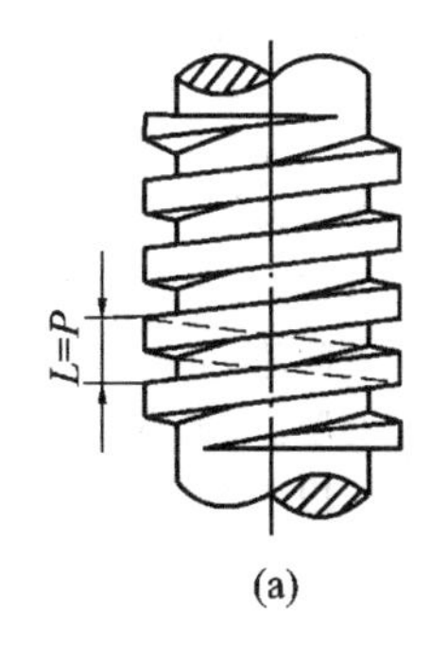

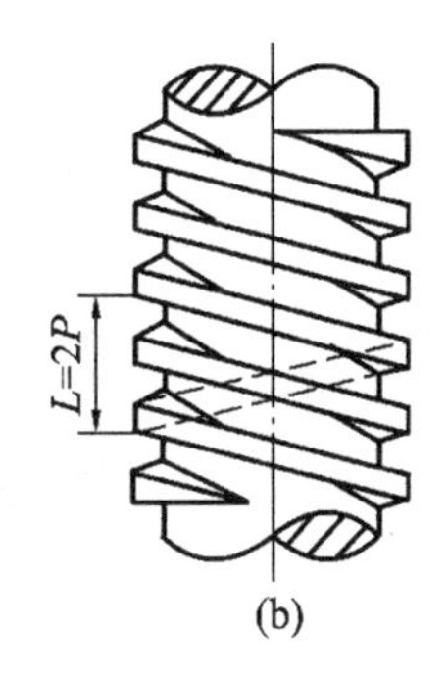

图 3-2 螺纹旋向与线数

(a)右旋单线螺纹；(b)左旋双线螺纹

根据采用的标准不同，螺纹分为米制螺纹和英制螺纹，我国除管螺纹外，一般都采用米制螺纹。牙型角为 60°的三角形圆柱螺纹，称为普通螺纹。凡牙型、大径和螺距等都符合国家标准的螺纹，称为标准螺纹。标准螺纹的基本尺寸可

查阅有关标准或手册。

常用螺纹的类型、代号、特点和应用见表 3-1。

表 3-1　螺纹的类型、代号、特点和应用

类型		代号	牙型图	特点与应用
普通螺纹 GB/T 192～197—2003		M	P, d, 60°	牙型角 $\alpha=60°$，自锁性能好，牙型抗剪强度高。螺纹副的小径处有间隙，外螺纹牙根允许有较大的圆角，以减小应力集中。同一直径，按螺距大小不同分为粗牙和细牙。细牙的自锁性能较好，螺纹强度削弱少，但易滑扣。 一般连接多用粗牙。细牙用于薄壁零件，也常用于受变载、振动及冲击载荷的连接，还可用于微调机构的调整
管螺纹	管连接用细牙普通螺纹	M		与普通细牙螺纹相同，不需专用量刃具，制造经济，靠零件端面和密封圈密封。 液压系统、气动系统、润滑附件和仪表等
管螺纹	非螺纹密封的管螺纹 GB/T 7307—2001	G	P, d, 55°	牙型角 $\alpha=55°$、公称直径近似为管子内径。内、外螺纹公称牙型间没有间隙。 多用于压力为 1.568 MPa 以下、煤气管路、润滑和电线管路系统
管螺纹	用螺纹密封的管螺纹 GB/T 7306—2000	R	P, d, 55°, φ	牙型角 $\alpha=55°$、公称直径近似为管子内径，螺纹分布在 1∶16 的圆锥管壁上。内、外螺纹公称牙型间没有间隙，不用填料而依靠螺纹牙的变形就可以保证连接的紧密性。 用于高温、高压系统和润滑系统。适用于管子、管接头、旋塞、阀门和其他螺纹管连接的附件
管螺纹	60°圆锥管螺纹 GB/T 12716—2002	NPT	P, d, 60°, φ	与 55°圆锥管螺纹相似，但牙型角 $\alpha=60°$。 用于汽车、拖拉机、航空机械、机床等燃料、油、水、气输送系统的管连接

续表

类型	代号	牙型图	特点与应用
矩形螺纹		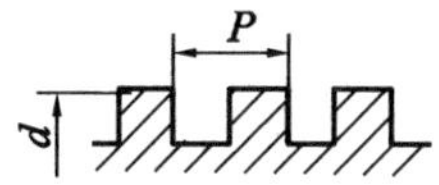	牙型为正方形、牙厚为螺距的一半，传动效率较其他螺纹高。但精确制造困难（为便于加工，可给出10°的牙型角），螺纹副磨损后的间隙难以补偿或修复，对中精度低，牙根强度弱。 一般用于力的传递，如千斤顶、小的压力机等
梯形螺纹 GB/T 5796.1～5796.4—2005	Tr	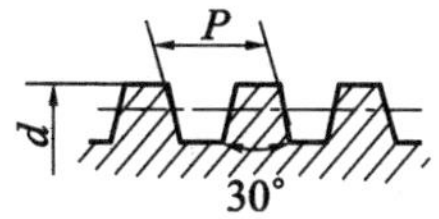	牙型角 $\alpha=30°$，螺纹副的小径和大径处有相等的间隙。与矩形螺纹相比，效率略低，但工艺性好，牙根强度高，螺纹副对中性好，可以调整间隙。 应用较广，用于传动螺旋，常用于丝杠、刀架丝杆等
锯齿形螺纹 GB/T 13576—2008	B	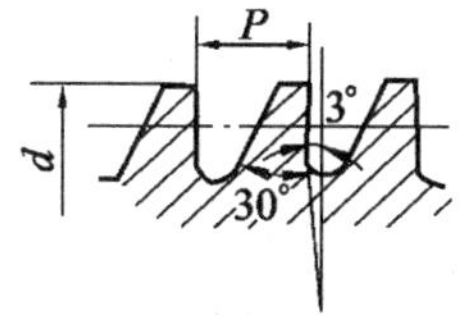	工作面的牙型斜角为3°，非工作面的牙型斜角为30°，综合了矩形螺纹效率高和梯形螺纹牙强度高的特点。 用于单向受力的传力螺旋。如轧钢机的压下螺旋、螺旋压力机、水压机、起重机的吊钩等

2. 螺纹连接的主要类型和螺纹紧固件

1）螺纹连接的主要类型

螺纹连接有四种基本类型，即螺栓连接、双头螺柱连接、螺钉连接和紧定螺钉连接，前两种需拧紧螺母才能实现连接，后两种不需要螺母。现将它们的类型、结构、特点和应用列于表3-2，设计时可按被连接件的强度、装拆次数及被连接件的厚度、结构尺寸等具体条件选用。

表 3-2　螺纹连接的类型、结构、特点及应用

类型	结构图	尺寸关系	特点及其应用
螺栓连接	普通螺栓 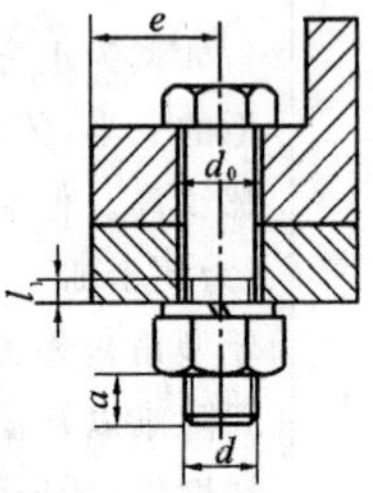	螺纹余量长度 l_1 为静载荷 $l_1 \geqslant (0.3 \sim 0.5)d$ 变载荷 $l_1 \geqslant 0.75d$ 铰制孔用螺栓的 l_1 应尽可能的小于螺纹伸出长度 $a=(0.2 \sim 0.3)d$ 螺纹轴线到边缘的距离 $e=d+(3 \sim 6)\mathrm{mm}$	被连接件无需切制螺纹，结构简单，装拆方便，应用广泛。通常用于被连接件不太厚和便于加工通孔的场合。工作时，螺栓受轴向拉力，又称受拉螺栓连接
螺栓连接	铰制孔连接（或称配连接） 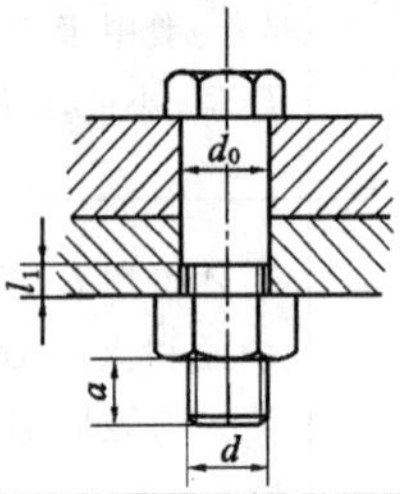	螺栓孔直径 d_0 普通螺栓 $d_0=1.1d$ 铰制孔用螺栓的 d_0 与 d 的对应关系如下 $\frac{d}{d_0}$ | $\frac{\mathrm{M8} \sim \mathrm{M27}}{d+1\ \mathrm{mm}}$ | $\frac{\mathrm{M30} \sim \mathrm{M48}}{d+2\ \mathrm{mm}}$	孔与螺栓杆之间没有间隙。用螺栓杆承受横向载荷或固定被连接件的相互位置。工作时，螺栓一般受剪切力，又称受剪螺栓连接
双头螺柱连接	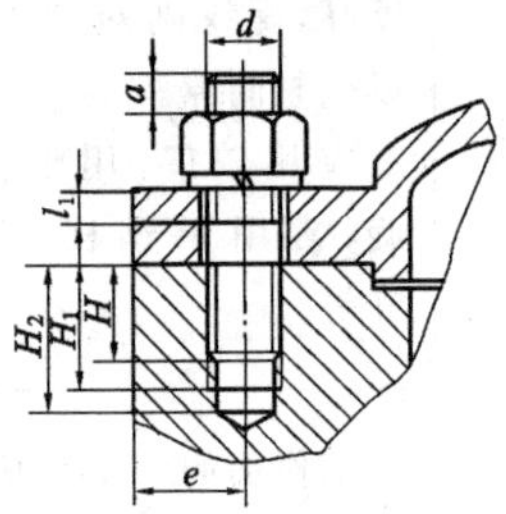	螺纹拧入深度 H 为 钢或青铜：$H \approx d$ 铸铁：$H=(1.25 \sim 1.5)d$ 铝合金：$H=(1.5 \sim 2.5)d$ 螺纹孔深度 $H_1=H+(2 \sim 2.5)d$ 钻孔深度 $H_2=H_1+(0.5 \sim 1)d$ l_1、a、e 值同普通螺栓连接情况	螺柱的一端旋紧在一被连接件的螺纹孔中。另一端则穿过另一被连接件的孔。通常用于被连接件之一不太厚不便穿孔、结构要求紧凑或经常拆装的场合
螺钉连接	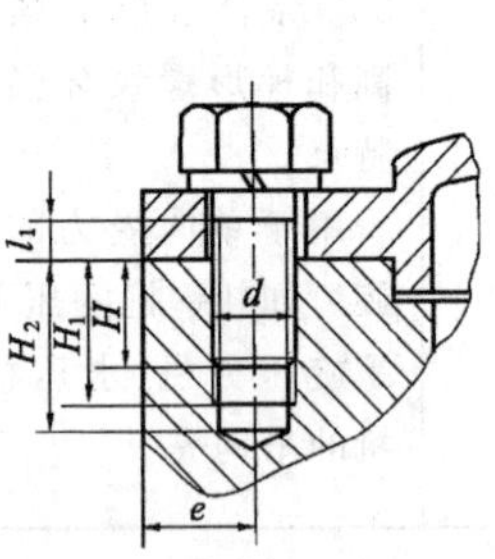	螺纹拧入深度 H 为 钢或青铜：$H \approx d$ 铸铁：$H=(1.25 \sim 1.5)d$ 铝合金：$H=(1.5 \sim 2.5)d$ 螺纹孔深度 $H_1=H+(2 \sim 2.5)d$ 钻孔深度 $H_2=H_1+(0.5 \sim 1)d$ l_1、a、e 值同普通螺栓连接情况	不用螺母，它适用于被连接件之一太厚且不经常拆装的场合
紧定螺钉连接	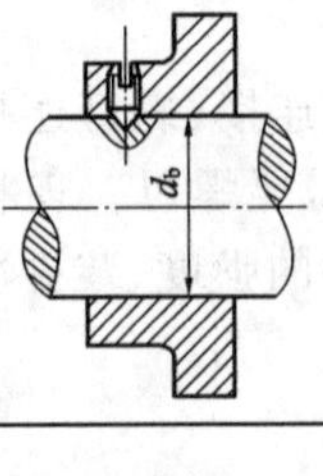	$d=(0.2 \sim 0.3)d_b$ 当力和转矩大时取较大值	螺钉的末端顶住零件的表面或顶入该零件的凹坑中，将零件固定，它可以传递不大的载荷

螺纹连接除上述四种基本类型外，还有一些特殊结构的连接。例如装在机器或大型零部件顶盖或外壳上起吊用的吊环螺钉连接（见图 3-3）；用于固定机座或机架的地脚螺栓连接（见图 3-4），用于工装设备（如机床工作台等）中的 T 形槽螺栓连接（见图 3-5）等。

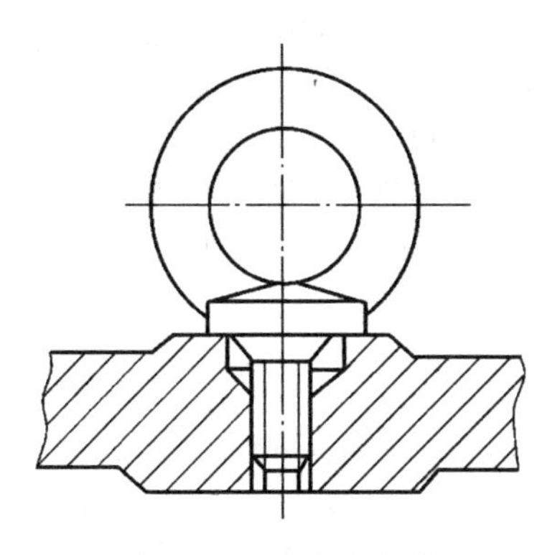

图 3-3 吊环螺钉连接

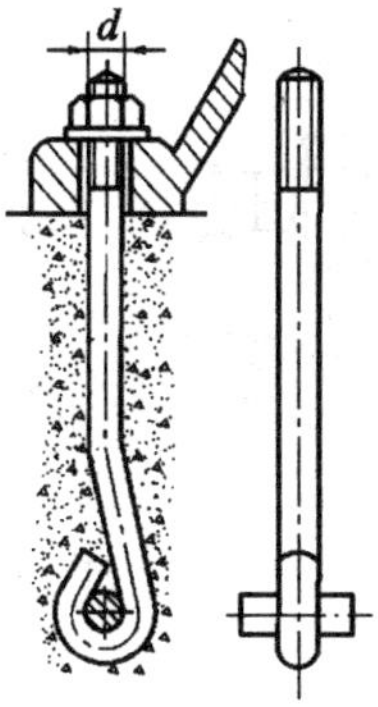

d

图 3-4 地脚螺栓连接

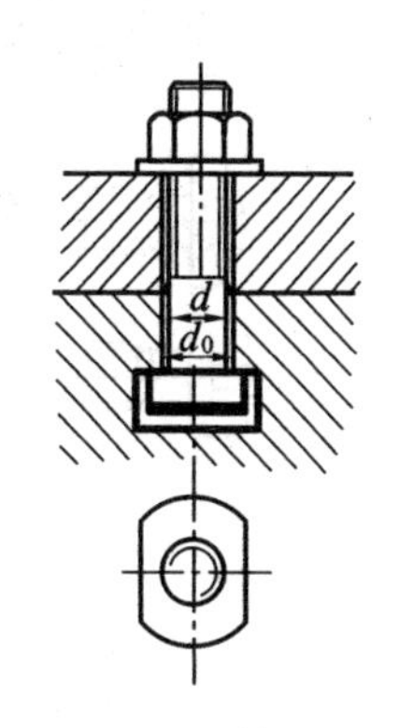

图 3-5 T 形槽螺栓连接

2）螺纹紧固件

螺纹紧固件的品种很多，大都已标准化，它是一种商品性零件，根据使用要求合理选择其规格、型号后即可外购。常用标准螺纹紧固件的类型、图例、结构特点和应用见表 3-3。

表 3-3 常用标准螺纹紧固件

类型	图例	结构特点和应用
六角头螺栓	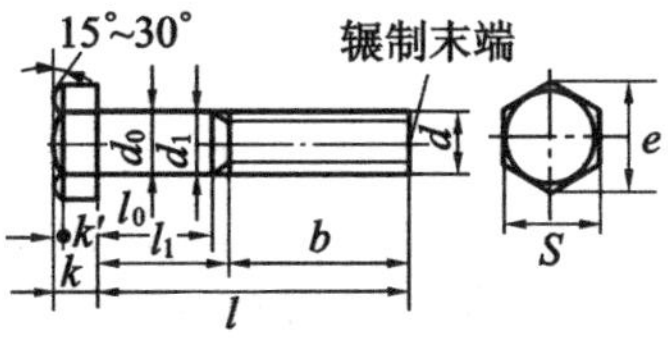 15°~30°；辗制末端；d_0；d_1；d；e；k'；k；l_0；l_1；b；l；S	种类很多，应用最广，精度分为 A、B、C 三级，通用机械制造中多用 C 级（左图）。螺栓杆部可制出一段螺纹或全螺纹、螺纹可用粗牙或细牙（A、B 级）
双头螺柱	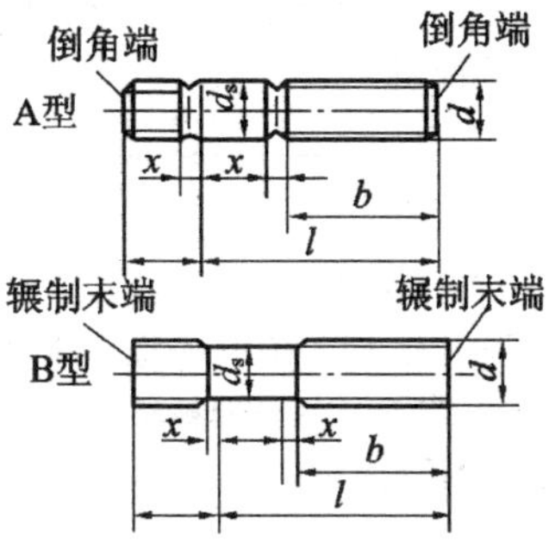 A型：倒角端；倒角端；d_s；d；x；x；b；l B型：辗制末端；辗制末端；d_s；d；x；x；b；l	螺柱两端都制有螺纹，两端螺纹可相同或不同，螺柱可带退刀槽或制成腰杆，也可制成全螺纹的螺柱。螺柱的一端常用于旋入铸铁或有色金属的螺纹孔中，旋入后即不拆卸，另一端则用于安装螺母以固定其他零件

续表

类型	图例	结构特点和应用
螺钉	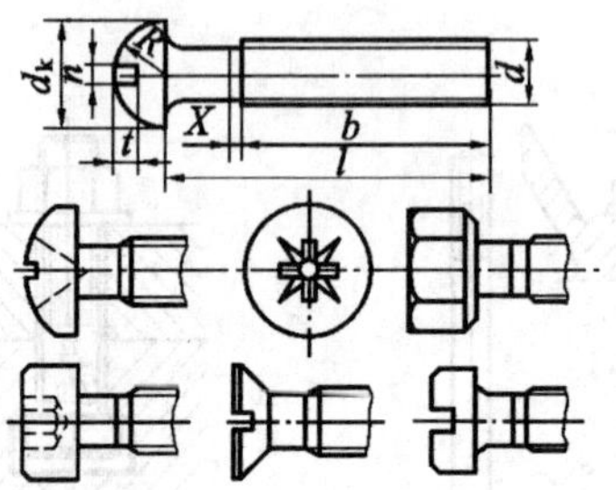	螺钉头部形状有圆头、扁圆头、六角头、圆柱头和沉头等。头部起子槽有一字槽、十字槽和内六角孔等类型。十字槽螺钉头部强度高、对中性好，便于自动装配。内六角孔螺钉能承受较大的扳手力矩，连接强度高，可代替六角头螺栓，用于要求结构紧凑的场合
紧定螺钉	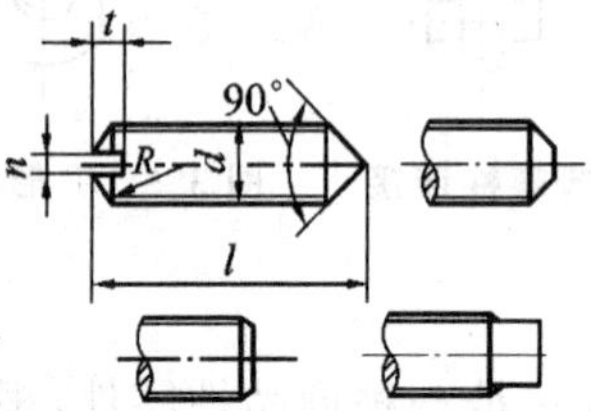	紧定螺钉的末端形状，常用的有锥端、平端和圆柱端。锥端适用于被紧定零件的表面硬度较低或不经常拆卸的场合；平端接触面积大，不伤零件表面，常用于顶紧硬度较大的平面或经常拆卸的场合；圆柱端压入轴上的凹坑中，适用于紧定空心轴上的零件位置
自攻螺钉	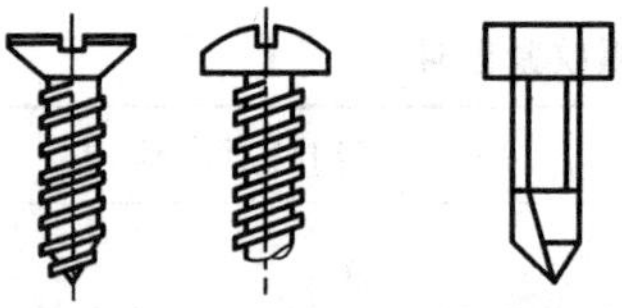	螺钉头部形状有圆头、六角头、圆柱头和沉头等。头部起子槽有一字槽、十字槽等形式。末端形状有锥端和平端等，多用于连接金属薄板、轻合金或塑料零件。在被连接件上可不预先制出螺纹，在连接时利用螺钉直接攻出螺纹
六角螺母	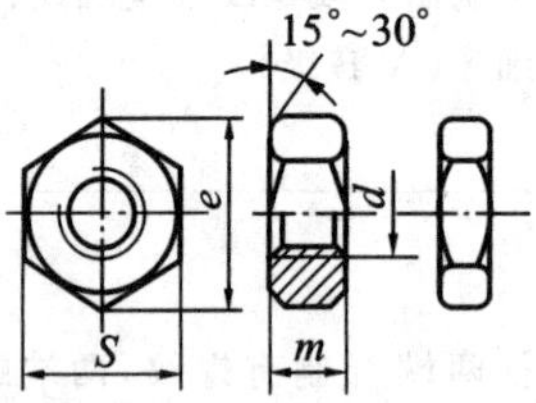	根据螺母厚度不同，分为标准的和薄的两种。薄螺母常用于受剪力的螺栓上或空间尺寸受限制的场合。螺母的制造精度和螺栓相同，分为 A、B、C 三级，分别与相同级别的螺栓配用
圆螺母	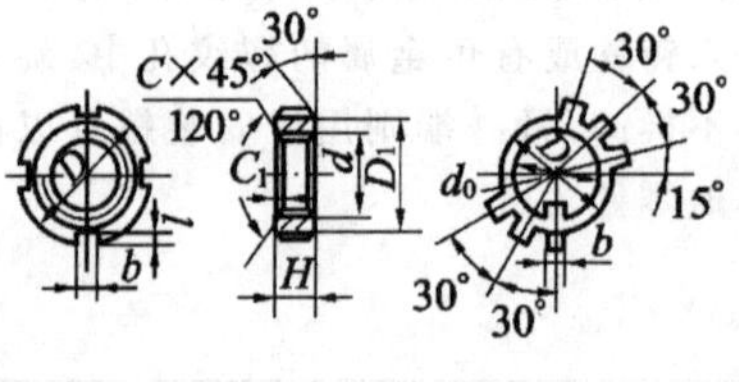	圆螺母常与止退垫圈配用，装配时将垫圈内舌插入轴上的槽内，而将垫圈的外舌嵌入圆螺母的槽内，螺母即被锁紧。常作为滚动轴承的轴向固定用

续表

类型	图例	结构特点和应用
垫圈	平垫圈 斜垫圈 h d_1 d_2	垫圈是螺纹连接中不可缺少的附件，常放置在螺母和被连接件之间，起保护支承表面等作用。平垫圈按加工精度不同，分为A级和C级两种。用于同一螺纹直径的垫圈又分为特大、大、普大和小号四种规格，特大垫圈主要在铁木结构上使用。斜垫圈只用于倾斜的支承面上

3）螺纹紧固件的材料及等级

螺纹紧固件等级分为两类，一类是产品等级，另一类是力学性能等级。

（1）产品等级　产品等级表示产品的加工精度等级。根据国家标准规定，螺纹紧固件分为三个精度等级，其代号分别为A、B、C。A级精度最高，用于要求配合精确，防止振动等重要零件的连接；B级精度多用于受载较大且经常装拆或受变载荷的连接；C级精度多用于一般的螺纹连接。

（2）力学性能等级　螺纹紧固件的常用材料为Q 215、Q 235、10、35和45钢，对于重要的螺纹紧固件，可采用15Cr、40Cr等。对于特殊用途（如防锈蚀、防磁、导电或耐高温等）的螺纹紧固件，可采用特种钢或铜合金、铝合金等。弹簧垫圈用65Mn制造，并经热处理和表面处理。

螺纹连接件的力学性能等级表示连接件材料的力学性能，如强度、硬度的等级。国家标准规定，螺栓、螺柱、螺钉的力学性能等级标记代号由两个数字表示，中间用小数点“.”隔开，小数点前的数字为σ_b的1/100，（σ_b为公称抗拉强度）；小数点后的数字为$10\times\sigma_s/\sigma_b$或$10\times\sigma_{0.2}/\sigma_b$（$\sigma_s$为公称屈服点，而$\sigma_{0.2}$为公称屈服强度）。例如级别4.6表示，$\sigma_b=400$ MPa，$\sigma_s=240$ MPa。螺母的力学性能等级用一位数字表示。表3-4、表3-5所示为螺纹连接件的力学性能等级。

表3-4　螺栓的性能等级（摘自GB/T 3098.1—2000）

性能等级（标记）	3.6	4.6	4.8	5.6	5.8	6.8	8.8	9.8	10.9	12.9
抗拉强度 $\sigma_{b\ min}$/MPa	330	400	420	500	520	600	800	900	1040	1220
屈服强度 σ_{smin}/MPa	190	240	340	300	420	480	640	720	940	1100
硬度$_{min}$/HBS	90	114	124	147	152	181	238	276	304	366

续表

性能等级（标记）	3.6	4.6	4.8	5.6	5.8	6.8	8.8	9.8	10.9	12.9
推荐材料	低碳钢	低碳钢或中碳钢					中碳钢，淬火并回火		中碳钢，低、中碳合金钢，淬火并回火合金钢	合金钢
	10 Q215	15 Q235	16 Q235	25 35	15 Q235	45	35	35 45		

紧定螺钉依靠末端表面起紧定作用，垫圈也是依靠表面起作用，所以国家标准规定它们的力学性能用表面硬度表示。

表 3-5　螺母的性能等级（摘自 GB/T 3098.2—2000）

性能等级（标记）	4	5	6	8	9	10	12
抗拉强度极限 σ_{bmin}/MPa	510 (d=16～39)	520 (d=3～4)	600	800	900	1040	1140
推荐材料	易切削钢		低碳钢或中碳钢	中碳钢，低、中碳合金钢，淬火并回火			
相配螺栓的性能等级	3.6，4.6，4.8 ($d>16$)	3.6，4.6，4.8，5.6，5.8 ($d\leqslant 16$)	6.8	8.8	8.8 (d=16～39) 9.8($d\leqslant 16$)	10.9	12.9

注：最大硬度值为 30HRC。

3. 螺纹连接的预紧和放松

1）预紧

在实际使用中，绝大多数螺纹连接在装配时都必须拧紧，使连接在承受工作载荷之前，预先受到力的作用，这个预加的作用力称为预紧力。预紧的目的是增强连接的可靠性和紧密性，以防止受载后被连接件间出现缝隙或发生相对滑移，对于受拉螺栓连接，还可提高螺栓的疲劳强度，特别是对于像气缸盖、管路凸缘、齿轮箱轴承盖等紧密性要求较高的螺纹连接，预紧更为重要。但过大的预紧力会导致整个连接的结构尺寸增大，也会使连接件在装配或偶然过载时被拉断。因此，为了保证连接所需要的预紧力，又不使连接件过载，对重要的螺纹连接，在装配时要控制预紧力。一般规定，拧紧后螺纹连接件的预紧力不得超过其材料屈服强度 σ_s 的 80%。

在一般情况下，拧紧力矩由操作时的手感决定，不易控制，这时对重要的有强度要求的连接，不宜采用小于 M12 的螺栓。对于重要连接，其拧紧力矩应通过计算，并由测力矩扳手（见图 3-6(a)）或定力矩扳手（见图 3-6(b)）控制装配时施加的拧紧力矩。

2）防松

螺纹紧固件一般采用单线普通螺纹，其螺纹升角很小，能满足自锁条件。此

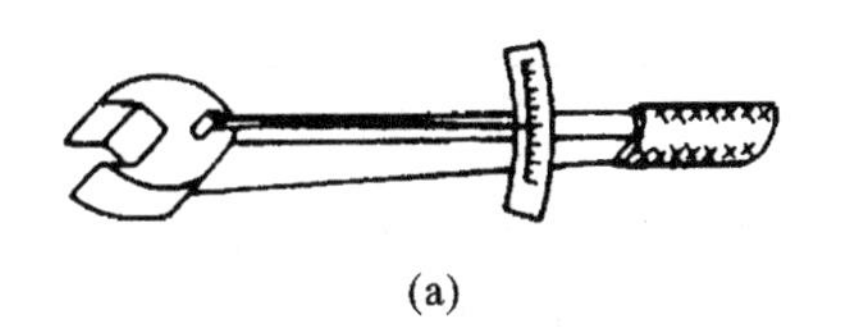

(a)

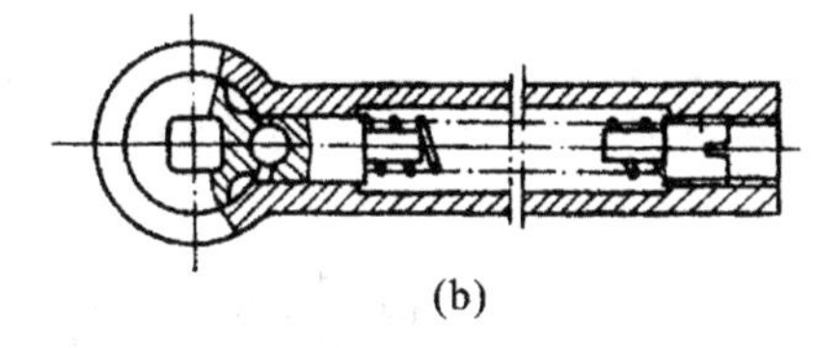

(b)

图 3-6　测力矩和定力矩扳手

(a)测力矩扳手;(b)定力矩扳手

外,拧紧以后螺母和螺栓头部与支承面间的摩擦力也有防松作用。所以在静载荷和工作温度变化不大时,螺纹连接不会自动松脱。但在冲压、振动或变载荷的作用下,连接仍可能失去自锁作用而松脱,使连接失效,造成事故。因此,为了防止连接松脱,保证连接安全可靠,设计时必须采取有效的防松措施。

防松的根本问题在于防止螺纹副的相对转动。防松的方法很多,按工作原理不同,可分为三类:摩擦防松、机械防松(直接锁住)、破坏螺纹副的运动关系。常用的防松方法见表 3-6。

表 3-6　螺纹连接常用的防松方法

防松方法		结构形式	特点和应用
摩擦防松	对顶螺母	副螺母 主螺母	用两个螺母对顶着拧紧,使旋合螺纹间始终受到附加摩擦力的作用;结构简单,但连接的高度和质量增大。适用于平稳、低速运转和重载的连接
	弹簧垫圈		拧紧螺母后弹簧垫圈被压平,垫圈的弹性恢复力使螺纹副轴向压紧,同时垫圈斜口的尖端抵住螺母与被连接件的支承面,也有防松作用;结构简单,应用方便,广泛用于一般的连接
	尼龙圈锁紧螺母		尼龙圈锁紧螺母是利用螺母末端的尼龙圈箍紧螺栓,横向压紧螺纹来防松; 金属锁紧螺母是利用螺母末端椭圆口的弹性变形箍紧螺栓,横向压紧螺纹来防松;结构简单,防松可靠,可多次拆装而不降低防松性能,适用于较重要防松螺母的连接

续表

防松方法		结构形式	特点和应用
机械防松	开口销和槽形螺母	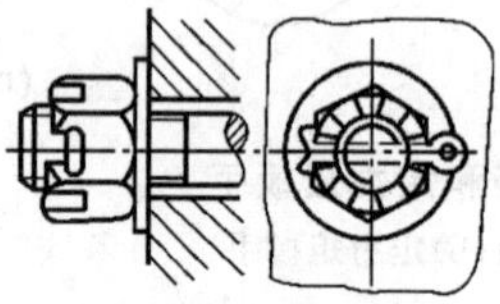	拧紧槽形螺母后，将开口销插入螺栓尾部小孔和螺母的槽内，再将销口的尾部分开，使螺母锁紧在螺栓上；适用于有较大冲击、振动的高速机械中的连接
	止动垫圈	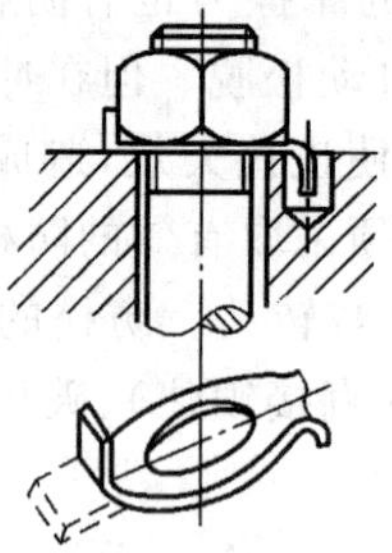	将垫圈套入螺栓，并使其下弯的外舌放入被连接件的小槽中，再拧紧动螺母，最后将垫圈的另一边向上弯，使之和螺母的一边贴紧，此时垫片约束螺母而自身又约束在被连接件上（螺栓应另有约束）；其结构简单，使用方便，防松可靠
	串联钢丝	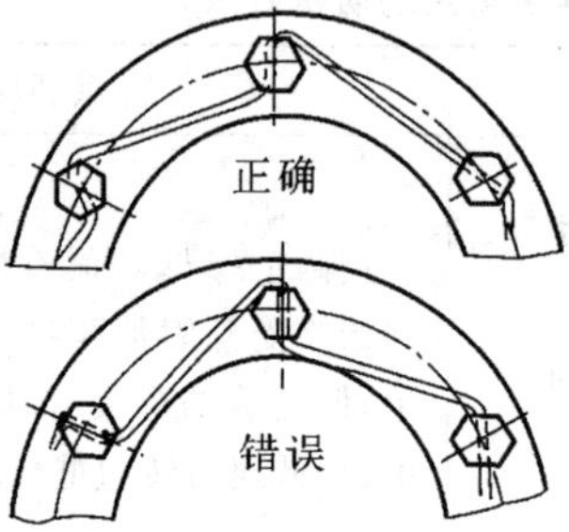 正确 错误	用低碳钢丝穿入各螺钉头部的孔内，将各螺钉串联起来，使其相互约束，使用时必须注意钢丝的穿入方向；适用于螺钉组连接，防松可靠，但装拆不方便
破坏螺纹副运动关系	冲点	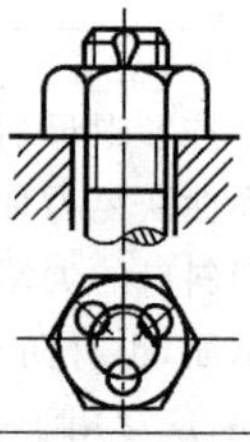	螺母拧紧后，在螺栓末端与螺母的旋合缝处冲点或焊接来防松； 防松可靠，但拆卸后连接不能重复使用，适用于不需拆卸的特殊连接
	焊接	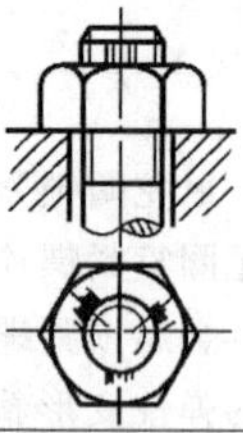	
	黏合	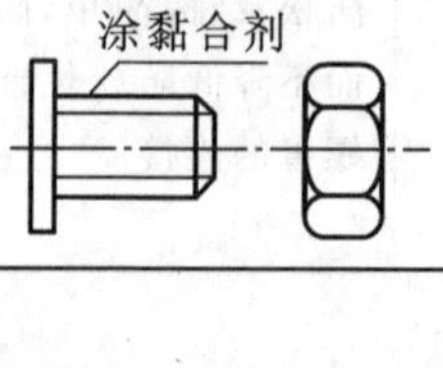 涂黏合剂	在旋合的螺纹间涂以黏合剂，使螺纹副紧密黏合；防松可靠，且有密封作用

4. 螺栓的强度计算

螺栓连接的强度计算，主要是根据连接的类型、连接的装配情况（是否预紧）和受载状态等条件，确定螺栓的受力；然后按相应的强度条件计算螺栓危险截面的直径（螺纹小径）或校核其强度。螺柱的其他部分（如螺纹牙、螺栓头和螺杆等）和螺母、垫圈的结构尺寸，则是根据等强度条件及使用经验规定的，通常都不需要进行强度计算，可按螺纹的公称直径（螺纹大径）直接从标准中查找或选定。

螺栓连接强度计算的方法，对双头螺柱和螺钉连接也同样适用。

1）松螺栓连接

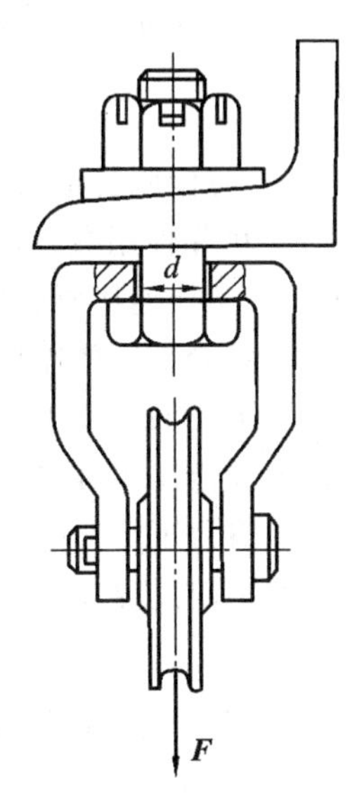

图 3-7　起重滑轮的防松螺栓连接

松螺栓连接在装配时不需要把螺母拧紧，在承受工作载荷之前螺栓并不受力，如图 3-7 所示的螺纹连接就是松连接的一个实例。一起重用滑轮，用螺栓与支架相连接，当滑轮起吊重物时，螺栓所受到的工作拉力就是工作载荷 $\boldsymbol{F}$，故螺栓危险截面的拉伸强度条件为

$$\sigma=\frac{F}{\frac{\pi d_1^2}{4}}\leqslant[\sigma] \tag{3-1}$$

设计公式为

$$d_1\geqslant\sqrt{\frac{4F}{\pi[\sigma]}} \tag{3-2}$$

式中：σ——螺栓危险截面的应力，MPa；

d_1——螺纹小径，mm；

F——螺栓承受的轴向工作载荷，N；

$[\sigma]$——松螺栓连接的许用应力，MPa，由表 3-7 查得。

2）紧螺栓连接

紧螺栓连接有预紧力 $\boldsymbol{F}'$，按所受工作载荷的方向分为两种情况。

（1）受横向工作载荷的紧螺栓连接

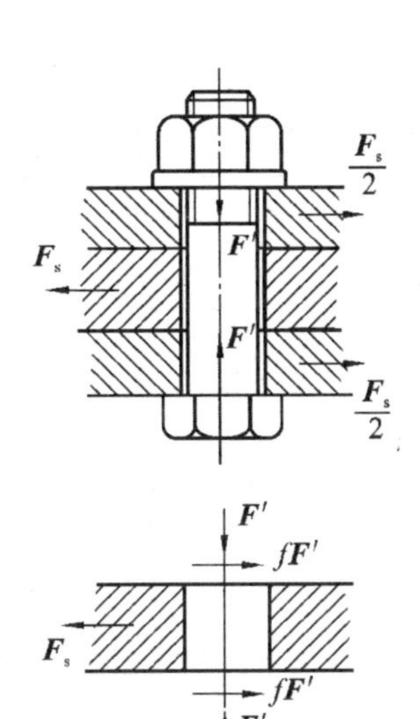

图 3-8　只受预紧力的紧螺栓连接

如图 3-8 所示的紧螺栓连接，在横向工作载荷 $\boldsymbol{F}_s$ 的作用下，被连接件的接合面间有相对滑移趋势，为防止滑移，由预紧力 $\boldsymbol{F}'$ 所产生的摩擦力应大于等于横向工作载荷 $\boldsymbol{F}_s$，即

$F'fm \geqslant F_s$。引入可靠性系数 C，得

$$F'=\frac{CF_s}{fm}\text{N} \tag{3-3}$$

式中：F'——螺栓所受轴向预紧力，N；

C——可靠性系数，取 $C=1.1\sim1.3$；

F_s——螺栓连接所受横向工作载荷，N；

f——接合面间的摩擦系数，对于干燥的钢铁件表面，取$=0.1\sim0.16$；

m——接合面的数目。

当拧紧螺栓连接时，螺栓的危险截面上受由预紧力 $\boldsymbol{F}'$ 引起的拉应力 σ 和由螺纹副中摩擦力矩 T_1 引起的扭切应力 τ_T 的复合作用。因螺栓材料是塑性的，复合应力可按第四强度理论计算，故螺栓的强度条件为

$$\sigma_v=\sqrt{\sigma^2+3\tau_T^2}\leqslant[\sigma]$$

对于 M10～M64 的普通螺纹，$\tau_T\approx0.5\sigma$，因此

$$\sigma_v=\sqrt{\sigma^2+3\tau_T^2}\approx1.3\sigma \tag{3-4}$$

由此可见，扭切应力对强度的影响在数学式上表现为将轴向拉应力增大30%，即强度条件为

$$\sigma_v=1.3\frac{F'}{\frac{\pi d_1^2}{4}}\leqslant[\sigma] \tag{3-5}$$

设计公式为

$$d_1\geqslant\sqrt{\frac{5.2F'}{\pi[\sigma]}} \tag{3-6}$$

式中：$[\sigma]$——螺栓的许用拉应力，MPa，见表 3-7。

表 3-7　一般机械用螺栓连接在静载荷下的许用应力与安全系数

<table>
<tr><th>类型</th><th>许用应力</th><th colspan="3">相关因素</th><th>安全系数</th></tr>
<tr><td rowspan="5">普通螺栓连接（受拉）</td><td rowspan="5">许用拉应力
$[\sigma]=\frac{\sigma_s}{[S]}$</td><td colspan="3">松连接</td><td>$[S]=1.2\sim1.7$</td></tr>
<tr><td rowspan="4">紧连接</td><td rowspan="2">控制预紧力</td><td>测力矩或定力矩扳手</td><td>$[S]=1.6\sim2$</td></tr>
<tr><td>测量螺栓伸长量</td><td>$[S]=1.3\sim1.5$</td></tr>
<tr><td rowspan="2">不控制预紧力</td><td>碳素钢</td><td>$[S]=\frac{2200}{900-(70000-F_Q)^2\times10^{-7}}$</td></tr>
<tr><td>合金钢</td><td>$[S]=\frac{2750}{900-(70000-F_Q)^2\times10^{-7}}$</td></tr>
</table>

续表

<table>
<tr><th>类型</th><th>许用应力</th><th colspan="3">相关因素</th><th>安全系数</th></tr>
<tr><td rowspan="3">铰制孔用螺栓连接(受剪及受挤)</td><td>许用切应力
$[\tau]=\dfrac{\sigma_s}{[S_s]}$</td><td rowspan="3">紧连接</td><td>螺栓材料</td><td>钢</td><td>$[S_s]=2.5$</td></tr>
<tr><td rowspan="2">许用挤压应力
$[\sigma_p]=\dfrac{\sigma_{lim}}{[S_p]}$</td><td rowspan="2">螺栓或孔壁材料</td><td>钢 $\sigma_{lim}=\sigma_s$</td><td>$[S_p]=1\sim2.5$ (孔壁 σ_s 可查手册)</td></tr>
<tr><td>铸铁 $\sigma_{min}=\sigma_b$</td><td>$[S_p]=1.25$ (σ_p 可查手册)</td></tr>
</table>

注:①σ_s、σ_b分别为螺栓材料的屈服强度、抗拉强度,可查表 3-4;

②F_Q为螺栓总拉力(受横向工作载荷时为 F''),N;若 $F_Q\geqslant70000$ N,则取 $F_Q=70000$N。

(2) 受轴向工作载荷的紧螺栓连接　受轴向工作载荷的紧螺栓连接常见于对紧密性要求较高的压力容器中,如气缸、油缸中的法兰连接。工作载荷作用前,螺栓只受预紧力 $\boldsymbol{F'}$,接合面受压力 $\boldsymbol{F'}$(见图 3-9 (a));工作时,在轴向工作载荷 $\boldsymbol{F}$ 作用下,接合面有分离趋势,该处压力由 F'减为 F'',称为残余预紧力,F''同时也作用于螺栓,因此,螺栓所受总拉力 F_Q 应为轴向工作载荷 F 与残余预紧力 F''之和(见图 3-9(b)),即

$$F_Q=F+F'' \tag{3-7}$$

为保证连接的紧固性与紧密性,残余预紧力 F''应大于零,表 3-8 列出了 F''的推荐值。

螺栓的强度校核与设计计算式分别为

$$\sigma_v=\frac{1.3F_Q}{\dfrac{\pi d_1^2}{4}}\leqslant[\sigma] \tag{3-8}$$

$$d_1\geqslant\sqrt{\frac{4\times1.3F_Q}{\pi[\sigma]}} \tag{3-9}$$

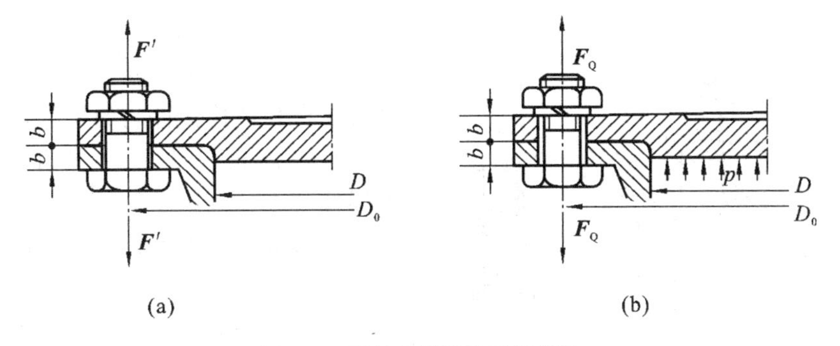

图 3-9　受轴向载荷的普通螺栓

(a)工作载荷作用前;(b)工作载荷作用后

表 3-8　残余预紧力 F'' 的推荐值

连接性质		残余预紧力 F'' 的推荐值
紧固连接	F 无变化	$(0.2\sim0.6)F$
	F 有变化	$(0.6\sim1.0)F$
紧密连接		$(1.5\sim1.8)F$
地脚螺栓连接		$\geqslant F$

压力容器中的螺栓连接，除满足式(3-7)外，还要有适当的螺栓间距 t_0（见表3-9）。螺栓间距太大会影响连接的紧密性。

表 3-9　螺栓间距 t_0

工作压强 p/MPa					
$\leqslant1.6$	$1.6\sim4$	$4\sim10$	$10\sim16$	$16\sim20$	$20\sim30$
t_0/mm					
$7d$	$4.5d$	$4.5d$	$4d$	$3.5d$	$3d$

注：表中 d 为螺纹公称直径。

当轴向工作载荷在 $0\sim F$ 之间变化时，螺栓所受的总拉力将在 $F'\sim F_Q$ 之间变化。对于受轴向变载荷螺栓的粗略计算可按总拉力 F_Q 进行，其强度条件仍为式(3-7)，所不同的是许用应力应按变载荷项内查取（见有关手册）。

3）受剪螺栓连接的强度计算

在受横向载荷的铰制孔螺栓连接（见图3-10）中，载荷是靠螺杆的剪切以及螺杆和被连接件间的挤压来传递的。这种连接的失效形式有两种：①螺杆受剪面的塑性变形或剪断；②螺杆与被连接件中较弱者的挤压面被压溃。

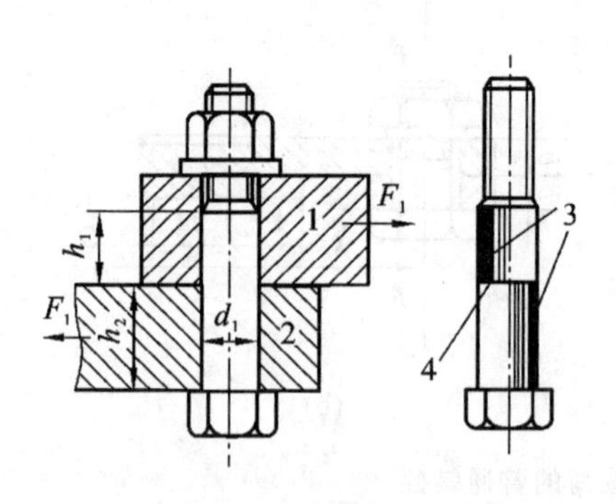

图 3-10　受剪螺栓连接

1、2—被连接件；3—螺杆受压面；4—受剪面

装配时只需对连接中的螺栓施加较小的预紧力，因此可以忽略接合面间的摩擦。故螺栓杆的剪切强度条件为

$$\tau=\frac{F_s}{\frac{\pi d_s^2}{4}}\leqslant[\tau] \tag{3-10}$$

螺栓杆与孔壁的挤压强度条件为

$$\sigma_p=\frac{F_s}{d_s h_{min}}\leqslant[\sigma_p] \tag{3-11}$$

式中：F_s——单个铰制孔用螺栓所受的横向载荷，N；

d_s——铰制孔用螺栓剪切面直径，mm；

h_{min}——螺栓杆与孔壁挤压面的最小高度，mm；

$[\tau]$——螺栓许用切应力，MPa，查表 3-7；

$[\sigma_p]$——螺栓或被连接件的许用挤压应力，MPa，查表 3-7。

5. 螺栓连接的结构设计

一般情况下，大多数螺栓都是成组使用的，因此设计时应注意合理确定连接接合面的几何形状和螺栓的布置形式，全面考虑受力、装拆、加工、强度等方面的因素。

1）螺栓组的布置

螺栓组的布置应考虑如下几个问题。

(1) 连接接合面形状应和机器的结构形状相适应　通常将接合面设计成对称的简单几何形状(见图 3-11)，便于加工被连接件和对称布置螺栓。

(2) 螺栓的布置应使螺栓受力合理　当螺栓组承受转矩 T 时，应使螺栓组的对称中心和接合面的形心重合(见图 3-12(a))；当螺栓组承受弯矩 M 时，应使螺栓组的对称轴与接合面中性轴重合(见图 3-12(b))，并要求各螺栓尽可能远离形心和中性轴，以充分利用各个螺栓的承载能力。如果连接在受到轴向载荷的同时，还受到较大的横向载荷，则可采用套筒、销、键等零件来分担横向载荷(见图 3-13)，以减小螺栓的预紧力和结构尺寸。

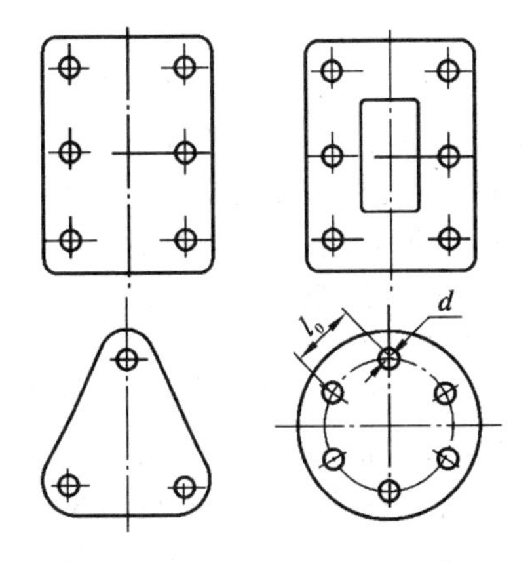

图 3-11　螺栓组连接接合面常用形状

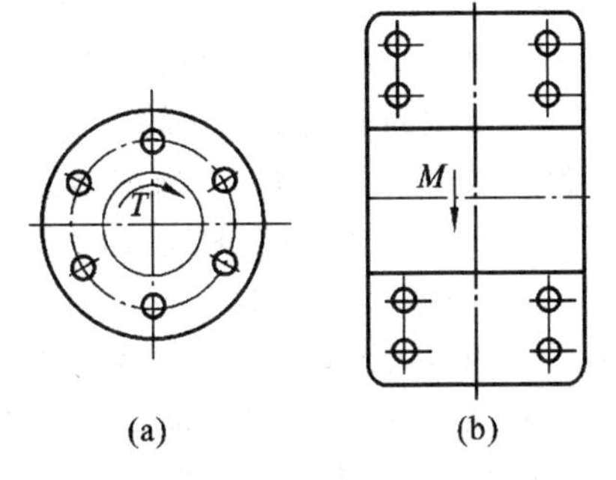

图 3-12　接合面受弯矩或转矩时螺栓的布置

(a)承受转矩；(b)承受弯矩

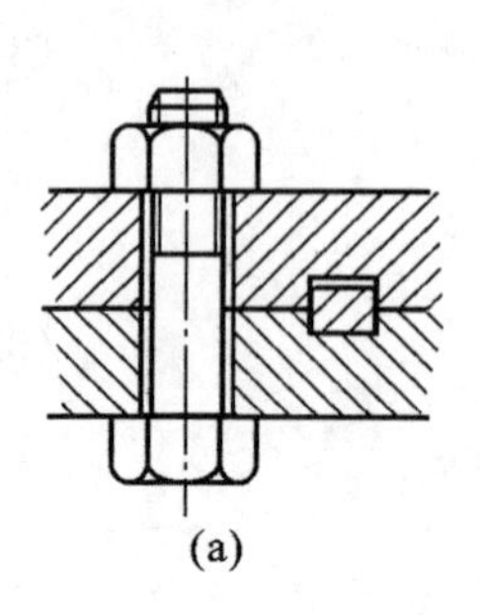

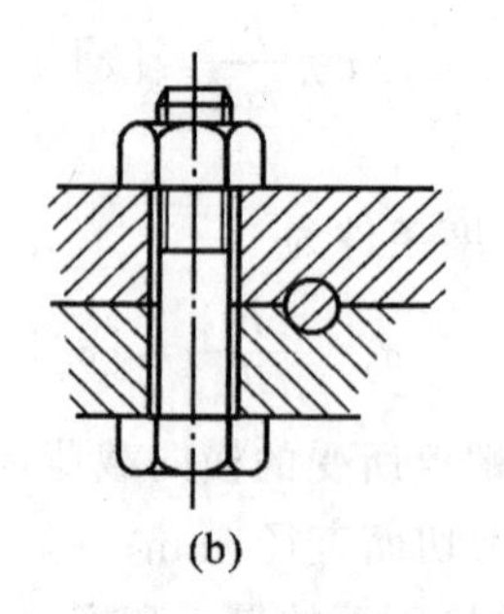

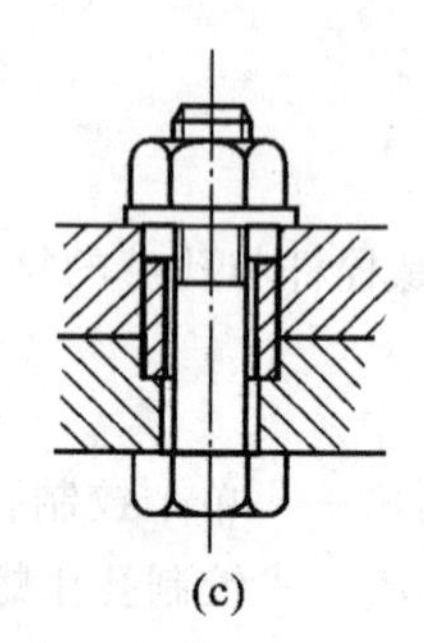

图 3-13　减载装置

(a)键;(b)销;(c)套

(3) 螺栓排列应有合理的间距　布置螺栓时,各螺栓间以及螺栓和箱体壁间,应留有扳手操作空间。扳手空间的尺寸(见图 3-14)可查阅手册。压力容器上的各螺栓轴线的间距可由表 3-9 中选取。

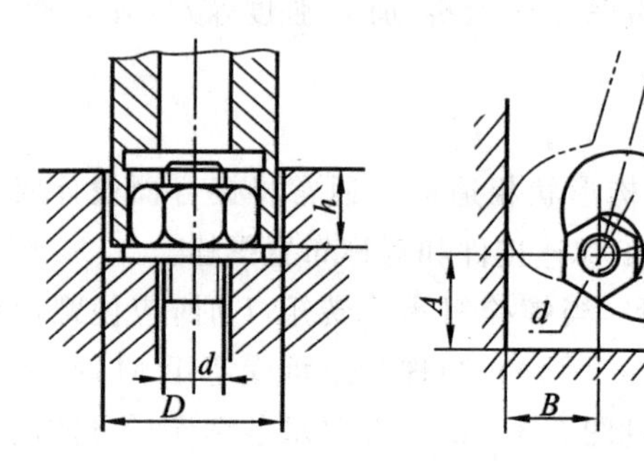

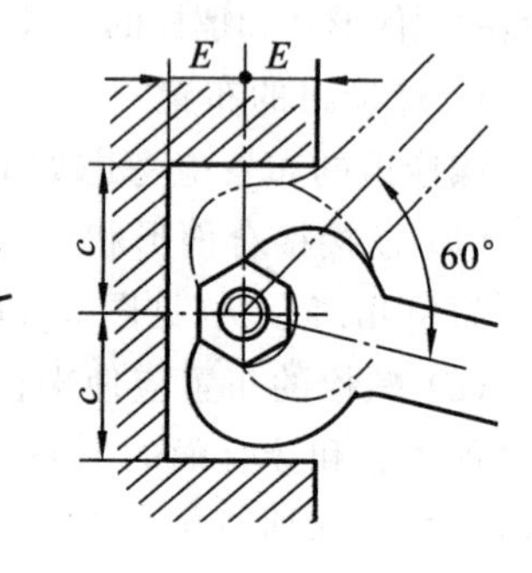

图 3-14　扳手空间

(4) 分布在同一圆周上的螺栓数目,应便于在圆周上分度画线　在同一螺栓组中,螺栓的材料、直径和长度均应相同。

2) 提高螺栓强度的措施

螺栓连接的强度主要取决于螺栓的强度。影响螺栓强度的主要因素有载荷分布、应力变化幅度、应力集中和附加应力,以及材料的力学性能等几个方面。

(1)减少应力集中的影响　螺纹的牙根和收尾、螺栓头部与螺栓杆的过渡处以及螺栓横截面积发生变化的部位等,都会产生应力集中,是产生断裂的危险部位。为了减小应力集中,可采用增大过渡处圆角半径和卸载结构(见图 3-15)。但应注意,对于一般用途的连接,不要随便采用卸载槽一类的结构。

(2) 降低载荷变化量　理论和实践表明,受轴向变载的紧螺栓连接,在最小应力不变的情况下,载荷变化越大,则螺栓越易破坏,连接的可靠性越差。为了提高螺栓强度,可采用减小螺栓光杆部分直径的方法或采用空心结构(见图 3-16(a)),以增大螺栓柔度,达到降低载荷变化量的目的;也可在螺母下面装弹性元件(见图 3-16(b)),其效果与采用空心杆相似。

(3) 避免附加弯曲应力　除因制造和安装上的误差以及被连接部分的变形

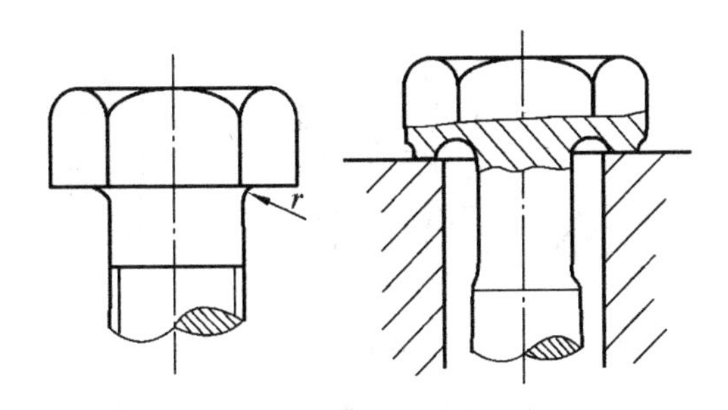

图 3-15　减小应力集中的方法

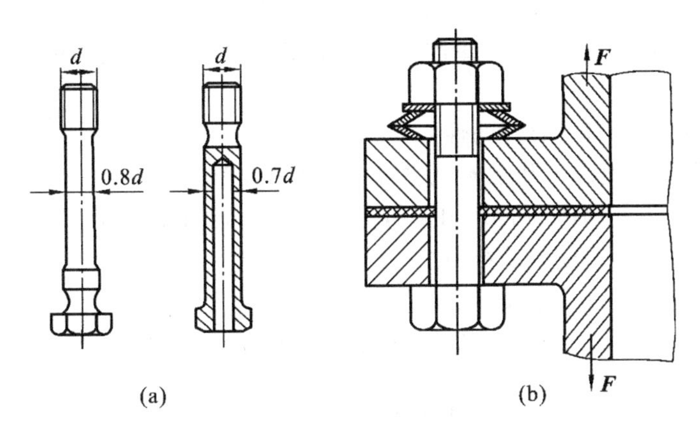

图 3-16　降低载荷变化量

(a)减小直径或用空心杆；(b)螺母下装弹性元件

等原因可引起附加弯曲应力外，被连接件、螺栓头部和螺母等的支承面倾斜，螺母孔不正也会引起弯曲应力(见图 3-17)。几种减小或避免弯曲应力的措施如图 3-18 所示。

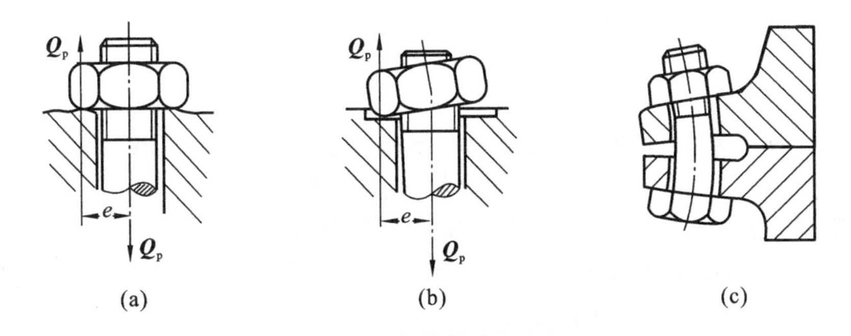

图 3-17　螺栓的附加应力

(a)支承面不平；(b)螺母孔不正；(c)被连接件刚度小

【案例】 气缸盖与气缸体的凸缘采用普通螺栓连接螺栓的选型设计。

案例 3-1　如图 3-9 所示，气缸盖与气缸体的凸缘厚度均为 $b=30$ mm，采用普通螺栓连接。已知气体的压强 $p=1.5$ MPa，气缸内径 $D=250$ mm，12 个螺栓

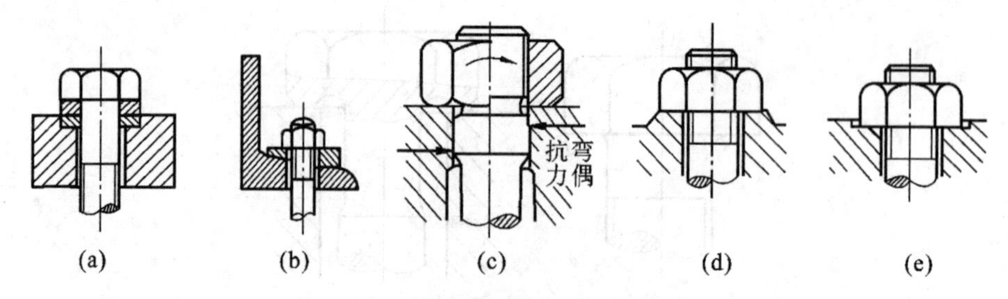

图 3-18　减小或避免弯曲应力的措施

(a)采用球面垫圈;(b)采用斜垫圈;(c)采用环腰;(d)采用凸台;(e)采用沉头座

分布圆直径 $D_0=350$ mm,采用测力矩扳手装配。试选择螺栓的材料和性能等级,确定螺栓的直径。

解　(1) 选择螺栓材料的性能等级。

该连接属受轴向工作载荷的紧螺栓连接,较重要,由表 3-4,选 45 钢,6.8 级,其 $\sigma_b=6\times100$ MPa$=600$ MPa, $\sigma_s=8\times600/10$ MPa$=480$ MPa。

(2) 计算螺栓所受的总拉力。

每个螺栓所受工作载荷为

$$F=\frac{p\pi D^2}{4z}=\frac{1.5\times3.14\times250^2}{4\times12}\ \text{N}=6132.83\text{N}$$

由表 3-8 查得 $F''=(1.5\sim1.8)F$,取 $F''=1.6F$

由式(3-7),每个螺栓所受的总拉力为

$$F_Q=F+F''=F+1.6F=2.6\times6132.83\ \text{N}=15945.37\ \text{N}$$

(3) 计算所需螺栓直径。

由表 3-7 查得$[S]=2$,则$[\sigma]=\frac{\sigma_s}{[S]}=\frac{480}{2}$ MPa$=240$ MPa

$$d_1\geqslant\sqrt{\frac{5.2F_Q}{\pi[\sigma]}}=\sqrt{\frac{5.2\times15945.37}{3.14\times240}}\ \text{mm}=10.49\ \text{mm}$$

查 GB/T 196—2003,选用 M12×1.25 的螺栓,其 $d_1=10.647$ mm。

【案例】 钢制凸缘联轴器采用普通螺栓连接时螺栓的选型设计及若采用与上相同公称直径的 3 个铰制孔用螺栓连接时的强度校核。

案例 3-2　如图 3-19 所示的钢制凸缘联轴器,用均布在直径 $D_0=250$ mm 圆周上的 z 个螺栓将两半凸缘联轴器紧固在一起,凸缘厚 $b=30$ mm。联轴器需要传递的转矩 $T=10^6$ N·mm,接合面间摩擦因数 $f=0.15$,可靠性系数 $C=1.2$。试求:(1)若采用 6 个普通螺栓连接,计算所需螺栓直径;(2)若采用与上相同公称直径的 3 个铰制孔用螺栓连接,其强度是否足够?

解　(1) 求普通螺栓直径。

① 求螺栓所受预紧力　该连接属受横向工作载荷的紧螺栓连接,每个螺栓所受横向载荷为

$$F_s=\frac{2T}{D_0 z}$$

由式(3-3)得

$$F'=\frac{CF_s}{fm}=\frac{2CT}{fmD_0 z}$$

$$=\frac{2\times 1.2\times 10^6}{0.15\times 1\times 250\times 6}\ \text{N}=10667\ \text{N}$$

② 选择螺栓材料，确定其许用应力。

由表 3-4，选 Q235，4.6 级，其 $\sigma_b=400\ \text{MPa}$，$\sigma_s=240\ \text{MPa}$。

由表 3-7，当不控制预紧力时，对碳素钢

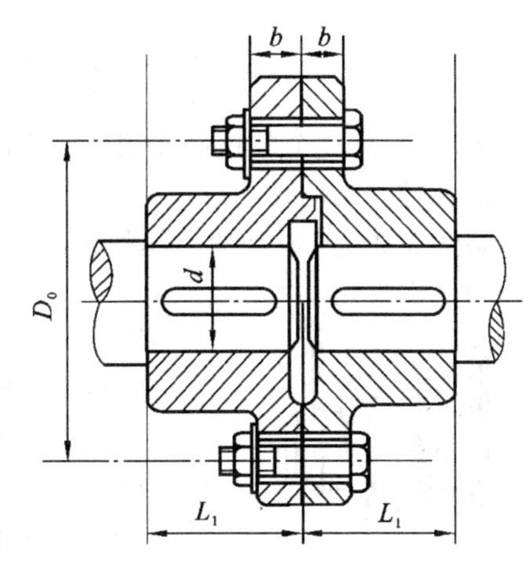

图 3-19 凸缘联轴器中的螺栓连接

$$[S]=\frac{2200}{900-(70000-F')^2\times 10^7}=\frac{2200}{900-(70000-10667)^2\times 10^{-7}}=4$$

$$[\sigma]=\frac{\sigma_s}{[S]}=\frac{240}{4}\ \text{MPa}=60\ \text{MPa}$$

③ 计算螺栓直径

$$d_1\geqslant\sqrt{\frac{5.2F'}{\pi[\sigma]}}=\sqrt{\frac{5.2\times 10667}{3.14\times 60}}\ \text{mm}=17.159\ \text{mm}$$

查 GB/T 196—2003，选 M20 的螺栓，其 $d_1=17.294\ \text{mm}$，$P=2.5\ \text{mm}$。

(2) 校核铰制孔用螺栓强度。

① 求每个螺栓所受横向载荷

$$F_s=\frac{2T}{D_0 Z}=\frac{2\times 10^6}{250\times 3}\ \text{N}=2667\ \text{N}$$

② 选择螺栓材料，确定许用应力。

查表 3-4，仍选 Q235，4.6 级，其 $\sigma_b=400\ \text{MPa}$，$\sigma_s=240\ \text{MPa}$。

查表 3-7，$[S_s]=2.5$，$[S_p]=1.25$，有

$$[\tau]=\frac{\sigma_s}{[S_s]}=\frac{240}{2.5}\ \text{MPa}=96\ \text{MPa}$$

$$[\sigma_p]=\frac{\sigma_s}{[S_p]}=\frac{240}{1.25}\text{MPa}=192\ \text{MPa}$$

③ 校核螺栓强度 对 M20 的铰制孔用螺栓，由标准中查得 $d_s=21\ \text{mm}$；

螺栓长度(螺母厚度 m)：$l=b+b+m+0.3d=(30+30+18+0.3\times 20)\ \text{mm}=84\ \text{mm}$，取公称长度 $l=90\ \text{mm}$，其中非螺纹段长度可查得为 53 mm，由分析可知

$$h_{\min}=53-b=(53-30)\ \text{mm}=23\ \text{mm}$$

则

$$\tau=\frac{F_s}{\frac{\pi d_s^2}{4}}=\frac{2667}{\frac{3.14\times 21^2}{4}}\ \text{MPa}=7.7\ \text{MPa}<[\tau]$$

$$\sigma_p=\frac{F_s}{d_s h_{min}}=\frac{2667}{21\times 23}\ \text{MPa}=5.5\ \text{MPa}<[\sigma_p]$$

因此，采用3个的铰制孔用螺栓强度足够。

【案例】 某电动葫芦吊钩松连接螺纹的选型计算。

案例3-3 某电动葫芦起吊重量 $F_p=5$ t，试确定该（见图3-20）吊钩松连接螺纹的公称直径。

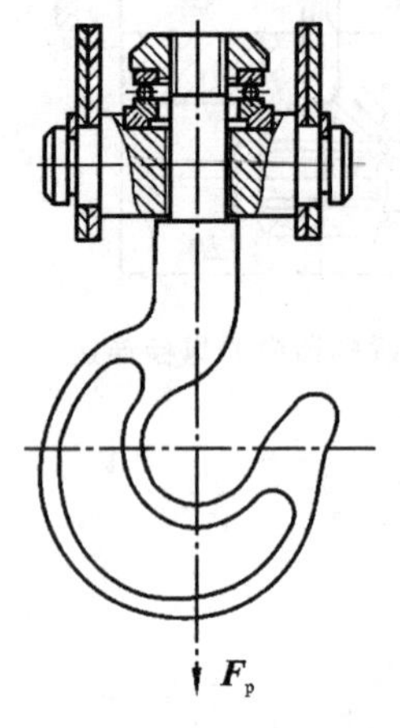

图3-20 吊钩松连接

解 （1）选择吊钩材料的性能等级。

该连接属受轴向工作载荷的松螺栓连接，由GB/T 10051—1988《起重吊钩》中规定的吊钩专用钢，选DG20Mn钢正火处理，查机械设计手册，其 $\sigma_b=275$ MPa。

（2）计算螺栓所受的拉力。

$$F_p=5\times 10^3\times 9.8\ \text{N}=49000\ \text{N}$$

（3）计算所需螺栓直径。

由表3-8查得 $[S]=1.7$，则

$$[\sigma]=\frac{\sigma_s}{[S]}=\frac{275}{1.7}\text{MPa}=161.76\ \text{MPa}$$

$$d_1\geqslant\sqrt{\frac{4F'}{\pi[\sigma]}}=\sqrt{\frac{4\times 49000}{3.14\times 161.76}}\ \text{mm}=19.644\ \text{mm}$$

查GB/T 196—2003，选用M24的细牙螺纹，其 $P=2$ mm，$d_1=21.835$ mm>19.644 mm。

【提示】 螺栓连接有普通螺栓连接、绞制孔螺栓连接两大类，不同受力情况应用不同的强度公式或设计公式完成相应的计算，并需查手册完成螺栓的最终选型。需要注意的是在机箱设计时会使用经验公式进行选型设计，并注意该数据对机箱结构的相关尺寸会产生关联性影响。

【学生设计题】 某输送机中联轴器螺栓的选型计算：输送机中需使用如图3-19所示钢制凸缘联轴器，用均布在直径为 $D_0=115$ mm 圆周上的6个螺栓将两半凸缘联轴器紧固在一起，凸缘厚均为 $b=26$ mm。联轴器需要传递的公称转矩 $T=400$ N·m，接合面间摩擦因数 $f=0.15$，可靠性系数 $C=1.2$，试确定需用普通螺栓的公称直径（螺栓材料，选Q235，4.6级，其 $\sigma_s=240$ MPa，相对于公称转矩，取安全系数 $[S]=1$）。

思　考　题

1. 螺纹连接有哪些类型，各适用于哪些场合？

2. 常用的螺纹紧固件有哪些，各有何特点？

3. 螺纹紧固件有几种等级？各种等级表示的意义是什么？

4. 螺纹连接预紧有什么作用？

5. 螺纹连接防松的目的是什么？常用的防松装置有哪些？

6. 螺栓连接结构设计中应注意哪些问题？

7. 避免螺栓承受弯曲应力的措施有哪些？

8. 什么叫松螺栓连接？松螺栓连接计算有何特点？

9. 什么叫紧螺栓连接？受横向载荷和受轴向载荷的紧螺栓连接计算各有何特点？

10. 观察减速器、机床及矿用空气压缩机与底座相连接的螺栓组布置方式，并就承载、扳手空间、螺栓间隔等方面进行讨论和评价。

练　习　题

3-1　起重滑轮（见图 3-7）最大起重量 $F=20\ 000\mathrm{N}$，螺栓由 Q235 钢制成，试确定螺纹直径。

3-2　如图 3-21 所示的螺栓组连接中，已知横向外载荷 $F_s=30\ 000\ \mathrm{N}$，螺栓材料为 Q235 钢，被连接件接合面间的摩擦因数 $f=0.15$，两排共 6 个螺栓，试确定螺栓直径。

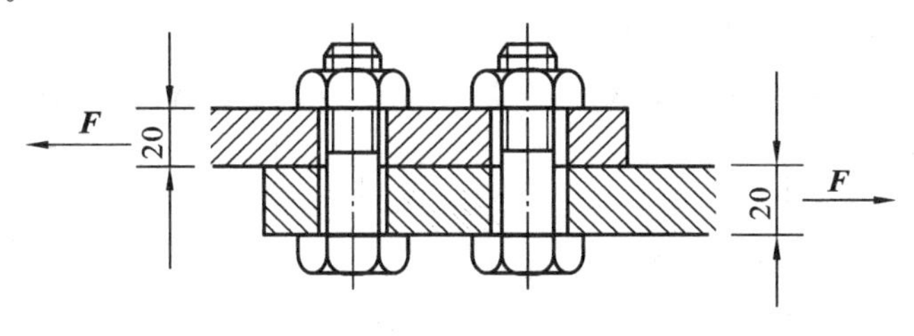

图 3-21　题 3-2 图

3-3　一钢性凸缘联轴器（见图 3-19）用 4 个 M10 的普通螺栓连接。螺栓的力学性能等级为 4.6，均布在直径 $D_0=80\ \mathrm{mm}$ 的圆周上，已知传递的转矩为 $T=50\ \mathrm{N\cdot m}$，两个半联轴器接触面间的摩擦因数 $f=0.15$。试验算其螺栓能否满足使用要求。

3-4　将图 3-19 中的普通螺栓改用铰制螺栓。试根据剪切强度条件求螺栓受剪截面的直径。

3-5　一压力容器的顶盖采用普通螺栓连接（见图 3-9），已知容器内径 $D=350\ \mathrm{mm}$，气压 $P=1.1\ \mathrm{MPa}$，螺栓数目 $z=16$，材料为 45 钢，装配时不控制预紧力，容器凸缘厚度和盖的厚度均为 30 mm，试计算螺栓直径。

任务 3-2　键连接的选型设计

【任务分析】

键连接有平键连接、半圆键连接、楔键连接和切向键连接等几类，分为松连接和紧连接。本设计中所用的平键连接又分为 A、B、C 型三大类。因此在此任务中既要了解各种类型连接键的优、缺点，工作特点，使用场合，还要掌握键的类型、尺寸的选择及确定，更要掌握不同情况下键的强度校核及计算方法。

【相关知识】

常用的连接有很多种，它们各有各的特点和应用场合。在此我们只介绍键和销。键和销主要用于轴毂连接。其作用主要是实现周向固定，以传递转矩或轴向移动，其中有些键连接还能实现轴向固定以传递轴向力。绝大多数键是标准件，属可拆连接，使用时，通常根据具体工作条件进行选型设计。

根据受力状态，键连接分为松键连接和紧键连接。在常见的键连接中，平键连接和半圆键连接构成松键连接，楔键连接和切向键连接构成紧键连接。设计时，应根据轴的结构和传力大小确定轴径 d，再由轴径 d 选择键的尺寸（$b\times h,L$）及键的个数。

知识点 1

键、销连接选型及强度校核

1. 键连接的类型、特点和应用

键是标准件，根据键的结构形式，键连接可分为平键连接、半圆键连接、楔键连接和切向键连接等几类。

1）平键连接

平键的上、下两面和两个侧面都互相平行。工作时靠键与键槽侧面的挤压来传递转矩，故键的两个侧面是工作面，键的上表面与轮毂槽底之间留有间隙（见图 3-22）。这种键具有对中性好、装拆方便、结构简单等优点。但它不能承受轴向力，对轴上零件不能起到轴向固定的作用。

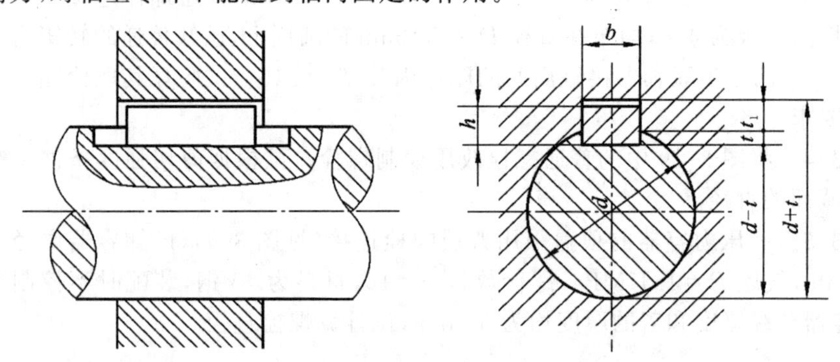

图 3-22　平键连接

按用途不同，平键分为普通平键、导向平键和滑键三种。普通平键用于静连接，应用最广。导向平键和滑键用于动连接。

普通平键按构造可分为圆头平键（A 型）、方头平键（B 型）、单圆头平键（C 型）三种，如图 3-23 所示。

A 型平键轴上键槽用指状铣刀加工，如图 3-24 所示，键在键槽中固定良好，

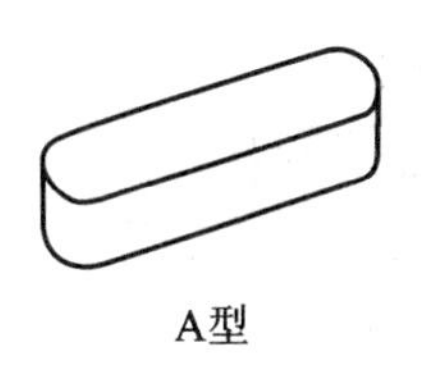
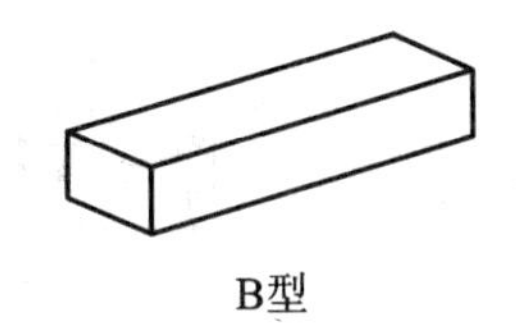
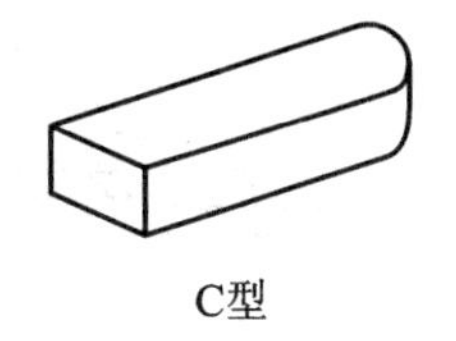

图 3-23 平键类型

但键的头部侧面与轮毂键槽不接触，所以圆头部分不能充分利用，且轴上键槽端部应力集中较大。

B 型平键轴上键槽用盘形铣刀加工，如图 3-25 所示，轴上键槽端部应力集中小，键长充分利用。但对大尺寸键，宜用紧定螺钉固定在轴上键槽中，以防松动。

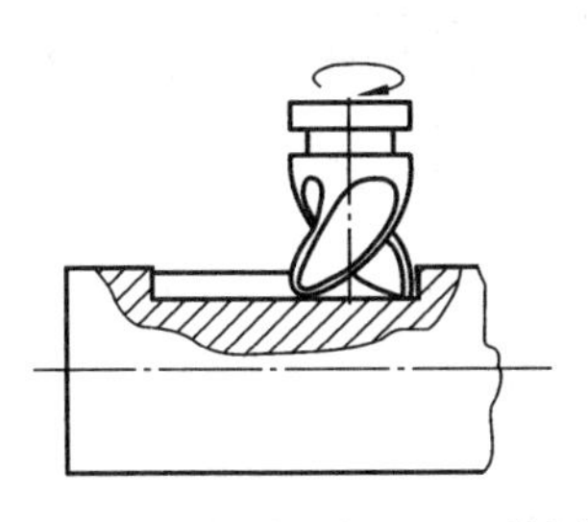

图 3-24 指状铣刀加工 A 型键槽

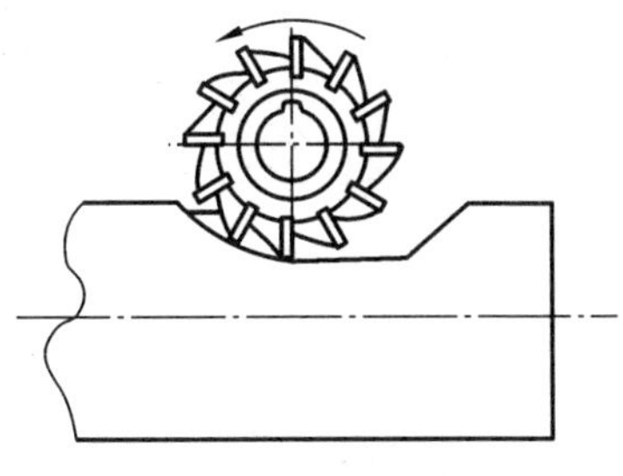

图 3-25 盘形铣刀加工 B 型键槽

C 型键轴上键槽用盘形铣刀加工，通常用于轴端与轮状零件的连接。

导向平键是一种较长的平键(见图 3-26)，用螺钉固定在轴上，为了使键拆卸方便，在键的中部制有起键螺孔。键与轮毂采用间隙配合，轴上零件能作轴向滑移，适用于移动距离不大的场合，如变速箱中的滑移齿轮与轴的连接。

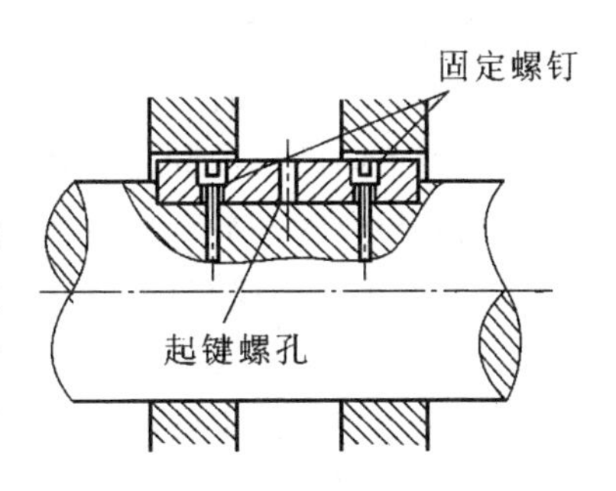

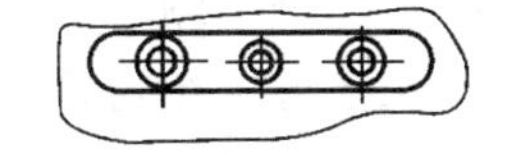

图 3-26 导向平键连接

滑键固定在轴上零件的轮毂槽中(见图 3-27)，并随同零件在轴上的键槽中滑移，适用于轴上零件滑移距离较大的场合，如台钻主轴与带轮的连接。

2）半圆键连接

半圆键连接如图 3-28 所示，它也靠键的两个侧面传递转矩，故其工作面为两侧面。轴上键槽用尺寸与半圆键相同的圆盘铣刀加工，因而键在槽中能绕其几何中心摆动，以适应轮毂槽由于加工误差所造成的斜度。半圆键连接的优点是键槽的加工工艺性好，安装方便，结构紧凑，尤其适用于锥形轴与轮毂的连接。其缺点是

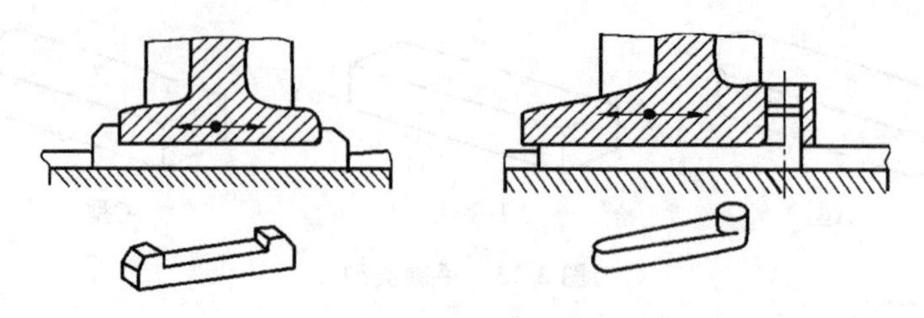

图 3-27　滑键连接

由于轴上键槽较深,对轴的强度削弱较大,故一般只用于轻载或辅助连接。

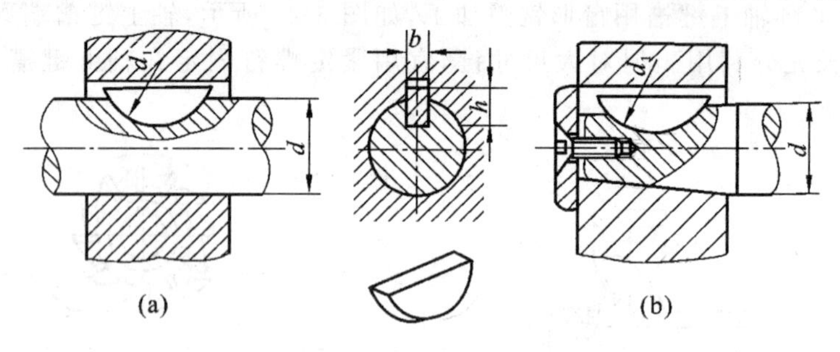

图 3-28　半圆键连接

3）楔键连接

楔键连接如图 3-29 所示,键的上、下两表面是工作面,键的上表面和轮毂键槽底面均有 1∶100 的斜度,装配后,键即楔紧在轴和轮毂的键梢里,工作表面产生很大预紧力。工作时靠表面摩擦力传递转矩,同时还能承受单方向的轴向力,对轮毂起到单向的轴向固定作用。楔键的侧面与键槽侧面间有很小的间隙,当转矩过载而导致轴与轮毂发生相对转动时,键的侧面能像平键那样参加工作。因此,楔键连接在传递有冲击和振动的较大转矩时,仍能保证连接的可靠性。楔键连接的缺点是键在楔紧后,轴和轮毂的配合产生偏心和偏斜,破坏了轴与毂的同轴度。故这种连接主要用于对中精度要求不高和低速的场合。

楔键分为普通楔键(见图 3-29(a)、(b))和钩头楔键(见图 3-29(c))两类。装配时,要先将圆头楔键放入轴上的键槽中,然后打紧轮毂(见图 3-29(a));方头、单圆头和钩头楔键则在轮毂装配好后才将键放入键槽并打紧。钩头楔键的钩头是为装拆用的,用于拆卸时不能从毂槽的另一端将键打出的场合。钩头楔键安装在轴端时,应加防护罩,以防伤人。

4）切向键连接

切向键连接如图 3-30 所示,它由两个普通楔键组成。装配时两个键分别自轮毂两端楔入,使两键以其斜面互相贴合,共同楔紧在轴毂之间。切向键的工作面是上下互相平行的窄面,其中一个窄面在通过轴心线的平面内,使工作面上产生的挤紧力沿轴的切线方向作用,故能传递较大的转矩。单个切向键只能传递

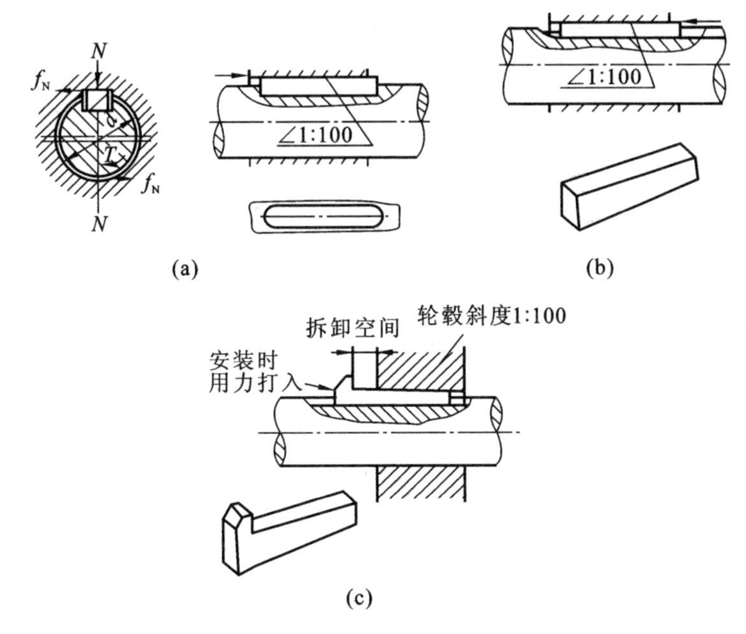

图 3-29　楔键连接

(a)圆头楔键；(b)平头楔键；(c) 钩头楔键

单向转矩。若传递双向转矩，应装两个互成 120°的切向键。由于键槽对轴的强度削弱较大。故切向键连接主要用于直径大于 100 mm 的轴上。例如用于大型带轮、大型飞轮，矿山用大型绞车的卷筒与轴的连接等。

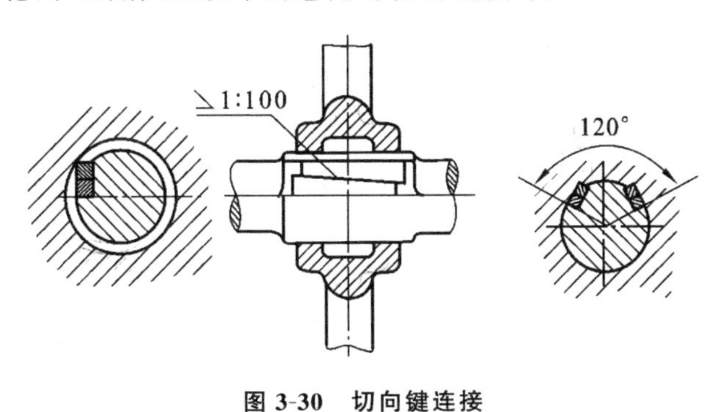

图 3-30　切向键连接

2.普通平键连接的尺寸选择和强度计算

1）尺寸选择

根据轴的直径 d 从标准中(见表 3-10)选择键的宽度 b、高度 h。键的长度 L 根据轮毂长度确定，键长应比轮毂长度短 5～10 mm，并符合标准中规定的长度系列。导向平键的键长则按轮毂长度及轴上零件的滑动距离而定，所选键长亦应符合标准规定的长度系列。

表 3-10　普通平键、导向平键和键槽的剖面尺寸及公差(GB/T 1095—2003)　单位:mm

轴	键	键　槽									
基本直径 d	基本尺寸 $b\times h$	宽度 b						深　度			
		基本尺寸 b	极　限　偏　差					轴 t		毂 t_1	
			松连接		正常连接		紧密键连接				
			轴(H9)	毂(D10)	轴(N9)	毂(JS9)	轴和毂(P9)	基本尺寸	极限偏差	基本尺寸	极限偏差
自 6～8	2×2	2	+0.025 0	+0.060 +0.020	−0.004 −0.029	±0.0125	−0.006 0.031	1.2	+0.1 0	1	+0.1 0
>8～10	3×3	3						1.8		1.4	
>10～12	4×4	4	+0.030 0	+0.078 +0.030	0 −0.036	±0.015	−0.012 −0.042	2.5	+0.1 0	1.8	+0.1 0
>12～17	5×5	5						3.0		2.3	
>17～22	6×6	6						3.5		2.8	
>22～30	8×7	8	+0.036 0	+0.098 +0.040	0 −0.036	±0.018	−0.015 −0.051	4.0	+0.2 0	3.3	+0.2 0
>30～38	10×8	10						5.0		3.3	
>38～44	12×8	12	+0.043 0	+0.120 +0.050	0 −0.043	±0.0215	−0.018 −0.061	5.0		3.3	
>44～50	14×9	14						5.5		3.8	
>50～58	16×10	16						6.0		4.3	
>58～65	18×11	18						7.0		4.4	
>65～75	20×12	20	+0.052 0	+0.149 +0.065	0 −0.052	±0.026	−0.022 −0.074	7.5		4.9	
>75～85	22×14	22						9.0		5.4	
>85～95	25×14	25						9.0		5.4	
>95～110	28×16	28						10.0		6.4	
>110～130	32×18	32	+0.062 0	+0.180 +0.080	0 −0.062	±0.031	−0.026 −0.088	11.0		7.4	
>130～150	36×20	36						12.0		8.4	
>150～170	40×22	40						13.0		9.4	
>170～200	45×25	45						15.0		10.4	
>200～230	50×28	50						17.0		11.4	
键长 L 系列/mm	6,8,10,12,14,16,18,20,22,25,28,32,36,40,45,50,56,63,70,80,90,100,110,125,140,160,180,200,220,250,280,320,360,……公差带为 h14										

2）强度校核

平键连接工作时的受力情况如图 3-31 所示。普通平键连接属于静连接，其主要失效形式为连接中较弱零件（通常为轮毂）的工作面被压溃。导向平键或滑键连接属于动连接，其主要失效形式为工作面过度磨损。除非严重过载，一般不会出现键的剪断（见图 3-31，沿 a—a 面剪断）。故设计时，静连接验算挤压强度，动连接验算压力强度。

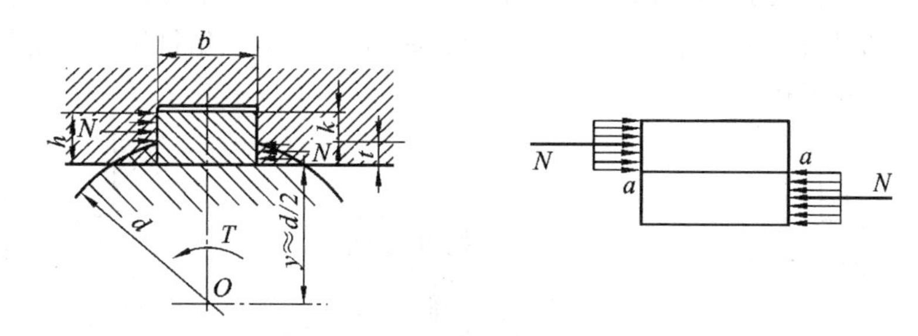

图 3-31　平键连接受力分析

静连接的挤压强度条件为

$$\sigma_{p}=\frac{2T\times10^{3}}{k\cdot l\cdot d}\leqslant[\sigma_{p}]\ (\mathrm{MPa}) \tag{3-12}$$

动连接的挤压强度条件为

$$p=\frac{2T\times10^{3}}{k\cdot l'\cdot d}\leqslant[p]\ (\mathrm{MPa}) \tag{3-13}$$

式中：T——键连接所传递的转矩，N·m；

k——键与轮毂键槽的接触高度，$k\approx0.4h$，mm；

l——键的工作长度，mm；

l'——轮毂长度，mm；

d——轴的直径，mm；

$[\sigma_{p}]$——键连接材料的许用挤压应力，MPa，见表 3-11；

$[p]$——键连接许用压力，MPa，见表 3-11。

表 3-11　键连接的许用挤压应力和许用压力　　单位：MPa

许用挤压应力 许用压力	连接方式	零件材料	载荷性质		
			静载荷	轻微冲击	冲击
$[\sigma_{p}]$	静连接	钢	120～150	100～120	60～90
		铸铁	70～80	50～60	30～45
$[p]$	动连接	钢	50	40	30

注：①$[\sigma_{p}]$、$[p]$应按连接材料力学性能最弱的零件选取；

②如与键有相对滑动的被连接件表面经过淬火，则动连接的许用压力可提高 2～3 倍。

如果验算后强度不够，在不超过轮毂宽度的条件下，可适当增加键的长度，但键的长度一般不应超过 2.25d，否则，载荷沿键长方向的分布将很不均匀；或者相隔 180°装两个平键，但考虑因制造误差引起的载荷分布不均，只能按 1.5 个键进行强度验算。

3. 销连接

销一般用来传递不大的载荷（见图 3-32）或作安全装置（见图 3-33）所示的联轴器中的销钉。另一作用是起定位作用，如图 3-34 所示销钉用来确定箱座和箱盖之间的相对位置。

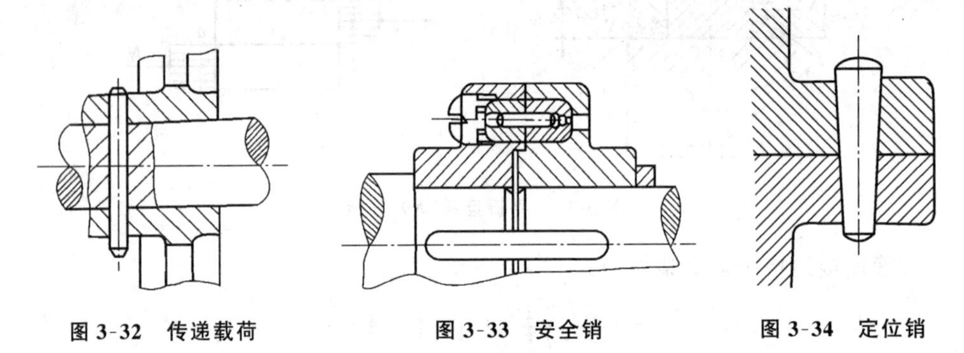

图 3-32　传递载荷　　**图 3-33　安全销**　　**图 3-34　定位销**

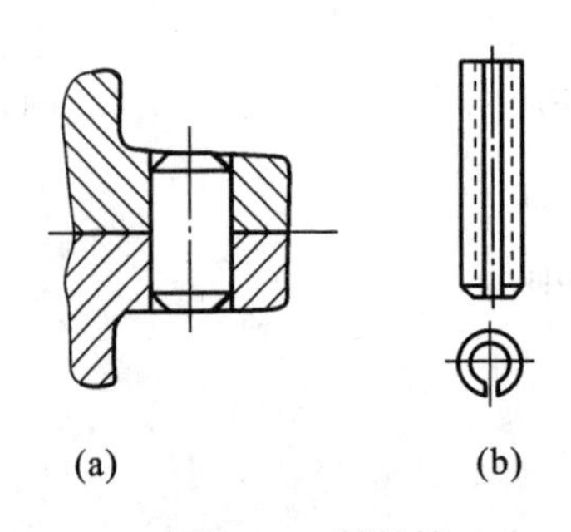

图 3-35　圆柱销

(a)普通圆柱销；(b)弹性圆柱销

销按形状分为圆柱销、圆锥销和异形销三类。

1）圆柱销

(1)普通圆柱销　图 3-35(a)所示为普通圆柱销，它是利用微量的过盈，固定在光孔中，多次装拆将有损于连接的紧固和定位精度。

(2) 弹性圆柱销　图 3-35(b)所示为弹性圆柱销，它是用弹簧钢带制成的纵向开缝的钢管，利用材料的弹性将销挤紧在销孔中。这种销比实心销轻，可多次装拆。

2）圆锥销

(1) 普通圆锥销　图 3-36(a)所示为普通圆锥销，锥度为 1∶50，受横向力时可自锁，靠锥面挤压作用固定在光孔中，可以多次装拆。普通圆锥销以小端直径作为公称直径。

(2) 内螺纹圆锥销　图 3-36(b)所示为内螺纹圆锥销，图 3-36(c)所示为外螺纹圆锥销，可用于销孔没有开通或拆卸困难的场合。

(3) 开尾圆锥销　图 3-36(d)所示为开尾圆锥销，它可保证销在冲击、振动或变载下不致松脱。

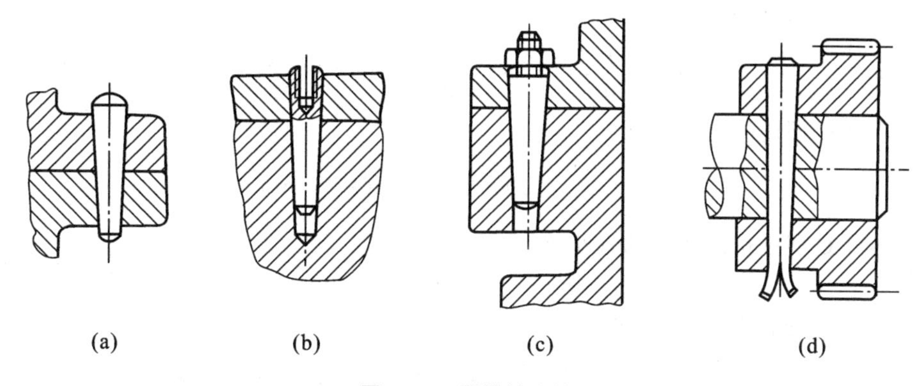

图 3-36　圆锥销连接

(a)普通圆锥销;(b)内螺纹圆锥销;(c)外螺纹圆锥销;(d)开口圆锥销

3）异形销

（1）槽销　槽销（见图 3-37(a)）用弹簧钢滚压或模锻而成，有纵向凹槽，由于材料的弹性，销挤紧在中，销孔无需铰光。槽销的制造比较简单，可多次装拆，多用于传递载荷。

（2）开口销　开口销（见图 3-37(b)）为开口销，它是一种防松零件，与其他连接件配合使用。

（3）销轴　销轴（见图 3-37(c)）是销轴，用于铰接处，用开口销锁定，拆卸方便。

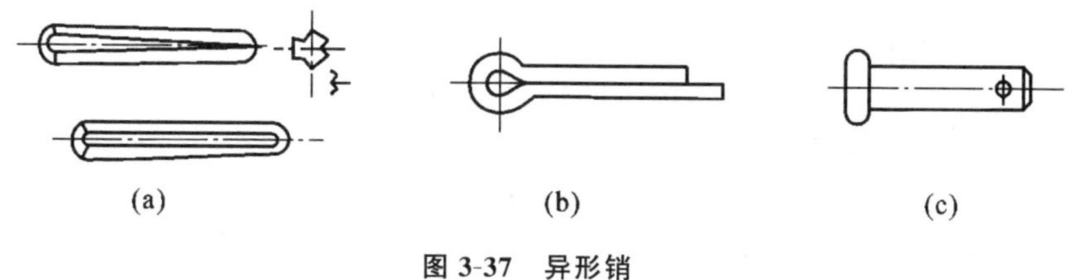

图 3-37　异形销

(a)槽销;(b) 开口销;(c) 销轴

销的类型和尺寸可根据工作要求和用途来选定。

【案例】 平键尺寸确定及强度校核。

案例 3-4　试为案例 4-1 中低速轴上两处平键确定尺寸，并对其进行强度校核。

解　1. 已知 $L_1=110$ mm，$d_1=45$ mm，此处选 C 型键。

1）C 型键的尺寸确定

由 d_1查表 3-10 得：$b=14$ mm，$h=9$ mm；由 L_1查表 3-10 中 L 系列得：$L=100$ mm。

2）C 型键的强度校核

（1）由表 3-11 查得许用挤压应力 $[\sigma_p]=100$ MPa

(2) 计算转矩

$$T=9\ 549\frac{P}{n}=9\ 549\times\frac{15}{320}\ \text{N}\cdot\text{m}=448\ \text{N}\cdot\text{m}$$

(3) C 型键的工作长度

$$l=L-\frac{b}{2}=\left(100-\frac{14}{2}\right)\ \text{mm}=93\ \text{mm}$$

(4) C 型键挤压高度的最小值

$$k=0.4h=0.4\times 9\ \text{mm}=3.6\text{mm}$$

(5) 挤压强度校核,由式(3-12)得

$$\sigma_{\text{p}}=\frac{2T\times 1000}{k\cdot l\cdot d}=\frac{2\times 448\times 1000}{3.6\times 93\times 45}\ \text{MPa}=29.7\ \text{MPa}<[\sigma_{\text{p}}]$$

所以强度足够。

2. 已知:$L_4=70$ mm,$d_4=60$ mm,此处选 A 型键。

1) A 型键的尺寸确定

由 d_4 查表 3-10 得:$b=18$ mm,$h=11$ mm;由 L_4 查表 3-10 中 L 系列得:$L=63$ mm;

2) A 型键的强度校核

(1)由表 3-11 查得许用挤压应力 $[\sigma_{\text{p}}]=100$ MPa

(2) 计算转矩

$$T=9\ 549\frac{P}{n}=9\ 549\times\frac{15}{320}\ \text{N}\cdot\text{m}=448\ \text{N}\cdot\text{m}$$

(3) A 型键的工作长度

$$l=L-b=(63-18)\ \text{mm}=45\ \text{mm}$$

(4) A 型键挤压高度的最小值

$$k=0.4h=0.4\times 11\ \text{mm}=4.4\ \text{mm}$$

(5) 挤压强度校核,由式(3-12)得

$$\sigma_{\text{p}}=\frac{2T\times 1000}{k\cdot l\cdot d}=\frac{2\times 448\times 1000}{4.4\times 45\times 60}\ \text{MPa}=75.5\ \text{MPa}<[\sigma_{\text{p}}]$$

所以强度足够。

【提示】 键连接有紧连接、松连接连接两大类,不同情况应用不同的强度公式或设计公式完成相应的计算,并需查手册完成键连接的最终选型。

【学生设计题】 完成减速器设计任务中轴上各处用键的选型计算。

思 考 题

1. 键连接分哪几种类型?各有何特点?

2. 试述平键连接的选型设计步骤。

3. 销连接主要用在什么场合?销有哪些类型?其特点是什么?

练 习 题

3-6 一钢轴与铸铁齿轮采用平键连接。已知轴的直径为 60 mm，齿轮的轮毂长度为 100 mm。试选择平键的尺寸，并确定该键所能传递的最大静载荷。

3-7 试选择驱动某水泵的电动机与联轴器的平键连接。已知电动机轴的输出转矩 $T=50\ \text{N}\cdot\text{m}$，轴径 $d=34$ mm，铸铁联轴器的轮毂长度为 85 mm，载荷有轻微冲击。

任务 3-3 单级减速器轴的设计

【任务分析】

轴的设计包括结构设计和工作能力计算两方面的内容，涉及轴的材料选择、轴的强度与刚度计算，剪力、弯矩、扭矩的计算及方向判断，弯矩图、扭矩图的绘制，轴的结构设计和按扭矩估算轴径、阶梯轴各段轴的轴径及长度。因此在此任务案例中既要学会轴的材料、性能等级及相应许用应力$[\sigma_{-1}]_b$等数据的获取方法，还要掌握不同受力情况下应用相应的强度公式完成设计计算。

知识点 1

轴的概述

1. 轴的功用与分类

轴的作用主要是用来支承做旋转运动的零件(如齿轮、带轮等)，以传递转矩，确定并保持轴上零件的轴向位置。

轴的类型很多，按轴线形状不同可分为直轴(见表 3-12)、曲轴(见图 3-38)和挠性轴(见图 3-39)。曲轴常用于往复式机械(如内燃机、空气压缩机等)中，挠性轴可将旋转运动灵活地传到所需要的位置，常用于医疗设备中。在这里只讨论直轴。

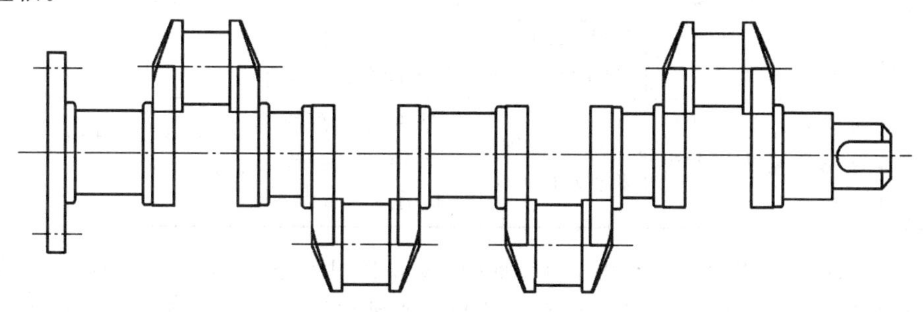

图 3-38 四缸发动机曲轴

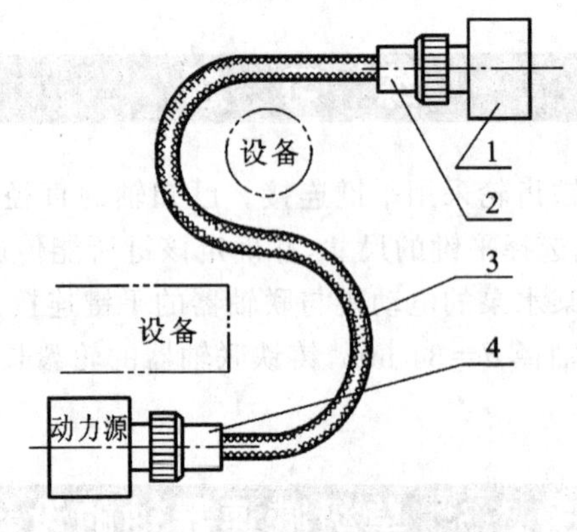

图 3-39　钢丝软轴(挠性轴)

1—被驱动装置;2—接头;3—钢丝软轴(外层为护套);4—接头

直轴按它们的承载情况不同可以分为转轴、心轴和传动轴三类,其类型、结构及应力见表 3-12。

表 3-12　轴的类型、结构及应力

类型	转轴	心轴		传动轴
		回转心轴	静止心轴	
结构	轴承　联轴器　轴　齿轮(直齿)　M　T 同时承受弯矩 M 和转距 T	M 只承受弯矩 M	M 只承受弯矩 M	传动轴　T 只承受转距 T
应力	弯曲应力为对称循环应力,扭转应力一般为变应力	弯曲应力为对称循环应力	弯曲应力在静载荷下为静应力	扭转应力通常按变应力考虑

直轴按其结构不同,还可分为光轴(见表 3-12 中的传动轴)、阶梯轴(剖面直径有变化,见表 3-12 中的转轴)、实心轴和空心轴(质量小,中空部分可用做供料或润滑等通道,但其制造成本较高)等。

2. 轴的材料

轴的常用材料是碳素钢和合金钢。碳素钢比合金钢价廉，对应力集中的敏感性小，力学性能也比较好，所以应用较为广泛。常用碳素钢为30、35、40、45、50号钢，其中最常用的是45钢。为了提高轴的力学性能，应进行调质或正火处理。对受力小或不重要的轴，可用Q235、Q275等普通碳素钢。合金钢比碳素钢具有更高的强度和更好的淬火性能，但对应力集中比较敏感，价格也较贵，因此多用于强度和耐磨性要求较高、要求重量和尺寸较小或非常潮湿、有腐蚀性介质的场合。常用的中碳合金钢有40Cr，35SiMn，40MnB等。低碳合金钢20Cr、20CrMnTi经渗碳淬火后，表面耐磨性和芯部韧性都比较好，适于制造耐磨和承受冲击载荷的轴。合金钢与碳素钢的弹性模量相差不多，故不宜用合金钢来提高轴的刚度。设计合金钢轴时尤其要注意从结构上减小应力集中，并减小其表面粗糙度。

钢轴的毛坯一般用轧制的圆钢或锻件。锻件的内部组织比较均匀，强度高，重要的轴应采用锻制毛坯。

轴的常用材料、力学性能及应用举例见表3-13。

表3-13 轴的常用材料及其力学性能及应用

材料牌号及热处理	毛坯直径 /mm	硬度 /HBS	抗拉强度 σ_b /MPa	屈服强度 σ_s /MPa	弯曲疲劳极限 σ_{-1} /MPa	应用
Q235			440	240	180	用于不重要或载荷不大的轴
35正火	≤100	149～187	520	270	210	应用较广泛
45正火	≤100	170～217	600	300	240	应用最广泛
45调质	≤200	217～255	650	360	270	
40Cr调质	25		1000	800	485	用于载荷较大，而无很大冲击的重要轴
	≤100	241～286	750	550	350	
	100～300	241～266	700	500	320	
40MnB调质	25		1000	800	485	性能接近于40Cr，用于重要的轴
	≤200	241～286	750	500	335	
35CrMo调质	≤100	207～269	750	550	350	用于重载荷的轴
20Cr渗碳淬火回火	15	表面HRC 56～62	850	550	375	用于要求强度、韧度及耐磨性均较高的轴
	30		650	400	280	
	≤60		650	400	280	

知识点 2

轴的结构设计

本内容主要讨论阶梯形直轴的结构，其设计内容主要包括定出轴的合理外形和结构尺寸。

1. 影响轴结构的因素

轴的结构主要与下列因素有关：

(1) 载荷的性质、大小、方向及分布情况；

(2) 轴上零件的数目和布置情况；

(3) 零件在轴上的定位及固定方法；

(4) 轴承的类型及尺寸；

(5) 轴的加工工艺及装配方法等。

此外，轴的结构与整体结构有关，设计时应根据具体情况进行分析。

2. 轴的结构设计的基本要求

(1) 轴在支承上的定位要可靠　轴上零件要有准确的位置，并便于装拆、调整。

(2) 制造工艺性要好　方便加工并尽量减少开槽、钻孔等削弱轴的刚度和增加应力集中的部位。

(3)要特别注意轴应有足够的刚度。

3. 轴的结构设计

(1) 轴颈、轴头和轴身　轴的典型结构如图 3-40 所示，轴和轴承配合的部分称为轴颈，其直径应符合轴承内径标准；轴上安装轮毂的部分称为轴头，其直径应与相配零件的轮毂内径一致，并采用标准直径(见表 3-17)。为了便于装配，轴颈和轴头的端部均应有倒角；连接轴颈和轴头的部分称为轴身；用做零件轴向固定的台阶部分称为轴肩，环形部分称为轴环。

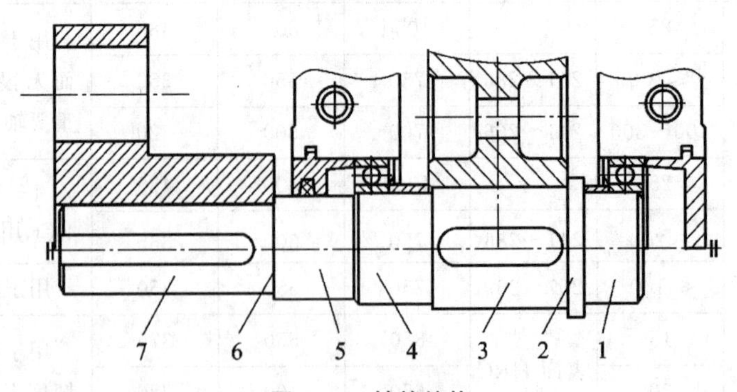

图 3-40　轴的结构

1、4—轴颈；2—轴环；3—轴头；5—轴身；6—轴肩；7—轴头

螺纹或花键部分的直径应符合螺纹或花键的标准。

各段轴的长度，视配合件的宽度，整体结构及装拆工艺而定。

(2) 轴上零件的轴向定位及固定　轴上零件的轴向定位和固定方式常用的有轴肩、轴环、锁紧挡圈、套筒、圆螺母和止动垫圈、弹性挡圈、轴端挡圈及圆锥面等。其固定方法、特点和应用等见表 3-14。

在使用套筒作轴向固定时应当注意，为了使套筒端面压紧轮毂端面，应使轴头长度比轮毂短 2～3 mm，如图 3-41 所示。

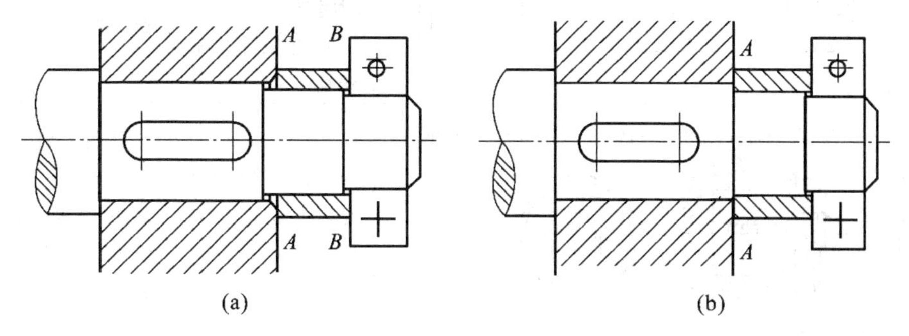

图 3-41　套筒固定

(a)合理结构；(b)不合理结构

(3) 轴上零件的周向固定　轴上零件周向固定的目的是为了传递转矩和防止零件与轴产生相对转动。

轴上零件周向固定的方法常用的有键、花键和销连接以及过盈配合和成形连接等。当传递的力不大时，也可采用紧定螺钉做周向固定(见表 3-14)。

表 3-14　轴上零件的轴向固定方法及应用

轴向固定方法及结构简图		特点和应用	设计注意要点
轴肩与轴环	(a)　(b)	简单可靠，不需附加零件，能承受较大的轴向力，广泛应用于各种轴上零件固定； 该方法会使轴径增大，阶梯处形成应力集中，且阶梯过多将不利于加工	为保证零件与定位面靠紧，轴上过渡圆角半径 r 应小于零件圆角半径 R 或到角 C，即 $r<C<a$ $r<R<a$ 一般取定位高度 $a=(0.07\sim0.1)d$，轴环宽度 $b=1.4a$

续表

轴向固定方法及结构简图		特点和应用	设计注意要点
套筒	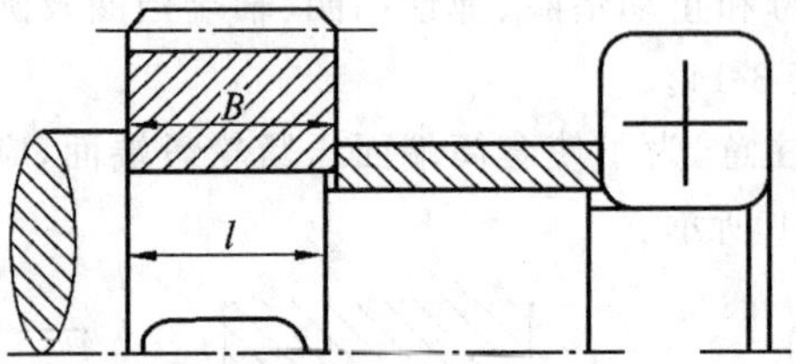 B　l	简单可靠，简化了轴的结构且不削弱轴的强度； 常用于轴上两个近距离零件间的相对固定； 不宜用于高速转轴	套筒内径与轴的配合较松，套筒结构、尺寸可视需要，灵活设计
轴端挡圈	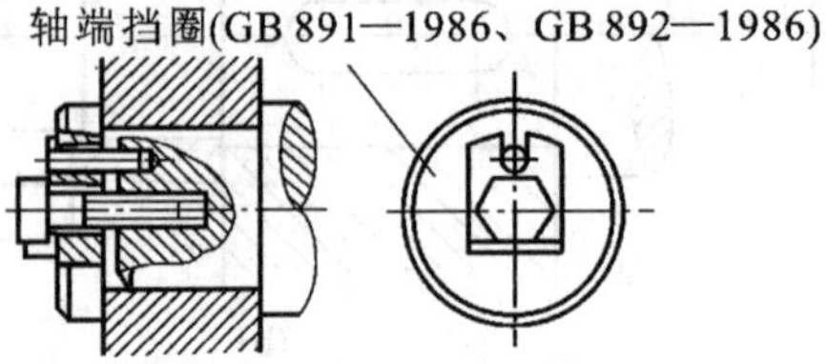 轴端挡圈(GB 891—1986、GB 892—1986)	工作可靠，能承受较大轴向力，应用广泛	只用于轴端； 常与轴端挡圈联合使用，实现零件的双向固定
锥面	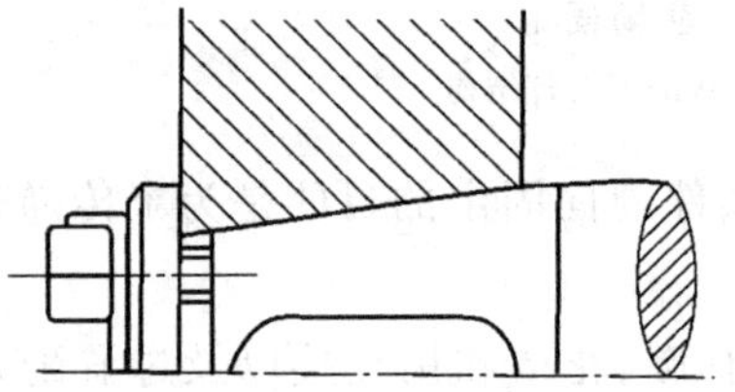	拆装方便，且可兼作周向固定； 宜用于高速、冲击及对中性要求高的场合	只用于轴端； 常与轴端挡圈联合使用，实现零件的双向固定
圆螺母	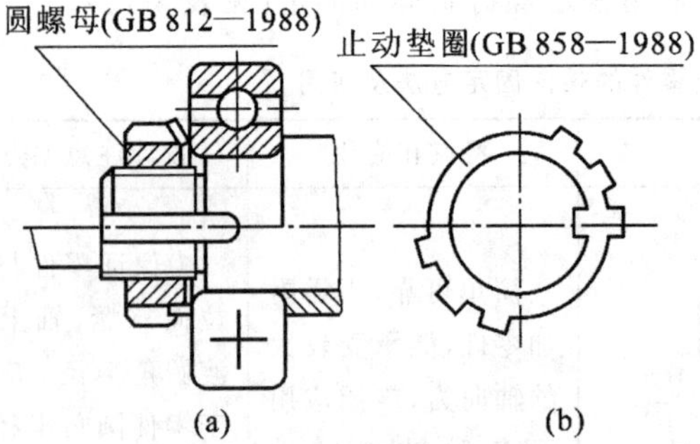 圆螺母(GB 812—1988)　止动垫圈(GB 858—1988) (a)　(b)	固定可靠，可承受较大轴向力，能实现轴上零件的间隙调整； 常用于轴上两零件间距较大处(见图(a))，亦可用于轴端(见图(b))	为减小对轴强度的削弱，常用细牙螺纹； 为防松，须加止动垫圈或使用双螺母
弹性挡圈	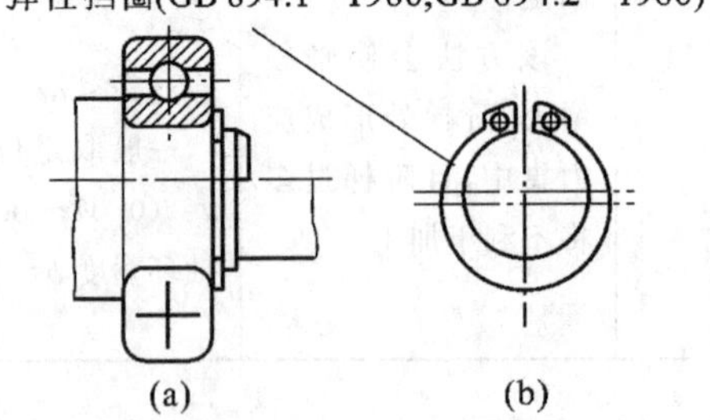 弹性挡圈(GB 894.1—1986,GB 894.2—1986) (a)　(b)	结构紧凑、简单，装拆方便，但受力较小，且轴上切槽将引起应力集中 常用于轴承的固定	轴上车槽尺寸见GB/T 894.1—1986

续表

轴向固定方法及结构简图		特点和应用	设计注意要点
紧定螺钉与锁紧挡圈	紧定螺钉(GB/T71—1985) 锁紧挡圈(GB/T881—1986)	结构简单，但受力较小，且不适于高速场合	

(4) 轴的结构工艺性　轴的结构形状和尺寸在尽量满足加工、装配和维修要求的前提下，应力求简单，阶梯数尽可能少。为了便于切削加工，一根轴上的圆角应尽可能取相同的半径。

为便于轴上零件装配，轴端应加工出 45°(或 35°，60°)倒角(见表 3-15)；与零件成过盈配合时，轴的装入端常需加工出导向圆锥面(见图 3-42)。

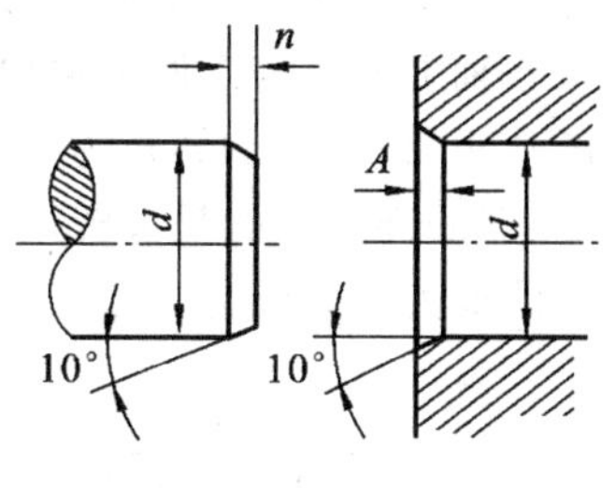

图 3-42　导向圆锥面

为减少装夹工件的时间，同一根轴的各轴段上的键槽应布置在轴的同一母线上，键槽宽度应尽量一致。

表 3-15　轴及配合件的合理圆角半径和倒角尺寸

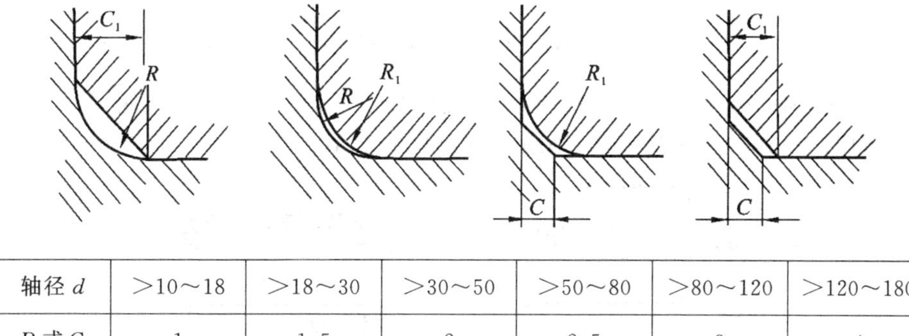

轴径 d	>10～18	>18～30	>30～50	>50～80	>80～120	>120～180
R 或 C	1	1.5	2	2.5	3	4
R_1 或 C_1	1.5	2	2.5	3	4	5

轴段若需磨削或切制螺纹时，必须留出砂轮越程槽(见图 3-43)或螺纹退刀槽(见图 3-44)，其具体尺寸可参见课程设计附表或机械设计手册。

精度和表面粗糙度要定得适当，定高了将增加成本。

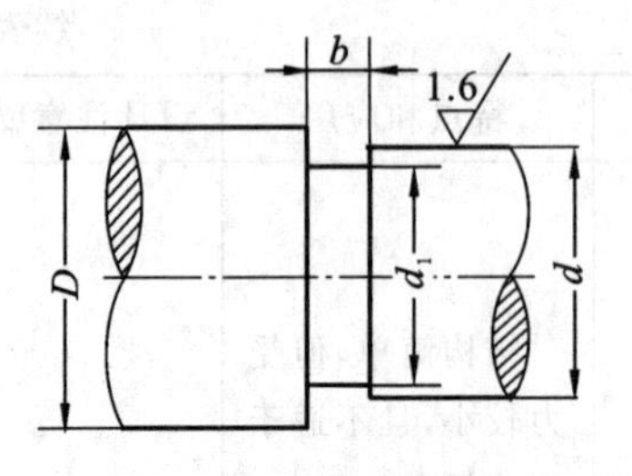

图 3-43　砂轮越程槽

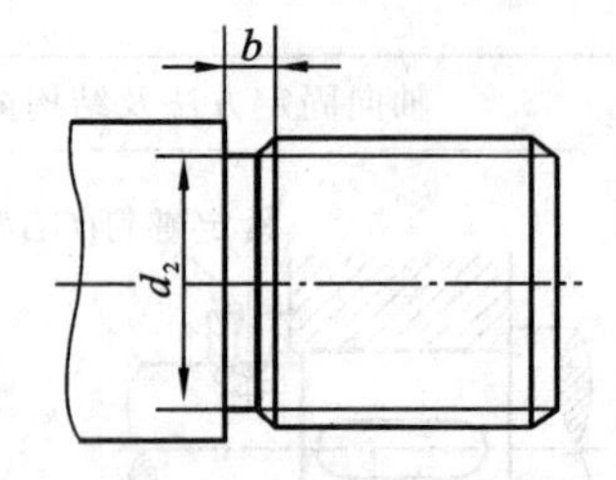

图 3-44　螺纹退刀槽

(5) 提高轴的强度的措施　可采用下列两项措施。

① 改善轴的受载情况　为了减小轴所承受的弯矩，传动件应尽量靠近轴承，并尽可能不采用悬臂的支撑形式，力求缩短支承跨距及悬臂长度。

当轴上转矩需由两轮输出时，输入轮(1)宜置于两输出轮(2、3)的中间，如图3-45所示，设输入的转矩为 $T_1=T_2+T_3$，且 $T_2>T_3$，当输入轮置于轴的一端(见图3-45(a))时，轴的最大转矩为 T_2+T_3。如改为如图3-45(b)所示的布置方式，则轴的最大转矩仅为 T_2。

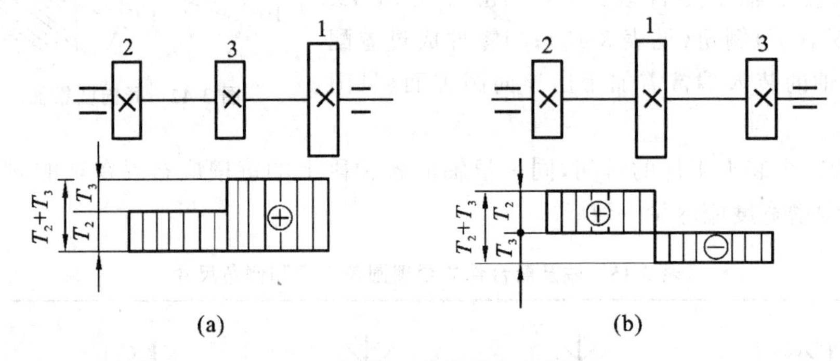

图 3-45　轴上零件的合理布置

如图3-46(a)所示的卷筒轴，轴所承受的最大弯矩 $M=FL/2$，如把卷筒轮毂改为如图3-46(b)所示的结构，则最大弯矩减小为 $M=FL/4$。

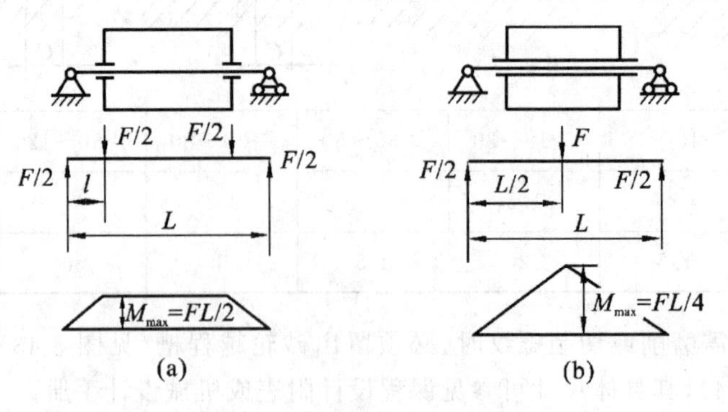

图 3-46　轴上零件的合理设计

② 减少应力集中的措施　为减少直径突变处的应力集中，提高轴的疲劳强度，应适当增大轴肩处的圆角半径。为保证零件在轴肩处定位可靠，当加大圆角半径受到限制时，可用间隔环、凹切圆角、卸载槽等结构（见图 3-47）。

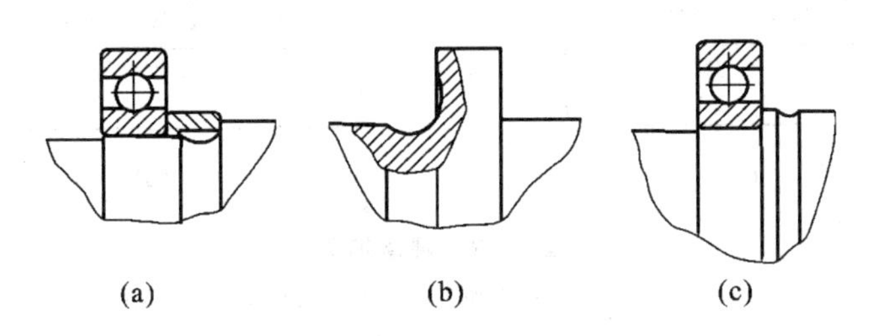

图 3-47　减小轴肩应力集中的措施

(a) 间隔环；(b) 凹切圆角；(c) 卸载槽

轴与轴上零件采用过盈配合时，轴上零件的边缘和轴过盈配合处将会引起应力集中。采用减小轮毂边缘处的刚度、将配合处的轴径略微加大（此时应注意过渡处的圆角半径）或在配合处两端的轴上磨出卸载槽等都是降低应力集中的有效方法（见图 3-48）。

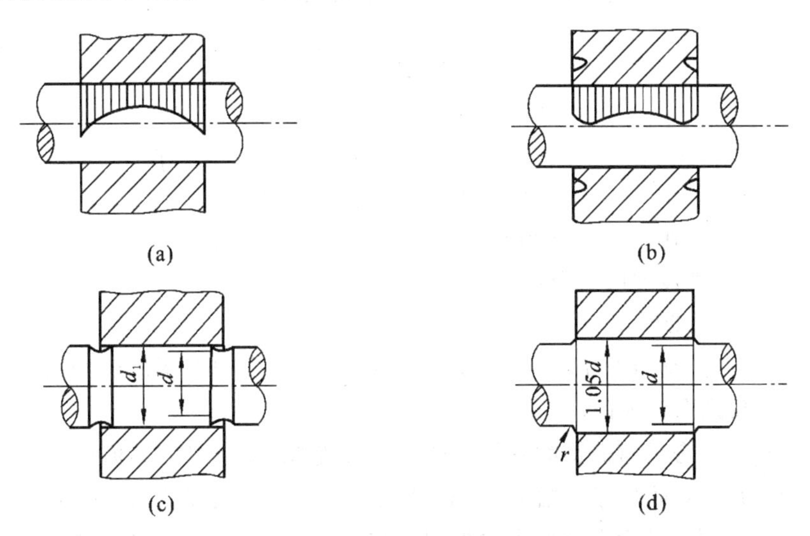

图 3-48　减小过盈配合处应力集中的措施

(a)过盈配合处的应力集中；(b)轮箍上开卸载槽（应力集中系数 K_σ 减小 15%～25%）；

(c)轴上开卸载槽（$d_1=(1.06\sim1.08)d$（K_σ 约减小 40%））；

(d)增大配合处直径（$r>(0.1\sim0.2)d$（K_σ 减小 30%～40%））

用圆盘铣刀加工的键槽比用端铣刀加工的键槽在键槽两端处所引起的应力集中小（见图 3-49）。

轴上尽量避免开小孔、切口和凹槽。必须开小孔时，孔端要倒角。

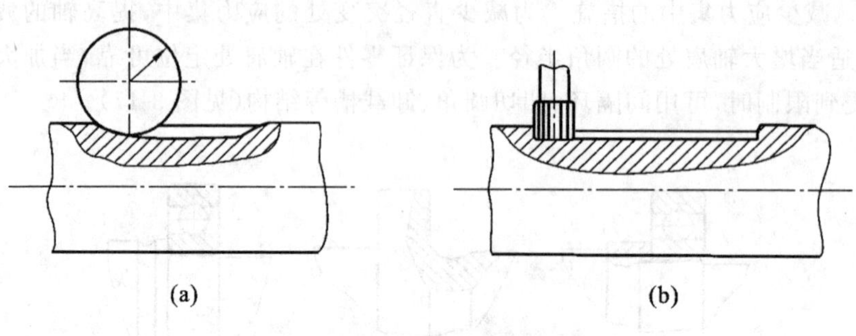

图 3-49　键槽加工

(a)用圆盘铣刀加工;(b)用端铣刀加工

4. 最小轴径的确定

在进行轴的结构设计之前,轴承间的距离尚未确定,还不知道支承反力的作用点,不能确定弯矩的大小及分布情况,所以,只能先按转矩或用类比法来初步估算轴的直径(只能作为仅受转矩的那一段轴的最小直径),并以此为基础进行轴的结构设计,定出轴的全部几何尺寸,最后校核轴的强度。

(1) 计算法　按转矩初步计算轴端直径的强度条件是

$$\tau=\frac{T}{0.2d^3}\leqslant[\tau] \tag{3-14}$$

则

$$d\geqslant\sqrt[3]{\frac{T}{0.2[\tau]}}=\sqrt[3]{\frac{9550\times10^3}{0.2[\tau]}}\cdot\sqrt[3]{\frac{P}{n}}=A\sqrt[3]{\frac{P}{n}} \tag{3-15}$$

式中:T ——工作转矩,N・mm;

P ——轴传递的功率,kW;

n ——轴的转速,r/min;

A ——随材料而定的系数,其值见表 3-16。当轴上弯矩较小时,取较小值,反之取较大值;

$[\tau]$——考虑弯曲影响后的材料许用扭转切应力,MPa;其值见表 3-16。

若计算的截面上有键槽时,直径要适当增大。一个键槽时轴的直径增大 4%~5%,若同一截面上有两个键槽时,轴径增大 7%~10%,然后按表 3-17 圆整至标准直径。

表 3-16　轴常用材料的$[\tau]$值和 A 值

轴的材料	Q235,20	35	45	40Cr,35WSiMn,38SiMnMo
$[\tau]$/MPa	15~25	20~35	25~45	35~55
A	149~126	135~118	126~103	106~97

表 3-17 标准直径系列(摘自 GB/T 2822—2005) 单位:mm

10	11.2	12.5	13.2	14	15	16	17	18	19	20	21.2
22.4	23.6	25	26.5	28	30	31.5	33.5	35.5	37.5	40	42.5
45	47.5	50	53	56	60	63	67	71	75	80	85
90	95	100	106	112	118	125	132	140	150	160	170

(2) 经验法 对于与电动机轴相连接的轴,可取轴径 $d=(0.8\sim1.0)d_{电}$,$d_{电}$ 为电动机伸出轴的轴端直径。

初定的最小直径还一定要与相配零件(如带轮、联轴器等)的孔径相一致,相配零件的孔径可从有关手册中查出。

知识点 3

轴的强度校核

轴的结构设计完后,轴上零件的位置均已确定,外载荷和支承反力的作用点也随之确定。这样就可绘制出轴的受力简图、弯矩图、转矩图和当量弯矩图,再按弯扭组合来校核轴的危险截面。

弯扭组合强度计算,一般用第三强度理论,其强度条件为

$$\sigma_e=\frac{M_e}{W}=\frac{\sqrt{M^2+(\alpha T)^2}}{0.1d^3}\leqslant[\sigma_{-1}]_b \tag{3-16}$$

或

$$d\geqslant\sqrt[3]{\frac{M_e}{0.1\ [\sigma_{-1}]_b}} \tag{3-17}$$

式中:σ_e——当量弯曲应力,MPa;

M_e——当量弯矩,N · mm;

M——合成弯矩,$M=\sqrt{M_H^2+M_V^2}$,mm,其中,M_H 为水平面上的弯矩,M_V 为垂直面上的弯矩;

W——危险截面抗弯截面模量,mm^3,对于实心轴段,$W=0.1d^3$,mm^3(d 为该轴段的直径,mm);对于具有一个平键键槽的轴段,$W=\frac{\pi d^3}{32}-\frac{bt(d-t)^2}{2d}$(其中,$b$ 为键宽,mm,t 为键槽深度,mm);

α——按转矩性质而定的应力校正系数,即将转矩 T 转化为相当弯矩的系数。对不变化的转矩,$\alpha=\frac{[\sigma_{-1}]_b}{[\sigma_{+1}]_b}\approx0.3$,对于脉动变化的转矩,$\alpha=\frac{[\sigma_{-1}]_b}{[\sigma_0]_b}\approx0.6$,对于频繁正反转即对称变化的转矩 $\alpha=\frac{[\sigma_{-1}]_b}{[\sigma_{-1}]_b}=1$。若转矩变化的规

律未知时，一般可按脉动循环变化处理（$\alpha=0.6$）。这里$[\sigma_{-1}]_b$、$[\sigma_0]_b$、$[\sigma_{+1}]_b$分别为对称循环、脉动循环、静应力状态下的许用弯曲应力，其值见表 3-18。

表 3-18　轴的许用弯曲应力　　单位：MPa

材　料	σ_b	$[\sigma_{+1}]_b$	$[\sigma_0]_b$	$[\sigma_{-1}]_b$
碳素钢	400	130	70	40
	500	170	75	45
	600	200	95	55
	700	230	110	65
合金钢	800	270	130	75
	1000	330	150	90
铸钢	400	100	50	30
	500	120	70	40

对于重要的轴，应按疲劳强度对危险截面的安全系数进行精确验算。

对于有刚度要求的轴，在强度计算后，应进行刚度校核。

知识点 4

轴的使用与维护

轴是传递运动和动力的重要零件，轴的失效会危及整部机器，故应特别注意对轴的检查和维护。

1. 轴的使用和检查

(1) 轴在使用前，应注意轴和轴上零件的固定要可靠；轴和轴上有相对移动和转动的零件的间隙应适当；轴颈润滑应符合要求，润滑不当，是使轴颈非正常磨损的重要原因。

(2) 轴在使用中，应避免突然加、减负载或超载，尤其是对新配滑动轴瓦的轴和使用已久的轴更应注意，防止疲劳断裂和弯扭变形。

(3) 在机器大修或中修时，通常应检查轴有无裂纹、弯曲、扭曲及轴颈磨损等，如不合要求应进行修复和更换。裂纹常发生在应力集中处，由此导致轴的疲劳断裂，应予以注意。轴上的裂纹可用放大镜和磁力探伤器等检查。轴颈的最大磨损量为测得的最小直径同公称直径之差，当超过规定值时应进行修磨。对于液体润滑轴承中的轴颈，应检查其圆度和圆柱度，因为失圆的轴颈运转时，会使油膜压力波动，不仅加速轴瓦材料的疲劳损坏，也会增加轴瓦和轴颈的直接接

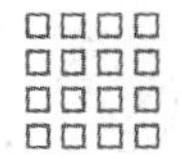

触,使磨损加剧。轴上花键的磨损,可通过检查配合的齿侧间隙或用标准花键套在花键轴上检查。

2. 轴的维修

(1) 轴弯曲变形的校正　轴的变形过大时,可采取冷压校正或局部火焰加热校正。校正时的支承部位应正确,尤其应注意不要使阶梯轴拐角处因校正而产生应力集中,如图 3-50 所示。

(2) 轴颈磨损的修复　通常先用磨削加工消除轴的几何形状误差,然后采用金属喷镀或刷镀,严重时可堆焊或镶套修理,镶套时套与轴为过盈配合,如图3-51 所示。

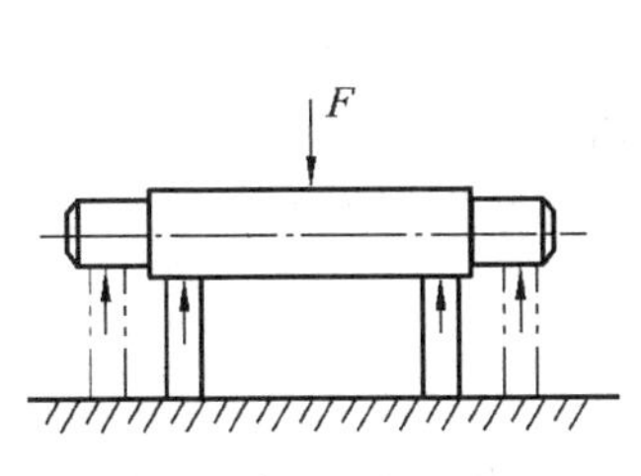

图 3-50　轴弯曲变形的校正

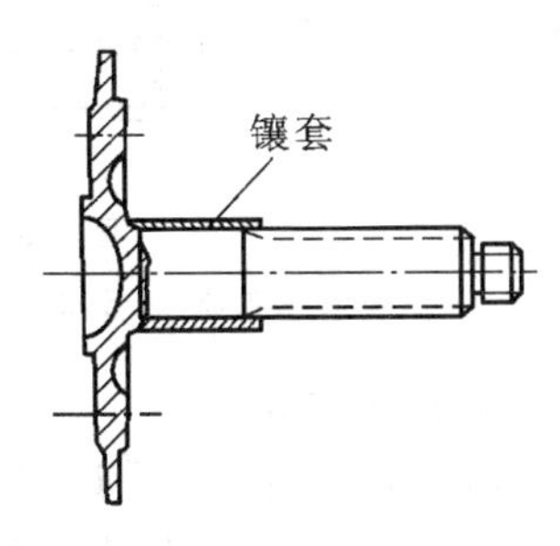

图 3-51　轴颈磨损的镶套修复

(3) 花键、键槽、螺纹的修复　可先用气焊或堆焊法修复磨损的齿侧面,然后再以磨损的花键为基础,铣出花键,如图 3-52(a)所示。键槽损伤后,可适当加大键槽或将旧键槽焊堵,并配新键槽,如图 3-52(b)所示。轴上的螺纹损坏时,应进行堆焊,重新车螺纹。

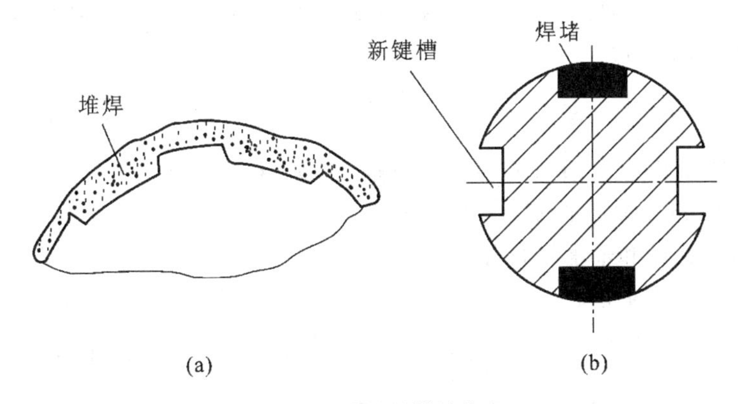

图 3-52　花键键槽的修复

【案例】　设计带式输送机中低速轴。

案例 3-5　图 3-53 所示为带式输送机传输装置。其中齿轮减速器低速轴的转速 $n=320$ r/min,传递功率 $P=15$ kW,试设计该低速轴。

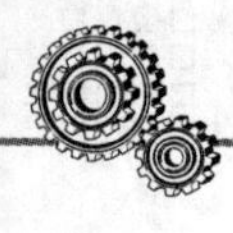

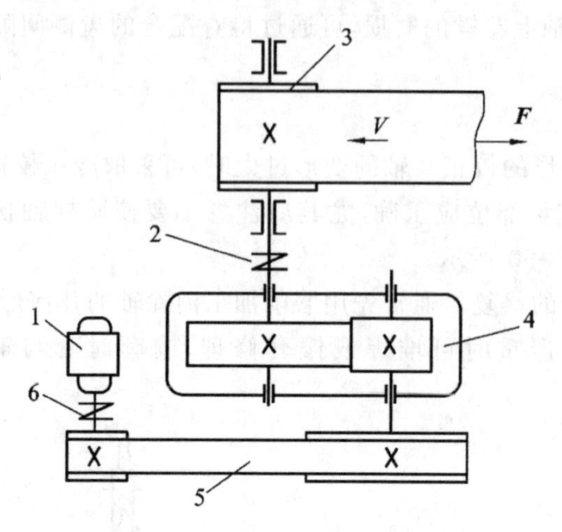

图 3-53 带式输送机传动简图

1—电动机;2、6—联轴器;3—输送机滚筒;4—齿轮减速器;5—带传动

解 设计步骤如下。

1) 选择轴的材料,确定许用应力

普通用途、中小功率减速器,选用 45 钢,正火处理。查表 3-13 取 $\sigma_b=600$ MPa,由表 3-18 得$[\sigma_{-1}]_b=55$ MPa。

2) 按扭转强度,初估轴的最小直径

由表 3-16 查得 $A=110$,按式(3-15)得

$$d \geqslant A\sqrt[3]{\frac{P}{n}}=110\times\sqrt[3]{\frac{15}{320}}\ \text{mm}=39.66\ \text{mm}$$

轴身安装联轴器,因开有键槽,轴的直径增大 5%,考虑补偿轴的可能位移,选用弹性柱销联轴器。

由 n 和转矩 $T_c=K_A T=\dfrac{1.3\times 9\ 549\times 15}{320}\ \text{N}\cdot\text{m}=581.9\ \text{N}\cdot\text{m}$,查 GB/T 4323—2002 选用 LT8 弹性套柱销联轴器(Y 型),标准孔径 $d_1=45$ mm,即轴伸直径 $d_1=45$ mm,轴孔长度 $L=112$ mm。

3) 确定齿轮和轴承的润滑

计算齿轮圆周速度

$$v=\frac{\pi d_2 n}{60\times 1\ 000}=\frac{\pi m z_2 n}{60\times 1\ 000}=\frac{\pi\times 3\times 72\times 320}{60\times 1\ 000}\ \text{m/s}=3.617\ \text{m/s}$$

齿轮润滑采用油浴润滑,轴承采用脂润滑。

4) 轴系的初步设计

根据轴系结构分析要点,结合后述尺寸确定,按比例绘制轴系结构草图,如图 3-54 所示。

直齿轮传动,采用深沟球轴承。采用嵌入式轴承盖实现轴系两端单向固定。

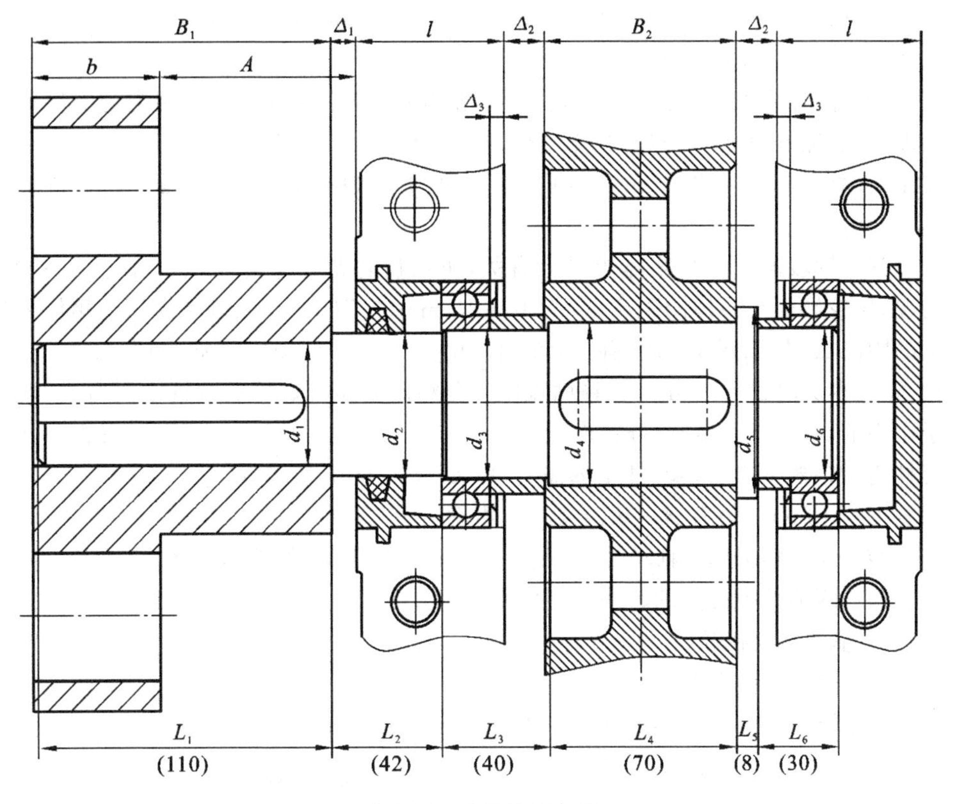

图 3-54　轴系结构草图

半联轴器右端用轴肩定位和固定，左端用轴端挡圈固定，依靠 C 型普通平键连接实现周向固定。齿轮右端由轴环定位固定，左端由套筒固定，用 A 型普通平键连接实现周向固定。为防止润滑脂流失，采用挡油板内部密封。

绘图时，结合尺寸的确定，首先画出齿轮轮毂位置，然后考虑齿轮端面到箱体内壁的距离 Δ_2，从而确定箱体内壁的位置，选择轴承并确定轴承位置。根据分箱面螺栓连接的布置，设计轴的外伸部分。

5）轴的结构设计

轴的结构设计主要有三项内容：各段轴径向尺寸的确定；各段轴轴向长度的确定；其余尺寸（如键槽、圆角、倒角、退刀槽等）的确定。

（1）径向尺寸确定　该轴采用六段式设计（见图 3-54）。从轴段 $d_1=45$ mm 开始，逐段选取相邻轴段的直径，d_2 起定位固定作用，定位轴肩高度 $h_{\min}$ 可在 $(0.07\sim0.1)d$ 范围内选取，故 $d_2=d_1+2h\geqslant45\times(1+2\times0.07)$ mm $=51.3$ mm，该直径处将安装密封毡圈，标准直径应取 $d_2=52$ mm；d_3 与轴承内径相配合，为便于轴承安装，故取 $d_3=55$ mm，选定轴承型号为 6011；d_4 与齿轮孔径相配合。为了便于装配，按标准直径系列，取 $d_4=60$ mm；d_5 起定位作用，由 $h=$

$(0.07\sim0.1)d=(0.07\sim0.1)\times60$ mm$=4.2\sim6$ mm,取 $h=5$ mm,$d_5=70$ mm;d_6 与轴承配合,取 $d_6=d_3=55$ mm。

(2) 轴向尺寸的确定　与传动零件(如齿轮、带轮、联轴器等)相配合的轴段长度,一般略小于传动零件的轮毂宽度。题中锻造齿轮轮毂宽度 $B_2=b_2=72$ mm,取轴段 $L_4=70$ mm;联轴器 LT8 的 J 型轴孔 $B_1=112$ mm,取轴段长 $L_1=110$ mm。

其他轴段的长度与箱体等设计有关,可由齿轮开始向两侧逐步确定。一般情况,齿轮端面与箱体的距离 Δ_2 为 $10\sim15$ mm,实取 15 mm;轴承端面与箱体内壁的距离 Δ_3 与轴承的润滑有关,油润滑时 $\Delta_3=3\sim5$ mm,脂润滑时 $\Delta_3=5\sim10$ mm,本例取 $\Delta_3=5$ mm;分箱面宽度与分箱面的连接螺栓的装拆空间有关,对于常用的 M16 普通螺栓,分箱面宽 $l=50\sim55$ mm,此处取 $l=55$ mm。考虑弹性套柱销联轴器维修更换套柱销的需要,取 $\Delta_1=10$ mm,初步取 $L_2=42$ mm。查轴承宽度为 18 mm,另有 $B_2-L_4=2$mm,由图可见 $L_3=\Delta_2+2+\Delta_3+18=(15+2+5+18)$ mm$=40$ mm。轴环宽度 $L_5=8$ mm。齿轮采用对称布置,故取 $L_6=30$ mm。两轴承中心间的跨距 $L=130$ mm。

6) 轴的强度校核

(1) 计算齿轮受力

分度圆直径　　$d_2=mz_2=3\times72\text{ mm}=216\text{ mm}$

转矩　$T=9.549\times10^6\,\dfrac{P}{n}=9.549\times10^6\times\dfrac{15}{320}\text{ N}\cdot\text{mm}=447600\text{ N}\cdot\text{mm}$

齿轮切向力　　$F_t=\dfrac{2T}{d_2}=\dfrac{2\times447600}{216}\text{ N}=4144\text{N}$

齿轮径向力　　$F_r=F_t\tan\alpha=4144\cdot\tan20^\circ=1508\text{ N}$

(2) 绘制轴的受力简图(见图 3-55(a))

(3) 计算支承反力(见图 3-55(b)及(d))

水平平面　　$F_{HI}=F_{HII}=\dfrac{65F_r}{130}=\dfrac{65\times1508}{130}\text{ N}=754\text{ N}$

垂直平面　　$F_{VI}=F_{VII}=\dfrac{F_t}{2}=\dfrac{4144}{2}\text{ N}=2072\text{ N}$

(4) 绘制弯矩图

水平平面弯矩图(见图 3-55(c))

b 截面　　$M_{Hb}=65F_{HI}=65\times754\text{ N}\cdot\text{mm}=49010\text{ N}\cdot\text{mm}$

垂直平面弯矩图(见图 3-55(e))

$$M_{Vb}=65F_{VI}=65\times2072\text{ N}\cdot\text{mm}=134680\text{ N}\cdot\text{mm}$$

合成弯矩图(见图 3-55(f))

$$M_b=\sqrt{M_{Hb}^2+M_{Vb}^2}=\sqrt{49010^2+134680^2}\text{ N}\cdot\text{mm}$$
$$=143320\text{ N}\cdot\text{mm}$$

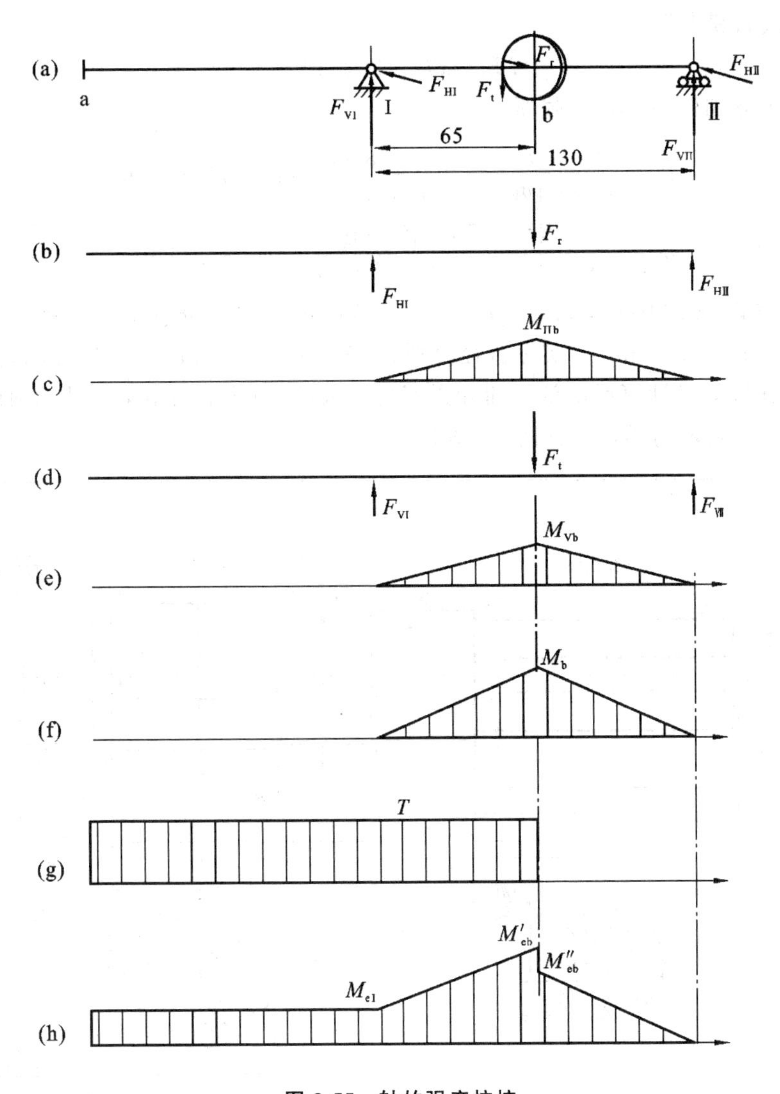

图 3-55 轴的强度校核

(5) 绘制转矩图(见图 3-55(g))

转矩 $T=447600\ \mathrm{N\cdot mm}$

(6) 绘制当量弯矩图(见图 3-55(h))

单向运转,转矩为脉动循环,$\alpha=0.6$

$$\alpha T=0.6\times447600\ \mathrm{N\cdot mm}=268560\ \mathrm{N\cdot mm}$$

b 截面

$$M'_{eb}=\sqrt{M_b^2+(\alpha T)^2}=\sqrt{143320^2+268560^2}\ \mathrm{N\cdot mm}=304409\ \mathrm{N\cdot mm}$$

$$M''_{eb}=\sqrt{M_b^2+(\alpha T)^2}=\sqrt{143320^2+0}\ \mathrm{N\cdot mm}=143320\ \mathrm{N\cdot mm}$$

a 截面和 Ⅰ 截面

$$M_{ea}=M_{eI}=\alpha T=268560\ \mathrm{N\cdot mm}$$

(7) 分别校核 a 和 b 截面

$$d_a=\sqrt[3]{\frac{M_{ea}}{0.1\ [\sigma_b]_{-1}}}=\sqrt[3]{\frac{268560}{0.1\times 55}}\ \mathrm{mm}=36.55\ \mathrm{mm}$$

$$d_b=\sqrt[3]{\frac{M_{eb}}{0.1\ [\sigma_b]_{-1}}}=\sqrt[3]{\frac{304409}{0.1\times 55}}\ \mathrm{mm}=38.11\ \mathrm{mm}$$

考虑键槽的影响，$d_a=105\%\times 36.55\ \mathrm{mm}=38.38\ \mathrm{mm}$，$d_b=105\%\times 38.11\ \mathrm{mm}=40.02\ \mathrm{mm}$。实际直径分别为 45 mm 和 60 mm，强度足够，如所选轴承和键连接等经计算后确认寿命和强度均能满足，则该轴的结构设计无须修改。

(8) 绘制轴的零件工作图（见图 3-56）。

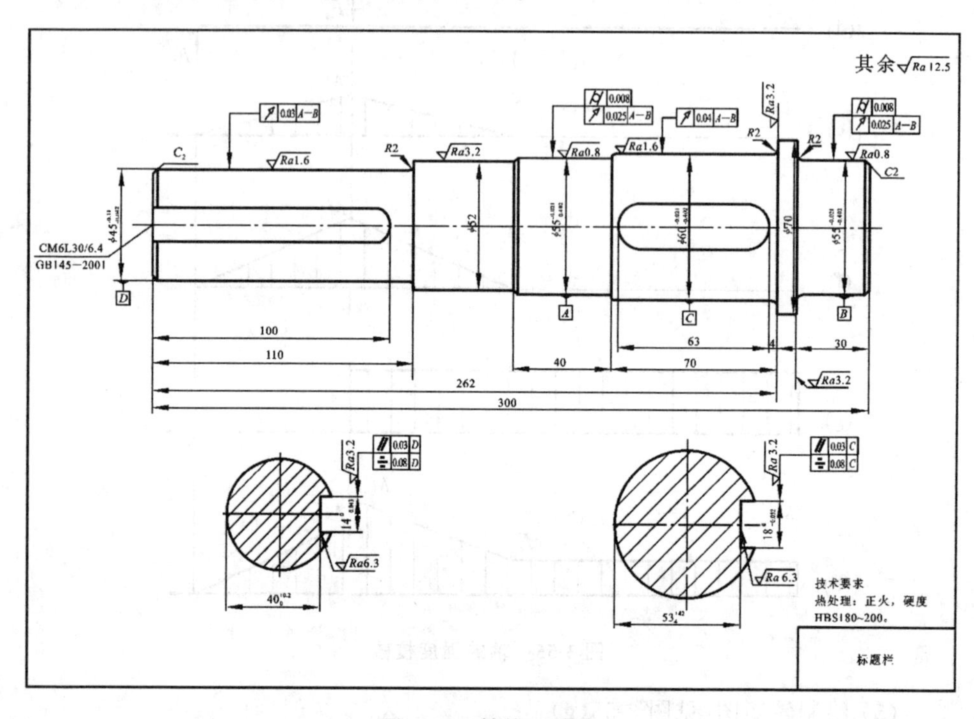

图 3-56　轴的工作图

【学生设计题】 完成给定一级减速器中两根轴的设计。

思　考　题

1. 轴有哪些类型？各有何特点？

2. 自行车的前轴、后轴和中轴，受弯矩还是既受弯矩又受转矩？是心轴还是转轴？

3. 轴常用的材料有哪些？合金钢与碳素钢相比，有何特点？

4. 轴的结构与哪些因素有关？轴的结构设计应满足哪些基本要求？

5. 零件在轴上轴向固定的常见方法有哪些？各有何特点？

6. 为保证零件轴向固定可靠，使用套筒固定时应注意什么问题？

7. 提高轴的强度和刚度的措施有哪些？

8. 怎样确定轴的最小直径？

9. 在计算当量弯矩时，应力校正系数 α 的含义是什么？如何取值？

10. 校核轴的强度时，如何判断轴的危险截面？怎样确定轴的许用应力？

练　习　题

3-8　图 3-57 所示为某减速器输出轴的装配结构图，其中 1、2、3、4 处轴的结构是否合理？为什么？画出改正后的结构图。

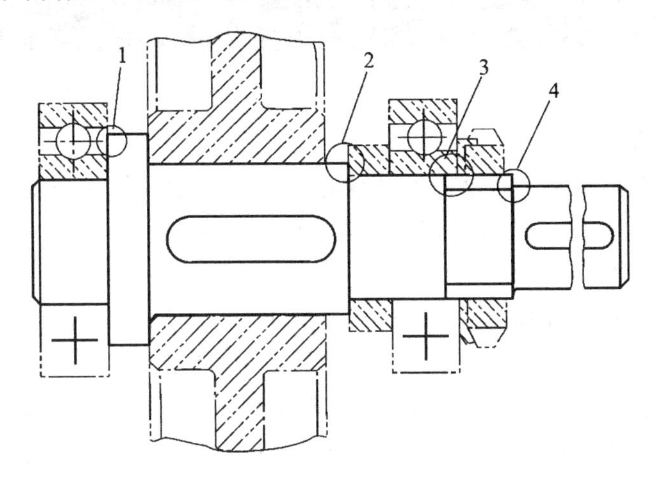

图 3-57　题 3-8 图

3-9　注出图 3-58 中轴及轮毂各部分结构要素的尺寸（可参阅课程设计教材）。

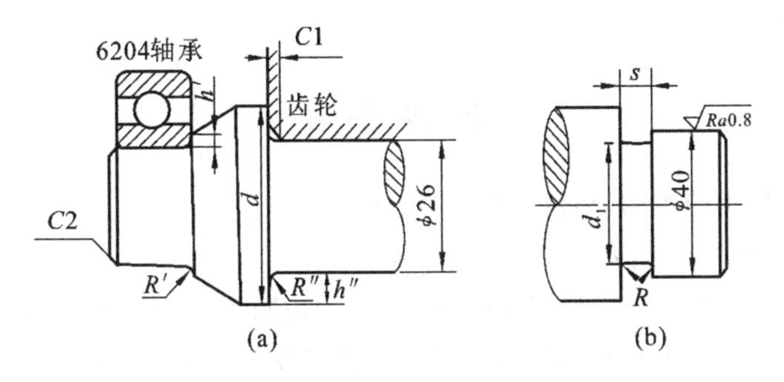

图 3-58　题 3-9 图

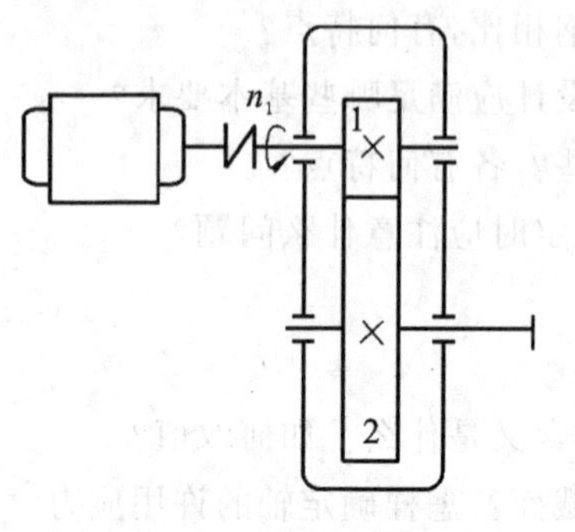

图 3-59　题 3-10 图

3-10　设计图 3-59 所示单级直齿圆柱齿轮减速器中的低速轴。已知输出轴传递的功率 $P=12.5$ kW,输入轴的转速 $n_1=970$ r/min,齿轮齿数 $z_1=18$,$z_2=72$,模数 $m=5$ mm,啮合角 $\alpha=20°$,齿轮轮毂宽度 $L_1=90$ mm,联轴器轮毂宽度 $L_2=70$ mm,建议采用轻窄系列深沟球轴承。

3-11　设计题 3-59 图所示单级斜齿圆柱齿轮减速器中的低速轴。已知电动机功率 $P=4$ kW,转速 $n_1=720$ r/min,$n_2=136$ r/min,大齿轮分度圆直径 $d_2=300.57$ mm,齿宽 $b_2=90$ mm,螺旋角 $\beta=12°$,法面压力角 $\alpha=20°$。

任务 3-4　轴承的选型设计

【任务分析】

在本任务中,既要了解这两种轴承的结构、类型、特点、应用及使用维护,又要重点掌握滚动轴承的寿命计算和滚动轴承的选型设计。

【相关知识】

轴承是支承轴颈的部件,有时也用来支承轴上的回转零件。根据轴承工作时的摩擦性质,轴承分为滚动轴承和滑动轴承:滚动轴承适用于一般速度场合,其结构和尺寸都已经标准化,而且具有摩擦系数小,启动灵活,互换性好,使用维护方便等特点;滑动轴承适用于高速、高精度、重载和有大冲击的场合,以及不重要的低速机械中。

知识点 1

滚 动 轴 承

1. 滚动轴承的结构、类型、特性和选择

1) 滚动轴承的结构

滚动轴承的基本结构如图 3-60 所示,它由内圈 1、外圈 2、滚动体 3 和保持架 4 等四部分组成。内圈常与轴一起旋转,外圈装在轴承座中起支承作用。也有外圈旋转、内圈固定或内外圈都旋转的。常用的滚动体如图 3-61 所示,有:(a)球;

(b)短圆柱滚子;(c)圆锥滚子;(d)滚针;(e)球面滚子等五种。当内、外圈作相对回转时,滚动体沿着内、外圈上的滚道可限制滚动体的轴向位移,能使轴承承受一定的轴向载荷。

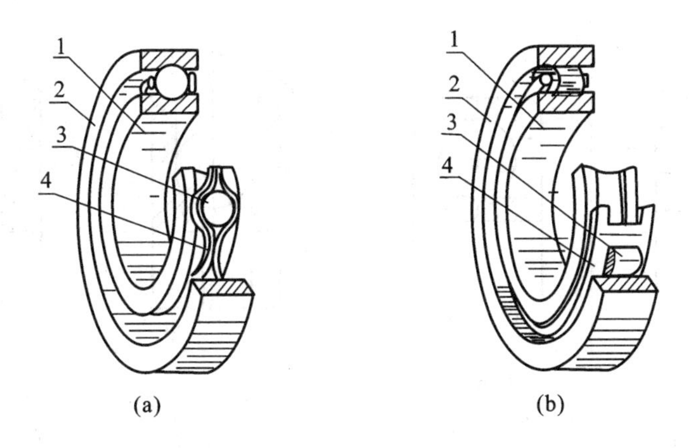

图 3-60　滚动轴承的基本结构

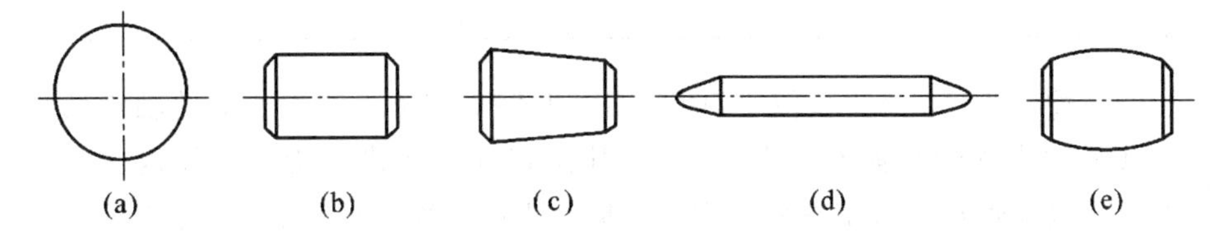

图 3-61　常用的滚动体

保持架的作用是使滚动体等距分布,避免滚动体相互接触,改善轴承内部的载荷分配。保持架有冲压的(见图 3-60(a))和实体的(见图 3-60(b))两种。冲压保持架一般用低碳钢板冲压而成,实体保持架通常用铜合金或铝合金等制造。为减小径向尺寸,在实施密封或易于装配等特殊情况下,有些滚动轴承可以没有内圈、外圈、既无内圈又无外圈、无保持架(如滚针轴承),有些特殊滚动轴承可以附设密封圈、防尘盖或锥形紧定套等元件。

滚动轴承的套圈和滚动体一般采用轴承钢制造,淬火硬度达到 HRC61～65,工作表面经过磨削抛光。

2) 滚动轴承的类型和特性

滚动轴承的分类方法有很多。按滚动体的形状,轴承可分为球轴承和滚子轴承两种类型。按滚动体的列数,轴承可分为单列、双列及多列轴承。按所能承受载荷的方向或接触角的不同,可以把轴承分为向心轴承和推力轴承,如表 3-19 所示。所谓公称接触角,是指滚动体与套圈接触处的法向与径向的夹角。

表 3-19　滚动轴承的分类

向心轴承		推力轴承	
径向接触轴承	向心接触轴承	推力角接触轴承	轴向推力轴承
$\alpha=0^\circ$	$0^\circ<\alpha\leqslant45^\circ$	$45^\circ<\alpha\leqslant90^\circ$	$\alpha=90^\circ$
主要承受径向载荷，不能或少承受轴向载荷	主要承受径向载荷，随接触角增大承受轴向载荷能力增大	主要承受轴向载荷，随接触角减小承受径向载荷能力增大	主要承受轴向载荷，不能承受径向载荷

为了便于生产、设计和使用，国标 GB/T 272—1993 规定了滚动轴承的代号。代号通常常刻在轴承外圈端面上，其排列顺序及代号所表示的内容参见表3-20。滚动轴承代号由前置代号、基本代号和后置代号构成，前置代号和后置代号是轴承在结构、尺寸、公差、技术要求等有改变时，在其基本代号的左右添加的补充代号，一般可以省略，具体内容可查相关标准规定，下面我们只介绍基本代号。

表 3-20　滚动轴承代号的构成

前置代号	基本代号					后置代号							
成套轴承分部件代号	5	4	3	2	1	内部结构代号	密封与防尘结构代号	保持架及其材料代号	特殊轴承材料代号	公差等级代号	游隙代号	多轴承配置代号	其他代号
		尺寸系列代号											
	类型代号	宽度系列代号	直径系列代号	内径代号									

基本代号表示轴承的基本类型、尺寸系列和内径。一般用 5 位数字表示。

（1）类型代号　滚动轴承（滚针组成除外）共有 12 种基本类型，其类型代号用数字和字母表示，见表 3-21。

表 3-21 滚动轴承的类型代号

类型代号	轴承类型	类型代号	轴承类型
0	双列角接触球轴承	6	深沟球轴承
1	调心球轴承	7	角接触球轴承
2	调心滚子轴承	8	推力圆柱滚子轴承
	推力调心滚子轴承	N	圆柱滚子轴承
3	圆锥滚子轴承		双列或多列用字母 NN 表示
4	双列深沟球轴承	U	外球面轴承
5	推力球轴承	QJ	四点接触球轴承

常用滚动轴承的基本类型与特性见表 3-22。

表 3-22 常用滚动轴承的类型、主要性能和特点

类型及代号	结构简图	极限转速	轴向承载能力	基本额定动载荷比	性能和特点
调心球轴承 10000		中	少量	0.6～0.9	因为外圈滚道表面是以轴承中点为中心的球面，故能自动调心，允许内圈(轴)对外圈(外壳)轴线偏斜量≤2°～3°。一般不宜承受纯轴向载荷
调心滚子轴承 20000		低	少量	1.8～4	性能、特点与调心球轴承相同，但具有较大的径向承载能力，允许内圈对外圈轴线偏斜量≤1.5°～2.5°
圆锥滚子轴承 $\alpha=10°\sim18°$ 30000		中	较大	1.5～2.5	可以同时承受径向载荷(30000 型以径向载荷为主，3000B 型以轴向载荷为主)。外圈可分离，安装时可调整轴承的游隙。一般成对使用。允许内圈对外圈轴线偏斜量≤2′
大锥角 圆锥滚子轴承 $\alpha=27°\sim30°$ 30000B			很大	1.1～2.1	

续表

类型及代号		结构简图	极限转速	轴向承载能力	基本额定动载荷比	性能和特点
推力球轴承	推力球轴承 51000	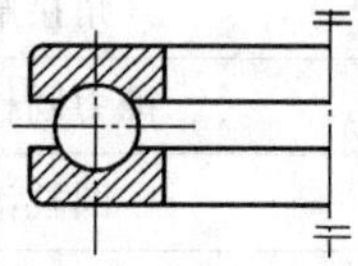	低	只能承受单向的轴向载荷	1	为了防止钢球与滚道之间的滑动,工作时必须加有一定轴向载荷。高速时离心力大,钢球与保持架磨损大,发热严重,寿命降低,故极限转速很低。轴线必须与轴承座底面垂直,载荷必须与轴承座底面垂直,载荷必须与轴线重合,以保证钢球载荷的均匀分配
	双向 推力球轴承 52000	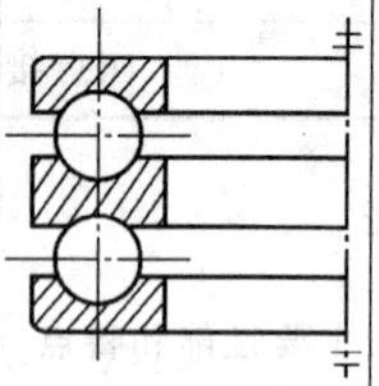		能承受双向的轴向载荷		
深沟球轴承 60000		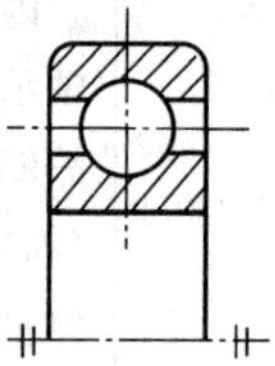	高	少量	1	主要承受径向载荷,也可以同时承受小的轴向载荷。当量摩擦系数最小。在高转速时,可用来承受纯轴向载荷。工作中允许内、外圈轴线偏斜量为8′~16′,大量生产,价格最低
角接触球轴承	70000C 70000AC 70000B	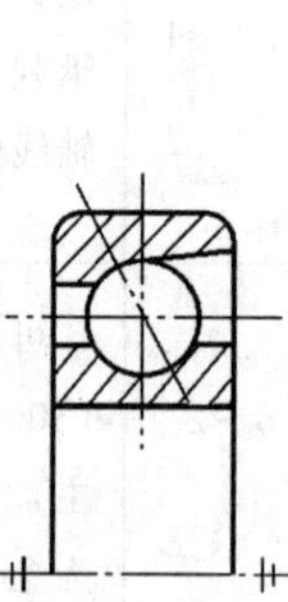	高	一般 较大 较大	1.0~1.4 1.0~1.3 1.0~1.2	可以同时承受径向载荷及轴向载荷,也可以单独承受轴向载荷。能在高转速下正常工作。由于一个轴承只能承受单向的轴向载荷,因此,一般成对使用。承受轴向载荷的能力由接触角 α 决定。接触角大,承受轴向载荷的能力也大。允许内、外圈轴线偏斜量为2′~10′

续表

类型及代号	结构简图	极限转速	轴向承载能力	基本额定动载荷比	性能和特点
圆柱滚子轴承 N0000		较高	无	1.5～3	外圈(或内圈)可以分离,故不能承受轴向载荷,滚子由内圈(或外圈)的挡边轴向定位,工作时允许内、外圈有少量的轴向错动。有较大的径向承载能力,但内、外圈轴线的允许偏斜量很小(2′～4′)。这一类轴承还可以不带外圈或内圈
滚针轴承 NA0000		低	无	—	在同样的内径条件下,与其他类型轴承相比,其外径最小,内圈与外圈可以分离,工作时允许内、外圈有少量的轴向错动。有较大的径向承载能力。一般不带保持架。摩擦系数大

(2) 宽(高)度系列代号 同一直径系列(轴承内径、外径相同时)的轴承可做成不同的宽(高)度,称为宽度系列(见图 3-62),推力轴承则表示高度系列。其代号见表 3-23。宽度系列代号为 0 时,在轴承代号中通常省略(在调心滚子轴承和圆锥滚子轴承中不可省略)。

直径系列代号和宽(高)度系列代号统称为尺寸系列代号。

表 3-23 轴承的宽(高)度系列代号

向心轴承	宽度系列	特窄	窄	正常	宽	特宽	推力轴承	高度系列	特低	低	正常
		8	0	1	2	3,4 5,6			7	9	1,2①

注:①双向推力轴承高度系列。

(3) 直径系列代号 对同一内径的轴承,由于使用场合所需承受的载荷大小和寿命不相同,故需使用大小不同的滚动体,则轴承的外径和宽度也随之改变,以适应不同的载荷要求。

这种内径相同而外径不同所构成的系列(见图 3-62),称为直径系列,其代号见表 3-24。

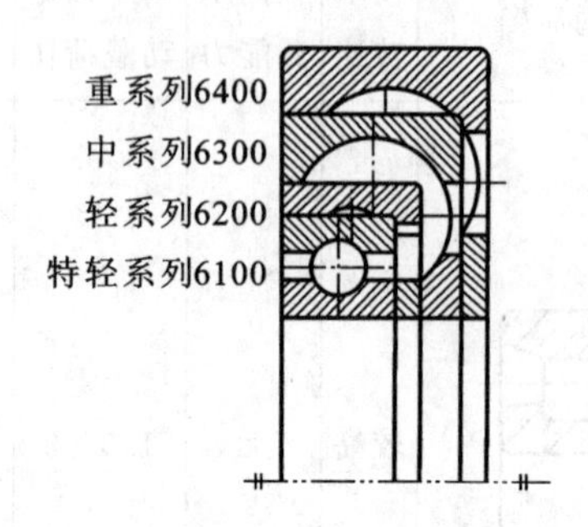

图 3-62　各种直径系列轴承的对照

表 3-24　轴承的直径系列代号

直径系列	向心轴承						推力轴承				
	超轻	超特轻	特轻	轻	中	重	超轻	超特轻	轻	中	重
	8,9	7	0,1	2	3	4	0	1	2	3	4

(4) 轴承的内径代号　轴承内径代号的含义见表 3-25。

表 3-25　滚动轴承的内径代号(内径≥10)

内径 d /mm	10～17				20～80 (22.28 和 32 除外)	500 以上 (含 22.28 和 32)
	10	12	15	17		
内径代号	00	01	02	03	内径÷5 的商	0000/内径
举例	中(3)窄系列深沟球轴承 303 是指内径为 17				重(4)窄系列深沟球轴承 407 是指内径为 35	轻(2)窄系列深沟球轴承 2/32 是指内径为 32 特轻(1)系列推力圆柱滚子轴承;91/800 是指内径为 800

(5) 基本代号的编制规则　基本代号中当轴承类型代号用字母表示时,编排时应在表示轴承尺寸的系列代号、内径代号或安装配合特征尺寸的数字之间空半个汉字距。例:NJ 230。

滚动轴承代号示例

6208　6——滚动轴承类型为深沟球轴承;

(0)2——尺寸系列代号,宽度系列代号为 0(省略),直径系列代号为 2;

08——内径代号,内径 $d=5\times8$ mm=40 mm。

23225　2——滚动轴承的类型为调心滚子轴承;

32——尺寸系列代号，宽度系列代号为 3，直径系列代号为 2；

25——内径代号，内径 $d=5\times25$ mm$=125$ mm。

3）滚动轴承类型选用原则

轴承类型的正确选择是在了解各类轴承特点的基础上，综合考虑轴承的具体工作条件和使用要求进行的。选择时主要考虑以下因素。

（1）轴承所受的载荷　轴承所受载荷的大小、方向和性质是选择轴承类型的主要依据。

① 载荷的大小和性质　轻载和中等载荷时应选用球轴承；重载或有冲击载荷时，应选用滚子轴承。

② 载荷方向　纯径向载荷时，可选用深沟球轴承、圆柱滚子轴承或滚针轴承等；纯轴向载荷时，可选用推力轴承；既有径向载荷又有轴向载荷时，且轴向载荷不太大时，可选用深沟球轴承或接触角较小的角接触球轴承和圆锥滚子轴承；若轴向载荷较大时，可选用接触角较大的这两类轴承；若轴向载荷很大，而径向载荷较小时，可选用推力角接触轴承，也可以选用向心轴承和推力轴承组合成的支承结构。

（2）轴承的转速　可按以下三种情况选用。

① 高速时应优先选用球轴承。

② 内径相同时，外径愈小，离心力也愈小。故在高速时，宜选用超轻、特轻系列的轴承。

③ 推力轴承的极限转速都很低，高速运转时摩擦发热严重，若轴向载荷不很大，可采用角接触球轴承或深沟球轴承来承受纯轴向力。

（3）调心要求　当由于制造和安装误差等因素致使轴的中心线与轴承中心线不重合时，当轴受力弯曲造成轴承内外圈轴线发生偏斜时，宜选用调心球轴承或调心滚子轴承。

（4）允许的空间　当径向空间受到限制时，可选用滚针轴承或特轻、超轻直径系列的轴承。当轴向尺寸受限制时，可选用宽度尺寸较小的(如窄或特窄)宽度系列的轴承。

（5）安装与拆卸　在轴承座不是剖分而必须沿轴向装拆轴承以及需要频繁装拆轴承的机械中，应优先选用内、外圈可分离的轴承（如 3 类，N 类等）；当轴承在长轴上安装时，为便于装拆可选用内圈为圆锥孔的轴承（后置代号第二项为 K）。

（6）公差等级　滚动轴承公差等级分为 6 级：0 级（普通级）、6 级、6X 级、5 级、4 级及 2 级。普通级最低，2 级最高。普通级应用最广。对大多数机械而言，选用 0 级公差的轴承足以满足要求，但对于旋转精度有严格要求的机床主轴、精密机械、仪表以及高速旋转的轴，应选用高精度的轴承。

（7）价格　轴承类型不同，其价格也不同，深沟球轴承价格最低，滚子轴承比球轴承价高，向心角接触轴承比径向接触轴承价高。公差等级愈高，价格也愈高。表 3-26 列出不同公差等级轴承的相对价格供参考。在满足使用要求的前提下，应尽量选用价格低廉的轴承。

表 3-26　不同公差等级轴承的相对价格(6208 轴承)

公差等级	/P0(G 级)	/P6(E 级)	/P5(D 级)	/P4(C 级)
相对价格	1.0	1.5	2.0	7.1

2. 滚动轴承的工作能力计算

1) 滚动轴承的主要失效形式及计算准则

(1) 轴承工作时轴承元件上的载荷及应力变化　轴承工作时,各元件上所受的载荷及产生的应力是随时变化的。根据上面的分析,当滚动体进入承载区后,所受载荷即由零逐渐增加到 P_1、P_2 直到最大值 P_0,然后在逐渐降低到 P_1、P_2 而至零(见图 3-63)。就滚动体上某一点而言,它的载荷及应力是周期性不稳定变化的(见图 3-64(a))。

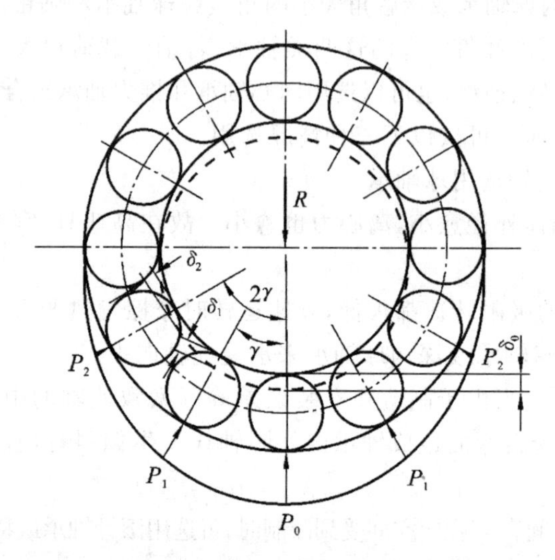

图 3-63　向心轴承中径向载荷的分布

滚动轴承工作时,可以是外圈固定、内圈转动,也可以是内圈固定、外圈转动。对于固定套圈,处在承载区内的各接触点,按其所在的位置不同,将受到不同的载荷。处于 R 作用线上的点将受到最大的接触载荷。对于每一个具体的点而言,每当一个滚动体滚过时便承受一次载荷,其大小是不变的,也就是承受稳定的脉动循环载荷的作用,如图 3-64(b)所示。载荷变动的频率快慢取决于滚动体中心的圆周速度,当内圈固定、外圈转动,滚动体中心的运动速度较大,故作用于固定套圈上的载荷变化频率也较高。

转动套圈上各点的受载情况,则类似于滚动体的受载情况。它的任一点在开始进入承载区后,当该点与某一滚动体接触时,载荷由零变到某一 P 值,继而变到零。当该点下次与另一滚动体接触时,载荷就由零变到另一 P 值,故同一点

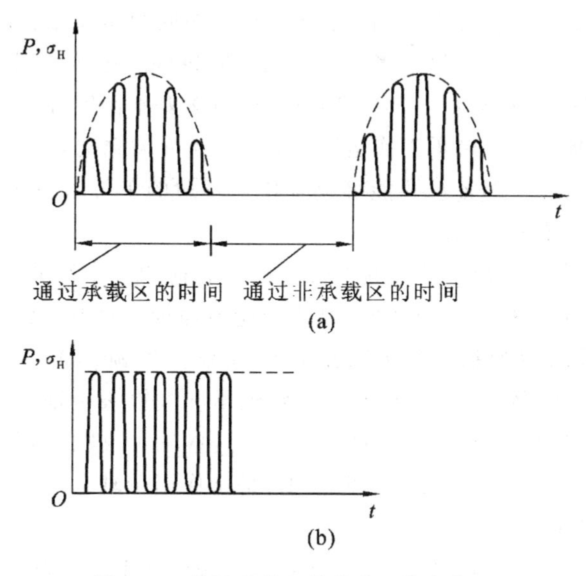

图 3-64 轴承元件上的载荷及应力变化

上的载荷及应力是周期性不稳定变化的，因而也可用图 3-64(a)表示。

(2) 滚动轴承的主要失效形式简介如下。

① 疲劳点蚀　轴承工作时，滚动体和滚道上各点受到循环接触应力的作用，经一定循环次数(工作小时数)后，在滚动体或滚道表面将产生疲劳点蚀，从而产生噪声和振动，致使轴承失效。疲劳点蚀是在正常运转条件下轴承的一种主要失效形式。

② 塑性变形　轴承承受过大载荷或巨大冲击载荷时，在滚动体或滚道表面可能由于局部接触应力超过材料的屈服点而发生塑性变形，形成凹坑而失效。这种失效形式主要出现在转速极低或摆动的轴承中。

③ 磨损　润滑不良、杂物和灰尘的侵入都会引起轴承早期磨损，从而使轴承丧失旋转精度、噪声增大、温度升高，最终导致轴承失效。

此外，由于设计、安装、使用中某些非正常的原因，可能导致轴承的破裂、保持架损坏及回火、腐蚀等现象，使轴承失效。

(3) 滚动轴承的计算准则　在确定轴承尺寸时，应针对轴承的主要失效形式进行必要的计算。对一般运转的轴承，主要失效形式是疲劳点蚀，应按基本额定动载荷进行寿命计算。对于不转、摆动或转速极低($n \leqslant 10$ r/min)的轴承，主要失效形式是塑性变形，故应按额定静载荷进行强度计算。

2) 滚动轴承的寿命计算

(1) 寿命　轴承工作时，滚动体或套圈出现疲劳点蚀前的累计总转数(或工作小时数)，称为轴承的寿命。

(2) 基本额定寿命　同型号的一批轴承，在相同的工作条件下，由于材质、加工、装配等不可避免地存在差异,因此寿命并不相同而呈现很大的离散性,最高寿命和最低寿命可能差40倍之多。一批在相同条件下运转的同一型号的轴承,其可靠度为90%(即失效率为10%)时的寿命称为基本额定寿命。

换言之,一批同型号轴承工作运转达到基本额定寿命时,已有10%的轴承先后出现疲劳点蚀,90%的轴承还能继续工作。寿命的单位若为转数,用L表示;若为工作小时数,用L_h表示。

(3) 基本额定动载荷　轴承的寿命与所受载荷的大小有关,工作载荷愈大,轴承的寿命就愈短。国家标准规定,基本额定寿命为一百万转($L=10^6$转)时,轴承所能承受的载荷称为基本额定动载荷C,单位为牛顿(N)。对于径向接触轴承,这一载荷是指纯径向载荷;对于角接触轴承和圆锥滚子轴承,是使轴承套圈之间只产生径向位移的载荷的径向分量。对这些轴承,就具体称为径向基本额定动载荷,用符号C_r表示。对于推力轴承,是指作用于轴承中心的纯轴向载荷,具体称为轴向基本额定动载荷C_a。

各种型号轴承的C_r或C_a值,可在轴承样本或设计手册中查出。

(4) 寿命计算公式　根据大量试验和理论分析结果,推导出轴承疲劳寿命计算公式为

$$L_{h10}=\frac{10^6}{60n}\left(\frac{f_t C}{f_p P}\right)^{\varepsilon},\mathrm{h} \tag{3-18}$$

式中:C——基本额定动载荷,对向心轴承为C_r,推力轴承为C_a,N;

P——当量动载荷,N;

f_t——温度系数(见表3-27);

f_p——冲击载荷系数(见表3-28);

ε——寿命指数,球轴承$\varepsilon=3$,滚子轴承$\varepsilon=10/3$;

n——轴承的工作转速,r/min。

表3-27　温度系数 f_t

工作温度/℃	<120	125	150	175	200	225	250	300
f_t	1.0	0.95	0.9	0.85	0.8	0.75	0.7	0.6

表3-28　冲击载荷系数 f_p

载荷性质	f_p	举　例
无冲击或轻微冲击	1.0～1.2	电动机、汽轮机、通风机、水泵
中等冲击	1.2～1.3	车辆、机床、起重机、冶金设备、内燃机
强大冲击	1.8～3.0	破碎机、轧钢机、石油钻机、振动筛

如果设计时要求轴承达到规定的预期寿命L'_{h10},则在已知当量动载荷P和

转速 n 的条件下，可按式(3-19)计算轴承应当具有的基本额定动载荷 C_c，即

$$C_c=\frac{f_p \cdot P}{f_t}\sqrt[\varepsilon]{\frac{60nL'_{h10}}{10^6}},\mathrm{N} \tag{3-19}$$

式中：L'_{h10}——轴承预期寿命，h，推荐的轴承使用寿命见表 3-29。

式(3-18)和式(3-19)分别用于不同情况。当轴承型号已定时，用式(3-18)校核轴承的寿命，要求 $L_{h10} \geqslant L'_{h10}$；当型号未定时，按式(3-19)选择轴承型号，要求 $C \geqslant C_c$(即所选型号的轴承的 C 值必须大于 C_c)。

表 3-29　推荐的轴承使用寿命 L'_{h10}

使 用 条 件	使用寿命 L'_{h10}/h
不经常使用的仪器和设备	300～3 000
短期或间断使用的机械，中断使用不致引起严重后果，如手动机械、农业机械、装配吊车、回柱绞车等	3 000～8 000
间断使用的机械，中断使用将引起严重后果，如发电站辅助设备、流水线传动装置、升降机、胶带输送机等	8 000～12 000
每天 8 小时工作的机械(利用率不高)，如电动机、一般齿轮装置、破碎机、起重机等	10 000～25 000
每天 8 小时工作的机械(利用率不高)，如机床、工程机械、印刷机械、木材加工机械等	20 000～30 000
24 小时连续工作的机械，如压缩机、泵、电动机、轧机齿轮装置、矿井提升机等	40 000～50 000
24 小时连续工作的机械，中断使用将引起严重后果，如造纸机械、电站主要设备、矿用水泵、风机等	约 100 000

(5) 当量动载荷 P 的计算　滚动轴承的基本额定动载荷是在向心轴承只受径向载荷，推力轴承只受轴向载荷的特定条件下确定的。实际上，轴承往往承受着径向载荷和轴向载荷的联合作用，因此，须将该实际联合载荷等效为一假想的当量动载荷 P 来处理，在此载荷作用下，轴承的工作寿命与轴承在实际工作载荷下的寿命相同。

① 对于只承受径向载荷 P 的径向接触轴承

$$P=F_r \tag{3-20}$$

② 对于只承受轴向载荷 P 的轴向接触轴承

$$P= F_a \tag{3-21}$$

③ 对于同时承受径向载荷和轴向载荷的深沟球轴承和角接触轴承

$$P=X F_r+X F_a \tag{3-22}$$

式中：X、Y——径向载荷系数和轴向载荷系数，由表 3-30 查得。

(6) 向心角接触轴承轴向载荷 F_a 的计算　向心角接触轴承(3 类、7 类)在受到径向载荷作用时,将产生使轴承内外圈分离的附加的内部轴向力 S(见图 3-65),其值按表 3-31 所列公式计算,其方向由轴承外圈宽边所在端面(背面),指向外圈窄边所在端面(前面)。

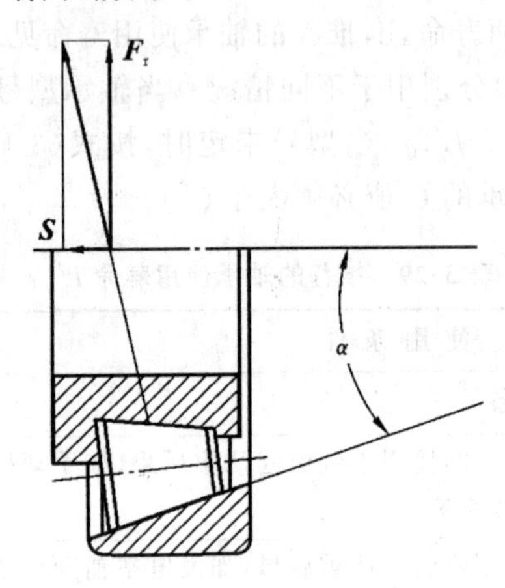

图 3-65 附加轴向力

表 3-30 径向载荷系数 X 和轴向载荷系数 Y

轴承类型		相对轴向载荷	e	单列轴承				双列(或成对安装的单列)轴承			
				$F_a/F_r<e$		$F_a/F_r>e$		$F_a/F_r\leqslant e$		$F_a/F_r>e$	
名称	代号			X	Y	X	Y	X	Y	X	Y
		F_a/C_0									
深沟球轴承	60000 型	0.014	0.19	1	0	0.56	2.30	1	0	0.56	2.30
		0.028	0.22				1.99				1.99
		0.056	0.26				1.71				1.71
		0.084	0.28				1.55				1.55
		0.110	0.30				1.45				1.45
		0.170	0.34				1.31				1.31
		0.280	0.38				1.15				1.15
		0.420	0.42				1.04				1.04
		0.560	0.44				1.00				1.00
调心球轴承	10000 型	—	1.5tanα	—	—	—	—	1	0.42cotα	0.65	0.65cotα
调心滚子轴承	20000 型	—	1.5tanα	—	—	—	—	1	0.45cotα	0.67	0.67cotα
		iF_a/C_0									

续表

轴承类型		相对轴向载荷	e	单列轴承				双列(或成对安装的单列)轴承			
名称	代号			$F_a/F_r<e$		$F_a/F_r>e$		$F_a/F_r\leqslant e$		$F_a/F_r>e$	
				X	Y	X	Y	X	Y	X	Y
角接触球轴承	70000 C型	0.015	0.38				1.47		1.65		2.39
		0.029	0.40				1.40		1.57		2.28
		0.058	0.43				1.30		1.46		2.11
		0.087	0.46				1.23		1.38		2.00
		0.120	0.47				1.19		1.34		1.93
		0.170	0.50				1.12		1.26		1.82
		0.290	0.55	1	0	0.44	1.02	1	1.14	0.72	1.66
		0.440	0.56				1.00		1.12		1.63
		0.580	0.56				1.00		1.12		1.63
	70000 AC型	—	0.68	1	0	0.41	0.87	1	0.92	0	1.41
	70000型	—	1.14	1	0	0.35	0.57	1	0.55	0.57	0.93
圆锥滚子轴承	30000型	—	$1.5\tan\alpha$	1	0	0.4	$0.4\cot\alpha$	1	$0.5\cot\alpha$	0.67	$0.67\cot\alpha$

注:① 推力类轴承的 X 和 Y 查课程设计附表或有关手册;

② 表中 i 为滚动体列数,C_0 为轴承的额定静载荷,α 为公称接触角,均查产品目录或设计手册;

③ 表中 e 为判别系数;

④ 两只相同的深沟球轴承安装在轴的一个支承内,作为一个整体(成对安装)运转,这对深沟球轴承的基本额定动载荷按一只双列深沟球轴承计算;

⑤ 两只相同的角接触球轴承(或圆锥滚子轴承)安装在一个支承内"面对面"或"背对背"配置作为一个整体(成对安装)运转,这对轴承的当量动载荷按一只双列角接触球轴承(或一只双列圆锥滚子轴承)计算,用双列轴承的 X 和 Y,这对轴承的基本额定动载荷按一只双列角接触球轴承(或一只双列圆锥滚子轴承)确定;

⑥ 两只或两只以上的相同的深沟球轴承或角接触球轴承安装在一个轴承内,以串联配置作为一个整体(成对或组合安装)运转,计算当量动载荷时用单列轴承的 X 和 Y 值。相对轴向载荷用 $i=1$ 和其中一只轴承的 F_0 及 C_0 确定(虽然总载荷 F_r 和 F_a 是用来计算整个装置的当量动载荷的),这一轴承的基本额定动载荷等于轴承组的 0.7 次幂乘以单列轴承的额定动载荷;

⑦ 两只或两只以上的相同的圆锥滚子轴承安装在一个支承内,以串联配置作为一个整体(在对或组合安装)运转,计算当量动载荷时用单列轴承的 X 和 Y,这一轴承组的基本额定动载荷等于轴承数的 7/9 次幂乘以单列轴承的额定动载荷。

表 3-31　附加轴向力 S 值

圆锥滚子轴承	角接触球轴承		
$S=\dfrac{F_r}{2Y}$	7000C($\alpha=15°$)	70000AC($\alpha=25°$)	70000B($\alpha=40°$)
	$S=eF_r$	$S=0.68F_r$	$S=1.14\ F_r$

注:Y 值可以从机械设计手册该型号轴承相关参数中查得;e 为判别系数,初算时 $e\approx0.4$。如需准确 e 值,可由表 3-30 查得。

为了保证轴承正常工作,向心角接触轴承通常成对使用。成对布置的方式有两种:前面对前面的安装称为正装(见图 3-66(a)),背面对背面的安装称为反

装（见图 3-66(b)）。

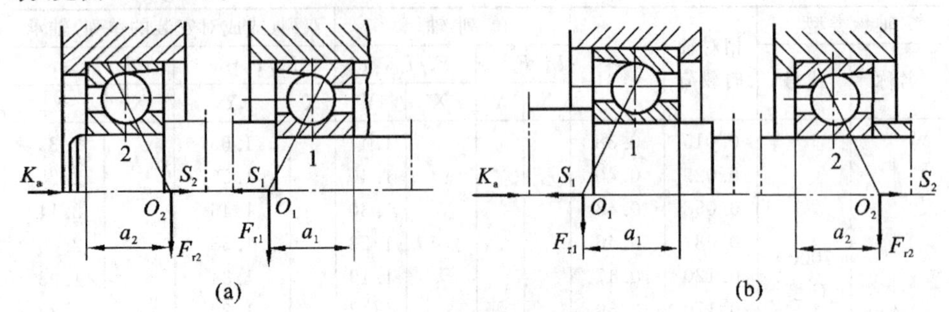

图 3-66　向心角接触轴承轴向载荷分析

(a)正装；(b)反装

由于向心角接触轴承产生内部轴向力，故在计算其当量动载荷时，式(3-22)中的轴向载荷 F_a 并不等于轴向外力 K_a，而是应根据整个轴上所有轴向受力（轴向外力 K_a、内部轴向力 S_1、S_2）之间的平衡关系确定两个轴承最终受到的轴向载荷 F_{a1}、F_{a2}。下面以正装情况为例进行分析。

如图 3-66(a)所示，设 K_a 与 S_2 同向。

① 当 $K_a+S_2>S_1$ 时，轴有向右移动的趋势，使右端轴承压紧，左端轴承放松，由力平衡条件可知

"压紧"端轴承所受的轴向载荷　　$F_{a1}=K_a+S_2$

"放松"端轴承所受的轴向载荷　　$F_{a2}=S_2$

② 当 $K_a+S_2<S_1$ 时，轴有向左移动的趋势，使左端轴承压紧，右端轴承放松，由力平衡条件可知

"压紧"端轴承所受的轴向载荷　　$F_{a2}=S_1-K_a$

"放松"端轴承所受的轴向载荷　　$F_{a1}=S_1$

由此可总结出计算向心角接触轴承轴向载荷 F_a 的步骤如下：

① 确定轴承内部轴向力 S_1、S_2 的方向（由外圈宽边指向窄边，即正装时相向，反装时背向），并按表 3-31 所列公式计算内部轴向力的值；

② 判断轴向合力 $S_1+S_2+K_a$（计算时各带正负号）的指向，确定被"压紧"和被"放松"的轴承，正装时，轴向合力指向的一端为紧端；反装时，轴向合力指向的一端为松端；

③ 松端轴承的轴向载荷仅为其本身的内部轴向力；紧端轴承的轴向载荷则为除去本身的内部轴向力后其余各轴向力的代数和，即

$$F_{a松}=S_{松} \tag{3-23}$$

$$F_{a紧}=|S_{松}+K_a| \tag{3-24}$$

式中：下标"紧"和"松"分别代表紧端轴承和松边轴承的受力；

$S_{松}+K_a$ 表示代数和，即 $S_{松}$ 与 K_a 同向时加，反向时减，取绝对值。

上两式对正装与反装的各种情况都适用，使用时只需将"紧"和"松"换成相应的轴承编号即可。

3) 滚动轴承的静强度计算

对于转速很低($n\leqslant 10$ r/min)、基本不转或摆动的轴承,其主要失效形式是塑性变形,因此,设计时必须进行静强度计算。对于虽然转速较高但承受重载或冲击载荷的轴承,除必须进行寿命计算外,还应进行静强度计算。

(1) 基本额定静载荷 GB/T 4662—2003 规定,使受载最大的滚动体与滚道接触中心处引起的接触应力达到一定值(对调心轴承为 4 600 MPa,所有其他球轴承为 4 200 MPa,所有滚子轴承为 4 000 MPa)的载荷,作为轴承静强度的界限,称为基本额定静载荷,用 C_0 表示(向心轴承指径向额定静载荷 C_{0r},推力轴承指轴向额定静载荷 C_{0a}),其值可查阅轴承样本。

(2) 当量静载荷 当轴承上同时作用有径向载荷 F_r 和轴向载荷 F_a 时,应折合成一个当量静载荷 P_0,即

$$P_0 = X_0 F_r + Y_0 F_a \tag{3-25}$$

式中:X_0 和 Y_0——径向载荷系数和轴向载荷系数,其值可查表 3-32。若计算出的 $P_0 < F_r$,则应取 $P_0 = F_r$;对只承受径向载荷的轴承,$P_0 = F_r$;对只承受轴向载荷的轴承,$P_0 = F_a$。

表 3-32 当量静载荷计算中的 X_0、Y_0 值

类型		单列轴承		双列轴承	
		X_0	Y_0	X_0	Y_0
深沟球轴承		0.6	0.5	0.6	0.5
角接触球轴承	$\alpha=15°$	0.5	0.46	1	0.92
	$\alpha=25°$	0.5	0.38	1	0.76
	$\alpha=40°$	0.5	0.26	1	0.52
调心球轴承		0.5	$0.22\cot\alpha$①	1	$0.44\cot\alpha$
圆锥滚子轴承		0.5	$0.22\cot\alpha$	1	$0.44\cot\alpha$

注:①由接触角 α 确定的 Y_0 值可在轴承目录中直接查出。

(3) 静强度计算 静强度计算公式为

$$S_0 P_0 \leqslant C_0 \tag{3-26}$$

式中:S_0——静强度安全系数,对于静止轴承,可查表 3-33;对于旋转轴承,可查表 3-34;若轴承转速较低,对运转精度和摩擦力矩要求不高时,允许有较大接触应力。可取 $S_0<1$;对于推力调心轴承,不论是否旋转,均应取 $S_0 \geqslant 4$。

表 3-33 轴承静载荷安全系数 S_0(静止或摆动轴承)

轴承的使用场合	S_0
水坝闸门装置,大型起重吊钩(附加载荷小)	$\geqslant 1$
吊桥,小型起重吊钩(附加载荷大)	$\geqslant 1.5 \sim 1.6$

表 3-34　轴承静载荷安全系数 S_0（旋转轴承）

使用要求或载荷性质	S_0	
	球轴承	滚子轴承
对旋转精度及平稳性要求高，或承受冲击载荷	1.5～2	2.5～4
正常使用	0.5～2	1～3.5
对旋转精度及平稳性要求低，没有冲击和振动	0.5～2	1～3

3. 滚动轴承的组合设计

为保证轴承能正常工作，除了正确地选择轴承类型和尺寸（型号）外，还应正确地进行轴承的组合设计，以解决轴承的轴向固定、轴系的固定和轴向调位、轴承的润滑与密封、轴承的配合和装拆等问题。

1）轴承内外圈的轴向固定方法

为了防止轴承在承受轴向载荷时相对于轴或座孔产生轴向移动，轴承内圈与轴、轴承外圈与座孔必须进行轴向固定，其固定方式及特点分别见表 3-35、表 3-36。

表 3-35　常用的轴承内圈轴向固定方式及特点

序号	1	2	3	4
简图	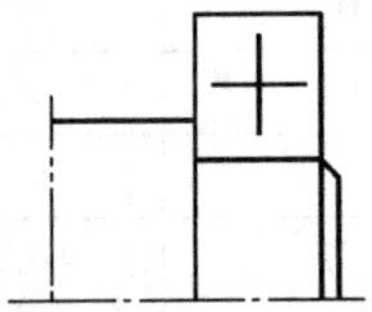	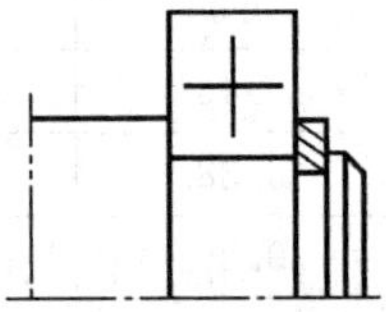	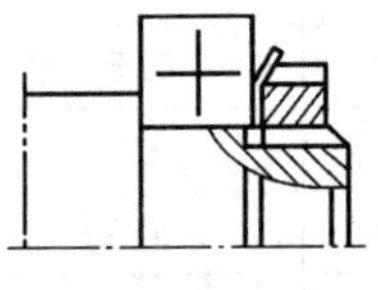	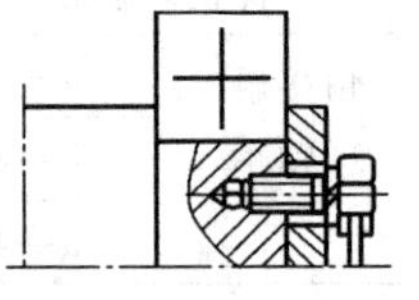
固定方式	内圈一个方向的固定（定位）靠轴肩，另一方向的固定借助于轴承端盖对外圈的轴向固定实现	一个方向靠轴肩，另一个方向用弹性挡圈固定	一个方向靠轴肩，另一个方向用螺母及止动圈固定	一个方向靠轴肩固定，另一个方向用压板和螺钉实现和串联钢丝防松
特点	结构简单，装拆方便，占空间位置小，可用于两端固定的支承结构形式	结构简单，装拆方便，占空间位置小，多用于深沟球轴的固定	结构简单，装拆方便，固定可靠	多用于轴径 $d>$ 70 mm 的场合，优点是不在轴上车螺纹，允许转速较高

注：为保证轴肩定位可靠，轴肩圆角半径 $r_1<$ 轴承内圈圆角半径 r，轴肩高度按机械设计手册规定值取用。

表 3-36 常用的轴承外圈轴向固定方式及特点

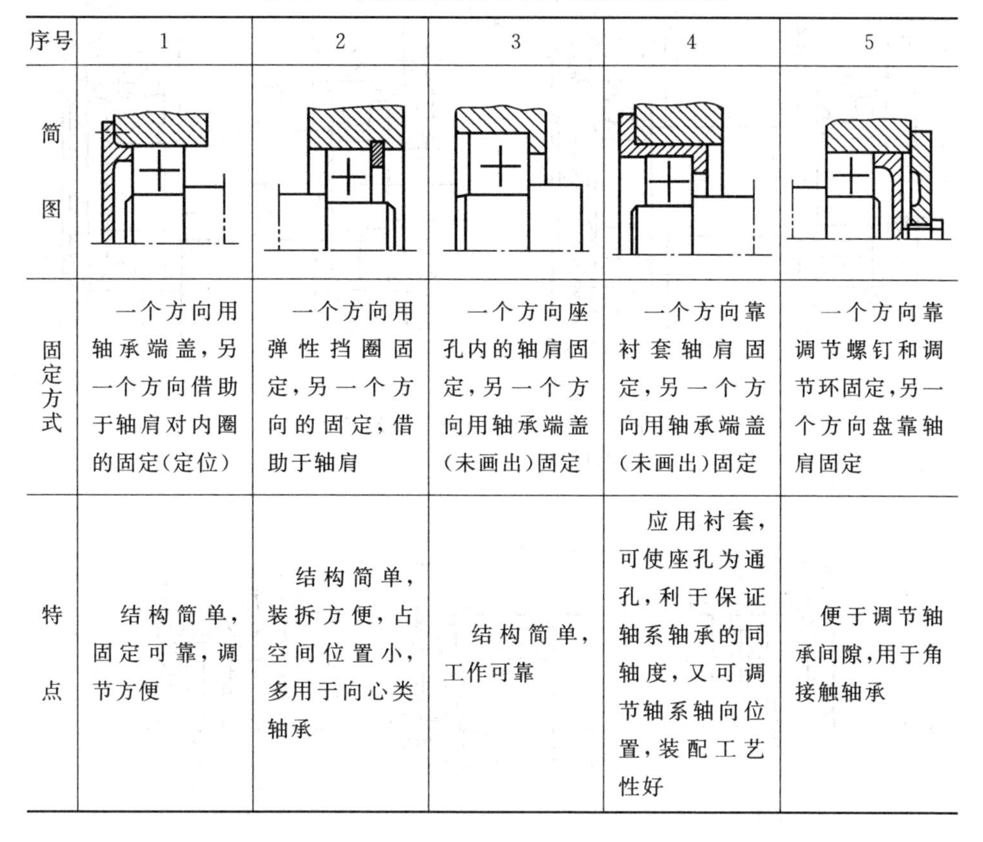

序号	1	2	3	4	5
简图					
固定方式	一个方向用轴承端盖，另一个方向借助于轴肩对内圈的固定(定位)	一个方向用弹性挡圈固定，另一个方向的固定，借助于轴肩	一个方向座孔内的轴肩固定，另一个方向用轴承端盖(未画出)固定	一个方向靠衬套轴肩固定，另一个方向用轴承端盖(未画出)固定	一个方向靠调节螺钉和调节环固定，另一个方向盘靠轴肩固定
特点	结构简单，固定可靠，调节方便	结构简单，装拆方便，占空间位置小，多用于向心类轴承	结构简单，工作可靠	应用衬套，可使座孔为通孔，利于保证轴系轴承的同轴度，又可调节轴系轴向位置，装配工艺性好	便于调节轴承间隙，用于角接触轴承

2）轴系的轴向固定

轴系轴向位置的固定有以下两种基本形式。

(1) 两端固定　如图 3-67 所示，两轴承均利用轴肩顶住内圈，端盖压住外圈，由轴承两端各限制轴的一个方向的轴向移动，图 3-67(a)、图 3-67(b)分别表示轴在向左的、向右的轴向力作用时力的传递路线。考虑到温度升高后轴的膨胀伸长，对径向接触轴承，在轴承外圈与轴承盖之间留出 $C=0.2\sim0.3$ mm 的轴向间隙；对于内部间隙可以调整的角接触轴承，安装时将间隙留在轴承内部(见图 3-68(b))这种固定方式结构简单、安装方便，适用于温差不大的短轴(跨距 $L<150$ mm)。

轴承间隙调整的常用方法有：

① 调整垫片　如图 3-67(a)中的黑粗线所示，通过增减垫片厚度使轴承获得所需的间隙；

② 调整环　(见图 3-68(a))，调整环的厚度在安装时配作；

③ 调节螺钉　(见图 3-68(b))；

④ 调整端盖　(见图 3-68(c))。

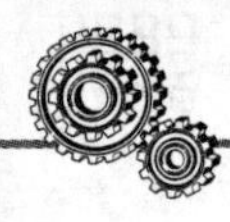

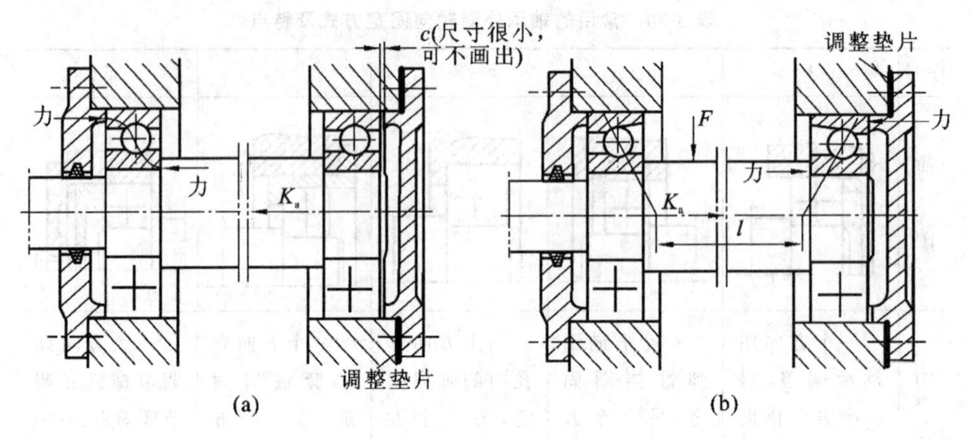

图 3-67　两端固定的组合形式

(a)轴向力向左；(b)轴向力向右

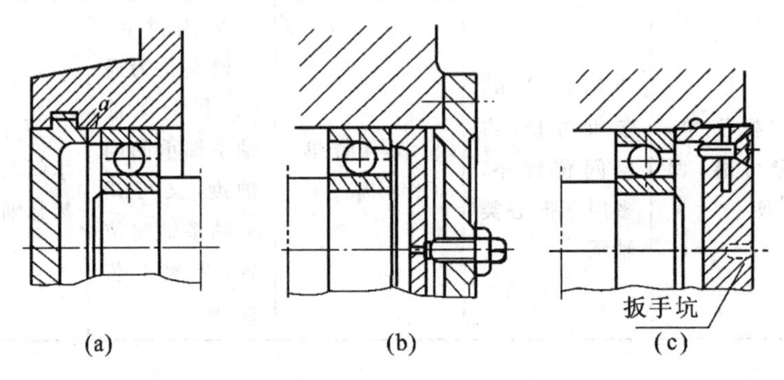

图 3-68　轴向间隙的调整方法

(a)调整环；(b)调节螺钉；(c)调整端盖

(2) 一端固定一端游动　这种固定方法是使一个支点处的轴承双向固定，而另一个支点处的轴承可以轴向游动，以适应轴的热伸长，如图 3-69 所示。固定支点处轴承的内外圈均作双向固定，以承受双向轴向载荷；游动支点处轴承的内圈作双向固定，而外圈与机座孔间采用间隙配合，以便于当轴受热膨胀伸长时，能在孔中自由游动，若游动端采用外圈无挡边可分离型轴承，则外圈要作双向固定(见图 3-69(b))。

这种固定方式适用于轴的跨距大或工作时温度较高(t>70 ℃)的轴。

3) 轴承组合的轴向调整

在一些机器部件中，轴上某些零件要求工作时能通过调整达到正确位置，这可以通过调整轴系的位置来达到。例如，蜗杆传动中，为了正确啮合，要求蜗轮的中间平面通过蜗杆轴线，故在装配时要求能调整蜗轮轴的轴向位置(见图 3-70(a))。又如在圆锥齿轮传动中，两齿轮啮合时要求节锥顶点重合，因此要求两齿轮轴都能进行轴向调整(见图 3-70(b))。

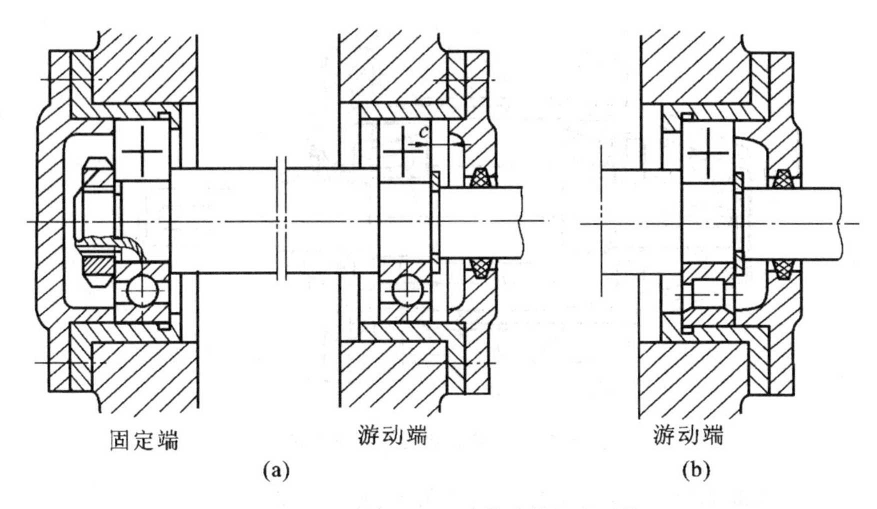

图 3-69 一端固定一端游动的组合形式

(a)右侧轴承外圈在轴承孔游动;(b)圆柱滚子在轴承外圈孔游动

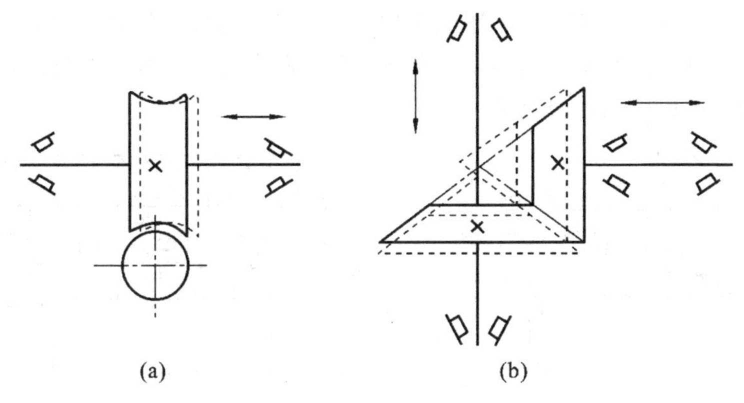

图 3-70 轴上零件轴向位置调整示意图

(a)蜗杆蜗轮传动;(b)锥齿轮传动

图 3-71 所示为小锥齿轮轴的具体调整结构示例,轴承端盖 3 和套杯 1 之间的垫片 2 用来调整轴承间隙,套杯和箱孔端面之间的垫片,用以调整小锥齿轮(整个轴系)的轴向位置。

4) 滚动轴承的预紧

滚动轴承的预紧是指在轴承安装时,采取某种结构措施,使滚动体和套圈滚道在装配时即处于压紧力作用下,并使之产生预变形。

预紧的作用是:消除轴承内部间隙,提高轴承的旋转精度,增加轴承的组合刚性,减少振动及噪声。

常用的预紧方法有:

(1) 夹紧一对圆锥滚子轴承的外圈而预紧(见图 3-72(a));

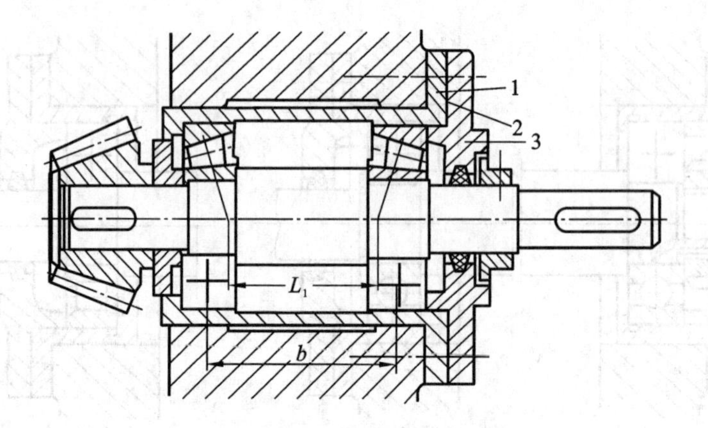

图 3-71　小锥齿轮轴的调整结构

(2) 用弹簧预紧，可以得到稳定的预紧力（见图 3-72(b)）；

(3) 在一对轴承中装入长度不等的套筒而预紧，预紧力可由两套筒的长度差控制（见图 3-72(c)），这种装置刚度较大；

(4) 夹紧一对磨窄了的外圈而预紧（见图 3-72(d)）；反装时可磨窄内圈并夹紧。这种特制的成对安装角接触球轴承，可在滚动轴承样本中查到预紧载荷值及相应的内圈或外圈的磨窄量。

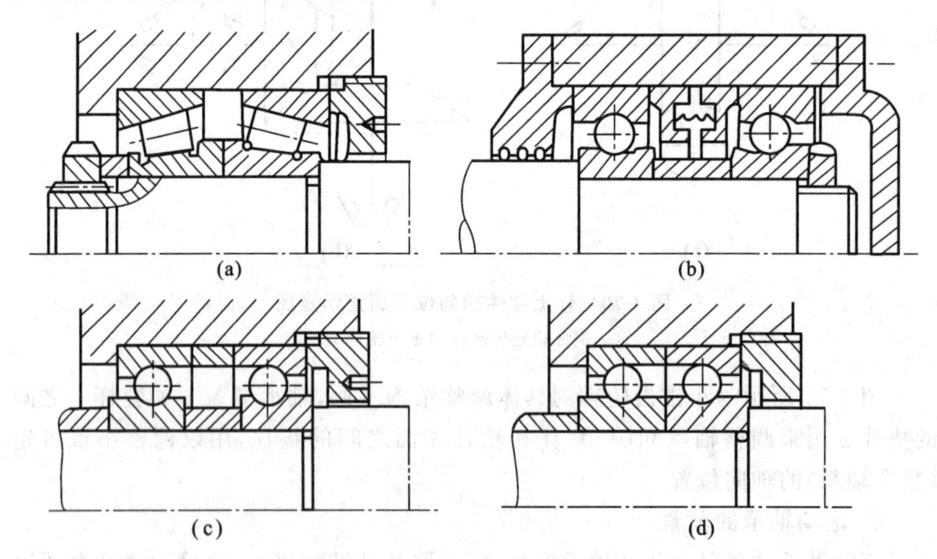

图 3-72　轴承的预紧结构

(a) 夹紧轴承的外圈；(b) 弹簧预紧；(c) 装入套筒预紧；(d) 夹紧一对轴承外圈预紧

5）滚动轴承的配合

滚动轴承是标准件，其内圈与轴颈的配合采用基孔制，外圈与轴承座孔的配合采用基轴制。轴承配合种类的选择，应根据轴承的类型和尺寸、载荷的性质和大小、转速的高低，套圈是否回转等情况来决定。

转速高、载荷大、振动大、温度高或套圈回转时，应选用较紧的有过盈的配合，如 n6、m6、k6、js6 等；反之（如与固定外圈配合的轴承孔）可选用较松的配合，如 G7、H7、J7。

标注轴承配合时，不需标注轴承内径及外径的公差符号，只标注轴颈直径及轴承孔直径的公差符号（见图 3-73）。

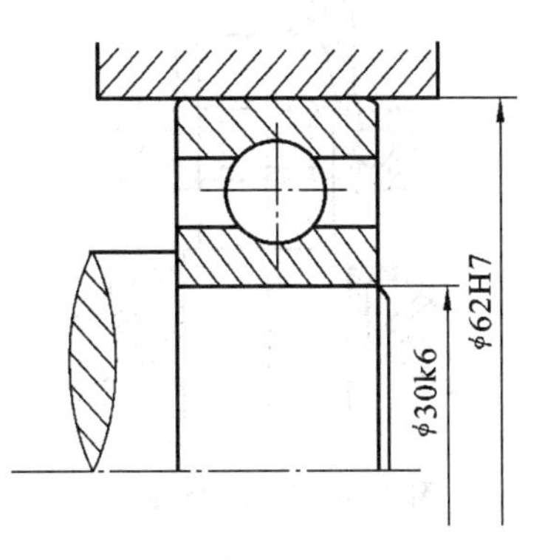

图 3-73 滚动轴承配合的标注

滚动轴承内外圈配合的具体选择，可参阅轴承手册或机械设计手册。

6) 保证支承部分的刚度和同轴度

轴和安装轴承的轴承座必须有足够的刚度，以免因过大弹性变形造成轴承内外圈轴线的相对偏斜，对轴承产生力矩载荷，严重影响轴承寿命，也使轴承旋转精度降低。因此轴承座孔壁应有足够的厚度，并设置加强肋以增强刚度（见图 3-74）。

对于同一轴上两端的轴承座孔，必须保持同心，为此，两端轴承座孔尺寸应尽量相同，以便一次镗出，减小其同轴度误差。当同一轴上装有不同外径尺寸的轴承时，可采用套杯结构来安装尺寸较小的轴承。而使两轴承座孔尺寸相同，可一次镗出，如图 3-75 所示。

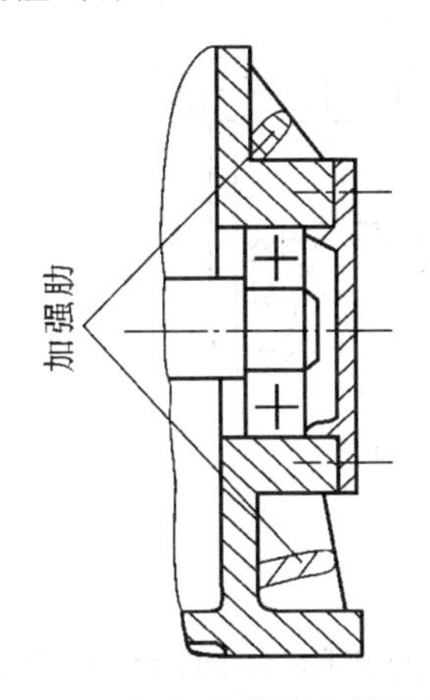

图 3-74 保证支撑刚度的措施

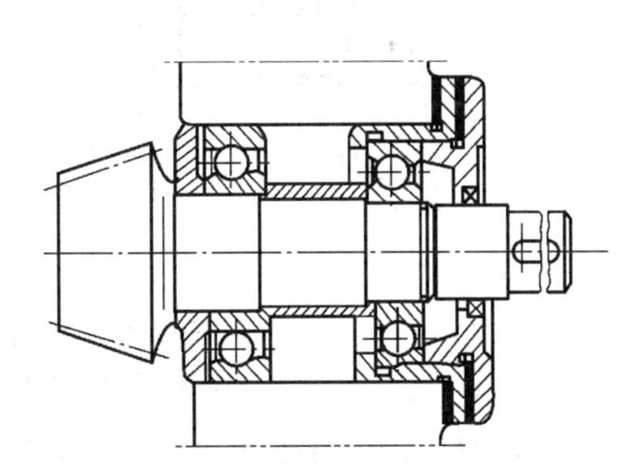
图 3-75 利用套杯保证座孔尺寸相同

7) 滚动轴承的装拆

安装或拆卸轴承的压力，应直接加在过盈配合的套圈端面上，不能通过滚动体传递压力，以免在轴承工作表面上形成压痕，影响正常工作。

(1) 滚动轴承的安装 由于通常是内圈配合较紧，故对中、小型轴承的装拆，可用小锤轻轻均匀敲击套圈而装入（见图 3-76）。

对大型尺寸的轴承可用压力机压套。同时安装轴承的内外圈时,须用如图3-77所示的工具或类似工具。

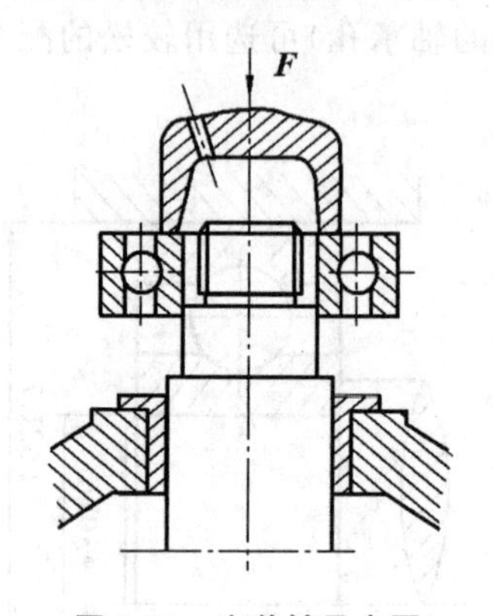

图 3-76　安装轴承内圈

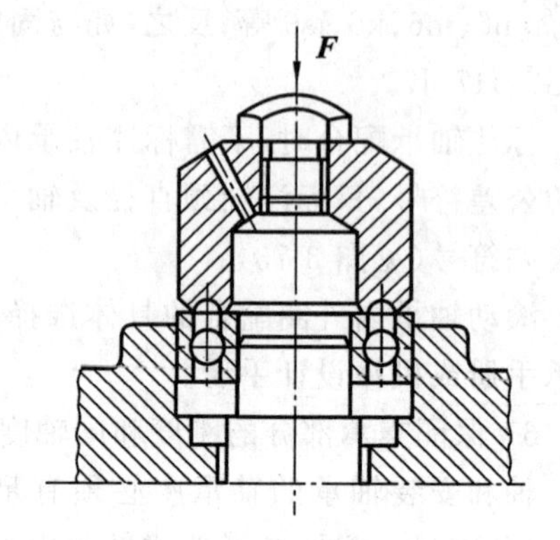

图 3-77　同时安装轴承内外圈

有时为了便于安装,可将轴承在油池中加热至80～100 ℃后进行热装。

(2) 滚动轴承的拆卸　对于不可分离型轴承,可根据具体情况用如图3-78所示的方法来拆卸。

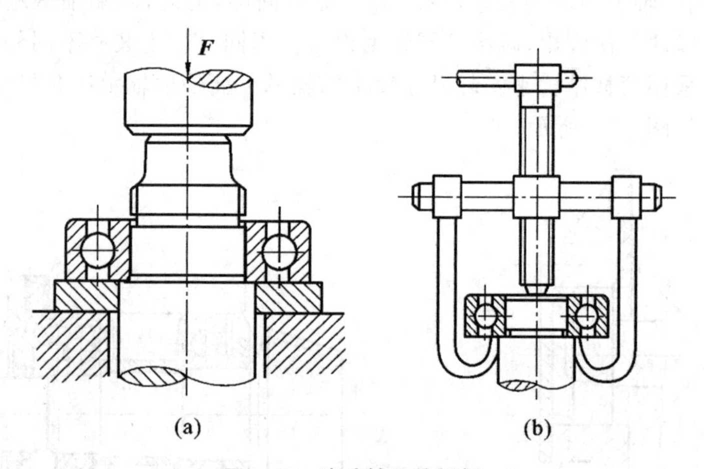

图 3-78　滚动轴承的拆卸

(a)轴端施加外力顶出;(b)拉拔器拔出

分离型轴承内圈的拆卸方法与不可分离型轴承的相同,外圈的拆卸可用压力机、套筒或螺钉顶出,或用专用工具拉出。为了便于拆卸,座孔的结构应留出拆卸高度 h_0 和宽度 b_0(一般 $b=8\sim10$ mm)(见图3-79(a)、(b)),或在壳体上制出供拆卸用的螺孔(见图3-79(c))。

8) 滚动轴承的润滑与密封

(1) 滚动轴承的润滑　通常用轴承内径 d 和转速 n 的乘积 dn 值作为选择润滑剂和润滑方式的参考指标,见表3-37。

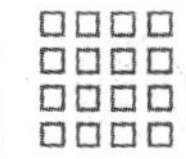

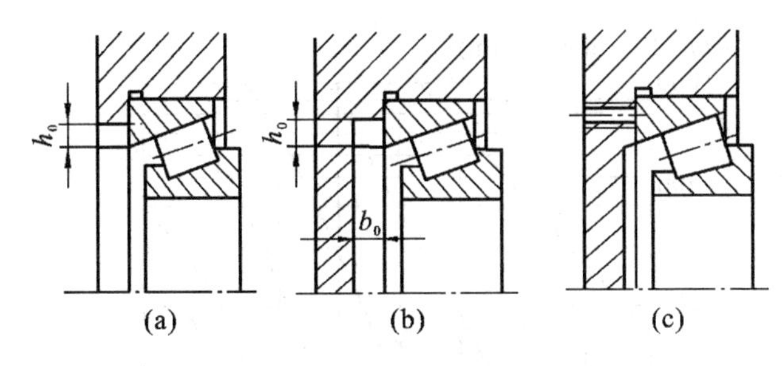

图 3-79 便于外圈拆卸的座孔结构

(a) 留出拆卸高度 h_0;(b) 留出拆卸高度 h_0 和宽度 b_0;(c) 制出拆卸用的螺孔

① 脂润滑　通常用于速度不太高及不便于经常加油的场合。装填润滑脂填充量一般应是轴承中空隙体积的 1/2～1/3。

表 3-37 适用于脂润滑和油润滑的 dn 值界限(表值×10^4)　　单位:mm・r/min

轴承类型	脂润滑	油润滑			
		油浴	滴油	循环油(喷油)	喷雾
深沟球轴承	16	25	40	60	>60
调心球轴	16	25	40		
角接触轴承	16	25	40	60	>60
圆柱滚子轴承	12	25	40	60	
圆锥滚子轴承	10	16	23	30	
调心滚子轴承	8	12		25	
推力球轴承	4	6	12	15	

滚动轴承常用的润滑脂及其特点、适用范围见表 3-38。

表 3-38 滚动轴承常用润滑脂及其特点的应用

种类	特点	适用范围
钙基润滑脂	不溶于水,滴点高	温度低(<70 ℃),环境潮湿的轴承
钠基润滑脂	耐高温,易溶于水	温度较高(<120 ℃),环境干燥的轴承
钙钠基润滑脂	滴点较高,略溶于水	温度较高(80～100 ℃),环境较潮湿的轴承
锂基润滑脂	滴点高,抗水性好,寿命长	适用高低温(−20～120 ℃),环境潮湿的轴承

注:一般用于−30～90 ℃工作温度时,其基础油的黏度以 7～15 mm^2/s 为佳。

② 油润滑　润滑油的选择可参考图 3-80,根据 dn 值和工作温度,选定所需的运动黏度,然后再从有关手册中选定相应的牌号。

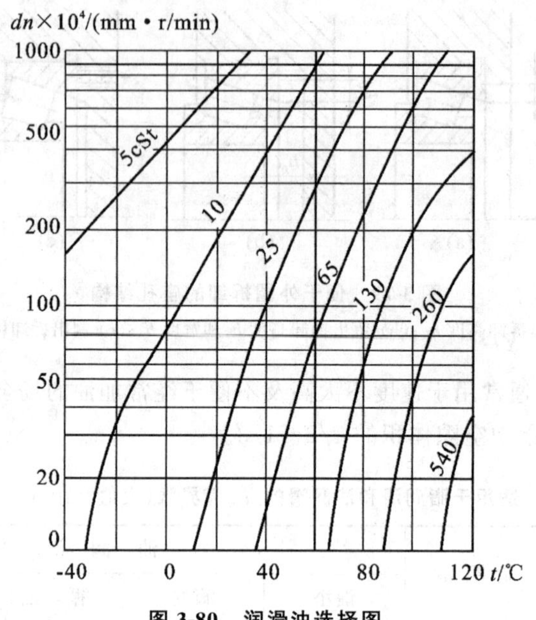

图 3-80　润滑油选择图

常用的润滑方法有：

a. 油浴润滑。把轴承局部浸入润滑油中，油面不得高于最低滚动体的中心(见图 3-81)。此法不适于高速。

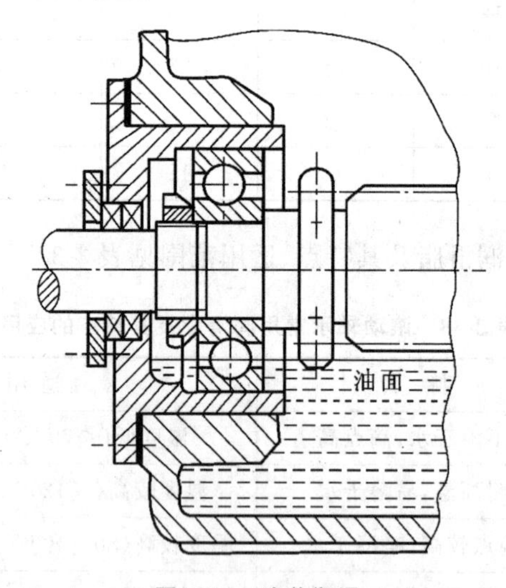

图 3-81　油谷润滑

b. 飞溅润滑。这是闭式齿轮传动装置中轴承的常用润滑方法。利用齿轮传动把润滑齿轮的油甩到四周壁面上，再通过适当的沟槽把油引进轴承中去。

c. 喷油润滑。它是用油泵将油增压，通过油管或机壳内特制的油孔，经喷嘴把油喷射到轴承中去。这种方法适用于转速高、载荷大、要求润滑可靠的轴承。

滚动轴承润滑方式可根据 dn 值参考表 3-39 选用。

表 3-39 滚动轴承润滑方式的选择

轴承类型	脂润滑	浸油、飞溅润滑	滴油润滑	喷油润滑	油雾润滑
深沟球润滑	—	—	—	—	—
角接触球轴承	—	2.5×10^5	4×10^5	6×10^5	$>6\times10^5$
圆柱滚子轴承	$(2\sim3)\times10^5$	—	—	—	—
圆锥滚子轴承	—	1.6×10^5	2.3×10^5	3×10^5	—
推力球轴承	—	0.6×10^5	1.2×10^5	1.5×10^5	—

（2）滚动轴承的密封　轴承密封的作用是：避免润滑剂的流失、防止外界灰尘、水分及其他杂物侵入轴承。密封装置可直接设置在轴承上（称为密封轴承），也可设置在轴承的支承部位。

密封方法分为接触式和非接触式两大类。

各种密封的特点分别见表 3-40、表 3-41。

表 3-40 轴承支承部位的非接触式密封装置

类型	窄隙密封	沟槽密封	径向曲路密封	轴向曲路密封	甩油环密封
结构简图					
特点	结构简单，适用于环境较清洁的脂润滑场合，轴向尺寸越大，效果越好，轴径＜50 mm时，缝隙取0.25～0.4，d＞50 mm时，缝隙取0.25～0.6 mm	沟槽内充填润滑脂，可提高密封效果，一般沟槽为3条，沟槽宽度3～5 mm，沟槽深度4～5 mm	由轴和端盖的径向间隙构成，迷宫曲路轴向展开，曲路折回次数越好，径向尺寸紧凑好。适用于较脏的工作环境，d＜50 mm时，径向间距为0.25～0.4 mm，轴向间距为1～2 mm	由轴套和端盖的轴向间隙构成，迷宫曲路沿径向展开，其余情况同曲路密封。其优点是装拆方便，应用较径向曲路密封广泛	轴径处装甩油环，将流失的油沿径向甩开，经轴承盖集油腔回流轴承。轴上车有螺旋回油槽，轴单向回转时可有效地防止油液外流

表 3-41　轴承支承部位的接触式密封装置

类别	毛毡圈密封	外向式管形密封	内向式管形密封	双唇形密封	填料密封
结构简图	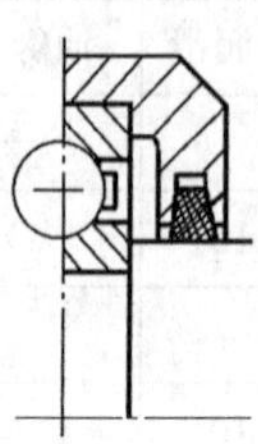	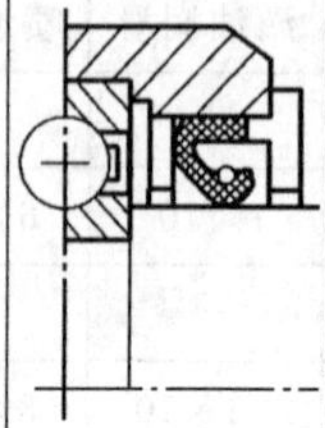	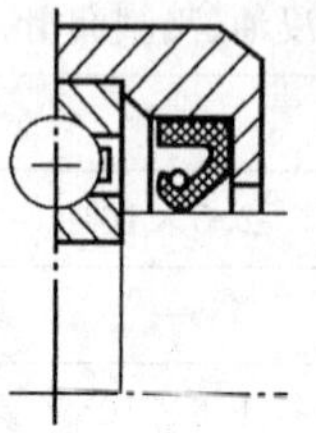	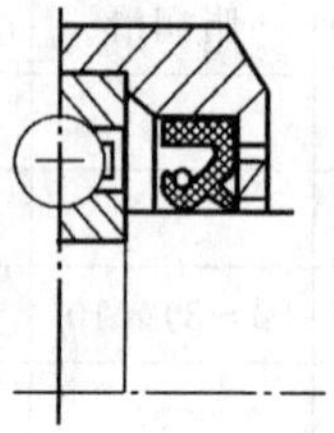	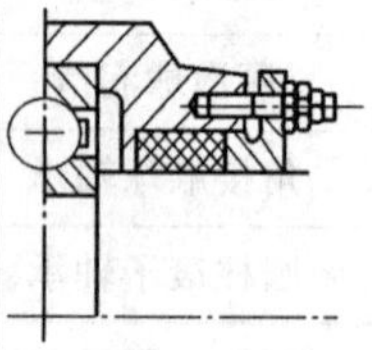
特点	工作温度低于 100 ℃,毡圈安装前用油浸渍、有良好密封效果,圆周速度为 4～8 m/s	主要防止润滑剂泄漏,圆周速度小于 15 m/s	主要防止外界异物浸入,圆周速度小于 15 m/s	可防止润滑剂泄漏和外界异物浸入,圆周速度小于 15 m/s	可通过螺栓压紧填料,提高密封压力,密封效果良好,还能补偿磨损,但摩擦力较大,适用于低速轴承

知识点 2

滑动轴承

1. 滑动轴承的特点和分类

与滚动轴承相比较,滑动轴承的主要优点是:运转平稳可靠,径向尺寸小,承载能力大,抗冲击能力强,能获得很高的旋转精度,可实现液体润滑,能在比较恶劣的条件下工作。滑动轴承适用于低速、重载的场合或转速特别高、对轴的支承精度要求较高的场合,以及径向尺寸受限制的场合。根据所能承受载荷方向的不同,滑动轴承分为径向滑动轴承和推力滑动轴承。径向滑动轴承只承受径向载荷;推力滑动轴承只承受轴向载荷。其中,径向滑动轴承的使用较为普遍。

常用的径向滑动轴承的结构有整体式和剖分式两种。

2. 滑动轴承的结构

1) 整体式滑动轴承

结构如图 3-82 所示,由轴承座 1 和整体式轴瓦 2(也称轴套)组成。制造时,在轴承座上直接制孔,在孔内镶嵌筒形轴瓦即可。常用的轴承座材料为铸铁,轴承座用双头螺柱与机座连接,轴承顶部制有螺纹孔以旋入油杯,轴瓦上开有油孔和油沟以便注入和均匀分布润滑油。

整体式轴承结构简单，成本低，制造方便，但磨损后无法调整轴承间隙，而且，对粗重的轴或有中轴颈的轴而言，装拆时不方便。多用于轻载、低速、间歇工作的场合，如汽车发动机的凸轮轴是采用整体式滑动轴承支承的。

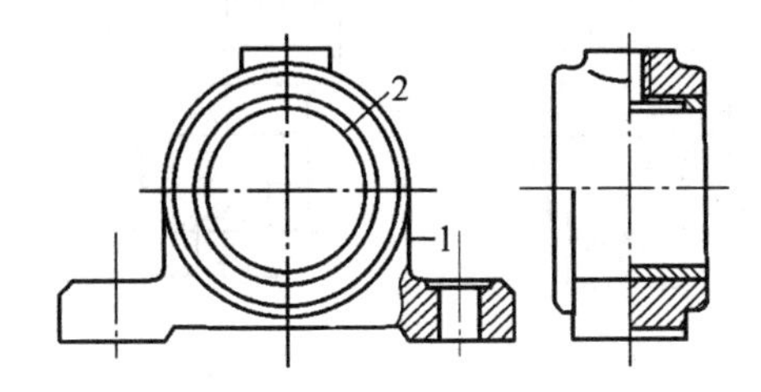

图 3-82 整体式滑动轴承

2）剖分式滑动轴承

结构如图 3-83 所示，一般为轴承座，轴承盖，上、下轴瓦，双头螺柱和垫片等组成，为便于定位和防止工作时错动，剖分面常做成阶梯形的配合止口。剖分式轴承可以克服整体式轴承的缺点，通过调整剖分面上的垫片，可以调整因磨损引起的轴承间隙，并且装拆方便，故应用比较广，并已经标准化。汽车发动机曲轴采用剖分式滑动轴承支承。

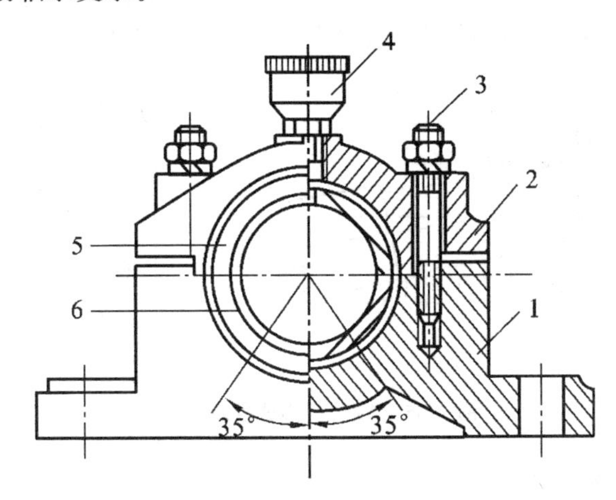

图 3-83 剖分式滑动轴承

1—轴承座；2—轴承盖；3—双头螺柱；4—油杯；5—上轴瓦；6—下轴瓦

3）推力滑动轴承

推力滑动轴承仅用来承受轴向载荷，在许多情况下与向心滑动轴承组合使用以同时承受轴向载荷和径向载荷。普通推力滑动轴承的结构简图如图 3-84 所示。图 3-84(a)所示为实心端面推力轴承，结构简单，但由于摩擦面上各点的线速度均与半径成正比，因而磨损、压力分布不同，靠近轴心处的压强最高，远离轴心处的速度最高，远离中心处的磨损最严重。为了改善这种结构的缺点，常将轴颈设计成单环结构(见图 3-84(b))或空心端面(见图 3-84(c))。如载荷较大,可设计成多环形结构(见图 3-84(d))。

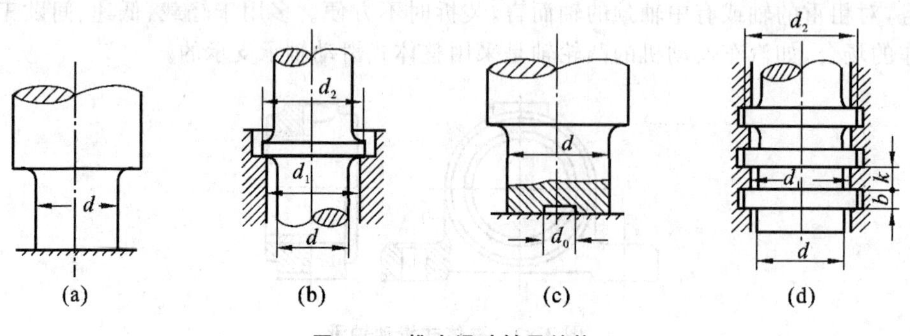

图 3-84　推力滑动轴承结构

(a)实心;(b)单环面;(c)空心;(d)多环面

4) 自动调心式滑动轴承

如图 3-85(a)所示的状态,当轴承宽径比为大于 1.5 或轴的刚度较小及有安装误差时,因轴线偏斜易使轴瓦端部严重磨损,从而造成轴承温升过高和加快局部磨损,缩短轴承寿命,增加机械损耗。如采用如图 3-85(b)所示的自动调心结构,其支承与机座为弧面接触,可产生相对位移,使轴瓦随轴的弯曲变形方向由轴瓦支承外表面的球面进行调节,从而避免轴颈产生偏磨。

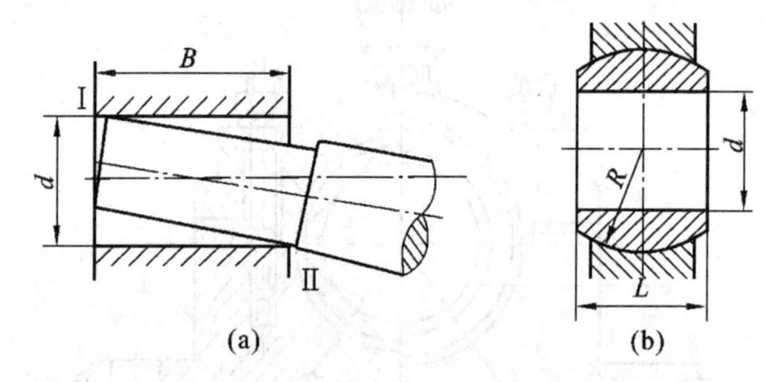

图 3-85　自动调心式径向轴承

3. 轴瓦结构及轴承衬

1) 轴瓦的结构

轴瓦是滑动轴承中直接与轴接触的重要零件。轴瓦的结构如图 3-86 所示。常用的轴瓦有整体式(见图 3-86(a))和剖分式(见图 3-86(b))两种。整体式轴瓦用于整体式轴承中;剖分式轴瓦用于剖分式轴承中。剖分轴瓦两端的凸肩可防止轴瓦的轴向窜动,并能承受一定的轴向力。为改善轴瓦表面的摩擦性质,可在强度较高的轴瓦表面浇注一层或两层减摩性质好的合金材料,形成双金属轴瓦或三金属轴瓦。这层合金材料称为轴承衬。

剖分轴瓦有厚壁轴瓦和薄壁轴瓦之分。厚壁轴瓦常用离心铸造方法制造,利

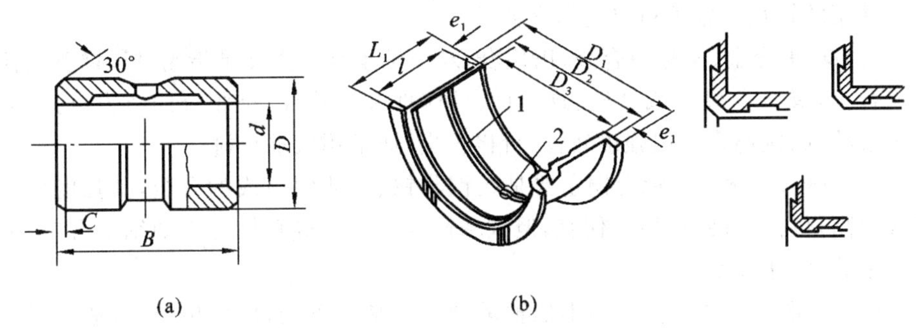

(a) (b)

图 3-86 轴瓦的结构

(a)整体式;(b)剖分式

1—油槽;2—油孔

用离心压力的作用,使轴承衬牢固地贴附在光滑的轴瓦表面上。为使轴承衬牢固的贴附在轴瓦上,也可在轴瓦内表面预制出燕尾形或螺纹形沟槽。薄壁轴瓦可用双金属板连续轧制而成,质量稳定,成本低,装配时无需刮轴瓦内圆表面,但对轴瓦和轴承座的加工要求较高。薄壁轴瓦主要应用于汽车发动机、柴油机等。

轴瓦在非承载区上需开设油孔、油沟(见图 3-87)和油室(见图 3-88)。为使油在整个接触面上均匀分布,油沟沿轴向应有足够的长度,但不应开通,以避免油从轴瓦的两端泄漏,油沟轴向长度通常取为轴瓦宽度的 80%左右。

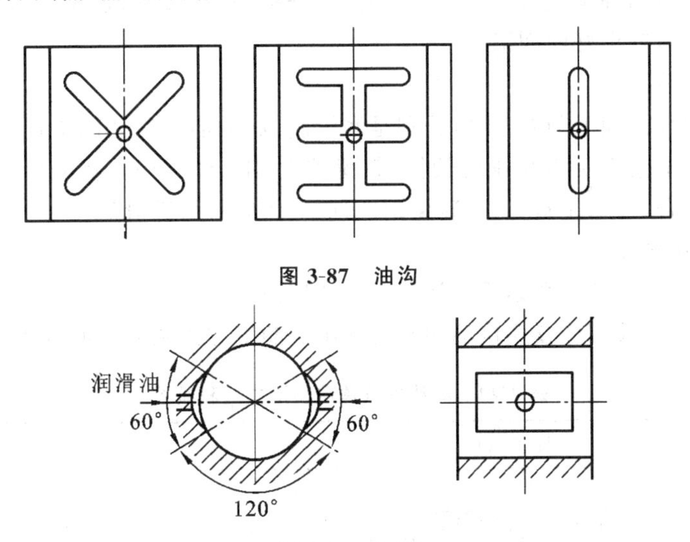

图 3-87 油沟

图 3-88 油室

2) 轴瓦及轴承衬的材料

轴瓦的材料选择的要求主要有:足够的抗压强度、抗疲劳强度和抗冲击能力;具有良好的减摩性和耐磨性;具有良好的跑合性;具有良好的顺应性和嵌藏性;具有良好的导热性和工艺性,并具有抗腐蚀能力、价格便宜等优点。

常用的轴瓦和轴承衬材料简介如下。

（1）轴承合金（又称白合金、巴氏合金） 轴承合金主要是指锡、铅、锑及其他金属合金，具有良好的减摩性、跑合性、顺应性和嵌藏性，抗胶合的能力也强，多用于重载、高速场合。但强度较低，价格较贵，通常用做轴承衬。

（2）轴承青铜 轴承青铜主要是指铜与锡、铅或铝组成的合金，其强度比轴承合金高，也比较硬，价格较便宜，但减摩性、跑合性、嵌藏性等不如轴承合金，适用于重载、中速轴承。

（3）铸铁 其各项性能均不如轴承合金和轴承青铜，但价格便宜，适用于轻载低速、无冲击场合。

（4）粉末合金 粉末合金是用铁（或铜）粉和石墨粉调匀后，直接压制成轴瓦，然后在高温下焙烧所形成的多孔性的陶瓷结构形状的金属。采用粉末冶金材料制成的轴承具有自润滑性能，可使用在长时间不润滑的场合。

（5）非金属材料 常用的有酚醛树脂、尼龙、聚四氟烯等。非金属材料具有一定的自润滑性，既可用油润滑也可用水润滑；有一定的抗拉强度和抗疲劳强度，有较好的耐磨性和磨合性，良好的塑性和嵌藏性，抗胶合、耐腐蚀。但其导热性差、易变形。适用于强度不高、载荷不大的轴承。

4. 滑动轴承的润滑

为保证滑动轴承正常工作，减少摩擦和磨损，提高效率，延长使用寿命，润滑轴承工作时需要良好的润滑。

1）润滑剂

滑动轴承的润滑剂有三种，分别是润滑脂、润滑油和固体润滑剂。常用的是润滑油。润滑脂主要用在速度较低、载荷较大、不经常加油、使用要求不高的场合。特殊场合，可采用石墨、二硫化钼、水或气体等作为润滑剂。

2）润滑方法

在低速、轻载的场合多采用间歇式供油润滑，例如，用油壶定期加油；而在高速、重载场合多采用连续式供油润滑。常用的润滑方式和装置见表 3-42。

表 3-42 滑动轴承常用润滑方式和装置

润滑方式		装置示意图	说　明
间歇润滑	旋套式油杯	杯体 旋套	用于油润滑； 旋动旋套，使旋套孔和杯体注油孔对正，用油壶或油枪注油。不注油时，应用旋套遮住杯体油孔，起密封作用

续表

<table>
<tr><th colspan="2">润滑方式</th><th>装置示意图</th><th>说 明</th></tr>
<tr><td rowspan="3">间歇润滑</td><td>针阀式油杯</td><td> 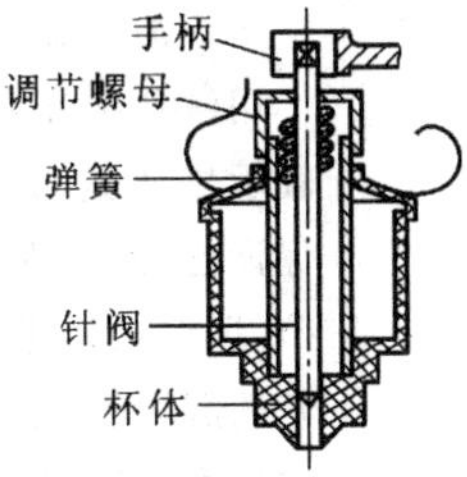手柄
调节螺母
弹簧
针阀
杯体</td><td>用于油润滑；
将手柄提至垂直位置，针阀上升，油孔打开供油；手柄放置水平位置，针阀降回原位，油孔关闭，停止供油。转动调节螺母可以调节注油量的大小</td></tr>
<tr><td>压配式油杯</td><td> 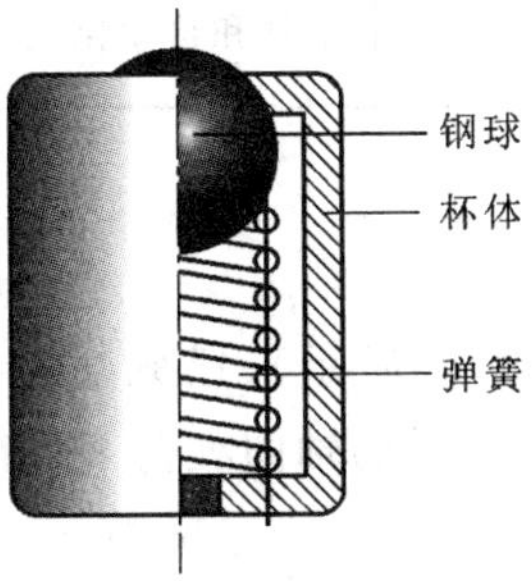钢球
杯体
弹簧</td><td>用于油润滑或脂润滑；
平时，钢球在弹簧的作用下使杯体注油孔封闭。注油时，将钢球压下即可</td></tr>
<tr><td>旋盖式油杯</td><td> 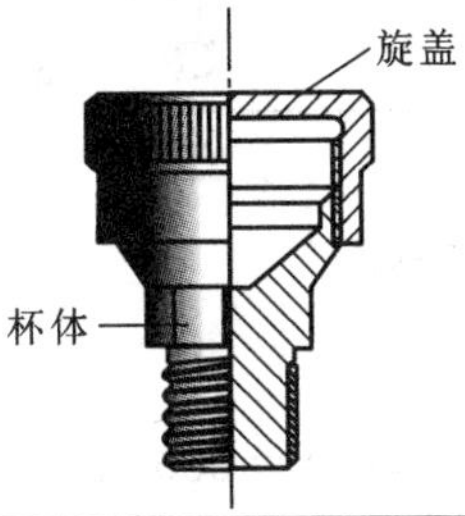旋盖
杯体</td><td>用于脂润滑；
旋盖式油杯的杯盖与杯体采用螺纹连接，旋转杯盖就可以将杯体内的润滑脂挤入轴承内</td></tr>
<tr><td rowspan="2">连续润滑</td><td>芯捻式油杯</td><td> 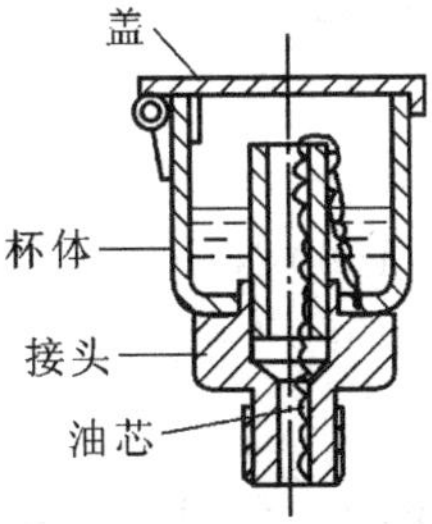盖
杯体
接头
油芯</td><td>用于油润滑；
杯体内的润滑油依靠芯捻的毛细作用进入润滑处，实现连续润滑。其特点是注油量较小，适用于轻载、转速较低的场合</td></tr>
<tr><td>油环润滑</td><td> 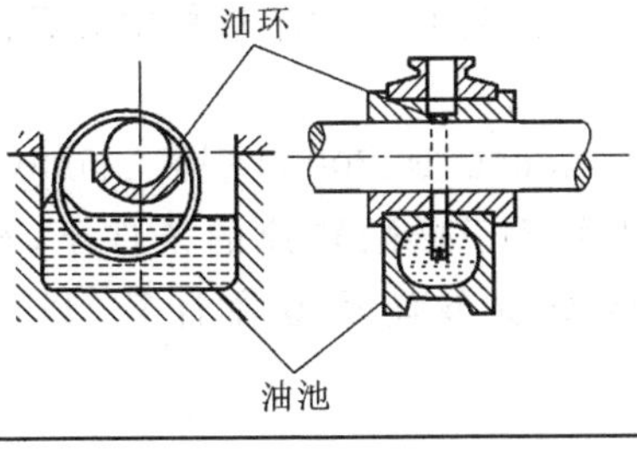油环
油池</td><td>用于油润滑；
轴旋转时带动油环转动，油环将油池内的润滑油带入到轴颈处实现润滑。油环润滑结构简单，但轴的转速应适当，才能充分供油</td></tr>
</table>

续表

润滑方式		装置示意图	说　明
连续润滑	压力润滑	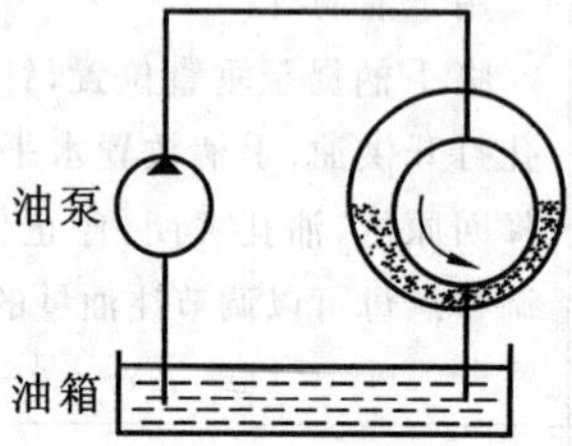 油泵 油箱	用于油润滑； 用液压泵把油液通过油管注入轴承中去进行润滑。这种润滑能保证连续供油，且供油量可以调节，即使在高速重载下也能获得良好的润滑效果。但其结构复杂，成本较高。适用于大型、重载、高速、精密和自动化机械设备

【案例】 轴承受力计算及选型设计

案例 3-6 轴向力的计算。

有一对 70000AC 型轴承正装(如图 3-89 所示)，已知 $F_{r1}=1000$ N，$F_{r2}=2100$ N，外加轴向载荷 $K_a=900$ N，求轴承所受的轴向载荷 F_{a1}、F_{a2}。

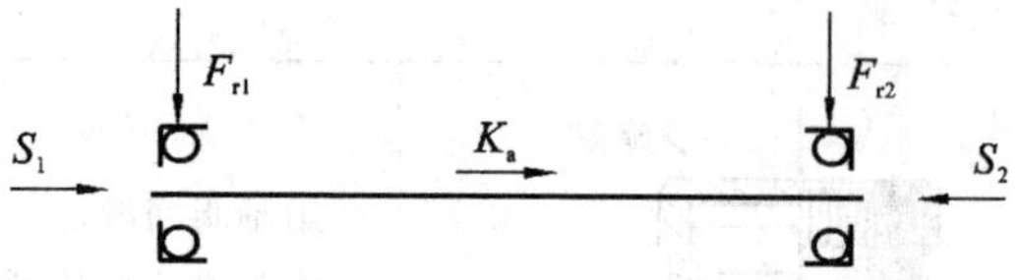

图 3-89　正装轴承

解　(1) 由表 3-13，得

$$S_1=0.68F_{r1}=0.68\times1000\ \text{N}=680\ \text{N}$$

$$S_2=0.68F_{r2}=0.68\times2100\ \text{N}=1428\ \text{N}$$

(2) 由于　$S_1+K_a=(680+900)\text{N}=1580\ \text{N}>S_2$

故轴承 2 为紧端，轴承 1 为松端。

所以　$F_{a2}=S_1+K_a=(680+900)\text{N}=1580\ \text{N}$

$$F_{a1}=S_1=680\ \text{N}$$

案例 3-7　滚动轴承的选型计算。

已知一双支承轴两端轴颈直径均为 $d=35$ mm，$n=3000$ r/min。轴承受载 $F_{r1}=1000$ N，$F_{r2}=2100$ N，$K_a=900$ N(方向向右)运转过程中有轻微冲击。要求(预期)寿命 $L'_{h10}=2000$ h，选择轴承型号。

解　根据题意，可供选用的轴承有 60000 型、70000 型或 30000 型，先查轴承样本或设计手册，在符合轴颈尺寸和低于极限转速的条件下，初选 6307、7207AC、30207 三种轴承，分别进行安装布置及寿命计算，以资对比(见表3-43)。

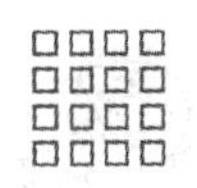

表 3-43 滚动轴承的安装布置、寿命计算及比较

型号	6307(深沟球轴承)	7207(角接触球轴承)	30207(圆锥滚子轴承)
安装布置	1 K_a=900 N 2 F_{r1}=1000 N F_{r2}=2100 N	S_1 K_a=900 N 2 S_2 F_{r1}=1000 N F_{r2}=2100 N	S_1 K_a=900 N S_2 F_{r1}=1000 N F_{r2}=2100 N
设计和计算项目	1. 查轴承样本 额定动载荷 $C=25660$ N 额定静载荷 $C_0=17920$ N 极限转速 $n_{lim}=10000$ r/min (油润滑) 外径 $D=80$ mm,宽度 $B=21$ mm 2. 查表 3-30,得 $F_a/C_0=K_a/C_0=900/17920=0.05$ 内插,得 $e\approx0.25$ $F_a/F_{r1}=K_a/F_{r1}=900/1000$ $=0.09>0.25$ $F_a/F_{r2}=K_a/F_{r2}=900/2100$ $=0.43>0.25$ 径向载荷系数 $X_1=0.56,X_2=0.56$ 轴向载荷系数 $Y_1=1.76,\ Y_2=1.763$ 3. 计算当量动载荷 P $P_1=X_1F_{r1}+Y_1F_{a1}=X_1F_{r1}+Y_1K_a$ $=(0.56\times1000+1.76\times900)$N $=2144$ N $P_2=X_2F_{r2}+Y_2F_{a2}=X_2F_{r2}+Y_2K_a$ $=(0.56\times2100+1.763\times900)$N $=2760$ N 因为 $P_2>P_1$,故按 P_2 考虑 查表 3-28,取 $f_p=1.1$ 查表 3-27,$f_t=1$ $\frac{f_pP_2}{f_t}=\frac{1.1\times2760}{1}$ N=3060 N 4. 根据式(3-18),有 $C_{c2}=\sqrt[3]{\frac{60nL'_{h10}}{10^6}}f_pP_2$ $=\sqrt[3]{\frac{60\times3000\times2000}{10^6}}\times3060$ N $=21597$ N$<C=25660$ N 可用	1. 查轴承样本 $C=23590$ N,$C_0=17900$ N $n_{lim}=11000$ r/min (油润滑) $D=72$ mm,$B=17$ mm 2. 查表 3-31,得 $S_1=0.68F_{r1}=0.68\times1000$ N $=680$ N(向右) $S_2=0.68F_{r2}=0.68\times2100$ N $=1428$ N(向左) 3. 因 $S_1+K_a>S_2$,即左松右紧,所以 $F_{a1}=S_1=680$ N $F_{a2}=S_1+K_a=1580$ N 查表 3-13,得 $e=0.68$ $F_{a1}/F_{r1}=680/1000=0.68=e$ $X_1=1,Y_1=0$ $F_{a2}/F_{r2}=1580/2100=0.752>e$ $X_2=0.41,Y_2=0.87$ 4. 计算当量动载荷 P $P_1=X_1F_{r1}+Y_1F_{a1}$ $=(1\times1000+0\times680)$N $=1000$ N $P_2=X_2F_{r2}+Y_2F_{a2}$ $=(0.41\times2100+0.87\times1580)$N $=2236$ N 同样,取 $f_p=1.1,f_t=1$ $\frac{f_pP_2}{f_t}=\frac{1.1\times2236}{1}$ N $=2460$ N 5. 根据式(3-18),有 $C_{c2}=\sqrt[3]{\frac{60\times3000\times2000}{10^6}}\times2460$ N 17500 N$<C=23590$ N 可用	1. 查轴承样本 $C=51600$ N,$C_0=31780$ N $n_{lim}=6700$ r/min (油润滑) $D=72$ mm,$B=17$ mm 2. 查表 3-30、表 3-31,得 $S_1=\frac{1}{2Y_1}F_{r1}=\frac{1}{0.8\cot\alpha}F_{r1}$ $=0.3125\times1000$ N$=313$ N $S_2=\frac{1}{2Y_2}F_{r2}=\frac{1}{0.8\cot\alpha}F_{r2}$ $=0.3125\times2100$ N$=656.3$ N 3. 查表 3-13,得 $e=1.5\tan\alpha=0.375$ $F_{a1}/F_{r1}=313/1000=0.313<e$ $X_1=1,Y_1=0$ $F_{a2}/F_{r2}=1213/2100=0.578>e$ $X_2=0.4,Y_2=0.4\cot\alpha$ 4. 计算当量动载荷 P $P_1=X_1F_{r1}+Y_1F_{a1}$ $=(1\times1000+0\times313)$N $=1000$ N $P_2=X_2F_{r2}+Y_2F_{a2}$ $=(0.4\times2100+0.4\cot\alpha\times$ 1213) N $=2781$ N 因为 $P_2>P_1$,故按 P_2 考虑 同样,取 $f_p=1.1,f_t=1$ $\frac{f_pP_2}{f_t}=\frac{1.1\times2781}{1}$ N=3059 N 5. 根据式(3-18),有 $C_{c2}=\sqrt[\frac{10}{3}]{\frac{60\times3000\times2000}{10^6}}\times3059$ N $=17885$ N$<C=51600$ N 可用

讨论:对比上述结果可见,30207 轴承的接触疲劳强度过分充裕,无必要使用。此外,考虑到 7207AC 轴承的价格比 6307 轴承价格贵很多,故决定采用 6307 轴承。

案例 3-8 给定参数单级减速器轴上滚动轴承的选型设计。

试完成案例 3-5 中低速轴上滚动轴承的选型后的滚动轴承的寿命校核。其中齿轮减速器低速轴的转速 $n=320\ \mathrm{r/min}$,传递功率 $P=15\ \mathrm{kW}$。两轴承中心间的跨距 $L=130\ \mathrm{mm}$,对称布置,两年一大修,设每年工作 300 d,两班制,每班 8 h,带式输送机工作平稳,转向不变。

解 步骤如下。

1. 选型

与滚动轴承有装配关系的轴段直径为 55 mm,对称布置又无轴向力,故选定轴承型号为 6011。查机械设计手册得

$$C_r=30.2\ \mathrm{kN},\quad C_{0r}=21.8\ \mathrm{kN}$$

2. 预期寿命

$$L'_{h10}=2\times300\times2\times8\ \mathrm{h}=9600\ \mathrm{h}$$

3. 滚动轴承上当量动载荷 P

(1) 该轴传递的转矩

$$T_2=9.55\times10^6\frac{P_2}{n_2}=9.55\times10^6\ \frac{15}{320}\ \mathrm{N\cdot mm}=447656\ \mathrm{N\cdot mm}$$

(2) 齿轮传递的圆周力

$$F_{t2}=\frac{2T_2}{d_2}=\frac{2\times447656}{72\times3}\ \mathrm{N}=4144.96\ \mathrm{N}=4.145\ \mathrm{kN}$$

(3)齿轮传递的法向力

$$F_{n2}=\frac{F_{t2}}{\cos20^\circ}=\frac{4.145}{\cos20^\circ}\ \mathrm{kN}=4.41\ \mathrm{kN}$$

(4) 当量动载荷

$$P=\frac{F_{n2}}{2}=\frac{4.41}{2}\ \mathrm{kN}=2.205\ \mathrm{kN}$$

4. 滚动轴承 6011 的基本额定寿命计算

查表 3-27 得 $f_t=1$;查表 3-28 得 $f_p=1.2$。

$$L_{h10}=\frac{16667}{n}\left(\frac{f_tC}{f_pP}\right)^3=\frac{16667}{320}\left(\frac{1\times30.2}{1.2\times2.205}\right)^3\ \mathrm{h}=77438.8\ \mathrm{h}\geqslant L'_{h10}$$

所以该型号滚动轴承寿命满足设计要求。

【学生设计题】 完成给定参数的单级减速器轴上的滚动轴承的选型设计。

思 考 题

1. 滚动轴承的基本结构由哪些零件组成？各有什么作用？

2. 向心轴承、推力轴承和角接触轴承，它们的承载能力有什么不同？如何判断其承载方向？

3. 装拆滚动轴承时应注意什么问题？

4. 滚动轴承的密封方法有哪些？各有何特点？

5. 滚动轴承在使用中应注意哪些事项？

6. 轴瓦的材料有哪些？常用的轴衬材料有哪些特点？使用什么场合？

练 习 题

3-12 说出下列轴承代号的含义：6207、30208、6305、N307、7210AC。

3-13 以下各轴承受径向载荷 F_r 和轴向载荷 F_a 作用，试计算其当量动载荷：

(1) 6215 轴承，$F_r=6500$ N，$F_a=1100$ N；

(2) N207 轴承，$F_r=3550$ N，$F_a=0$ N；

(3) 30313 轴承，$F_r=8700$ N，$F_a=5310$ N。

3-14 一对 7210AC 轴承，分别受径向载荷 $F_{r2}=6000$ N，$F_{r1}=3200$ N，轴上作用有外加轴向载荷 K_a，其方向如图 3-90 所示，试求在下列情况下，各轴承的内部轴向力 S，轴承所受的轴向载荷 F_a 和当量载荷 P 的大小：(1) $K_a=4500$ N；(2) $K_a=1000$ N。

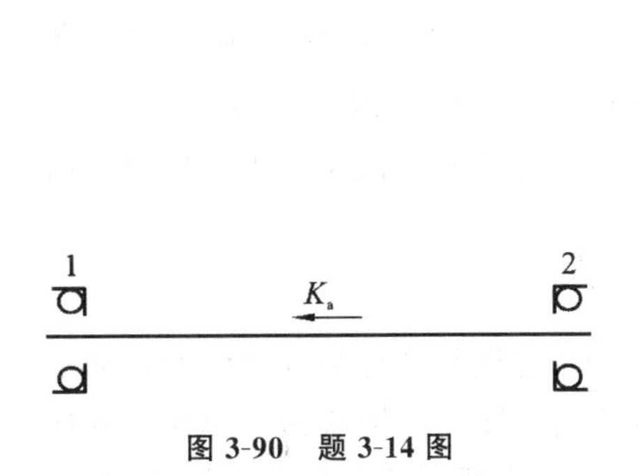

图 3-90 题 3-14 图

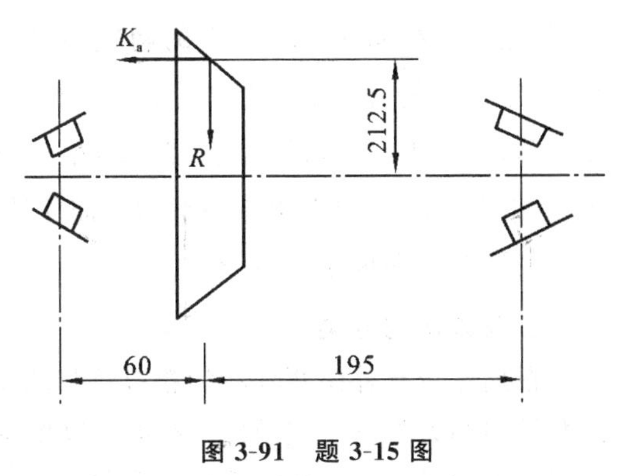

图 3-91 题 3-15 图

3-15 如图 3-91 所示从动圆锥齿轮轴，两端用圆锥滚子轴承支承，齿轮轴向力 $K_a=960$ N，圆周力和径向力的合力 $R=2\ 710$ N，转速 $n=500$ r/min，轴承预期设计寿命 3 000 h，轴径 $d=35$ mm，载荷轻微冲击，轴承受力支点可近似取轴承宽度的中点。

任务3-5 联轴器的选型设计

【任务分析】

联轴器和离合器的类型很多,其中大多已标准化,设计时需根据工作要求进行选型设计。联轴器的选型设计包括:根据工作要求进行联轴器的类型选择,联轴器工作情况系数的确定,求计算转矩,根据轴的最小直径、转速、计算转矩等确定联轴器的型号和结构尺寸,必要时对其主要零件进行强度验算。

【相关知识】

联轴器和离合器是机械传动中常用的部件,主要用来连接两轴,使之一同回转并传递转矩,有时也可用做安全装置。联轴器只有在机器停转后将其拆开才使两轴分离;离合器在机器运转过程中可随时将两轴接合或分离。

知识点1

联轴器的选型计算

联轴器是将主动轴与从动轴连接起来并在传递转矩中一起旋转又不脱开的装置,用于连接同在一轴线上的两轴端部。由于两轴在制造、安装、机座的结构刚性、定位安装面存在误差等原因,两轴的旋转中心线可能出现径向、轴向和角度偏移,为了不造成联轴器安装的困难并引起额外的载荷和振动,如图3-92所示,这就要求联轴器必须有补偿轴线偏移的功能,还应有消除或减少轴线偏移引起的附加载荷和振动的功能。

1. 联轴器的分类

根据是否有补偿两轴间的相对位移的功能可将联轴器分为刚性联轴器和挠性联轴器两大类;挠性联轴器又可分为无弹性元件挠性联轴器和有弹性元件挠性联轴器两类。有弹性元件挠性联轴器能在一定范围内补偿两轴线间的偏移,并具有缓冲及减振的性能。

2. 常用联轴器的结构、特点及应用

1) 刚性联轴器

刚性联轴器无补偿两轴间相对位移的功能。

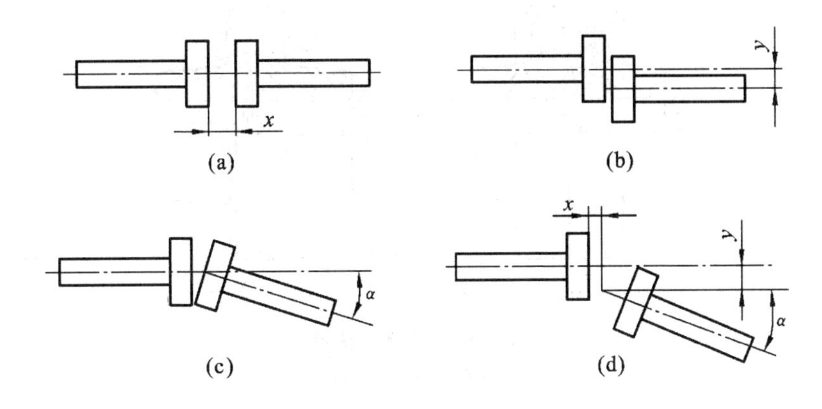

图 3-92 两轴轴线的相对位移

(a)轴向位移 x;(b) 径向位移 y; (c) 角位移 α;(d) 综合位移 x、y、α

(1) 套筒联轴器 套筒联轴器结构简单,成本低廉。套筒与轴除采用圆锥销连接(见图 3-93(a))或平键连接(见图 3-93(b)),其中紧定螺钉用于轴向定位外,也可以采用半圆键、花键连接。采用套筒联轴器时,两轴轴线的许用径向偏移为 0.002~0.05 mm;许用角向偏移不大于 0.05 mm/m。

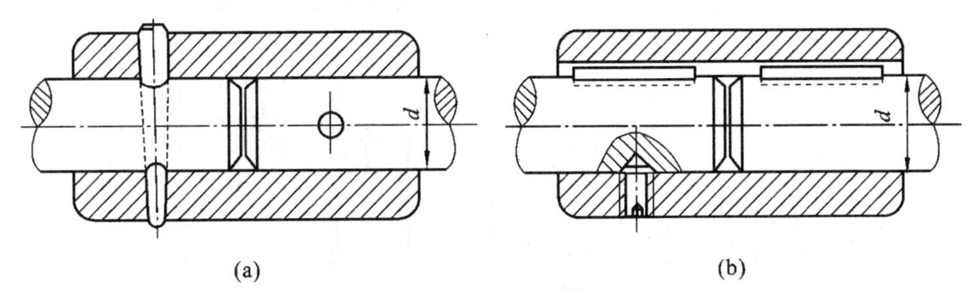

图 3-93 套筒联轴器

(2) 凸缘联轴器 凸缘联轴器由两个带有凸缘的半联轴器所组成。半联轴器分别用键与轴连接,并用一组螺栓将它们连接在一起。

凸缘联轴器有两种对中方法:第一,靠铰制孔用螺栓对中(见图 3-94(a));第二,靠一个半联轴器上的凸肩与另一个半联轴器上相应的凹槽相互嵌合而对中(见图 3-94(b))。后者对中的精度较高,但在装拆时,需将轴做轴向移动。前者无此缺点,工作时靠螺栓受剪切以及与铰制孔壁的挤压来传递转矩,因而装拆方便,在相同的尺寸下,所传递的转矩要比第二种的大,但对中较困难。

由于凸缘联轴器是使两轴刚性地连接在一起,所以在传递载荷时不能缓和冲击和吸收振动。此外要求对中精确,否则由于两轴偏斜或两轴线同轴都将引起附加载荷和严重磨损。凸缘联轴器适用于连接低速、大转矩、振动不大、刚性大的短轴。

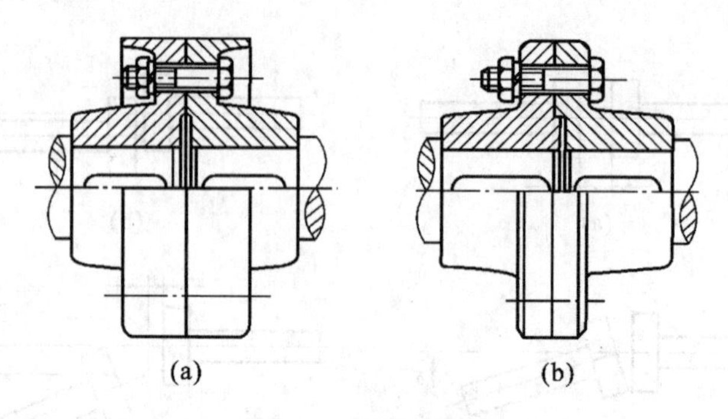

图 3-94　凸缘联轴器

(a)绞制孔对中型;(b)止口对中型

2) 无弹性元件挠性联轴器

无弹性元件挠性联轴器是利用联轴器中工作零件在某一个方向或某几个方向的相对滑动来补偿两轴间相对偏移的。

(1) 滑块联轴器　滑块联轴器是由两个端面开有凹槽的半联轴器 1、3 和一个方形滑块 2 组成(见图 3-95(a))。两半联轴器用键或过盈配合分别装在主动轴和从动轴上,用夹布胶木或尼龙块 2 嵌在两半联轴器的凹槽中采用间隙配合构成动连接,使轴连在一起(见图 3-95(b))。因滑块可在两半联轴器的凹槽中滑动,故可补偿安装及运转时两轴间的偏移。

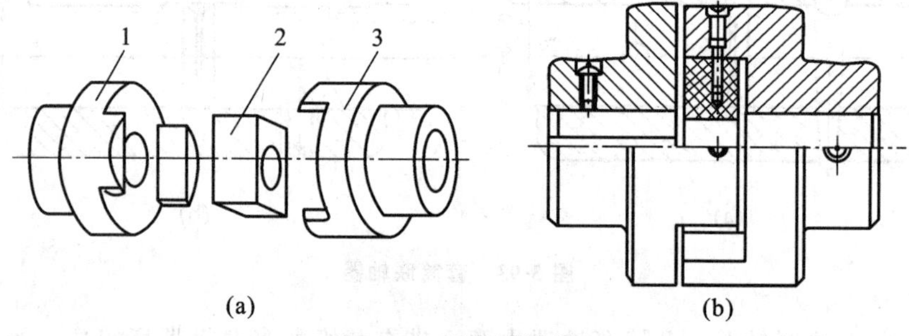

图 3-95　滑块联轴器

(a)组成结构图;(b)组装图

滑块联轴器的结构简单,尺寸紧凑,适用于小功率,高转速且无剧烈冲击处。

(2) 齿式联轴器　图 3-96 所示为齿式联轴器,它是允许有综合位移的刚性可移式联轴器。它由两个具有外齿的半联轴器 1、2 和两个具有内齿的外壳 3、4 组成(见图 3-96(a)),内外齿数相等,一般为 30～80 个。两个半联轴器用键分别与主动轴和从动轴连接,两外壳的内齿套在半联轴器的外齿上,并用一组螺栓连接在一起。

齿式联轴器在两轴偏斜时的工作情况如图 3-96(c)所示。它之所以有良好的补偿位移的能力,一是由于啮合齿间留有较大的齿侧间隙,二是因为齿顶做成球面(球心位于轴线上)(见图 3-96(b))。为增大位移的允许量,常将轮齿做成鼓

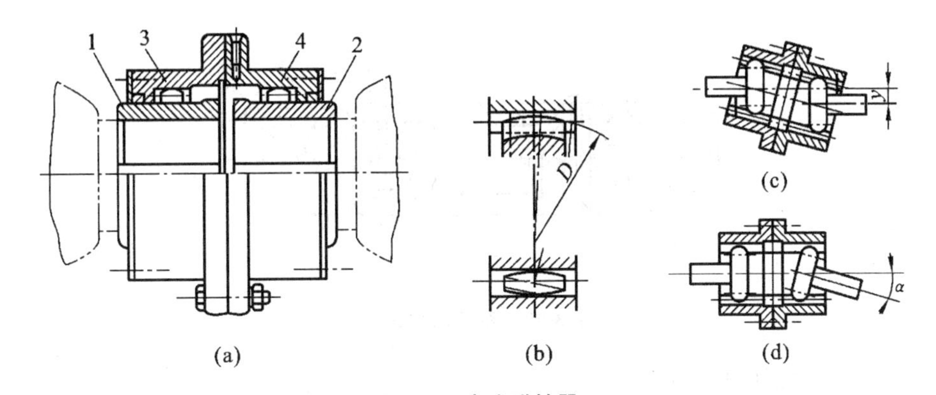

图 3-96 齿式联轴器

(a)组装图;(b)齿形图;(c)、(d)工况示意图

形齿。联轴器内注有润滑油,可减少齿的磨损。

齿式联轴器能够传递很大的转矩和补偿较大的综合位移,在重型机械中得到了广泛的应用。但它较笨重,制造困难,成本高。

(3) 万向联轴器　万向联轴器由两个固定于轴端的叉形元件 1、2 和一个十字元件 3 组成(见图 3-97)。

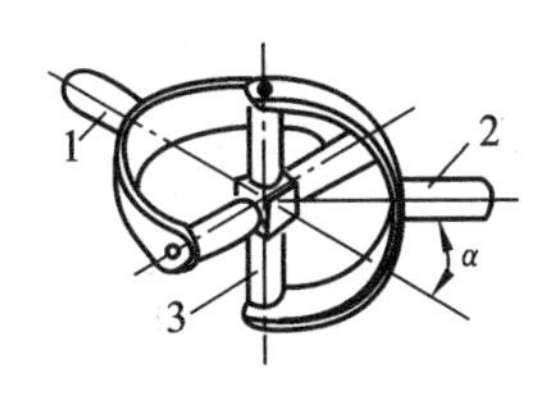

图 3-97 万向联轴器

十字元件的四端都用铰链与叉形元件相连,构成一种可动连接。因此,当一轴的位置固定时,另一轴可向任意方向偏转 α 角,夹角 α 最大可达 35°～45°,而且在机器运转中,夹角 α 发生改变时仍可正常转动。但当 α 过大时,传动效率会显著下降。这种联轴器也称单万向联轴器,广泛用于汽车、多轴钻床等机器的传动系统中。

单万向联轴器的主要缺点是当两轴夹角 α 不等于零时,如果主动轮以匀速 ω 转动,从动轴的瞬时角速度 ω 将发生周期性变化(但主动轴转一周,从动轴仍然转一周),而引起附加动载荷。为了消除这缺点,常将单万向联轴器成对使用,做成带中间轴的万向联轴器(见图 3-98),称为双万向联轴器。

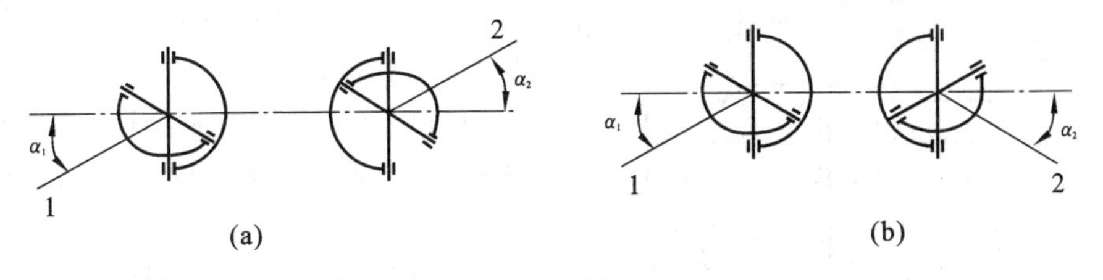

图 3-98 双万向联轴器示意图

此时必须保证主、从动轴与中间轴夹角相等,即 $\alpha_1=\alpha_2$;另外,中间轴的两个叉必须位于同一平面。否则,就保证不了主动轴、从动轴的瞬时角速度相等的要求。这种万向联轴器的实际结构如图 3-99 所示,它通常用合金钢制成。

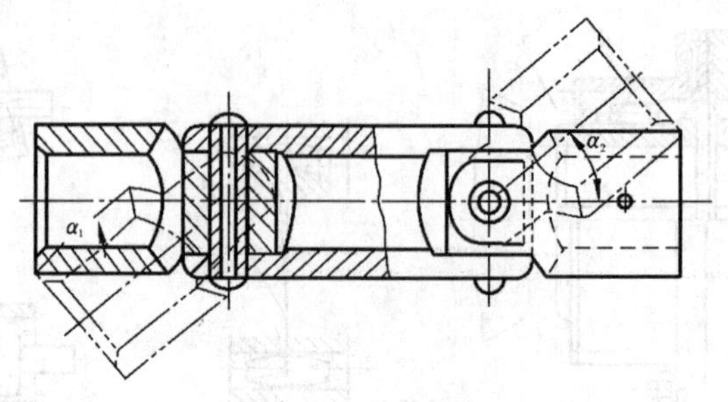

图 3-99 双万向联轴器

3）有弹性元件挠性联轴器

有弹性元件挠性联轴器是利用联轴器中弹性元件的变形来补偿两轴间的相对位移并缓和冲击和吸收振动的。

(1) 弹性套柱销联轴器 如图 3-100 所示弹性套柱销联轴器的结构类似凸缘联轴器，只是不用螺栓，而用 4～12 个带有橡胶（或皮革）套 2 的柱销 1 将两个半联轴器连接起来。这种联轴器制造容易，装拆方便，成本较低，但弹性套易磨损，寿命较短。它适用于载荷平稳，正反转变化频繁，传递中、小转矩的场合。使用温度为－20 ℃～50 ℃。

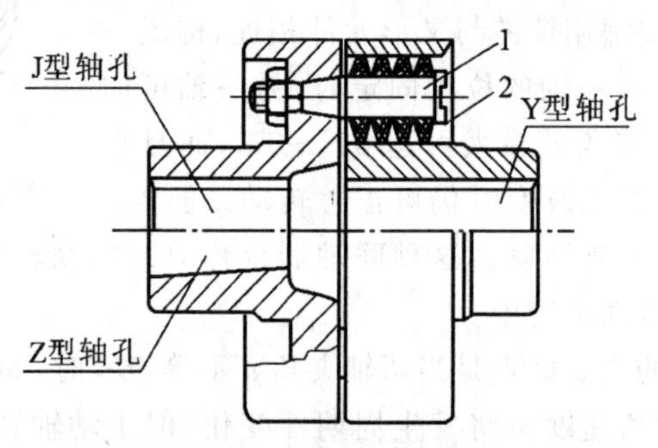

图 3-100 弹性套柱销联轴器

1—柱销；2—橡胶套

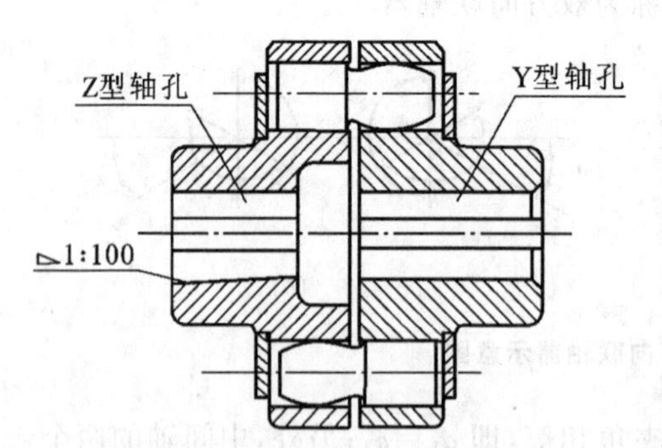

图 3-101 弹性柱销联轴器

(2) 弹性柱销联轴器 弹性柱销联轴器与弹性套柱销联轴器很相似（见图3-101），只是用尼龙柱销代替弹性套柱销。在半联轴器的外侧，采用螺钉固定挡板防止柱销脱落。

弹性柱销联轴器较弹性套柱销联轴器传递转矩的能力强，结构更为简单，安装、制造方便，耐久性好，也有一定的缓冲和减振能力，允许被连接的两轴有一定的轴向位移。适用于轴向窜动较大，正反转变化频繁的场合。使用温度为-20 ℃～70 ℃。

3. 联轴器的选用

选择联轴器的步骤：先选联轴器的类型，再选择其型号。

1）联轴器类型的选择

根据机器的工作特点和要求，结合各类联轴器的性能，并参照同类机器的使用经验来选择联轴器的类型。当两轴的对中要求高，轴的刚度又大时，可选用套筒联轴器和凸缘联轴器；当两轴对中困难或刚度较小时，则选用挠性联轴器；当所传递的载荷较大时，宜选用凸缘联轴器或齿轮联轴器；当轴的转速较高且有振动时，应选用弹性联轴器；当两轴相交时，则选用万向联轴器。

2）联轴器型号的选择

联轴器的型号是根据轴的直径、计算转矩和转速来确定联轴器和离合器的型号和结构尺寸从标准中选用。必要时再对其主要零件作强度验算。

（1）计算转矩 T_c 的计算公式为

$$T_c = K \cdot T \tag{3-27}$$

式中：T——名义上的工作转矩，N·m；

K——工作情况系数，见表 3-44。

表 3-44　工作情况系数 K

原动机	工　作　机	K
电动机	胶带运输机、鼓风机、连续运转的金属切削机床	1.25～1.5
	链式运输机、刮板运输机、螺旋运输机、离心式泵、木工机床	1.5～2.0
	往复运动的金属切削机床	1.5～2.5
	往复式泵、往复式压缩机、球磨机、破碎机、冲剪机、锻锤机	2.0～3.0
	起重机、升降机、轧钢机、压延机	3.0～4.0
涡轮机	发电机、离心泵、鼓风机	1.2～1.5
往复式发动机	发电机	1.5～2.0
	离心泵	3～4
	往复式工作机，如压缩机、泵	4～5

注：固定式、刚性可移式联轴器选用较大 K 值；弹性联轴器选用较小 K 值；联合式离合器 $K=2\sim3$；摩擦式离合器 $K=1.2\sim1.5$；安全联轴器取 $K=1.25$。被带动轴的轴上零件转动惯量小、载荷平稳，K 取较小值。

（2）选择的型号应满足以下条件：

① 计算转矩 M_{Tc} 应小于或等于所选型号的公称转矩 M_{Tn}，即

$$M_{Tc} \leqslant M_{Tn} \quad (\text{N} \cdot \text{m})$$

② 转速 n 应小于或等于所选型号的许用转速$[n]$，即

$$n \leqslant [n] \quad (\text{r/min})$$

③ 轴的直径 d 应在所选型号的孔径范围之内，即

$$d_{\min} \leqslant d \leqslant d_{\max} \quad (\text{mm})$$

4. 联轴器的安装与维护

1）联轴器的对中要求

在安装联轴器中，两根转轴可能出现不对中的情况。联轴器在不对中的情况下安装固定之后，轴系旋转时，由于两半联轴器要尽力维持初始状态，必然造成轴及其支承的周期性变形，出现轴系的不对中强迫振动，加剧支承轴承的磨损。因此，安装联轴器的首要问题是保证两根转轴的同轴度。对于一般机构设备上所使用的联轴器，安装对中的要求如表 3-45 所示。

表 3-45　联轴器安装对中允差值　　单位：mm

联轴器连接类别	允许误差	
	径向圆跳动量最大值(a)	端面圆跳动量最大值(b)
刚性与刚性	0.04	0.03
刚性与半挠性	0.05	0.04
挠性与挠性	0.06	0.05
齿轮式	0.10	0.05
弹簧式	0.08	0.06

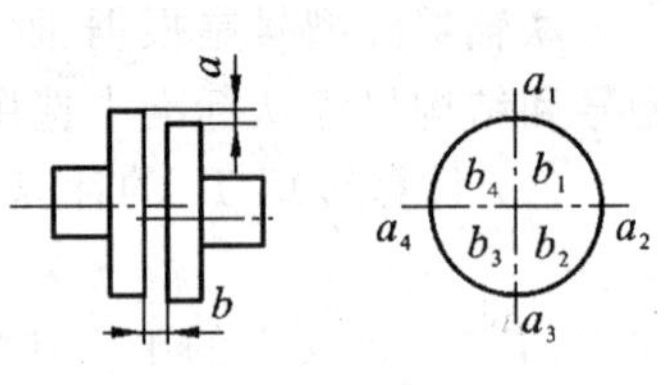

1. 两根转轴无轴向窜动；
2. 两半联轴器同时旋转

2）联轴器的安装找正

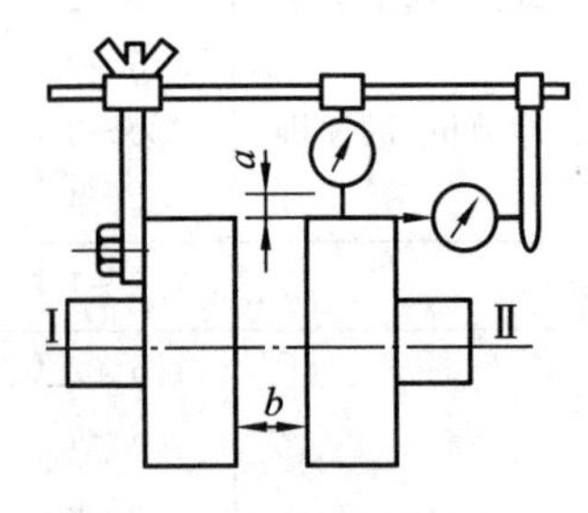

图 3-102　联轴器安装找正

安装联轴器时，可以做一个简单的工装，用千分表进行安装找正，如图 3-102 所示。安装找正时，用螺栓将测量工具固定在左联轴器上。在未连接成一体的两半联轴器外圈，沿轴向画一直线，做上记号，并用径向千分表和端面千分表分别对好位置，径向千分表对准右半联轴器外圈记号处，端面千分表对准右半联轴器侧面记号处。将两半联轴器记号处于垂直或水平位置作为零位。再依次同时转动两根转轴，回转 0°、90°、180°、270°并始终保持两半联轴器记号对准。分别计下两个千分表在相应四个位置上指针相对零位处的变化值。从而就测出了径向圆跳动量 a_1、a_2、a_3、a_4 和端面圆跳动量 b_1、b_2、b_3、b_4。根据这些值的情况就可判断Ⅱ轴相对轴的不对中情况，并且进行调整，直到 $a_1=a_2=a_3=a_4=0$，$b_1=b_2=b_3=b_4=0$，就可以认为Ⅰ轴与Ⅱ轴对中找正了。这种方法适用于两轴没有轴向窜动的情况。

3）联轴器对中找正的注意事项

安装中，一般都是先将两半联轴器分别安装在所要连接的两轴上，然后将主

机找正,再移动、调整连接轴,以主机为基准,向主机旋转轴对中。通过测量两半联轴器在同时旋转中径向和轴向相对位置的变化情况进行判定。

测量数值是否正确,可以用 $a_1+a_3=a_2+a_4$,$b_1+b_3=b_2+b_4$ 等式是否成立进行判定。若等式两边的差值大于 0.02 mm,则说明测量工具安装的紧固性、工具架的刚度或千分表出现了问题。应查找消除后再进行测量。

实际测量中,因位置所限使下方数值 a、b 无法直接测量时,则可用下式求得:$a_1=(a_2+a_4)-a_3$;$b_1=(b_2+b_4)-b_3$。

4) 联轴器的使用与维护

联轴器的安装误差应严格控制,通常要求安装误差不得大于许用补偿量的 1/2。

注意检查所连接两轴运转后的对中情况,其相对位移不应大于许用补偿量。尽可能地减少相对位移量,可有效地延长被连接机械或联轴器的使用寿命。

对有润滑要求的联轴器,如齿式联轴器等,要定期检查润滑油的油量、质量及密封状况,必要时应予以补充或更换。

对于高速旋转机械上的联轴器,一般要经动平衡试验,并按标记组装。对其连接螺栓之间的重量差有严格地限制,不得任意更换。

知识点 2

离 合 器

离合器主要用于在机器运转过程中随时将主动、从动轴接合或分离。

1. 离合器的分类

离合器的类型很多,可简要分类如下。

- 离合器
  - 操作离合(机械、气动、液压、电磁)
    - 啮合式——牙嵌离合器、齿轮离合器等
    - 摩擦式——圆盘离合器、圆锥离合器等
  - 自动离合
    - 超越离合器——啮合式、摩擦式等
    - 离心离合器——摩擦式等
    - 安全离合器——啮合式、摩擦式等

2. 常用离合器的类型及特点

1) 牙嵌离合器

牙嵌离合器(见图 3-103)是由两个端面上有牙的半离合器组成。半离合器 1 用键和紧定螺钉固定在主动轴上,另一个半离合器 3 用导向键或花键与从动轴联系,并通过操纵系统拨动滑环 4 使其做轴向移动,使离合器分离或接合。为了保证两轴能很好地对中,在主动轴上的半离合器内装有对中环 2,从动轴可在对中环内自由转动。

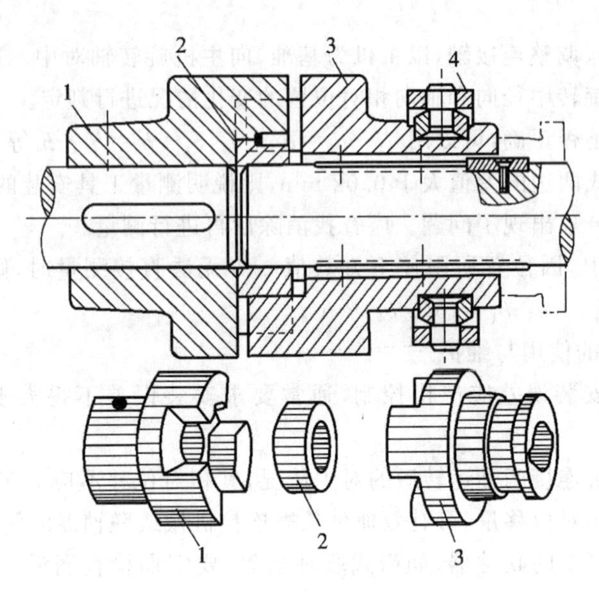

图 3-103　牙嵌离合器

1,3—半离合器;2—对中环;4—滑环

牙嵌离合器常用的牙形有矩形、梯形和锯齿形(见图 3-104),矩形牙不便于接合与分离,牙侧面磨损后无法补偿其间隙,故使用较少。梯形牙强度较高,可以双向工作,双向工作能自行补偿由于磨损造成的牙侧间隙,避免因牙侧间隙产生的冲击,故应用较为广泛。锯齿形牙的强度最高,能传递更大的转矩,但锯齿形牙只能单向工作。离合器牙数一般为 3～7。

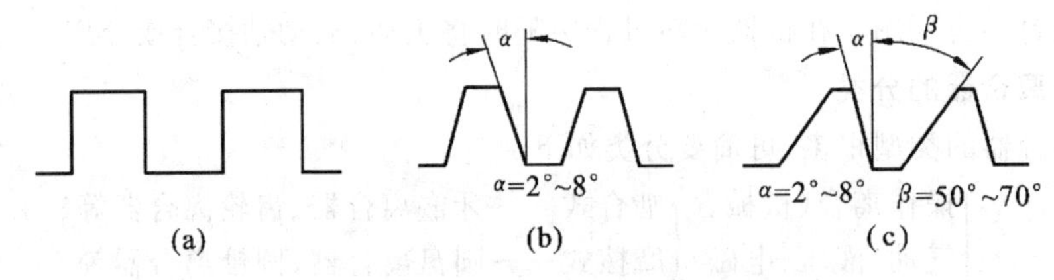

图 3-104　牙嵌离合器的牙形

(a)矩形;(b)梯形;(c)锯齿形

牙嵌离合器结构简单,外形尺寸小,两个半离合器之间没有相对滑动,传动比固定不变,其缺点是接合时有冲击,只能在相对速度很低或几乎停止转动的情况下接合。

为了减少操纵零件的磨损,应当把滑动的半个离合器放在从动轴上。

2)摩擦离合器

摩擦离合器靠接触面的摩擦力来传递转矩。与牙嵌离合器比较,摩擦离合器的主要优点是:可以在任何转速下进行接合;可以用改变摩擦面间压力的方法来调节从动轴的加速时间,保证启动平稳没有冲击;过载时摩擦面发生打滑,可

以防止损坏其他零件。

其缺点是：在接合过程中，相对滑动会引起发热与磨损，损耗能量。

摩擦离合器的类型很多，常用的是圆盘摩擦离合器（见图 3-105），它又分为单盘式（见图 3-105(a)）和多盘式（见图 3-105(b)）两种。单盘式摩擦离合器结构最简单，但摩擦力受到限制，一般很少使用。

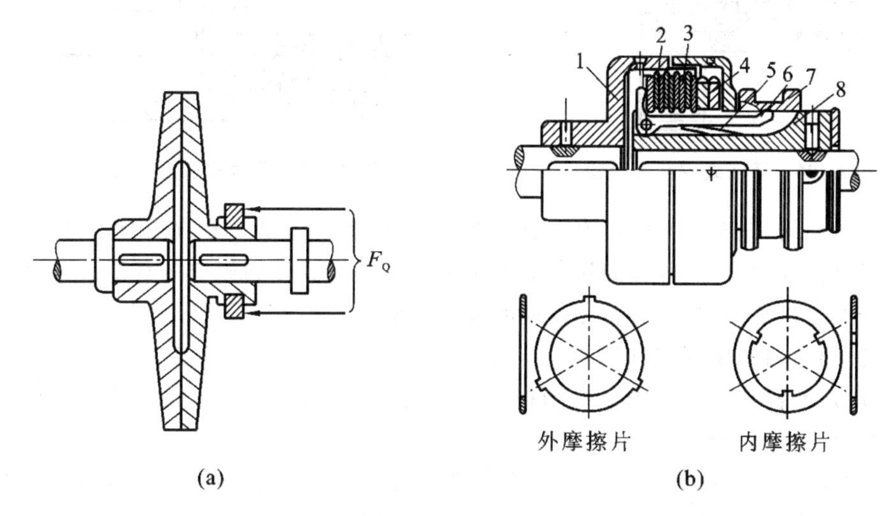

图 3-105 摩擦离合器

(a) 单盘式摩擦离合器；(b) 多盘式摩擦离合器

1—外套；2—外摩擦片；3—内摩擦片；4—螺母；5—弹簧；6—杠杆；7—滑环；8—内套

在图 3-105(b)所示的多盘式摩擦离合器中，其中一组外摩擦片 2 和外套 1 形成花键连接，另一组内摩擦片 3 和内套 8 也为花键连接。外、内套 1、8 则分别固定在主、从动轴上。两组摩擦片交错排列。图 3-105(b)所示为离合器处于接合状态的情况，此时摩擦片相互紧压在一起，随同主动轴和外套一起旋转的外摩擦片通过摩擦力将转矩和运动传递给内摩擦片，使内套和从动轴旋转。将操纵滑环 7 向右拨动，杠杆 6 在弹簧 5 的作用下将摩擦片放松，则可分离两轴。螺母 4 用来调节摩擦片间的压力。

3）安全离合器

安全离合器通常有三种形式：嵌合式、摩擦式和破断式。当传递的转矩超过设计值时，它们将分别发生分开连接件、连接件打滑和连接件破断等动作，从而可防止机器中重要零件的损坏。

图 3-106 所示为牙嵌式安全离合器，它和牙嵌离合器很相似，只是牙的倾斜角 α 较大，并由弹簧压紧机构代替滑环操纵机构。当转矩超过允许值时，牙上的轴向分力将压缩弹簧，使离合器产生跳跃式滑动，离合器处于分离状态。当转矩恢复正常时，离合器在弹簧力的作用下又重新接合。

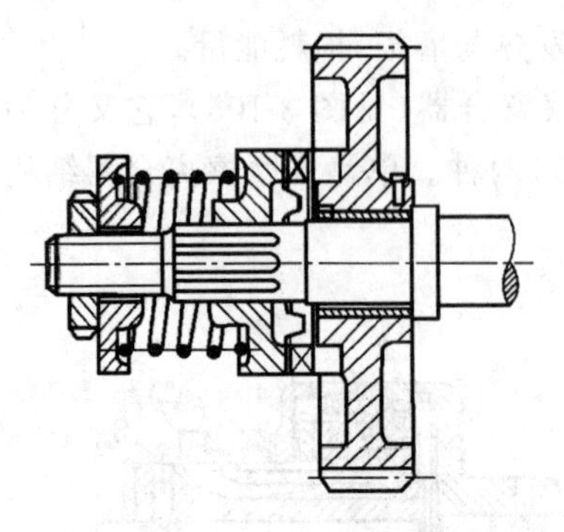

图 3-106　牙嵌式安全离合器

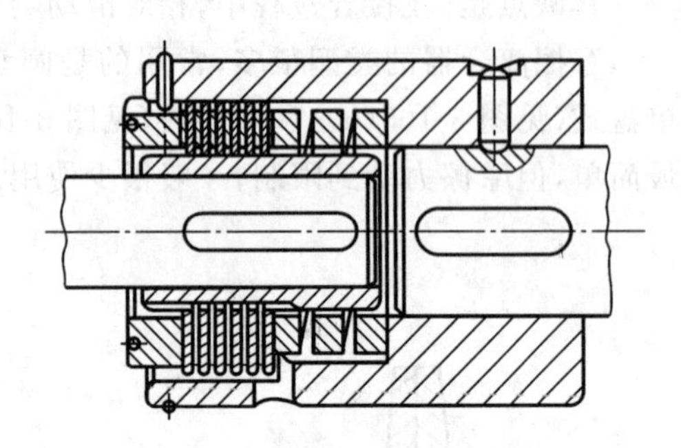

图 3-107　摩擦式安全离合器

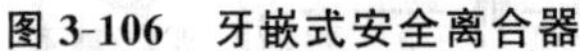

图 3-107 所示为摩擦式安全离合器，其结构类似多盘式摩擦离合器，但没有操纵机构。摩擦面间的轴向压力靠弹簧及调节螺母调整到规定的载荷。当过载时，摩擦片打滑，以限制离合器传递的最大转矩。

3. 离合器的使用与维护

应定期检查离合器操纵杆的行程、主、从动片之间的间隙、摩擦片的磨损程度，必要时予以调整或更换。

片式摩擦离合器工作时，不得有打滑或分离不彻底的现象；否则，不仅将加速摩擦片磨损，降低使用寿命，引起离合器零件变形退火等，还可能导致其他事故，因此需经常检查。

打滑的主要原因是作用在摩擦片上的正压力不足，摩擦表面粘有油污，摩擦片过分磨损及变形过大等；分离不彻底的主要原因有主、从动片之间分离间隙过小，主、从动片翘曲变形，回位弹簧失效等。应及时修理并排除。

定向离合器应密封严实，不得有漏油现象；否则，会导致磨损过大，温度过高，损坏滚柱、星轮或外壳等。在运动中，如有异常声响，应及时停机检查。

【案例】 联轴器的选型设计

案例 3-9　试对案例 4-1 中的带式输送机传输装置中齿轮减速器的低速轴与输送机滚筒轴间的联轴器进行选型设计。

解　选型设计步骤如下。

1. 联轴器的类型选择

带式传输在货物落于输送带时有轻微振动，考虑补偿轴的可能位移，因此选用有缓冲和减振能力的弹性套柱销联轴器（Y 型）。

2. 联轴器参数确定

1）按扭转强度，初估轴的最小直径

由表 3-16 查得 $A=110$，按式（3-14）得

$$d \geqslant A\sqrt[3]{\frac{P}{n}}=110\times\sqrt[3]{\frac{15}{320}}\ \text{mm}=39.66\ \text{mm}$$

轴身安装联轴器，因开有键槽，轴的直径增大5%，得

$$d \geqslant 39.66 \times 1.05 \text{ mm} = 41.64 \text{ mm}$$

2）轴的转速

$$n = 320 \text{ r/min}$$

3）计算转矩

工作情况系数 K 值选定：因原动机为电动机，工作机为胶带输送机，弹性联轴器，取 $K=1.3$

$$T_c = KT = 1.3 \times 9\ 549 \times \frac{15}{320} \text{ N·m} = 581.9 \text{ N·m}$$

3. 联轴器型号选定

查 GB/T 4323—2002，选用 LT8 弹性套柱销联轴器（Y 型），其公称转矩为

$$T_n = 710 \text{ N·m} > 581.9 \text{ N·m}$$

其标准孔径为 45 mm $\leqslant d \leqslant$ 55 mm，选轴孔直径 $d_1 = 45$ mm。轴孔长度 $L=112$ mm。由于弹性套柱销联轴器为标准件，与轴的配合为基孔制，因此轴的最小直径为 $d=45$ mm。

其许用转速 $[n] = 3\ 000$ r/min $>$ 320 r/min。

所选联轴器为：LT8 联轴器 YC45×112 GB/T 4323—2002。

【学生设计题】 电动机与减速器之间用联轴器相连，载荷有轻微振动，电动机功率 $P=15$ kW，转速 $n=960$ r/min，两外伸轴径 $d=35$ mm，长度 $l=70$ mm。试完成此联轴器的选型设计（可查阅课程设计教材或机械设计手册）。

思 考 题

1. 联轴器和离合器的功用是什么？二者的根本区别是什么？

2. 联轴器可分为哪些类型？各有何特点，各适用于什么场合？

3. 挠性联轴器是用什么方法补偿两轴间的位移的？

4. 常用的离合器可分为哪两大类，各有何特点？

练 习 题

3-16 某电动机与油泵之间用弹性套柱销联轴器连接，功率 $P=4$ kW，转速 $n=960$ r/min，轴伸直径 $d=32$ mm，试选定该联轴器的型号（只要求与电动机轴伸连接的半联轴器满足直径要求）。

3-17 某离心式水泵采用弹性柱销联轴器连接，原动机为电动机，传递功率 38 kW，转速为 300 r/min，联轴器两端连接轴径均为 50 mm，试选择该联轴器的型号。若将原动机改为活塞式内燃机，又应如何选择其联轴器？

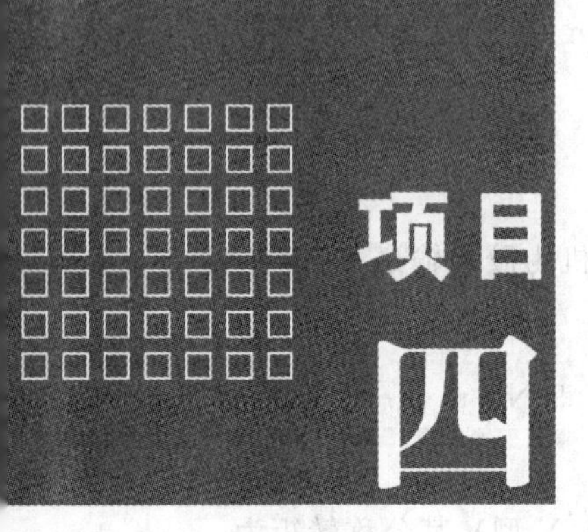

传动装置设计

任务 4-1　带输送机装置中一级减速器齿轮设计

【任务分析】

本任务要求学生了解齿轮传动的特点，齿廓啮合基本定律，渐开线的形成和性质，渐开线齿轮的加工方法和根切现象，齿轮的失效形式，设计准则、精度、主要参数的选择等相关基础知识，并在掌握渐开线标准直齿圆柱齿轮传动的受力分析和强度计算方法，标准直齿圆柱齿轮的基本参数和几何尺寸的计算公式的基础上学会根据减速器的工作条件来选择不同的设计方案，以便能较好地完成相应的齿轮传动的设计。

知识点 1

齿 轮 机 构

1. 齿轮传动的特点、类型和基本要求

1）齿轮传动的特点

齿轮传动应用非常广泛，在大多数机械装置和机器中都将齿轮作为主要的传动零件。例如，各类金属切削机床的主轴箱、汽车的变速箱、带传动装置的减速器等。与其他机械传动相比，齿轮传动的主要优点是：传递的功率大、速度范围广、效率高、工作可靠、寿命长、结构紧凑、能保证恒定的瞬时传动比，可传递空间任意两轴间的运动。其主要缺点是：制造和安装精度要求高、成本高、不宜用于中心距较大的传动。

2）齿轮传动的类型

（1）按照齿轮轴线间相互位置、齿向和啮合情况，齿轮传动可做如下分类（见图 4-1）。

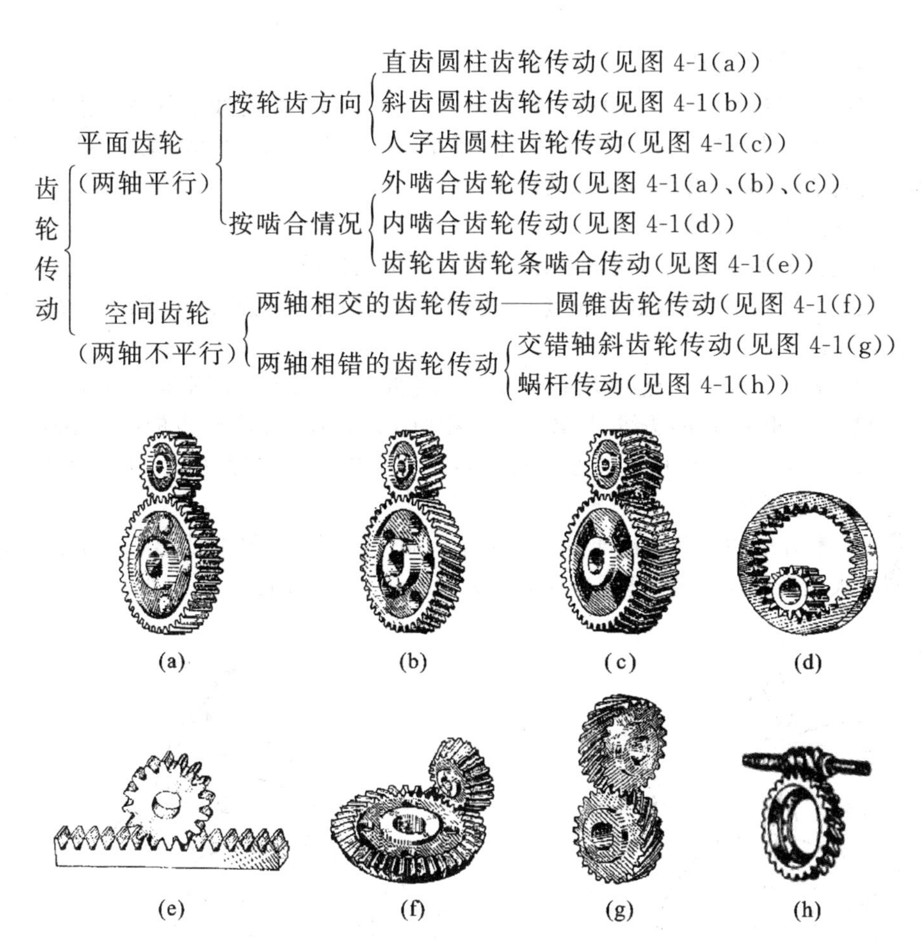

图 4-1　齿轮传动的主要类型

（2）按照齿廓曲线的形状，齿轮传动也可分为渐开线齿轮传动、摆线齿轮传动和圆弧齿轮传动。其中渐开线齿轮传动应用最广泛。按齿轮传动是否封闭，齿轮传动还可分为开式齿轮传动和闭式齿轮传动。开式齿轮传动的齿轮完全外露，易落入灰尘和杂物，润滑不良，齿面易磨；闭式齿轮传动的齿轮、轴承全部封闭在刚性箱体内，可以保证良好的润滑和工作要求，应用广泛。

3）齿轮传动的基本要求

齿轮传动在工作过程中应满足以下两项基本要求：

（1）要求传动平稳，保证齿轮传动的瞬时传动比为常数；

（2）要求齿轮具有一定的承载能力，在预定的使用期限内不出现断齿、齿面点蚀及严重磨损等失效现象。

2. 渐开线的形成和性质

齿轮传动是否能保证传动平稳，与齿轮的齿廓形状有关。最常见的齿廓曲线为渐开线齿廓曲线，既可以保证传动平稳，也便于加工和安装，且互换性好。

1) 渐开线的形成

当一直线沿半径为 r_b 的圆作纯滚动时(见图 4-2),此直线上任意一点 K 的轨迹 AKD 称为该圆的渐开线,该圆称为基圆,该直线称为发生线,渐开线所对应的中心角 θ_K 称为渐开线 AK 段的展角。

2) 渐开线的性质

根据渐开线的形成过程,可知渐开线具有下列性质。

(1) 发生线上线段$\overline{BK}$的长度,与基圆被发生线滚过的圆弧$\overset{\frown}{AB}$的长度相等,即$\overline{BK}=\overset{\frown}{AB}$。

(2) 渐开线上任一点的法线必与基圆相切。发生线沿基圆作纯滚动,线段$\overline{BK}$为渐开线上 K 点的法线,且必与基圆相切。线段$\overline{BK}$又是 K 点的曲率半径,B 点为曲率中心,因此渐开线各点的曲率半径是变化的,离基圆越远,曲率半径越大,渐开线越平缓。

(3) 渐开线的形状取决于基圆的大小。同一基圆上的渐开线形状完全相同。基圆越大渐开线越平直,基圆半径为无穷大时,渐开线就成为直线(见图 4-3)。

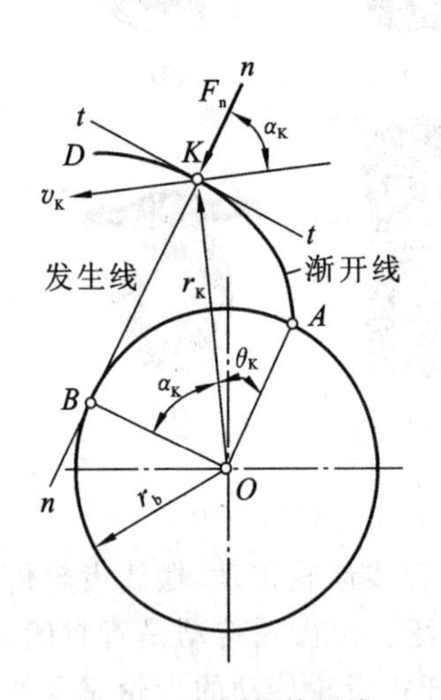

图 4-2　渐开线的形成

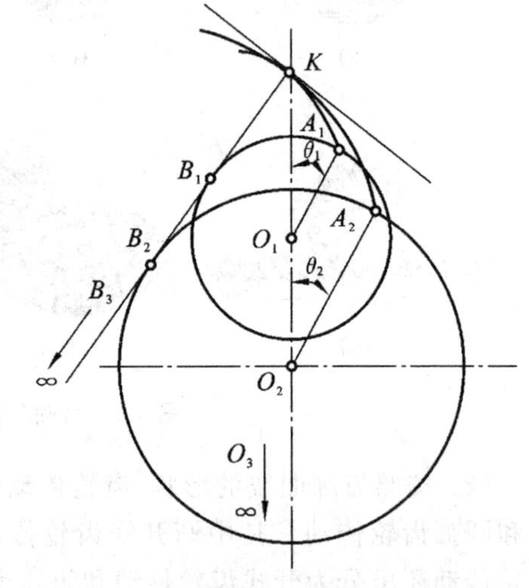

图 4-3　渐开线形状与基圆半径的关系

(4) 基圆内无渐开线。

(5) 渐开线上各点压力角不相等。离基圆越远,压力角越大。

如图 4-2 所示,渐开线上任一点的法向压力 F_n 的方向线与该点速度方向线所夹锐角 α_K 称该点压力角。由图可知,$\cos\alpha_K=\frac{r_b}{r_K}$,式中 r_K 为 K 点到轮心 O 的距离。齿轮的基圆半径 r_b 为定值,r_K 为变值,故 α_K 随 r_K 的增大而增大。基圆上 A 点处的压力角等于零。

3. 渐开线标准直齿圆柱齿轮的基本参数及几何尺寸的计算

1) 直齿圆柱齿轮各部分的名称和符号及基本参数

图 4-4 所示为渐开线直齿圆柱齿轮的局部图,渐开线直齿圆柱外啮合齿轮

各部分的名称和符号如图所示。渐开线直齿圆柱齿轮有五个参数，分别是模数 m、压力角 α、齿数 z、齿顶高系数 h_a^*、顶隙系数 c^*。齿轮的所有几何尺寸均由这五个参数确定。

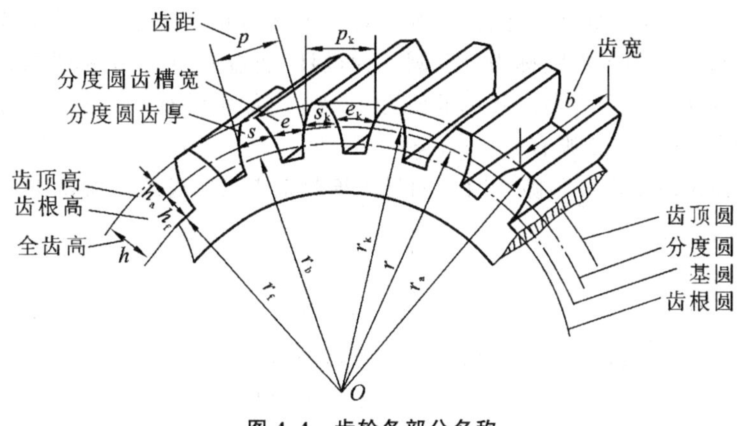

图 4-4　齿轮各部分名称

(1) 模数 m　由图 4-4 可知，分度圆直径 d 与齿距 p 及齿数 z 之间的关系为

$$\pi d = pz$$

或

$$d=\frac{p}{\pi}z$$

式中 π 为无理数，计算 d 时很不方便。为了便于齿轮的设计、制造、测量及互换使用，将 $\frac{p}{\pi}$ 人为地规定为简单有理数并标准化，称为齿轮的模数，用 m 表示，其单位为 mm，即

$$m=\frac{p}{\pi}\quad 或\quad p=\pi m \tag{4-1}$$

所以

$$d=mz \tag{4-2}$$

模数是齿轮的一个重要参数，是齿轮所有几何尺寸计算的基础。显然，m 越大，p 越大，轮齿的尺寸也越大，该轮齿的抗弯曲能力也越高。我国已规定了齿轮模数的标准系列（见表 4-1）。在设计齿轮时，m 必须取标准值。

表 4-1　渐开线圆柱齿轮模数（GB/T 1357—2008）

第一系列	1	1.25	1.5	2	2.5	3	4	5	6
	8	10	12	16	20	25	32	40	50
第二系列	1.125	1.375	1.75	2.25	2.75	(3.25)	3.5	(3.75)	4.5
	5.5	(6.5)	7	9	(11)	14　18	22	28　36	45

注：① 本表适用于直齿圆柱齿轮，对斜齿轮，表中模数为法向模数 m_n；

② 应优先选用第一系列的模数；括号中的模数应避免使用。

英、美等以英制作为单位的国家，用径节作为计算齿轮几何尺寸的基本参数。径节是齿数与分度圆直径之比，用 P 表示，单位是 in^{-1}，即 $P=\frac{z}{d}$。模数与

径节互为倒数关系，各自的单位不同，因为 1 in=25.4 mm，所以它们的换算关系为 $m=\frac{25.4}{P}$ mm。径节制齿轮的压力角除 20°外，还有 14.5°、15°等。

(2) 压力角 α　如前所述，渐开线上各点的压力角是变化的。齿轮上具有标准模数和标准压力角的圆称为分度圆。为设计、制造方便，我国标准规定分度圆上的压力角为标准压力角。其标准值为 $\alpha=20°$。如用没有下标的 α 表示分度圆上的压力角，由图 4-2 则有 $r_b=r\cos\alpha$。

(3) 齿顶高系数和顶隙系数　如果用模数来表示轮齿的齿顶高和齿根高，则可写为

$$h_a=h_a^* m$$

$$h_f=(h_a^*+c^*)m$$

式中：h_a^*——齿顶高系数，正常齿制 $h_a^*=1$，短齿制 $h_a^*=0.8$；

c^*——顶隙系数，正常齿制 $c^*=0.25$，短齿制 $c^*=0.3$。

短齿制齿轮主要用于汽车、坦克、拖拉机、电力机车等，可承受较大的载荷。

一对齿轮互相啮合时，为避免一个齿轮的齿顶与另一个齿轮的齿槽底相抵触，同时还能贮存润滑油，所以在一个齿轮的齿根圆柱面与配对齿轮的齿顶圆柱面之间必须留有间隙，称为顶隙，用 c 表示，其值为

$$c=c^* m \tag{4-3}$$

(4) 齿数 z　齿数影响齿廓曲线，也影响齿轮的几何尺寸。

综上所述，m、α、h_a^*、c^* 和 z 是渐开线齿轮几何尺寸计算的五个基本参数。m、α、h_a^* 和 c^* 均为标准值，且 $s=e$ 的齿轮，称为标准齿轮。

2) 标准直齿圆柱齿轮的几何尺寸计算

渐开线直齿圆柱齿轮分为外齿轮（见图 4-4），内齿轮（见图 4-5）和齿条（见图 4-6）三种。

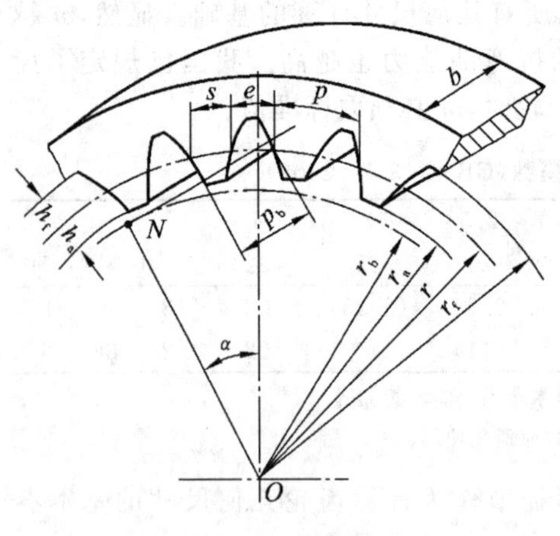

图 4-5　内齿轮

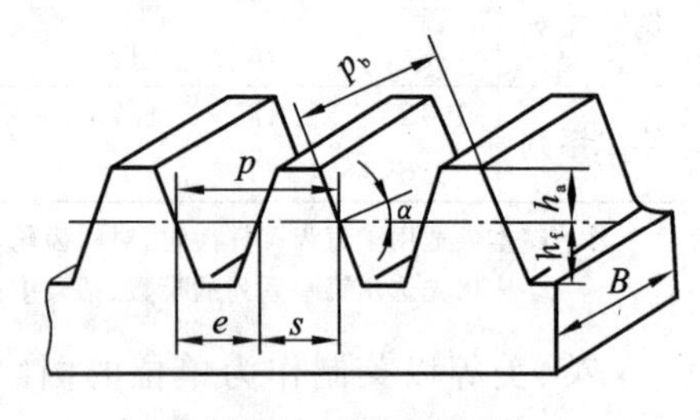

图 4-6　齿条齿轮

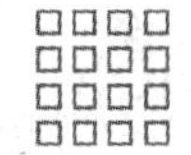

正常齿标准直齿圆柱齿轮几何尺寸计算公式见表4-2。

表4-2 渐开线标准直齿圆柱齿轮主要几何尺寸的计算公式

序号	名称	符号	计算公式
1	齿顶高	h_a	$h_a=h_a^* m=m$
2	齿根高	h_f	$h=(h_a^*+c^*)m=1.25m$
3	全齿高	h	$h=(2h_a^*+c^*)m=2.25m$
4	齿距	p	$p=\pi m$
5	齿厚	s	$s=\frac{p}{2}=\frac{\pi m}{2}$
6	齿槽宽	e	$e=\frac{p}{2}=\frac{\pi m}{2}$
7	顶隙	c	$c=c^* m=0.25m$
8	分度圆直径	d	$d=zm$
9	齿顶圆直径	d_a	$d_a=d\pm 2h_a=(z\pm 2h_a^*)m$
10	齿根圆直径	d_f	$d_f=d\mp 2h_f=m(z\mp 2h_a^*\mp 2c^*)$
11	基圆直径	d_b	$d_b=d\cos\alpha$
12	标准中心距	a	$a=\frac{1}{2}(d_1+d_2)=\frac{(z_1\pm z_2)}{2}\cdot m$

注：表中齿顶圆和齿根圆的计算公式中的运算符号“±”和“∓”分别表示：上边的符号为计算外齿轮用的运算符号，下边为内齿轮用的运算符号。

4. 齿廓啮合基本定律

在一对齿轮啮合中，齿轮的瞬时角速度之比称为传动比，用i_{12}表示。若两齿轮的瞬时角速度分别用ω_1和ω_2表示。则有$i_{12}=\omega_1/\omega_2$。保证齿轮瞬时传动比稳定不变是齿轮传动的最基本的要求，齿轮传动是否恒定，与齿轮的齿廓曲线有关。

图4-7所示为一对相互啮合的齿轮的轮齿，设齿轮1的角速度为ω_1，顺时针方向转动，齿轮2的角速度为ω_2，逆时针方向转动，两齿轮在K点啮合，过啮合点K作两齿廓的公法线nn，nn与两轮的连心线O_1O_2相交于P点，根据力学相对速度瞬心的定义，P点即为两齿轮的相对速度瞬心，由力学的有关知识，可以导出两齿轮的瞬时传动比为

$$i_{12}=\frac{\omega_1}{\omega_2}=\frac{O_2P}{O_1P} \tag{4-4}$$

式(4-4)表明：相互啮合传动的一对齿轮，在任一啮合位置时的传动比都与连心线O_1O_2被啮合点K处的公法线nn所分成的两线段成反比。如果要求两轮的传动比恒定，则必须使过啮合点所作的公法线nn与连心线O_1O_2的交点即P点为固定点。这就是齿廓啮合的基本定律。

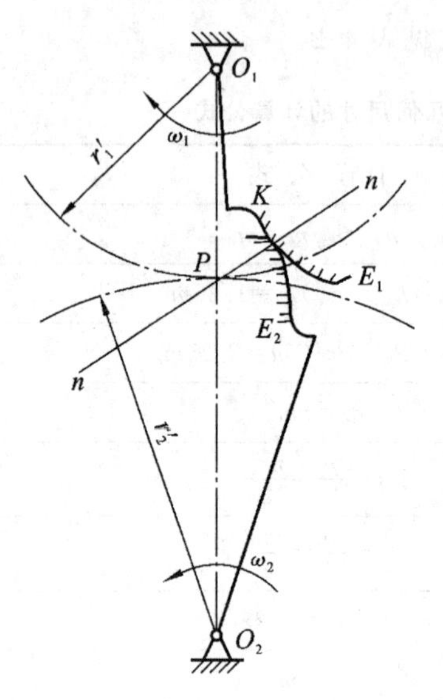

图 4-7　齿廓形状与传动比的关系

在齿轮啮合传动中,固定点 P 称为节点,过节点 P 作两个相切的圆,这两个圆为节圆,以 r'_1、r'_2分别表示两个节圆的半径。节点是一对齿轮相互啮合传动时才存在的,单个齿轮没有节点,也不存在节圆。

由于节点处两节圆的圆周速度相等,所以一对齿轮传动可以看成是两个节圆作纯滚动,一对齿轮传动的传动比也等于两节圆半径之反比,即

$$i_{12}=\frac{\omega_1}{\omega_2}=\frac{O_2P}{O_1P}=r'_2/r'_1 \tag{4-5}$$

凡能满足齿廓啮合基本定律而相互啮合的一对齿廓称为共轭齿廓。理论上共轭齿廓是很多的,在生产实际中,常用的齿廓有渐开线齿廓、摆线齿廓和圆弧齿廓。其中用得最多的是渐开线齿廓。

5. 渐开线直齿圆柱齿轮的啮合传动

1) 渐开线齿廓啮合特性

图 4-8 所示为一对相啮合渐开线齿轮的齿廓 E_1和 E_2在任一点 K 接触,齿轮 1 驱动齿轮 2,两轮的角速度分别为 ω_1和 ω_2。过点 K 作两齿廓的公法线,由渐开线的性质可知,这条公法线必与两轮基圆相切,即为两轮基圆的内公切线,切点是 N_1和 N_2。当齿轮安装完之后,两轮的基圆位置不再改变。由于两圆沿同一方向的内公切线只有一条,所以N_1N_2与两轮连心线 O_1O_2必交于定点 C,定点 C 称为节点。以轮心为圆心,过节点所做的圆称为节圆,两轮节圆直径分别用d'_1和d'_2表示。由于齿廓 E_1和 E_2无论在何处接触,接触点 K 均在两基圆的内公切线 N_1N_2上,即所有啮合点都在直线 N_1N_2上,故称直线 N_1N_2为啮合线。啮合线与两轮节圆的内公切线所夹的锐角 α'称为啮合角。显然啮合角在数值上等于齿廓在节点处的压力角。

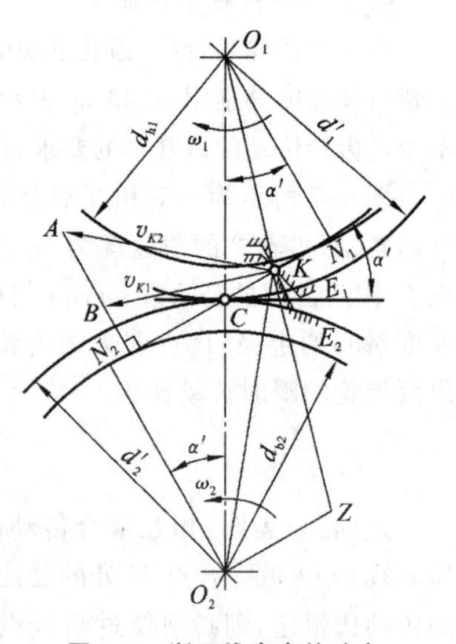

图 4-8　渐开线齿廓的啮合

渐开线齿廓啮合具有以下特性。

(1) 瞬时传动比恒定律　如图 4-8 所示,两轮在点 K 的线速度分别为

$$v_{K1}=\omega_1\ \overline{O_1K},\quad v_{K2}=\omega_2\ \overline{O_2K}$$

齿廓在点 K 处啮合,因此 $v_{K1}v_{K2}$沿 N_1N_2方向的分速度必须相等,即过 O_2作 O_2Z∥

N_1N_2，并与 O_1K 的延长线交于点 Z，由于 $KA \perp O_2K$，$KB \perp O_1K$，所以 $\triangle KAB \backsim \triangle KO_2Z$，则

$$\frac{v_{K1}}{v_{K2}} = \frac{\omega_1 \overline{O_1K}}{\omega_2 \overline{O_2K}} = \frac{\overline{KZ}}{\overline{O_2K}}$$

所以

$$\frac{\omega_1}{\omega_2} = \frac{\overline{KZ}}{\overline{O_1K}}$$

又因 $\triangle O_1O_2Z \backsim \triangle O_1CK$，所以

$$\frac{\overline{KZ}}{\overline{O_1K}} = \frac{\overline{O_2C}}{\overline{O_1C}}$$

由此得齿轮的传动比为

$$i = \frac{\omega_1}{\omega_2} = \frac{\overline{O_2C}}{\overline{O_1C}}$$

由于两轮连心线 O_1O_2 为定长，节点 C 又为定点，因此比值 $\frac{\overline{O_2C}}{\overline{O_1C}}$ 一定为常数。这表明，一对渐开线齿轮传动具有瞬时传动比恒定的特性，因而符合齿轮传动的基本要求。

由上式可得

$$\omega_1 \overline{O_1C} = \omega_2 \overline{O_2C}$$

这说明两个齿轮在节点处具有相同的圆周速度，即一对齿轮传动相当于两节圆柱作纯滚动。

(2) 中心距可分性　在图 4-8 中，因为直角 $\triangle O_1N_1C \backsim \triangle O_2N_2C$，所以

$$i = \frac{\omega_1}{\omega_2} = \frac{\overline{O_2C}}{\overline{O_1C}} = \frac{d_2'}{d_1'} = \frac{d_{b2}}{d_{b1}} = \frac{d_2}{d_1} = \frac{z_2}{z_1} \tag{4-6}$$

式(4-6)表明，两齿轮的传动比与基圆的直径成反比，与分度圆的直径成反比，也与两齿轮的齿数成反比。因而渐开线齿轮啮合时，两齿轮中心距在小范围内变动时，仍可保持传动比不变。渐开线齿廓的这一特性，称为中心距的可分性。因此，当实际中心距较设计值产生误差时，其传动比仍保持不变，这个特性是渐开线齿轮传动得到广泛应用的重要原因。对于标准齿轮，这一可分性只限于制造、安装误差和轴的变形、轴承磨损等微量范围内。中心距增大，两轮齿侧的间隙增大，传动时会产生冲击、噪声等。

(3) 齿廓间作用的压力方向不变　两齿廓啮合传动时，如不计齿廓间的摩擦力，齿廓间作用的压力方向沿着齿廓的法线方向，即沿着啮合线方向。因啮合线为固定的直线，故齿廓间作用的压力方向不变，传动平稳。

(4) 齿廓间的相对滑动　由前述可知，两齿廓接触点 K 在其公法线 N_1N_2 上的分速度必定相等，但在其公切线上的分速度却不一定相等。因此在啮合传动时，齿

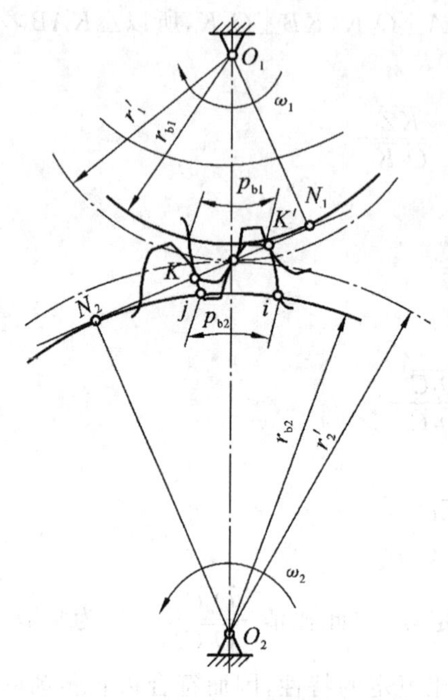

图 4-9　渐开线齿轮的正确啮合条件

廓间将产生相对滑动,从而引起摩擦而导致齿面磨损。因为两轮在节点处的速度相同,所以节点处齿廓间没有相对滑动。距节点愈远,齿廓间的相对滑动愈大。

2) 正确啮合条件

一对齿轮传动,要使两轮相邻轮齿的两对同侧齿廓能同时在啮合线上正确地啮合,则要求前对齿在点 K 啮合时,后对齿在点 K' 啮合,如图 4-9 所示。显然,两轮的相邻轮齿同侧齿廓沿法线的距离(称法向齿距,以 p_n 表示)必须相等,即

$$p_{n1}=p_{n2} \tag{4-7}$$

否则,前对齿在 K 点啮合时,后对齿不是相互嵌入、就是分离,均不能正确啮合。

由渐开线性质知:齿轮法向齿距等于基圆上的齿距(基圆齿距以 p_b 表示),故式 4-7 可写成

$$p_{b1}=p_{b2}$$

因为

$$p_{b1}=\frac{\pi d_{b1}}{z_1}=\frac{\pi d_1\cos\alpha_1}{z_1}=\frac{\pi m_1 z_1\cos\alpha_1}{z_1}=\pi m_1\cos\alpha_1$$

同理得

$$p_{b2}=\pi m_2\cos\alpha_2$$

所以

$$\pi m_1\cos\alpha_1=\pi m_2\cos\alpha_2$$

即

$$m_1\cos\alpha_1=m_2\cos\alpha_2 \tag{4-8}$$

上式说明:只要两轮的模数和压力角的余弦之积相等,两轮即能正确啮合,但是由于模数和压力角都是标准值,所以满足式(4-8)的条件必须是两轮的模数和压力角分别相等,即

$$\left.\begin{aligned} m_1=m_2=m \\ \alpha_1=\alpha_2=\alpha \end{aligned}\right\} \tag{4-9}$$

综上所述,一对渐开线直齿圆柱齿轮的正确啮合条件是:两轮的模数和压力角必须分别相等。

由相互啮合齿轮模数相等的条件,可推出一对齿轮的传动比为

$$i_{12}=\frac{\omega_1}{\omega_2}=\frac{d_2'}{d_1'}=\frac{d_{b2}}{d_{b1}}=\frac{d_2}{d_1}=\frac{mz_2}{mz_1}=\frac{z_2}{z_1} \tag{4-10}$$

3）连续性传动条件

在图4-10所示的一对渐开线直齿圆柱齿轮传动中，设轮1为主动轮、轮2为从动轮，转动方向如图示。一对齿廓开始啮合时，是主动轮的齿根推动从动轮的齿顶，开始啮合点是从动轮的齿顶圆与啮合线 N_1N_2 的交点 B_2。同理主动轮的齿顶圆与啮合线 N_1N_2 的交点 B_1 必为两轮齿廓开始分离的点。线段 $\overline{B_1B_2}$ 为啮合点的实际轨迹，称为实际啮合线段。显然，齿顶圆越大，点 B_1、B_2 越接近点 N_1、N_2，但因基圆内无渐开线，故实际啮合线段的点 B_1、B_2 不可能超过极限点 N_1 和 N_2。线段 $\overline{N_1N_2}$ 为理论上可能的最长啮合线段，称为理论啮合线段。

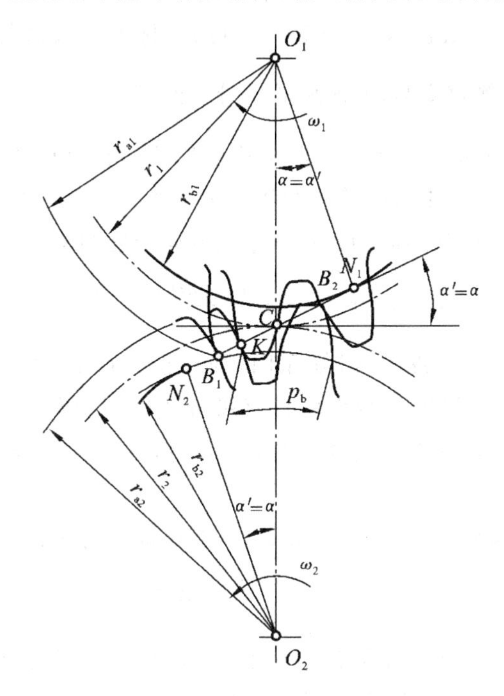

图4-10　连续传动条件

两齿轮在啮合传动时，如果前一对轮齿啮合还没有分离，而后一对轮齿就已进入啮合，则这种传动称为连续传动。当要求齿轮能连续传动时，则应如图4-10所示，前一对轮齿在点 K 啮合尚未到达啮合终点 B_1 时，后一对轮齿已在啮合始点 B_2 开始啮合。因此，保证连续传动的条件是

$$\overline{B_1B_2} \geqslant \overline{B_2K}$$

由渐开线性质可知，线段 $\overline{B_2K}$ 等于基圆齿距 p_b，所以齿轮连续传动的条件为

$$\varepsilon = \frac{\overline{B_1B_2}}{p_b} \geqslant 1 \tag{4-11}$$

式中：ε——实际啮合线段 $\overline{B_1B_2}$ 与基圆齿距 p_b 的比值，称为重合度。重合度 ε 越

大,表示同时参与啮合的轮齿对数越多,传动越平稳。重合度的详细计算公式可参阅有关机械设计手册。对于标准直齿圆柱齿轮传动,其重合度一般大于1,故可保证连续传动。

4) 标准齿轮的安装及标准中心距

当一对齿轮传动时,一个齿轮节圆上的齿槽宽e'与另一齿轮节圆上的齿厚s'此同时之差,即$(e_2'-s_1')$、$(e_1'-s_2')$,称为齿侧间隙(简称侧隙)。侧隙有利于齿面润滑,可补偿加工及装配误差、轮齿的热膨胀和热变形等。由于齿侧间隙实际上很小,通常靠公差来控制,所以在计算齿轮几何尺寸时都不予考虑,即认为是无侧隙啮合。此时$e_2'=s_1'$、$e_1'=s_2'$。由表4-2可知,标准直齿圆柱齿轮的$s_1=e_2=s_2=e_1=\frac{\pi m}{2}$,可以无侧隙安装,此时两轮的分度圆相切,节圆与分度圆相重合。这种安装称为标准安装。标准安装时的中心距称为标准中心距,以a表示。对于外啮合圆柱齿轮传动,中心距等于两齿轮节圆半径之和,而标准安装时分度圆又与节圆重合,所以,标准中心距也可表示为两轮分度圆半径之和,即

$$a=r_1+r_2=\frac{d_1+d_2}{2}=\frac{m(z_1+z_2)}{2} \tag{4-12}$$

实际上由于制造、安装、磨损等原因,往往使得两轮的实际中心距a'与标准中心距a不一致,不过渐开线齿轮具有可分离性,所以不会影响定传动比传动,但此时分度圆与节圆并不重合。若$\alpha'>\alpha$时,节圆大于分度圆,啮合角也大于压力角。

对内啮合圆柱齿轮传动,当标准安装时,其标准中心距计算公式为

$$a=r_2-r_1=\frac{d_2-d_1}{2}=\frac{m(z_2-z_1)}{2} \tag{4-13}$$

由上述分析可知:节圆、啮合角是一对齿轮传动时才存在的参数,单个齿轮没有节圆和啮合角,而分度圆、压力角则是单个齿轮所固有的几何参数,和啮合传动无关。当标准齿轮标准安装时,分度圆与节圆才重合,啮合角才等于压力角。

6. 渐开线齿轮的切齿原理和根切现象

1) 渐开线齿轮的切齿原理

渐开线齿轮的加工方法很多,用金属切削机床加工是目前最常用的加工方法。切削加工法按其原理可分为仿形法和展成法两类。

(1) 仿形法　仿形法是用圆盘铣刀(见图4-11)或指状铣刀(见图4-12)在普通铣床上将轮坯齿槽部分的材料逐渐铣掉。铣齿时,铣刀绕自己的轴线回转,同时轮坯沿其轴线方向送进。当铣完一个齿槽后,轮坯便退回原处,然后用分度头将它转过$360°/z$的角度,再铣第二个齿槽,这样直到铣完所有齿槽为止。此类刀具的刀刃轴剖面形状与被切齿轮的齿槽形状相同。

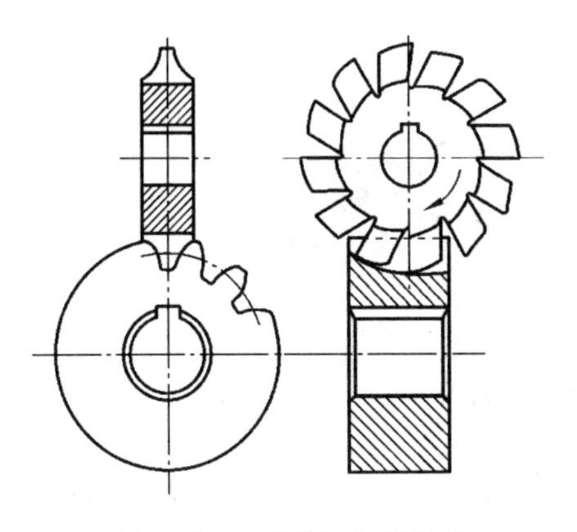

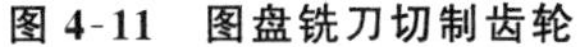
图 4-11　图盘铣刀切制齿轮

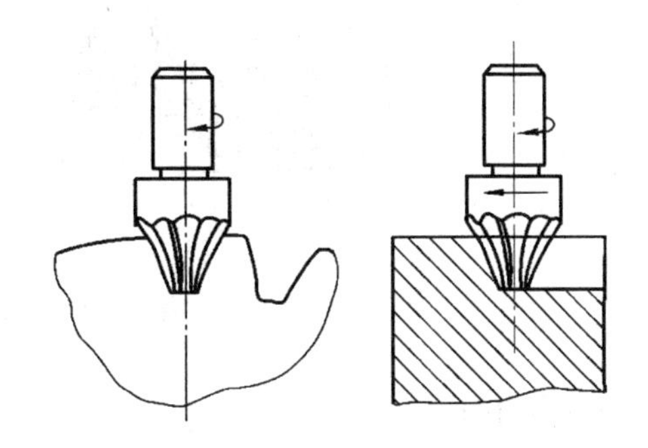
图 4-12　指状铣刀切制齿轮

渐开线齿廓的形状取决于基圆的大小，当 m、α 一定时，基圆大小随齿数 z 而变，齿槽形状也随之而不同，对应于每一个齿数都准备一把刀具是不经济、不现实的。目前用仿形法加工，同样 m 和 α 的齿轮只备有八把铣刀，各号铣刀切制齿轮的齿数范围见表 4-3。

表 4-3　各号铣刀加工的齿数范围

刀　号	1	2	3	4	5	6	7	8
齿数范围	12～13	14～16	17～20	21～25	26～34	35～54	55～134	≥135

由于用一把铣刀加工几种齿数的齿轮，其齿轮的齿廓是有一定误差的，故用仿形法加工的齿轮精度较低，切齿不能连续进行，生产效率较低，不宜用于成批生产。但因不需专用机床，所以适用于修配和小量生产中。

(2) 展成法　展成法是利用一对齿轮互相啮合传动时其两轮齿廓互为包络线的原理来加工齿轮的。刀具和轮坯之间的相对滚动与一对齿轮互相啮合传动完全相同，在相对滚动中，刀具逐渐切削出渐开线齿形。展成法所用的刀具有齿轮插刀、齿条插刀和齿轮滚刀三种。用展成法加工齿轮，一把齿轮刀具可以加工模数、压力角相同而齿数不同的齿轮，且切削过程连续，生产率较高，因此应用广泛。

① 齿轮插刀　如图 4-13(a)所示，这种刀具是一个具有切削刃的齿轮，通称齿轮插刀。加工时插刀沿轮坯的轴线作迅速的往复进刀和退刀运动以进行切削，同时插刀和轮坯又以恒定的传动比 $\left(i=\dfrac{\omega_1}{\omega_2}=\dfrac{z_2}{z_1}\right)$ 缓慢地回转，好像一对齿轮互相啮合传动一样，因此，用这种方法加工出来的齿廓为插刀刀刃在各个位置的包络线，如图 4-13(b)所示。

② 齿条插刀　当齿轮插刀的齿数增加到无穷多时，其基圆半径变为无穷大，渐开线齿廓变为直线齿廓，而齿轮插刀变为齿条插刀。如图 4-14 所示，齿条插

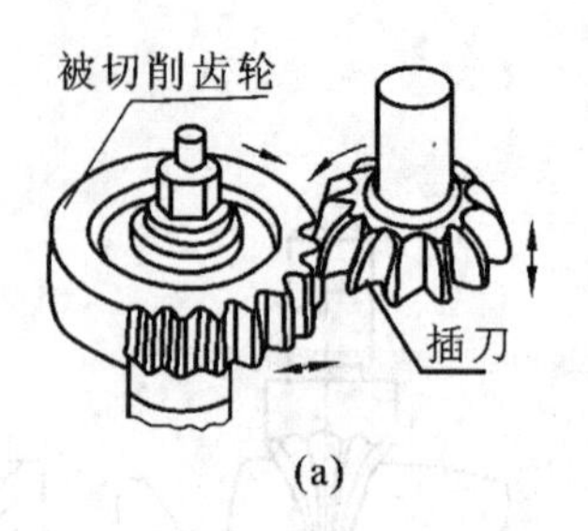

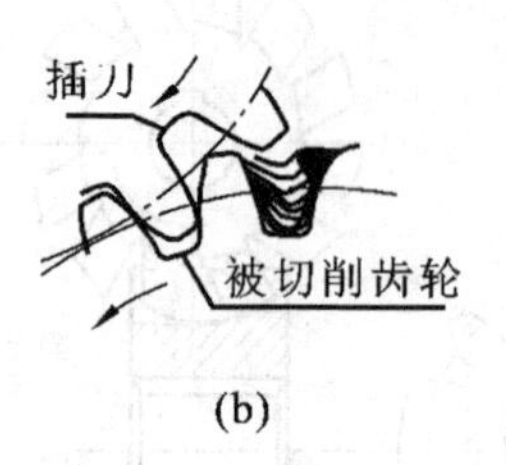

图 4-13　齿轮插刀切制齿轮

刀与轮坯按啮合关系$\left(v_1=\omega\frac{mz_2}{2}\right)$作相对的移动和转动,而齿条插刀作上下的切削运动,将轮坯的齿槽位置的材料切削掉。

③ 齿轮滚刀　如图 4-15 所示,齿轮滚刀是具有斜槽(纵向)的蜗杆形状的刀具。由于滚刀轴向截面是齿条形状,所以滚刀与轮坯分别绕本身的轴线转动时,在轮坯的回转面内,相当于齿条与齿轮的啮合传动,同时,滚刀还沿轮坯轴线作进给运动,从而切出整个齿轮的轮齿。由于滚刀在轮坯回转面内的齿形不是精确的直线齿廓,所以其加工精度不如齿条刀具。

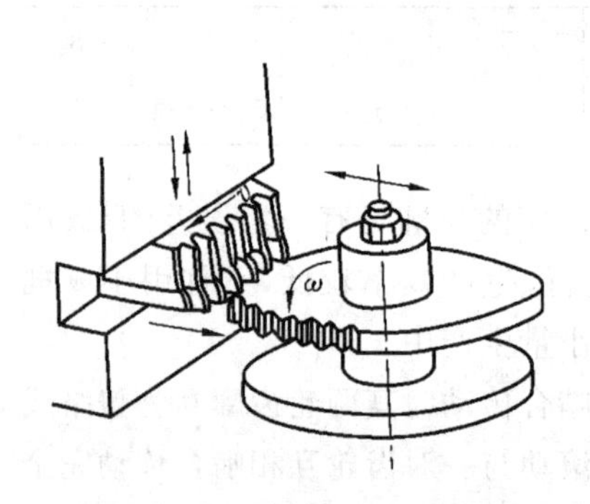

图 4-14　齿条插刀切制齿轮

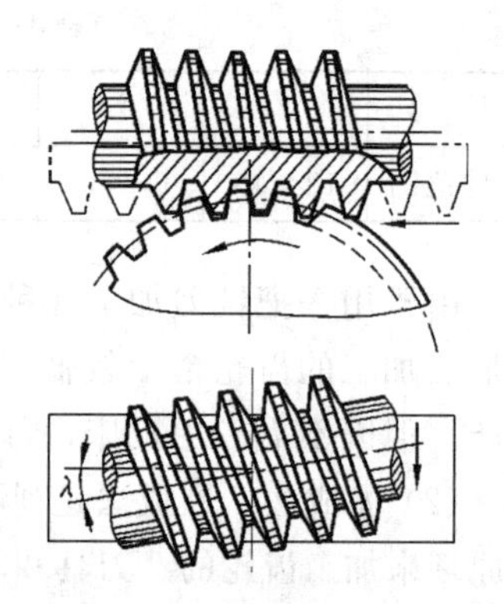

图 4-15　齿轮滚刀切制齿轮

2) 渐开线齿轮的根切现象和最少齿数

用展成法加工齿数较少的齿轮,当刀具的齿顶线与啮合线的交点超出啮合极限点 N 时,如图 4-16 所示,会出现轮齿根部的渐开线齿廓被刀具切削掉一部分的现象,加工出虚线所示的齿形,这种现象称为根切。根切不仅使轮齿根部削弱,弯曲强度降低,而且使重合度减小,因此,应设法避免。

用展成法加工齿轮时,因刀具的模数、压力角和齿顶高系数为定值,故对于模数一定的刀具,其齿顶线与啮合线的交点 B_2 为一定点,如图 4-17 所示。因此,是否产生根切,取决于啮合线与被切制齿轮基圆的切点 N_1(啮合极限点)的位置是否在 NP 之间。当被切制齿轮的基圆半径 $r_{b'}<r_{bmin}$ 时,其啮合极限点 N_1' 落在

NP 之间，则产生根切；反之，当被切制齿轮的基圆半径 $r_{b''}>r_{bmin}$ 时，其啮合极限点 N_1'' 落在 NP 之外，则不产生根切；当基圆半径等于 r_{bmin} 时，啮合极限点 N_1 正好与 N 点重合，处于不发生根切的极限状态。此时的齿数称为标准齿轮不发生根切的最少齿数用 z_{min} 表示。

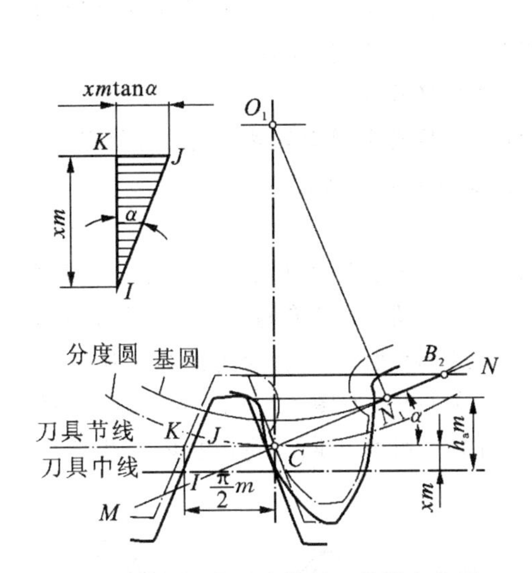

图 4-16 加工变位齿轮时刀具的变位量

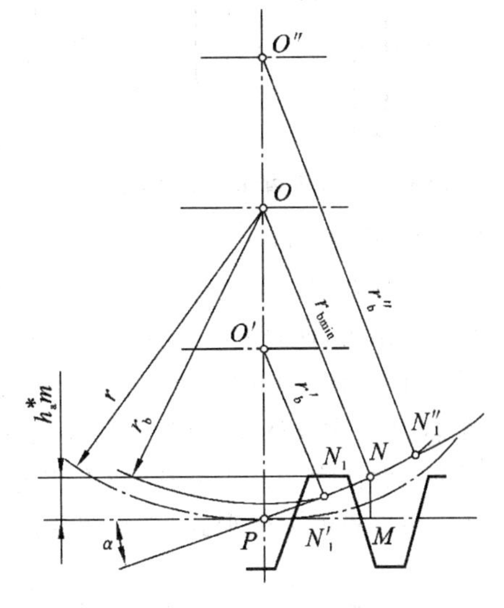

图 4-17 轮齿是否根切的参数关系

由图 4-17 分析，若要不根切，必须满足

$$h_a \leqslant MN = \overline{NP}\sin^2\alpha = r\sin^2\alpha = \frac{mz}{2}\sin^2\alpha$$

即

$$h_a = h_a^* m \leqslant \frac{mz}{2}\sin^2\alpha$$

得

$$z \geqslant \frac{2h_a^*}{\sin^2\alpha}$$

即

$$z_{min} = \frac{2h_a^*}{\sin^2\alpha}$$

当采用齿条插刀（或滚刀）切制齿轮，且齿顶高系数 $h_a^*=1$，压力角 $\alpha=20°$ 时，$z_{min}=17$。

有时为满足传动要求，需要齿轮的齿数少于 17。为了避免产生根切，在加工齿轮时，让齿轮刀具的分度圆与被加工齿轮的分度圆分离，刀具的齿顶在被加工的齿轮的基圆以外。这样加工出来的齿轮，称为变位齿轮。变位齿轮的齿厚和齿槽宽与标准齿轮不同。为满足中心距要求，有时也需要对齿轮进行变加工。

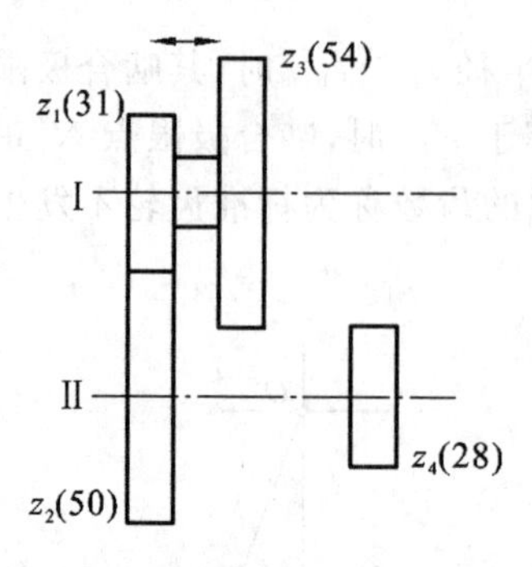

图 4-18　变位齿轮配中心距

如图 4-18 所示(齿轮模数为 3 mm),为实现Ⅰ、Ⅱ轴之间的变速运动,Ⅰ轴上的双联滑移齿轮 1、3 分别与Ⅱ轴上的 2、4 齿轮啮合,从而实现了两轴之间不同传动比的运动传递。由于中心距相同,齿数比不同,所以只有将其中的一对齿轮设计成变位齿轮,才能满足中心距相同的要求。

7. 齿轮的失效形式

齿轮的失效形式主要有轮齿折断、齿面点蚀、齿面磨损、齿面胶合和轮齿塑性变形。

1) 轮齿折断

轮齿折断一般发生在齿根部分,因为齿轮工作时轮齿可视为悬臂梁,齿根弯曲应力最大,而且有应力集中。轮齿根部受到脉动循环(单侧工作时)或对称循环(双侧工作时)的弯曲变应力作用而产生的疲劳裂纹,随着应力的循环次数的增加,疲劳裂纹逐步扩展,最后导致轮齿的疲劳折断,如图 4-19(a)所示。偶然的严重过载或大的冲击载荷,也会引起轮齿的突然脆性折断。轮齿折断是齿轮传动中最严重的失效形式,必须避免。

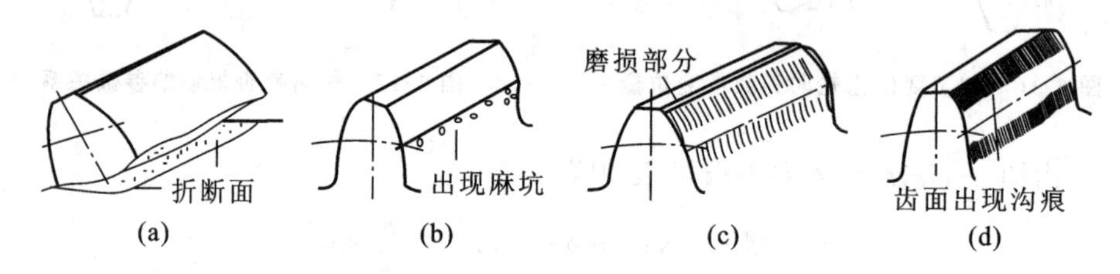

图 4-19　齿轮的失效形式

(a) 轮齿折断;(b) 齿面点蚀;(c) 齿面磨损;(d) 齿面胶合

2) 齿面点蚀

齿轮传动工作时,相当于一对轴线平行圆柱滚子接触,齿面受到脉动循环的接触应力作用,使得轮齿表层材料起初出现微小的疲劳裂纹,然后裂纹扩展,最后致使齿面表层的金属微粒剥落,形成齿面麻点,如图 4-19(b)所示,这种现象称为齿面点蚀。随着点蚀的发展,这些小的点蚀坑会连成一片,形成明显的齿面损伤。点蚀通常发生在轮齿靠近节线的齿根面上。发生点蚀后,齿廓形状被破坏,齿轮在啮合过程中会产生强烈振动,以至于齿轮不能正常工作从而使传动失效。齿面抗点蚀能力与齿面硬度有关,齿面越硬抗点蚀能力越强。对于开式齿轮传动,因其齿面磨损的速度较快,当齿面还没有形成疲劳裂纹时,表层材料已被磨掉,故通常见不到点蚀现象。因此,齿面点蚀一般发生在软齿面闭式齿轮传动中。

3) 齿面磨损

在齿轮传动中,当轮齿的工作齿面之间落入砂粒、铁屑等磨料性杂质时,齿

面将产生磨粒磨损。齿面磨损严重时，会使轮齿失去了正确的齿廓形状，如图4-19(c)所示，从而引起冲击、振动和噪声，甚至因轮齿变薄而发生断齿。齿面磨损是开式齿轮传动的主要失效形式。

4）齿面胶合

在高速、重载的齿轮传动中，因为压力大、齿面相对滑动速度大，且瞬时温度高，而使相啮合的齿面间的油膜发生破坏，产生黏焊现象；而随着两齿面的相对滑动，黏着的地方又被撕开，以至于在齿面上留下犁沟状伤痕，这种现象称为齿面胶合，如图4-19(d)所示。在低速、重载的齿轮传动中，因润滑效果差、压力大而使相啮合的齿面间的油膜发生破坏，也会产生胶合现象。齿面胶合通常出现在齿面相对滑动速度较大的齿根部位。齿面发生胶合后，也会使轮齿失去正确的齿廓形状，从而引起冲击、振动和噪声并导致失效。

5）轮齿塑性变形

如图4-20所示，由于轮齿齿面间过大的压应力以及相对滑动和摩擦造成两齿面间的相互碾压，以至于齿面材料因屈服而产生沿摩擦力方向的塑性流动，甚至齿体也发生塑性变形。这种现象称为轮齿的塑性变形。轮齿塑性变形常发生在重载或频繁启动的软齿面齿轮上。轮齿的塑性变形破坏了轮齿的正确啮合位置和齿廓形状，使传动失效。

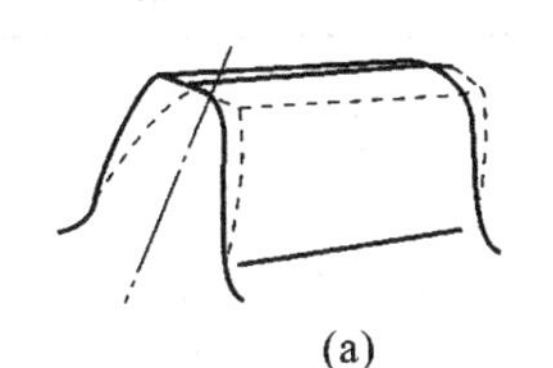
(a)

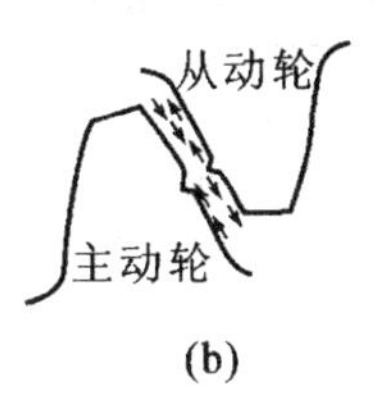

(b)

图4-20 轮齿塑性变形

8. 齿轮的传动精度

1）选择齿轮精度的基本要求

选择齿轮传动的精度应考虑以下四个方面要求。

(1) 传递运动准确性要求　齿轮在传动过程中，当主动轮转过一定角度时，从动轮应按照传动比精确地转过相应的角度。但由于制造误差，致使从动轮实际转过的角度一定存在误差。所以，要求齿轮每转一圈时，转角误差的最大值不得超过规定的范围。

(2) 工作平稳性要求　齿轮在传动过程中，由于齿形及齿距的制造误差，致使瞬时传动比不能保持常数，即齿轮在每转一周的过程中多次重复出现速度波动，特别在高速传动中将会引起振动、冲击和噪声。为此，要求这种速度波动不得超过规定的范围。

(3) 载荷分布均匀性要求　在齿轮传动中，为了避免沿齿长线方向载荷分布不均匀而出现载荷集中，希望齿面接触区大而均匀并符合规定要求。

(4)齿侧间隙要求　在齿轮传动中,为了防止由于齿轮的制造误差和热变形而使轮齿卡住,且齿廓间能存留润滑油,要求有一定的齿侧间隙。对于在高速、高温、重载条件下工作的闭式或开式齿轮传动,应选取较大的齿侧间隙;对于在一般条件下工作的闭式齿轮传动,可选取中等齿侧间隙;对于经常反转而转速又不高的齿轮传动,应选取较小的齿侧间隙。

2) 渐开线圆柱齿轮精度国标简介

齿轮传动在制造和安装过程中,都会产生误差,这些误差会影响传动性能。为了控制误差范围,保证齿轮传动的使用要求,国家标准 GB/T 10095—2008 规定渐开线圆柱齿轮的精度分为 13 个精度等级。精度由高到低的顺序依次用数字 0、1、2、3…12 表示,0 级为最高,12 级为最低。在齿轮传动中两个齿轮的精度等级一般相同,也允许用不同的精度等级组合。按检查项目分为Ⅰ、Ⅱ、Ⅲ三组公差。它们对传动性能的主要影响分别为:Ⅰ——传递运动的准确性;Ⅱ——传动的平稳性;Ⅲ——载荷分布的均匀性。

齿轮的精度等级应根据传动的用途、使用条件、传递功率、圆周速度及经济技术指标等决定。另外,根据使用要求不同,允许各公差组选用相同的或不同的精度等级。常用的精度等级是 5、6、7、8 级。这几级精度齿轮传动的应用范围见表 4-4。

表 4-4　常用圆柱齿轮传动的精度等级及其应用范围

精度等级	圆周速度/(m/s)		应用范围	效率/(%)
	直齿	斜齿		
5 级	>20	>40	用于高平稳且低噪声的高速传动中的齿轮;精密机构中的齿轮;涡轮机传动齿轮;8 级或 9 级精度齿轮的标准齿轮;重要的航空、船用齿轮箱齿轮	>99
6 级	≤15	≤30	用于在高速下平稳工作,需要高效率及低噪声的齿轮;航空、汽车用齿轮;读数装置中的精密齿轮;机床传动齿轮	>99
7 级	≤10	≤15	在中速或大功率下工作的齿轮;机床的进给齿轮;减速器齿轮;起重机齿轮;汽车以及读数装置中的齿轮	>99
8 级	≤6	≤10	对精度没有特别要求的一般机械用齿轮;机床变速齿轮;普通减速箱齿轮;冶金、起重机械齿轮;特别不重要的汽车、拖拉机用齿轮	>99

齿轮传动的间隙要求需选择适当的齿厚极限偏差和中心距极限偏差来保证。标准中规定了 14 种齿厚偏差,按偏差数值由小到大的顺序依次用字母 C、D、E……S 表示。

在齿轮零件工作图上应标注齿轮精度等级和齿厚极限偏差的字母代号。示例如下。

(1) 齿轮的三个公差组精度同为7级。齿厚上偏差为F,下偏差为L时,写作

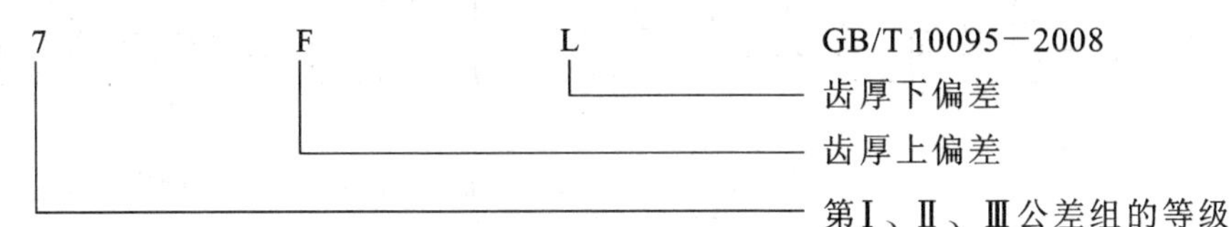

(2) 齿轮第Ⅰ公差组精度为7级,第Ⅱ、Ⅲ公差组精度为6级,齿厚上偏差为G,齿厚下偏差为M,写作

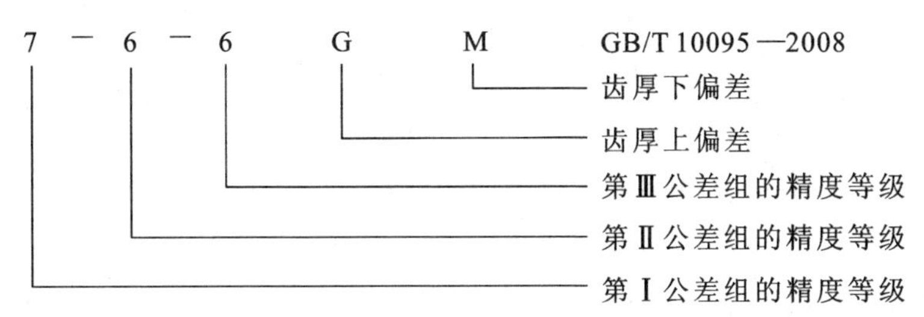

9. 齿轮材料及热处理

1) 齿轮材料

制造齿轮常用材料主要是锻钢和铸钢,其次是铸铁,还可用有色金属和非金属材料(见表4-5)。从齿面硬度和制造工艺来分,可把钢制齿轮分为软齿面(齿面硬度≤350 HBS)和硬齿面(齿面硬度>350 HBS)两类。软齿面轮齿是热处理(调质或正火)以后进行精加工(切削加工),因此其齿面硬度就受到限制,通常硬度在180～280 HBS之间。一对齿轮中,小齿轮的齿面硬度最好比大齿轮的高25～50 HBS。软齿面齿轮由于硬度较低,所以承载能力也不高,但易于磨合,这类齿轮制造工艺较简单,适用于一般机械中。硬齿面轮齿是在精加工后进行最终热处理的,其热处理方法常为渗碳淬火、表面淬火等。通常硬度为40～60 HRC。最终热处理后,轮齿不可避免地会产生变形,因此,可用磨削或研磨的方法加以消除。硬齿面齿轮承载能力大、精度高,但制造工艺复杂,一般用于高速重载及结构要求紧凑的机械中。如机床、运输机械、煤矿机械中的齿轮多为硬齿面齿轮。

(1) 锻钢　钢材经锻造后,改善了材料的内部纤维组织,其强度较直接采用轧制钢材为好。所以,重要齿轮都采用锻钢。

(2) 铸钢　当齿轮直径大于500 mm时,轮坯不宜锻造,可采用铸钢。铸钢轮坯在切削加工以前,一般要进行正火处理,以消除铸件残余应力和硬度的不均匀,以便切削。

(3) 铸铁　铸铁齿轮的抗弯强度和耐冲击性均较差,常用于低速和受力不大的地方。在润滑不足的情况下,灰铸铁本身所含石墨能起润滑作用,所以开式传动中常采用铸铁齿轮。在闭式传动中可用球墨铸铁代替铸钢。

表 4-5　齿轮常用材料及其力学性能

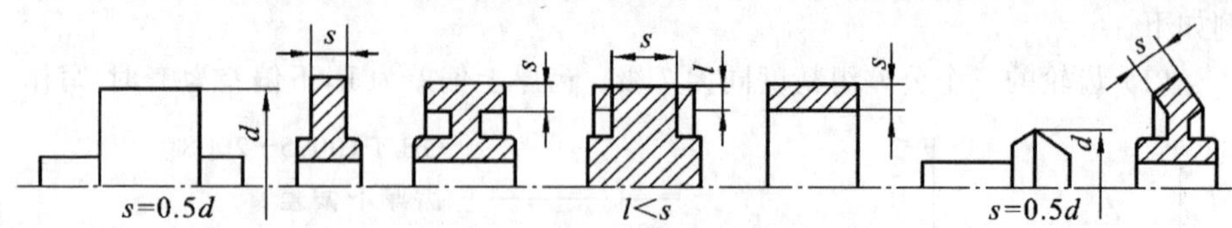

材料	热处理	尺寸/mm		力学性能/MPa		硬度	
		直径 d	壁厚	σ_b	σ_s	HBS	HRC（表面热处理）
45	正火	<100	50	588	294	169～217	40～50
		101～300	51～150	569	284	162～217	
	调质	<100	<50	647	373	229～286	
		101～300	51～150	628	343	217～255	
42SiMn	调质	<100	<50	785	510	229～286	45～55
		101～200	51～100	735	461	217～269	
		201～300	101～150	686	441	217～255	
40MnB	调质	<200	<100	735	490	241～286	45～55
		201～300	101～150	686	441	241～286	
38SiMnMo	调质	<100	<50	735	588	229～286	45～55
		101～300	51～150	686	539	217～269	40～45
40Cr	调质	<100	<50	735	539	241～286	48～55
		101～300	51～150	686	490	241～286	
20Cr	渗碳淬火	<60		637	392		56～62
	渗氮						53～60
ZG310-570	正火			569	314	163～217	
20CrMnTi	渗碳淬火	15		1079	834		56～62
	渗氮						57～63
ZG35CrMnSi	正火回火			686	343	163～217	
	调质			785	588	197～269	
HT300				294		187～255	

（4）非金属材料　尼龙或塑料齿轮能降低高速齿轮传动的噪声，适用于高速小功率及精度要求不高的齿轮传动。表 4-5 列出齿轮常用材料及其力学性能，供参考。

2）齿轮的热处理

齿轮常用的热处理方法有下列几种。

（1）表面淬火　表面淬火常用于中碳钢或中碳合金钢，如 45、40Cr 钢等。淬火后表面硬度可达 45～50 HRC，芯部较软，有较高的韧度，齿面接触强度高、耐磨性好。一般用于受中等冲击载荷的重要齿轮传动。

（2）渗碳淬火　渗碳淬火常用的材料为低碳钢或低碳合金钢，如 20、20Cr、20CrMnTi 等。渗碳淬火后表面硬度可达 56～62 HRC，芯部仍保持有较高的韧度。齿面接触强度高、耐磨性好。一般用于受冲击载荷的重要齿轮传动。

（3）渗氮　渗氮是一种化学热处理。渗氮后表面硬度高（>65 HRC），变形小，适用于难以磨齿的场合，如内齿轮等。常用材料如 38CrMoAlA 等。

（4）调质　调质常用于中碳钢和中碳合金钢，如 45、40Cr 钢等。调质处理后齿面硬度一般为 200～280 HBS。因硬度不高，故可在热处理后进行精加工。一般用于批量小、对传动尺寸没有严格限制的齿轮传动。

（5）正火　正火处理能消除内应力，提高强度与韧度，改善切削性能。机械强度要求不高的齿轮传动可用中碳钢正火处理或铸钢正火处理。正火处理后齿面硬度一般为 160～220 HBS。

齿面硬度组合及其应用如表 4-6 所示。

表 4-6　齿轮工作齿面硬度及其组合的应用举例

齿面类型	齿轮种类	热处理		两轮工作齿面硬度差	工作齿面硬度举例		备注
		小齿轮	大齿轮		小齿轮	大齿轮	
软齿面（≤350 HBS）	直齿	调质	调质	$0<(HBS_1)_{min}-(HBS_2)_{max}\leqslant 25$	240～270 HBS 260～290 HBS	200～230 HBS 220～250 HBS	用于重载中低速传动
	斜齿及人字齿	调质	正火 正火 调质	$(HBS_1)_{min}-(HBS_2)_{max}>45$	240～270 HBS 260～290 HBS 270～300 HBS	160～190 HBS 180～210 HBS 200～230 HBS	
软、硬组合齿面（≤350 HBS，>350 HBS）	斜齿及人字齿	表面淬火	调质 调质	齿面硬度差很大	45～50 HRC 45～50 HRC	270～300 HBS	用于负荷冲击及重载中低速传动
		渗碳	调质		56～62 HRC	200～230 HBS	
硬齿面（>350 HBS）	直齿、斜齿及人字齿	表面淬火	表面淬火	齿面硬度大致相同	45～50 HRC		用于传动尺寸受限制的情形
		渗碳	渗碳		56～62 HRC		

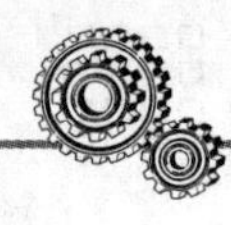

10. 渐开线标准直齿圆柱齿轮传动的受力分析及计算载荷

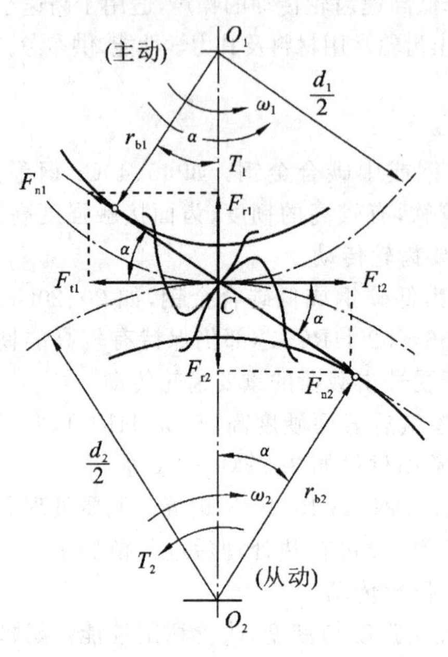

图 4-21　直齿圆柱齿轮传动

1）受力分析

计算齿轮强度，首先要确定作用在轮齿上的力。齿轮传动一般均加以润滑，啮合轮齿间的摩擦力通常很小，计算轮齿受力时，可忽略摩擦力的影响。图 4-21 所示为一对直齿圆柱齿轮传动，略去齿面间摩擦力，则在啮合平面内的总压力就是法向力 F_n。F_n 向与啮合线重合，可分解为切向力 F_t 力 F_r 两个分力。

$$\left.\begin{aligned}&\text{切向力}\quad F_t=\frac{2\ 000T_1}{d_1},\mathrm{N}\\&\text{径向力}\quad F_r=F_t\cdot\tan\alpha,\mathrm{N}\\&\text{法向力}\quad F_n=\frac{F_t}{\cos\alpha},\mathrm{N}\end{aligned}\right\}\tag{4-14}$$

$$T_1=9\ 550\,\frac{P}{n_1}$$

式中：T_1——小齿轮上传递的名义转矩，N·m；

d_1——小齿轮的节圆直径，对于标准齿轮即为分度圆直径，mm；

α——啮合角，对于标准齿轮，$\alpha=20°$；

P——传递的额定(名义)功率，kW；

n_1——齿轮的转速，r/min。

如图 4-21 所示，切向力 F_t 的方向在主轮上与运动方向相反，在从动轮上与运动方向相同。径向力 F_r 方向对于两轮都是指向各自的轮心。

2）计算载荷

以上分析所求得的载荷称为名义载荷。实际上齿轮传动在工作过程中要受到工作情况、速度波动、同时啮合的轮齿对数及载荷沿齿长线方向分布情况等因素的影响。因此应对名义载荷用一系列系数进行修正，使其接近实际载荷。在齿轮强度计算时，用考虑了上述影响因素的计算载荷代替名义载荷(切向力)，即

$$\left.\begin{aligned}F_{tc}&=KF_t\\K&=K_AK_vK_\alpha K_\beta\end{aligned}\right\}\tag{4-15}$$

式中：K——载荷系数；

K_A——使用系数；

K_v——动载系数；

K_α——齿间载荷分配系数；

K_β——齿向载荷分布系数。

(1) 使用系数 K_A　为考虑原动机和工作机特性等外部因素引起的动力载荷而引入的系数,可按表 4-7 选取。

表 4-7　使用系数 K_A

工　作　机	动　力　机		
	均匀平稳(如电动机、汽轮机)	轻微振动(如多缸内燃机)	中等振动(如单缸内燃机)
均匀平稳(如发电机、带式传动机、板式传动机、螺旋输送机、轻型升降机、电葫芦、机床进给机构、通风机、透平鼓风机、透平压缩机、均匀密度材料搅拌机)	1.00	1.25	1.50
中等振动(如机床主传动、重型升降机、起重机回转机构、矿山通风机、非均匀密度材料搅拌机、多缸柱塞泵、进料泵)	1.25	1.50	1.75
严重冲击(如冲床、剪床、橡胶压轧机、轧机、挖掘机、重型离心机、重型进料泵、旋转钻机、压坯机、挖泥机)	≥1.75	≥2.00	≥2.25

注:① 表中数值仅使用于在非共振动速度区运转的齿轮数量;
② 增速传动建议取表值的 1.1 倍;
③ 外部机械与齿轮装置之间有挠性连接时,K_A 值可适当减小。

(2) 动载系数 K_v　为考虑齿轮副在啮合过程中因啮合误差而引起的内部附加动载荷而引入的系数。动载系数 K_v 根据 $vz_1/100$ 及精度等级由图 4-22 查取。

(3) 齿间载荷分配系数 K_α　考虑同时啮合的各对齿轮间载荷分配不均匀而引入的系数。其值由图 4-23 查取。图中 ε_γ 为重合度,对于直齿圆柱齿轮传动,$\varepsilon_\gamma=\varepsilon_\alpha$,$\varepsilon_\alpha$ 为端面重合度。

标准圆柱齿轮传动的 ε_α 可近似由下式计算:

$$\varepsilon_\alpha=\left[1.88-3.2\left(\frac{1}{z_1}\pm\frac{1}{z_2}\right)\right]\cos\beta \tag{4-16}$$

式中:"+"号用于外啮合,"−"号用于内啮合;若为直齿圆柱齿轮传动,则 $\beta=0°$。

(4) 齿向载荷分布系数 K_β　因考虑载荷沿齿宽方向分布不均匀而引入的系数。其值由图 4-24 查取。

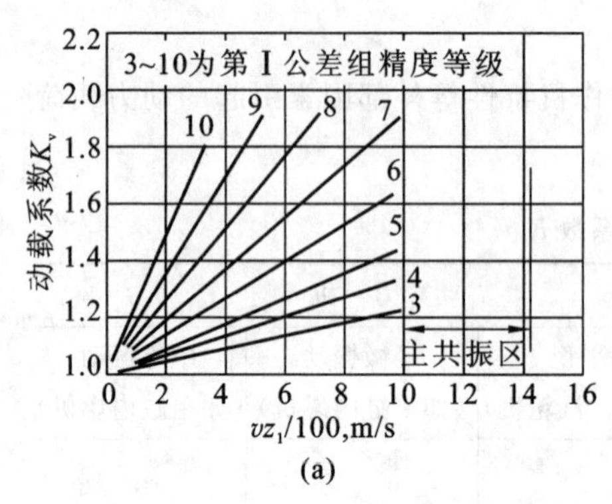

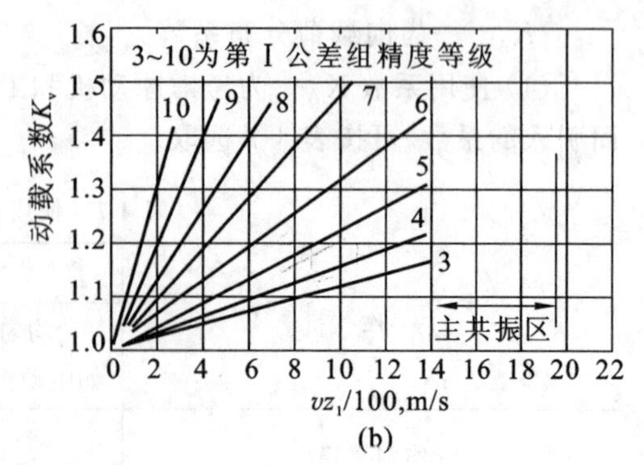

图 4-22　动载系数 K_v

(a)用于直齿圆柱齿轮；(b)用于斜齿圆柱齿轮

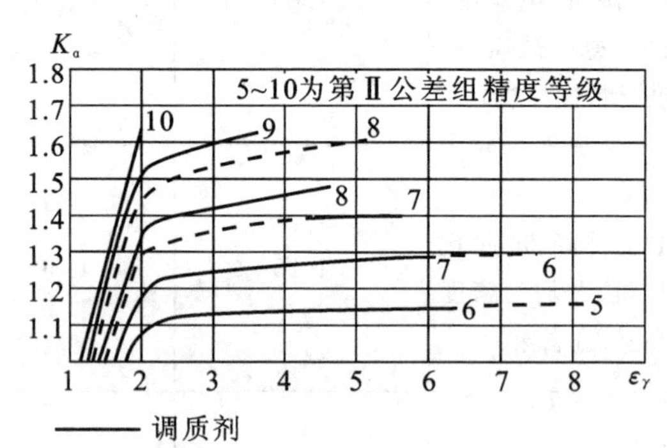

图 4-23　齿间载荷分配系数 K_α

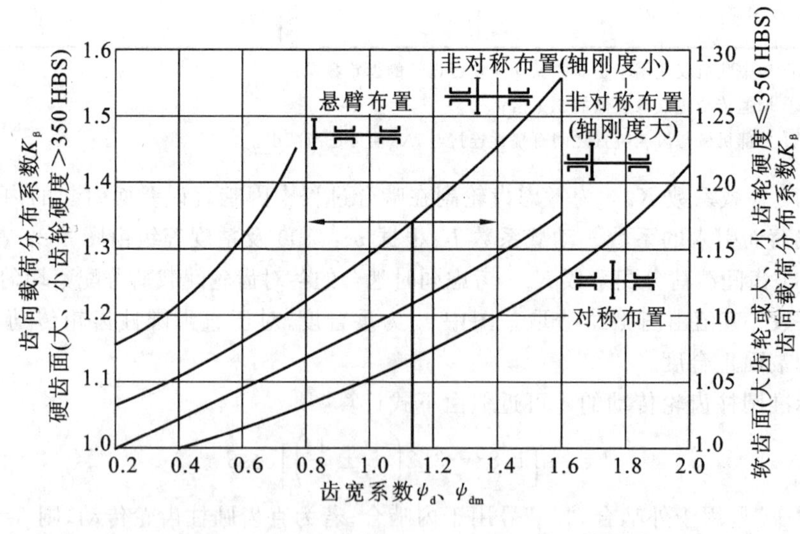

圆柱齿轮　$\psi_d=\dfrac{b}{d_1}$，锥齿轮　$\psi_{dm}=\dfrac{b}{d_{m1}}=\dfrac{\psi_R}{2-\psi_R}\sqrt{u^2+1}$

图 4-24　齿向载荷分布系数 K_β

11. 直齿圆柱齿轮的强度计算

1）齿面接触疲劳强度计算

轮齿表面的点蚀与齿面接触应力的大小有关，而齿面点蚀又多发生在节点附近。为了计算方便，通常取节点处接触应力为计算依据，可得齿面接触疲劳强度校核计算公式

$$\sigma_H = Z_E Z_H Z_\varepsilon \sqrt{\frac{2KT_1}{bd_1^2} \cdot \frac{u \pm 1}{u}} \leqslant [\sigma_H] \tag{4-17}$$

式中："＋"号用于外啮合，"－"号用于内啮合；引入齿宽系数 $\psi_d = \frac{b}{d_1}$，则由式(4-17)可得齿面接触疲劳强度设计计算公式

$$d_1 \geqslant \sqrt[3]{\frac{2KT_1}{\psi_d} \cdot \frac{u \pm 1}{u} \left(\frac{Z_E Z_H Z_\varepsilon}{[\sigma_H]} \right)^2} \tag{4-18}$$

式中：σ_H——齿面接触应力，MPa；

K——载荷系数，K 值见式(4-15)；

T_1——小齿轮传递的名义转矩，N・mm；

u——齿数比，$u = \frac{z_2(\text{大齿轮齿数})}{z_1(\text{小齿轮齿数})}$，减速传动时 $u=i$；增速传动时 $u=\frac{1}{i}$；

b——工作齿宽，mm；

d_1——小齿轮节圆直径，对于标准齿轮即分度圆直径，mm；

$[\sigma_H]$——许用接触应力，MPa，在强度计算时，取两轮中较小者；

Z_E——材料弹性系数，用以考虑配对齿轮材料的弹性模量和泊松比对接触应力的影响，$\sqrt{\text{MPa}}$，其值见表 4-8；

Z_H——节点区域系数，用以考虑节点处齿面形状对接触应力的影响，其值由图 4-25 查得；

Z_ε——重合度系数，用以考虑重合度对接触应力的影响，其值为

$$Z_\varepsilon = \sqrt{\frac{4-\varepsilon_\alpha}{3}} \tag{4-19}$$

ε_α——端面重合度。

表 4-8　材料弹性系数 Z_E　　$\sqrt{\text{MPa}}$

小齿轮材料	大齿轮材料			
	钢	铸钢	球墨铸铁	灰铸铁
钢	189.8	188.9	181.4	162.0
铸铁	—	188.0	180.5	161.4
球墨铸铁	—	—	173.9	156.6
灰铸铁	—	—	—	143.7

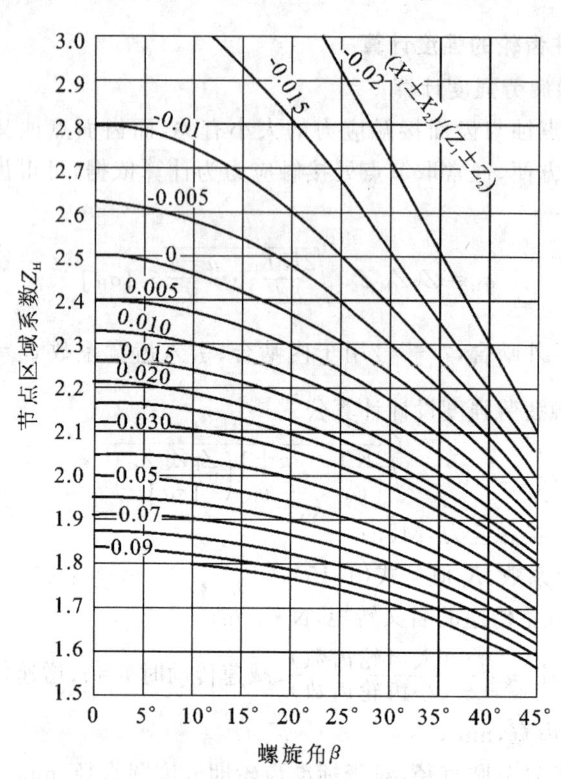

图 4-25　节点区域系数 $Z_H(\alpha_n=20°)$

式(4-17)为校核计算公式,式(4-18)为设计计算公式。由两式可看出:齿轮传动的接触疲劳强度取决于齿轮的直径。

2) 轮齿弯曲疲劳强度计算

为了防止轮齿因弯曲疲劳而折断,应保证轮齿具有足够的弯曲疲劳强度。为简化计算,通常假设全部载荷作用在只有一对轮齿啮合时的齿顶,并把轮齿看做是悬臂梁,则轮齿根部为危险截面,应用材料力学方法,可得齿根弯曲疲劳强度校核公式

$$\sigma_F=\frac{2KT_1}{bd_1m}Y_{FS}Y_\varepsilon\leqslant[\sigma_F]\tag{4-20}$$

将 $\psi_d=\dfrac{b}{d_1}$,$d_1=mz_1$ 代入式(4-20),得弯曲疲劳强度设计公式

$$m\geqslant\sqrt[3]{\frac{2KT_1}{\psi_d z_1^2[\sigma_F]}Y_{FS}Y_\varepsilon}\tag{4-21}$$

式中:σ_F——齿根弯曲疲劳应力,MPa;

m——模数,mm;

Y_{FS}——复合齿形系数,考虑齿形和齿根圆角应力集中,以及压应力、切应力对弯曲应力的影响而引入的系数,与齿数及变位系数有关。其值由图4-26查取;

Y_{ε}——重合度系数，考虑重合度对弯曲应力的影响而引入的系数。其值可按下式计算

$$Y_{\varepsilon}=0.25+\frac{0.75}{\varepsilon_{\alpha}} \tag{4-22}$$

$[\sigma_F]$——齿根许用弯曲应力，MPa。

其他参数的含义及单位同前。

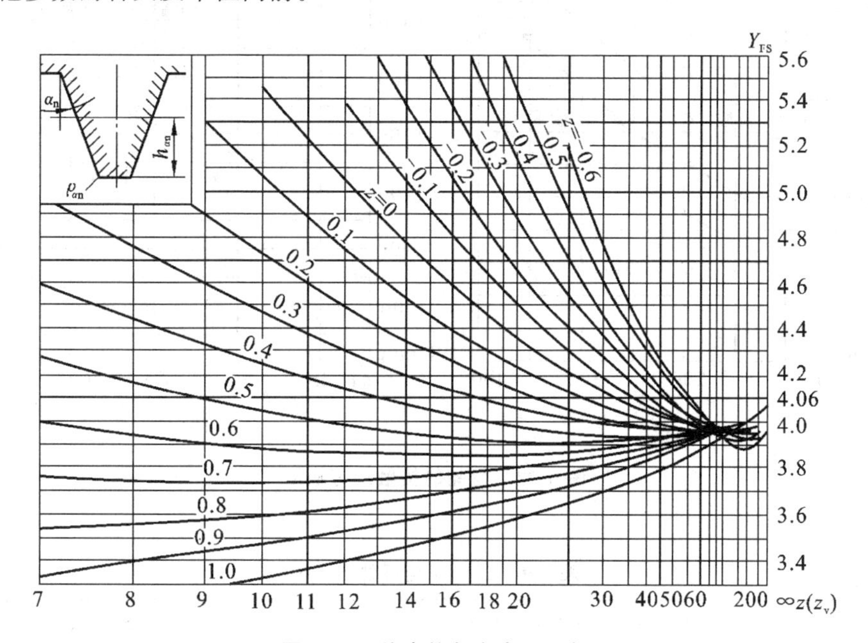

图 4-26　外齿轮复合齿形系数

式(4-20)为校核计算公式，式(4-21)为设计计算公式，对标准齿轮传动和变位齿轮传动均适用。由两式可看出：齿轮传动的齿根弯曲疲劳强度取决于齿轮的模数。

应该注意：一对齿轮传动，其大、小两齿轮的复合齿形系数 Y_{FS} 和许用弯曲应力$[\sigma_F]$是不相同的。因为 Y_{FS} 越大或$[\sigma_F]$越小，轮齿的弯曲强度越低。故在弯曲强度计算时，应代入$\frac{Y_{FS1}}{[\sigma_{F1}]}$和$\frac{Y_{FS2}}{[\sigma_{F2}]}$两比值中的较大者。算得的模数还应圆整成标准值。

3) 许用应力

(1) 许用接触应力$[\sigma_H]$按下式计算

$$[\sigma_H]=\frac{\sigma_{Hlim}}{S_H} \tag{4-23}$$

式中：$[\sigma_H]$——齿轮的接触疲劳强度许用应力，MPa；

σ_{Hlim}——失效概率为 1% 时，试验齿轮的接触疲劳极限，其值由图 4-27

查取；

S_H——齿面接触疲劳强度最小安全系数，由表 4-9 查取。

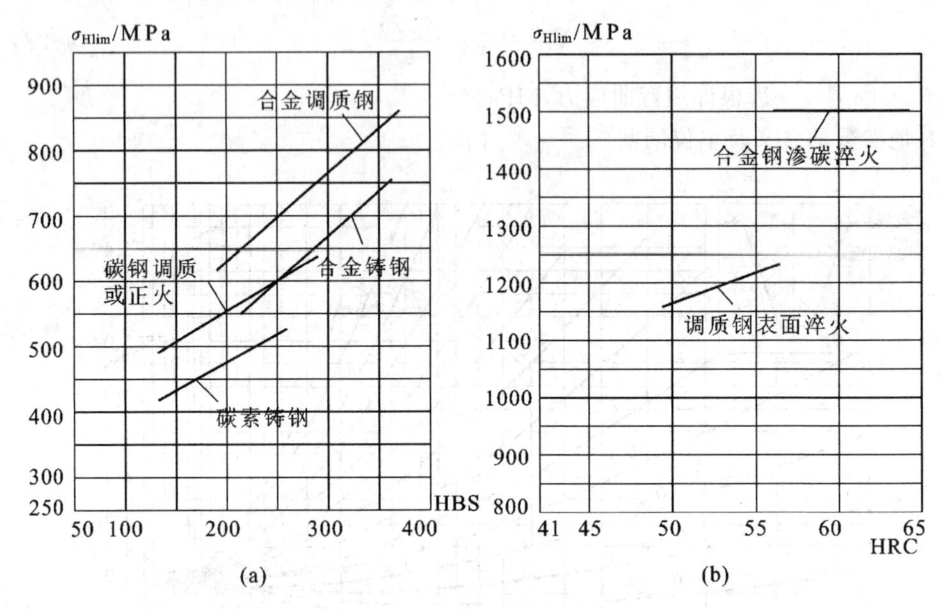

图 4-27　齿轮的接触疲劳极限

表 4-9　最小安全系数 S_H、S_F

失效概率（按使用要求提出）	S_H、S_F
≤1/10000（高可靠性）	1.5
≤1/1000（较高可靠性）	1.25
≤1/100（一般可靠性）	1
≤1/10（低可靠性）	0.85

（2）许用弯曲应力 $[\sigma_F]$ 按下式计算。

$$[\sigma_F]=\frac{\sigma_{Flim}Y_x}{S_F} \tag{4-24}$$

式中：$[\sigma_F]$——齿轮的弯曲疲劳强度许用应力，MPa；

σ_{Flim}——失效概率为 1%时，试验齿轮的弯曲疲劳极限，其值由图 4-28 查取。图中 σ_{Flim} 是单向运转的实验值，对于长期双向运转的齿轮传动，应将 σ_{Flim} 乘以 0.7 修正；

Y_x——尺寸系数，考虑齿轮尺寸对材料强度的影响而引入的系数，其值由图 4-29 查取；

S_F——弯曲疲劳强度的最小安全系数，由表 4-9 查取。

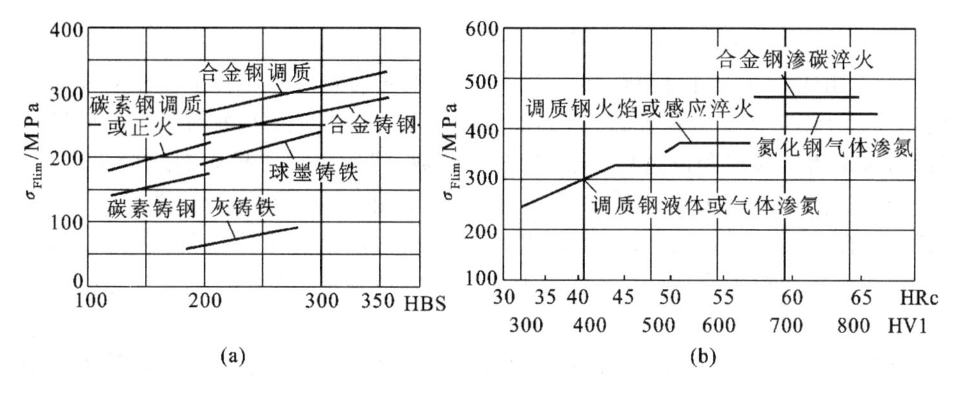

图 4-28 齿轮的弯曲疲劳极限

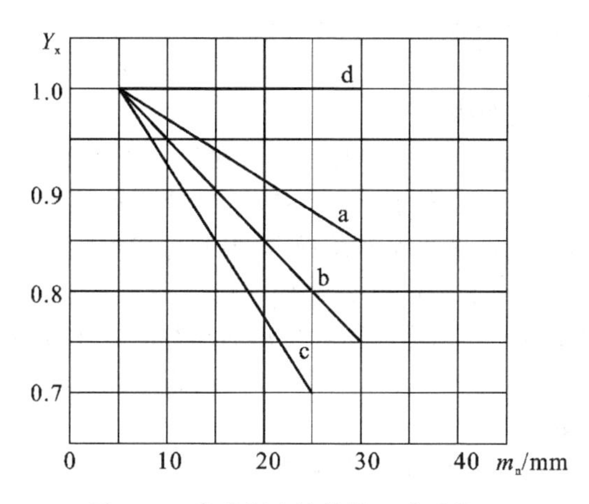

图 4-29 弯曲强度计算的尺寸系数 Y_x

a—结构钢、调质钢、球墨铸铁；b—表面硬化钢；c—灰铸铁；d—静载下所有材料

12. 直齿圆柱齿轮传动的设计计算准则和设计顺序及主要设计参数的选择

1）设计准则

齿轮强度计算是针对齿轮可能出现的失效形式而进行的。对一般齿轮传动，目前广泛采用的接触疲劳强度和弯曲疲劳强度两种计算方法足以确定其承载能力。

对软齿面(硬度≤350 HBS)闭式齿轮传动通常的主要失效形式为齿面点蚀，次要失效形式为齿根折断，故其设计准则通常为先按接触疲劳强度设计几何尺寸，后用弯曲疲劳强度验算其承载能力。对硬齿面(硬度＞350 HBS)闭式齿轮传动通常的主要失效形式为齿根折断，次要失效形式为齿面点蚀，故其设计准则通常为先按齿根弯曲疲劳强度设计几何尺寸，然后用齿面接触疲劳强度验算其承载能力。对于开式齿轮传动主要失效形式一般为齿面磨损，次要失效形式为齿根折断，由于目前尚无完善的磨损计算方法，故仅以齿根弯曲疲劳强度设计几何尺寸，并在设计计算时，适当将 m 增大 10%～15%，用这种办法来考虑磨损因素的影响，不需进行接触强度验算。

2) 设计计算顺序

(1) 闭式传动设计计算顺序　对软齿面(配对齿轮或其中一个齿轮的齿面硬度(≤350 HBS)的闭式齿轮传动,其设计顺序是先按齿面接触疲劳强度条件进行设计,求出齿轮直径和齿宽后,确定齿数与模数,然后校核齿根弯曲疲劳强度,最后确定齿轮几何尺寸及其他参数。对硬齿面(配对齿轮的齿面硬度均＞350 HBS)的闭式齿轮传动,其设计顺序是先按齿根弯曲疲劳强度条件进行设计,求出模数后,确定齿轮直径,然后校核齿面接触疲劳强度,最后确定齿轮几何尺寸及其他参数。

(2) 开式传动设计计算顺序　对开式传动齿轮来说,主要失效形式是齿面磨损,目前尚无可靠和通用的计算方法。一般仍按齿根弯曲疲劳强度条件进行设计,求出模数。并考虑磨损影响,把求得的模数加大10%～15%。最后确定齿轮几何尺寸及其他参数。

3) 主要设计参数的选择

(1) 精度等级　齿轮精度等级的高低,直接影响着内部动载荷、齿间载荷分配与齿向载荷分布及润滑油膜的形成,并影响齿轮传动的振动与噪声。提高齿轮的加工精度,可以有效地减少振动及噪声,但制造成本大为提高。一般按工作机的要求和齿轮的圆周速度确定精度等级。

(2) 齿数 z_1 和模数 m　软齿面闭式传动的承载能力主要取决于齿面接触疲劳强度。故齿数宜选多些,模数宜选小一些。从而提高传动的平稳性并减少轮齿的加工量。推荐取 $z_1 \geqslant 24 \sim 40$。

硬齿面闭式传动及开式传动的承载能力主要取决于齿根弯曲疲劳强度。模数宜选大些,齿数宜选少些。从而控制齿轮传动尺寸不必要的增加。推荐取 $z_1 = 17 \sim 24$。

机械工程中,传递动力的齿轮,模数 m 不应小于2 mm。

(3) 齿宽系数 ψ_d 和齿宽 b　由齿轮的强度计算公式可知,轮齿越宽,承载能力越高,故轮齿不宜过窄,但增大齿宽又会使齿面上的载荷分布更趋不均匀,因此齿宽系数应取得适当。圆柱齿轮的齿宽系数 ψ_d 的荐用值由表4-10选取。

圆柱齿轮的计算齿宽 $b = \psi_d d$,并加以圆整。为防止两齿轮因装配引起的轴向错位而导致啮合齿宽减小,常取 $b_2 = \psi_d d_1$,而 $b_1 = b_2 + (5 \sim 10)$mm。

表4-10　圆柱齿轮的齿宽系数 ψ_d

齿轮相对于轴承位置	对称布置	非对称布置	悬臂布置
ψ_d	0.9～1.4	0.7～1.15	0.4～0.6

注:① 大、小齿轮均为硬齿面时 ψ_d 取表中偏下限的数值;均为软齿面时或仅大齿轮为软齿面时,ψ_d 取表中偏上限数值;

② 直齿圆柱齿轮宜选较小值,斜齿可取较大值;

③ 载荷稳定、轴刚度较大时取大值,否则取小值。

（4）齿数比 u　一对齿轮传动的齿数 u，不宜选择过大，大、小齿轮的尺寸相差悬殊，会增大传动装置的结构尺寸。一般对于直齿圆柱齿轮传动 $u \leqslant 5$；斜齿圆柱齿轮传动 $u \leqslant 6 \sim 7$。当传动比 $\left(i=\frac{n_1}{n_2}=\frac{z_2}{z_1}\right)$ 较大时，可采用两级或多级齿轮传动。对于开式传动或手动传动，必要时单级传动的 u 可取到 8～12。

13. 齿轮结构、齿轮传动的润滑及维护

1）齿轮结构

齿轮的结构形式主要由毛坯材料、几何尺寸、加工工艺、生产批量、经济等因素确定。按照毛坯制造方法的不同，齿轮结构可以分为锻造齿轮、铸造齿轮、装配式齿轮和焊接齿轮等。

（1）锻造齿轮　顶圆直径 $d_a \leqslant 500$ mm 时，一般采用锻造齿轮、当小齿轮的齿根圆直径与轴径很接近即由齿根到键槽底部的距离 Y（见图 4-30）小于（2～2.5）m 时，将齿轮与轴做成整体，称齿轮轴，如图 4-31 所示。

当 $d_a \leqslant 150 \sim 200$ mm 时，可制成实体式齿轮，如图 4-30 所示。

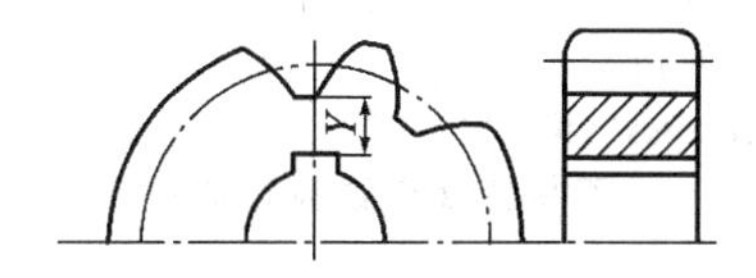

图 4-30　实体式齿轮

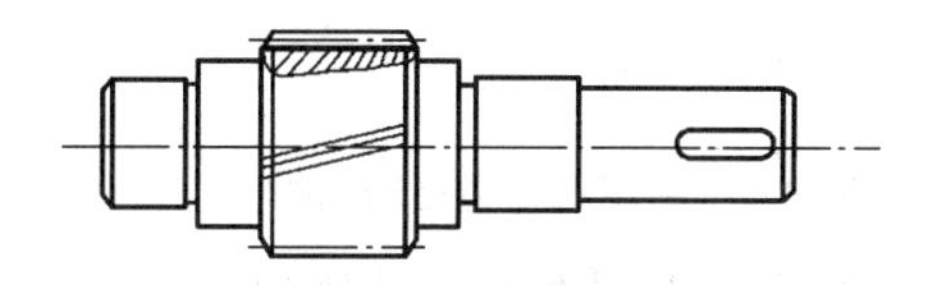

图 4-31　齿轮轴

当 d_a 在 150～500 mm 时，宜采用腹板式结构，如图 4-32 所示，结构尺寸由图中的经验公式确定。

（2）铸造齿轮　当顶圆直径 $d_a > 400 \sim 500$ mm 时，一般可采用铸造齿轮。

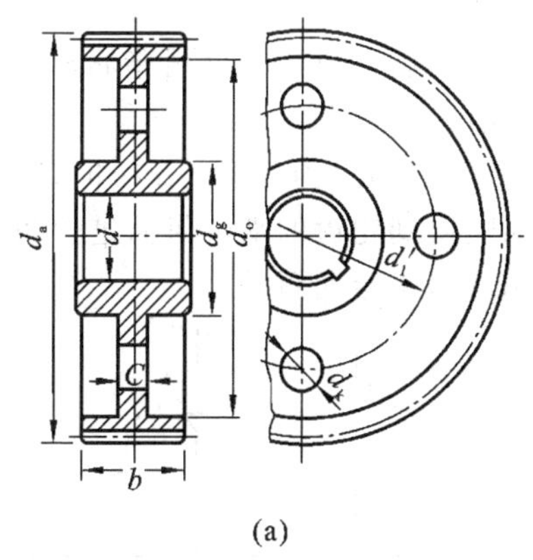

(a)

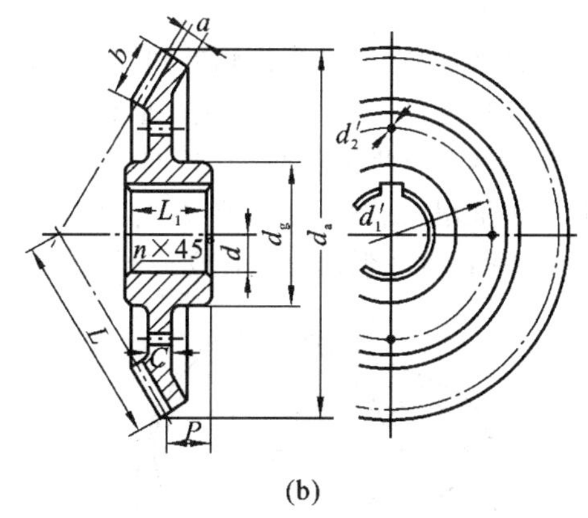

(b)

$d_a \leqslant 500$ mm，$d_1'=0.5(d_o+d_g)$，
$d_k=0.25(d_o-d_g)$，$d_o=d_a-10m_n$，
$d_g=1.6d$，$C=0.3b$

$d_a \leqslant 500$ mm，$d_g=1.6d$，$L_1=(1\sim1.2)d$，
$a=(3\sim4)m \geqslant 10$mm，$C=(0.1\sim0.17)L_1$，
d_1'、d_2'、P 根据结构而定

图 4-32　锻造齿轮结构——腹板式

（a）圆柱齿轮；（b）锥齿轮

铸造齿轮有腹板式和轮辐式两种结构。图 4-33 所示为铸造轮辐式圆柱齿轮；d_a >300 mm 的锥齿轮可铸成带有加强筋的腹板式结构，如图 4-34 所示。

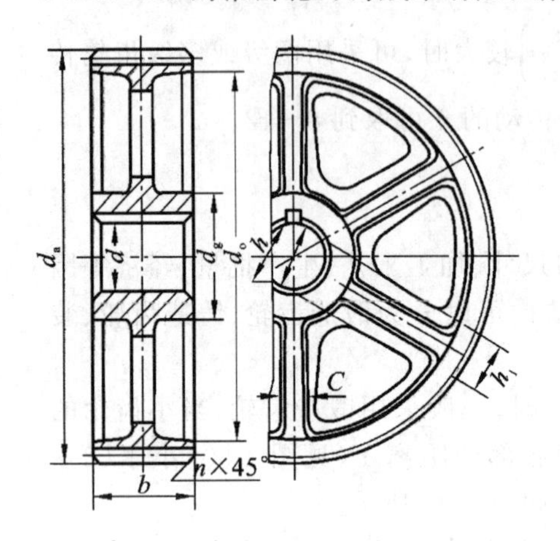

$d_a=400\sim1\ 000$ mm，
$d_g=(1.6\sim1.8)d$，$h=0.8d$，
$h_1=0.8h$，$n=0.2h$

图 4-33 轮辐式铸造齿轮结构

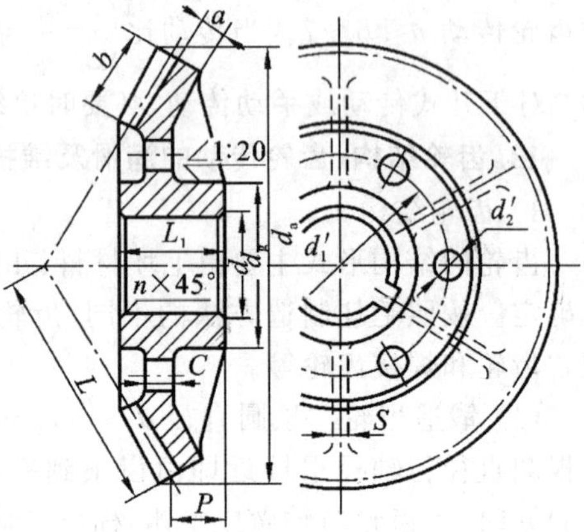

$d_a>300$ mm，$d_g=1.6d$(铸钢)，$d_g=1.8d$(铸铁)，
$L_1=(1\sim1.2)d$，$a=(3\sim4)m\geqslant10$ mm，
$S=0.8C>10$ mm，$C=(0.1\sim0.17)L>10$ mm，
d_1'、d_2'、P 根据结构而定

图 4-34 腹板式铸造锥齿轮结构

2) 齿轮传动的润滑及维护

齿轮在啮合传动时会产生摩擦和磨损，造成动力损耗，使传动效率降低。因此，齿轮传动，特别是高速重载齿轮传动的润滑非常必要。良好的润滑可以减少齿轮传动的磨损、降低噪声、散热和防锈蚀。

(1) 齿轮传动的润滑方式　齿轮传动的润滑方式，主要由齿轮圆周速度和具体工况要求确定。

闭式齿轮传动中，当齿轮的圆周速度 $v<2$ m/s 时，通常采用润滑脂润滑。当齿轮的圆周速度 $v<12$ m/s 时，通常采用大齿浸油润滑(见图 4-35)。运转时，大齿轮将油带入啮合齿面进行润滑，同时将油甩到箱壁上散热，当 $v\geqslant12$ m/s 时，通常采用喷油润滑(见图 4-36)，即以一定的压力将油喷射到轮齿的啮合齿面进行润滑并散热；对速度较低的齿轮传动或开式传动，可采用人工定期润滑。

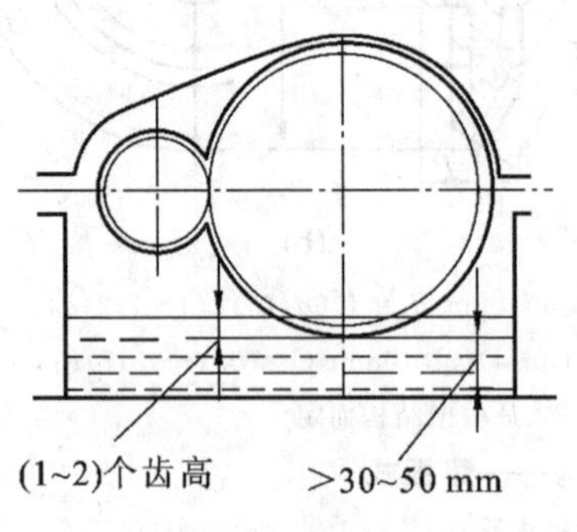

图 4-35 浸油润滑

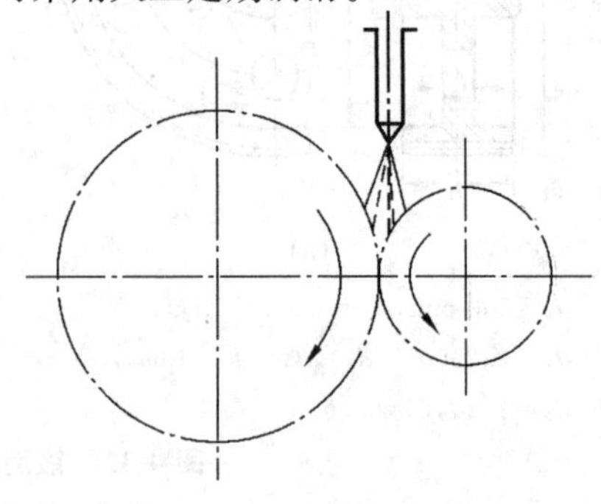

图 4-36 喷油润滑

(2) 齿轮润滑油的选择　齿轮润滑油的选择，由齿轮的类型、工况、载荷、速度和温升等条件决定。可参考表4-11选择润滑油的黏度，然后根据机械设计手册由黏度等级(按GB/T 3141—1994)选择润滑油的牌号。

表4-11　齿轮传动润滑油的推荐黏度值

滑动速度 v_s/(m/s)	＜1	＜2.5	＜5	＞5～10	＞10～15	＞15～25	＞25
工作条件	重载	重载	中载	—	—	—	—
黏度/(mm^2/s)(ν_{40}℃)	1 000	685	320	220	150	100	68
润滑方式	油浴			油浴 喷油	压力喷油润滑(喷油压力)/(N/mm^2)		
					0.07	0.2	0.3

(3) 齿轮传动的维护　使用齿轮传动时，在启动、加载、换挡及制动的过程中应力求平稳，避免产生冲击载荷，以防止引起断齿等故障。要经常检查润滑系统的状况，如润滑油量、供油状况、润滑油质量等，按照使用规则定期更换或补充规定牌号的润滑油。要注意监视齿轮传动的工作状况，观察有无不正常的声音或箱体过热现象。润滑不良和装配不合要求是齿轮失效的重要原因，声响监测和定期检查是发现齿轮损伤的主要方法。

【案例】

案例4-1　齿轮几何尺寸计算。

某型齿轮传动箱中有一对外啮合渐开线标准直齿圆柱齿轮传动，已知：$m=5$ mm，$z_1=24$，$z_2=72$，$\alpha=20°$，$h_a^*=1$，$c^*=0.25$。试计算分度圆直径、齿顶圆直径、齿根圆直径、基圆直径、齿厚和标准中心距。

解　该齿轮传动为标准直齿圆柱齿轮传动，按表7-3所列公式计算如下：

分度圆直径　$d_1=z_1 m=24\times5\ \text{mm}=120\ \text{mm}$

$d_2=z_2 m=72\times5\ \text{mm}=360\ \text{mm}$

齿顶圆直径　$d_{a1}=(z_1+2h_a^*)m=(24+2\times1)\times5\ \text{mm}=130\ \text{mm}$

$d_{a2}=(z_2+2h_a^*)m=(72+2\times1)\times5\ \text{mm}=370\ \text{mm}$

齿根圆直径　$d_{f1}=(z_1-2h_a^*-c^*)m$

$=(24-2\times1-2\times0.25)\times5\ \text{mm}=107.5\ \text{mm}$

$d_{f2}=(z_2-2h_a^*-c^*)m=72-2\times1-2\times0.25)\times5\ \text{mm}$

$=347.5\ \text{mm}$

基圆直径　$d_{b1}=d_1\cos\alpha=120\times\cos20°=112.76\ \text{mm}$

$d_{b2}=d_2\cos\alpha=360\times\cos20°=338.29\ \text{mm}$

齿厚　$s_1=s_2=\dfrac{\pi}{2}m=\dfrac{\pi}{2}\times5\ \text{mm}=7.85\ \text{mm}$

标准中心距 $a=\frac{(z_1+z_2)}{2}m=\frac{(24+72)}{2}\times 5\ \text{mm}=240\ \text{mm}$

【提示】圆柱齿轮传动设计选择闭式传动方式是由工作条件决定的,而选择软齿面齿轮或硬齿面齿轮方案由齿轮的输入功率来定,一般输入功率在 20 kW 以下采用软齿面齿轮设计,20 kW 以上采用硬齿面齿轮设计。

案例 4-2 闭式传动软齿面齿轮的设计。

带式输送机减速器的齿轮传动如图 3-53 所示。已知输入功率 $P=15$ kW,小齿轮转速 $n_1=960$ r/min,传动比 $u=3$,由电动机驱动,工作寿命为 15 年,每年工作 300 d,两班制,每班 8 h,两年一大修,带式输送机工作平稳,转向不变。试设计此减速器的齿轮传动。

解 设计步骤如下。

(1) 选定齿轮传动类型、材料、热处理方式、精度等级,确定许用应力。

按图 3-35 所示传动方案,采用闭式直齿圆柱齿轮传动。考虑此减速器的功率不大,且带式输送机工作比较平稳,对减速器的外廓尺寸没有限制,为便于加工,采用软齿面齿轮传动。小齿轮的材料选用 45 钢,调质处理,齿面平均硬度为 220 HBS;大齿轮选用 45 钢,正火处理,齿面平均硬度为 180 HBS。因带式输送机是一般机器,速度不高,故齿轮按 8 级精度制造。

小齿轮的齿面平均硬度为 220 HBS,由图 4-27(a)查得 $\sigma_{\text{Hlim1}}=580$ MPa,由图 4-28(a)查得 $\sigma_{\text{Flim1}}=230$ MPa,并取最小安全系数$[S_{\text{H}}]=1$,$[S_{\text{F}}]=1$(查表 4-9),$Y_{\text{x}}=1.0$(查图 4-29),许用应力分别为

$$[\sigma_{\text{H}}]_1=\frac{\sigma_{\text{Hlim1}}}{S_{\text{H}}}=\frac{580}{1}\ \text{MPa}=580\ \text{MPa}$$

$$[\sigma_{\text{F}}]_1=\frac{\sigma_{\text{Flim1}}Y_{\text{x}}}{S_{\text{F}}}=\frac{230\times 1}{1}\ \text{MPa}=230\ \text{MPa}$$

大齿轮的齿面平均硬度为 180 HBS,由图 4-27(a)查得 $\sigma_{\text{Hlim2}}=540$ MPa,由图 4-28(a)查得 $\sigma_{\text{Flim2}}=210$ MPa,并取最小安全系数$[S_{\text{H}}]=1$,$[S_{\text{F}}]=1$(见表 4-9),$Y_{\text{x}}=1.0$(查图 4-29),许用应力分别为

$$[\sigma_{\text{H}}]_2=\frac{\sigma_{\text{Hlim2}}}{S_{\text{H}}}=\frac{540}{1}\ \text{MPa}=540\ \text{MPa}$$

$$[\sigma_{\text{F}}]_2=\frac{\sigma_{\text{Flim2}}Y_{\text{x}}}{S_{\text{F}}}=\frac{210\times 1}{1}\ \text{MPa}=210\ \text{MPa}$$

(2) 按齿面接触疲劳强度设计。

按式(4-18)计算小齿轮的分度圆直径

$$d_1\geqslant\sqrt[3]{\frac{2KT_1}{\psi_{\text{d}}}\cdot\frac{u+1}{u}\cdot\left\{\frac{Z_{\text{E}}Z_{\text{H}}Z_{\varepsilon}}{[\sigma_{\text{H}}]}\right\}^2}$$

确定公式内的各计算数值。

① 初步选定齿轮参数。

采用软齿面传动，取 $z_1=24, z_2=uz_1=3\times24=72$

由于是单级齿轮传动，两支承相对齿轮为对称布置，且两轮为软齿面，查表4-10，取 $\psi_d=1$

② 计算小齿轮的名义转矩。

$$T_1=9550\frac{P}{n_1}=9550\times\frac{15}{960}=149.22\ \text{N}\cdot\text{m}=1.4922\times10^5\ \text{N}\cdot\text{mm}$$

③ 计算载荷系数 K。

查表4-7，得　　$K_A=1$

初估　　$v'=4\ \text{m/s}, v'\frac{z_1}{100}=4\times\frac{24}{100}=0.96$

查图4-22(a)，得　　$K_v=1.15$

由式(4-16)，有

$$\varepsilon_\alpha=\left[1.88-3.2\left(\frac{1}{z_1}+\frac{1}{z_2}\right)\right]\cos\beta=\left[1.88-3.2\left(\frac{1}{24}+\frac{1}{72}\right)\right]\times1=1.70$$

查图4-23，得　　$K_\alpha=1.15$

查图4-24，得　　$K_\beta=1.05$

$$K=K_AK_vK_\alpha K_\beta=1\times1.15\times1.15\times1.05=1.39$$

④ 查相关参数。

查表4-8，得 $Z_E=189.8\ \sqrt{\text{MPa}}$；查图4-25，得 $Z_H=2.5$；

由式(4-19)，有　　$Z_\varepsilon=\sqrt{\dfrac{4-\varepsilon_\alpha}{3}}=\sqrt{\dfrac{4-1.70}{3}}=0.8756$

⑤ 设计计算。

取较小的许用接触应力代入式(4-18)中计算，得小齿轮的分度圆最小直径

$$d_1\geqslant\sqrt[3]{\frac{2KT_1}{\psi_d}\cdot\frac{u+1}{u}\cdot\left\{\frac{Z_EZ_HZ_\varepsilon}{[\sigma_H]}\right\}^2}$$

$$=\sqrt[3]{\frac{2\times1.39\times1.4922\times10^5}{1}\cdot\frac{3+1}{3}\cdot\left\{\frac{189.8\times2.5\times0.8756}{540}\right\}^2}\ \text{mm}$$

$$=68.92\ \text{mm}$$

齿轮模数为

$$m\geqslant\frac{d_1}{z_1}=\frac{68.92}{24}\ \text{mm}=2.872\ \text{mm}$$

⑥ 按齿根弯曲疲劳强度校核。

由齿数 $z_1=24, z_2=72$，查图4-26，取复合齿形系数：$Y_{FS1}=4.25, Y_{FS2}=3.98$

计算重合度系数 Y_ε：

$$Y_\varepsilon=0.25+\frac{0.75}{\varepsilon_\alpha}=0.25+\frac{0.75}{1.70}=0.6912$$

计算大、小齿轮的$\frac{Y_{FS}}{[\sigma_F]}$并进行比较，即

$$\frac{Y_{FS1}}{[\sigma_F]_1}=\frac{4.25}{230}=0.01848<\frac{Y_{FS2}}{[\sigma_F]_2}=\frac{3.98}{210}=0.01895$$

因$\frac{Y_{FS2}}{[\sigma_F]_2}$较大，故将此值代入式(4-21)得齿轮模数为

$$m\geqslant\sqrt[3]{\frac{2KT_1}{\psi_d z_1^2\ [\sigma_F]_2}Y_{FS2}Y_\varepsilon}$$

$$=\sqrt[3]{\frac{2\times1.39\times1.4922\times10^5}{1\times24^2}\times0.01895\times0.6912}\ \text{mm}$$

$$=2.113\ \text{mm}$$

⑦ 确定模数。

由上述计算结果可见，该齿轮传动的接触疲劳强度较薄弱，故应以$m\geqslant$ 2.872 mm为准，查表4-1，将模数圆整为标准值，取$m=3$ mm。

(3) 几何尺寸计算。

$$d_1=mz_1=3\times24\ \text{mm}=72\ \text{mm}$$

$$d_2=mz_2=3\times72\ \text{mm}=216\ \text{mm}$$

$$a=\frac{m}{2}(z_1+z_2)=\frac{3}{2}(24+72)\text{mm}=144\ \text{mm}$$

$$b_2=\psi_d d_1=1\times72\ \text{mm}=72\ \text{mm}$$

$$b_1=[b_2+(5\sim10)]\ \text{mm}=77\sim82\ \text{mm}，取\ b_1=82\ \text{mm}$$

(4) 轮的实际圆周速度。

$$v=\frac{\pi d_1 n_1}{60\times1000}=\frac{\pi\times72\times960}{60\times1000}=3.02\ \text{m/s}$$

因为初估值$v'=4$ m/s，所以$v<v'$。

对照表4-4可知齿轮选8级精度是合适的；且由于$\frac{v'z_1}{100}$与$\frac{vz_1}{100}$所选K_v值差距不大，对K影响很小，故无须修正以上设计计算。

(5) 结构设计及绘制齿轮零件图(从略)。

案例4-3 闭式传动硬齿面齿轮的设计。

如图4-37所示，试设计此带式输送机减速器的高速级齿轮传动。已知输入功率$P=40$ kW，小齿轮转速$n_1=960$ r/min，传动比$u=3.5$，由电动机驱动，工作寿命15年(设每年工作300 d)，两班制，每班8 h，带式输送机工作平稳，转向不变。

解 设计步骤如下。

(1) 选定齿轮传动类型、精度等级、材料、热处理方式，确定许用应力。

按图4-37所示传动方案，选用直齿圆柱齿轮传动。考虑此减速器的功率较

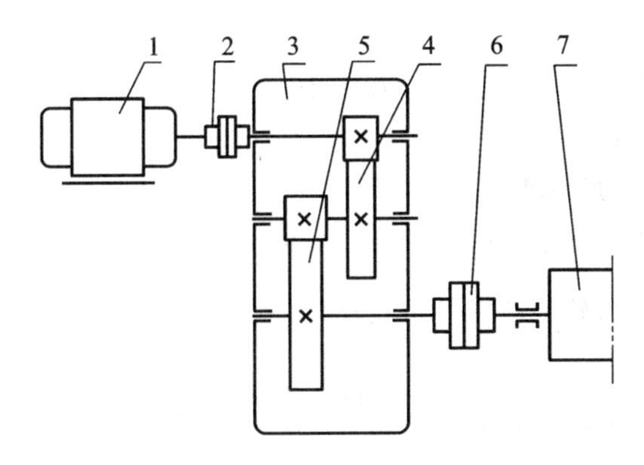

图 4-37　带式输送机传动简图

1—电动机；2,6—联轴器；3—减速器；4—高速级齿轮传动；5—低速级齿轮传动；7—输送机滚筒

大，故大、小齿轮都选用硬齿面。选大、小齿轮的材料均为 20Cr 钢渗碳淬火。硬度为 56～62 HRC（查表 4-5）。齿轮按 7 级精度制造（查表 4-4）。

$$\sigma_{\mathrm{Hlim}}=1500\ \mathrm{MPa}（查图 4\text{-}27(b)），\quad \sigma_{\mathrm{Flim}}=460\ \mathrm{MPa}（查图 4\text{-}28(b)）$$

$$S_{\mathrm{H}}=1，\quad S_{\mathrm{F}}=1（查表 4\text{-}9），\quad Y_{\mathrm{x}}=1.0（查图 4\text{-}29）$$

故

$$[\sigma_{\mathrm{H}}]=\frac{\sigma_{\mathrm{Hlim}}}{S_{\mathrm{H}}}=\frac{1500}{1}\ \mathrm{MPa}=1500\ \mathrm{MPa}$$

$$[\sigma_{\mathrm{F}}]=\frac{\sigma_{\mathrm{Flim}}Y_{\mathrm{x}}}{S_{\mathrm{F}}}=\frac{460\times1}{1}\ \mathrm{MPa}=460\ \mathrm{MPa}$$

（2）按齿轮弯曲疲劳强度设计。

按式（4-21）计算齿轮的模数

$$m\geqslant\sqrt[3]{\frac{2KT_1}{\psi_{\mathrm{d}}Z_1^2[\sigma_{\mathrm{F}}]}Y_{\mathrm{FS}}Y_{\varepsilon}}$$

确定公式内的各计算数值。

① 初步选定齿轮参数。

$$z_1=24，\quad z_2=uz_1=3.5\times24=84$$

$$\psi_{\mathrm{d}}=0.7$$

② 计算小齿轮的名义转矩。

$$T_1=9550\frac{P}{n_1}=9550\times\frac{40}{960}=398\ \mathrm{N\cdot m}=3.98\times10^5\ \mathrm{N\cdot mm}$$

③ 计算载荷系数 K。

查表 4-10，得　　$K_{\mathrm{A}}=1$

初估　　$v'=4\ \mathrm{m/s}$，　$v'\dfrac{z_1}{100}=4\times\dfrac{24}{100}=0.96$

查图 4-22(a)，得　　$K_{\mathrm{v}}=1.15$

$$\varepsilon_{\alpha}=\left[1.88-3.2\left(\frac{1}{z_1}+\frac{1}{z_2}\right)\right]\cos\beta=\left[1.88-3.2\left(\frac{1}{24}+\frac{1}{84}\right)\right]\times1=1.71$$

查图 4-23,得 $K_\alpha=1.1$

查图 4-24,得 $K_\beta=1.19$

所以 $K=K_A K_v K_\alpha K_\beta=1\times1.15\times1.1\times1.19=1.5$

④ 查取复合齿形系数 Y_{FS}。

查图 4-26,得 $Y_{FS1}=4.25$, $Y_{FS2}=3.98$

⑤ 计算大、小齿轮的$\frac{Y_{FS}}{[\sigma_F]}$并进行比较。

$$\frac{Y_{FS1}}{[\sigma_F]_1}=\frac{4.25}{460}=0.0092>\frac{Y_{FS2}}{[\sigma_F]_2}=\frac{3.98}{460}=0.0087$$

⑥ 计算重合度系数 Y_ε。

由式(4-19),得 $Y_\varepsilon=0.25+\frac{0.75}{\varepsilon_\alpha}=0.25+\frac{0.75}{1.71}=0.6886$

⑦ 设计计算。

$$m\geqslant\sqrt[3]{\frac{2KT_1}{\psi_d z_1^2\ [\sigma_F]_1}Y_{FS1}Y_\varepsilon}$$

$$=\sqrt[3]{\frac{2\times1.5\times3.98\times10^5}{0.7\times24^2}\times0.0092\times0.6886}\ \text{mm}$$

$$=2.657\ \text{mm}$$

查表 4-1,将模数圆整为标准值,取 $m=3$ mm。

(3) 几何尺寸计算。

$$d_1=mz_1=3\times24\ \text{mm}=72\ \text{mm}$$

$$d_2=mz_2=3\times84\ \text{mm}=252\ \text{mm}$$

$$a=\frac{m}{2}(z_1+z_2)=\frac{3}{2}(24+84)\text{mm}=162\ \text{mm}$$

$b=\psi_d d_1=0.7\times72$ mm$=50.4$ mm,取 $b_2=50$ mm

$b_1=[b_2+(5\sim10)]$ mm$=55\sim60$ mm,取 $b_1=60$ mm

(4) 校核齿面接触疲劳强度。

按式(4-17)校核

$$\sigma_H=Z_E Z_H Z_\varepsilon\sqrt{\frac{2KT_1}{bd_1^2}\cdot\frac{u+1}{u}}$$

式中

查图 4-25,得 $Z_H=2.5$

由式(4-15),得

$$Z_\varepsilon=\sqrt{\frac{4-\varepsilon_\alpha}{3}}=\sqrt{\frac{4-1.71}{3}}=0.87$$

所以

$$\sigma_H = Z_E Z_H Z_\varepsilon \sqrt{\frac{2KT_1}{bd_1^2}\frac{u+1}{u}}$$

$$=189.8\times 2.5\times 0.87\sqrt{\frac{2\times 1.5\times 3.98\times 10^5}{50\times 72^2}\times\frac{3.5+1}{3.5}}\ \text{MPa}$$

$$=1004.35\ \text{MPa}$$

$$\sigma_H < [\sigma_H]$$

接触疲劳强度足够。

(5) 轮的实际圆周速度。

$$v=\frac{\pi d_1 n_1}{60\times 1000}=\frac{3.14\times 72\times 960}{60\times 1000}\ \text{m/s}=3.02\ \text{m/s}$$

因为初估值 $v'=4$ m/s,所以 $v<v'$。

对照表 11-3 可知齿轮选 7 级精度是合适的;且由于$\frac{v'z_1}{100}$与$\frac{vz_1}{100}$所选 K_v 值差距不大,对 K 影响很小,故无须修正以上设计计算。

(6) 结构设计及绘制齿轮零件图(从略)。

【学生设计题】 完成给定参数的单级减速器齿轮的设计。

思　考　题

1. 齿轮传动的基本要求是什么?渐开线有哪些性质?渐开线齿廓为什么能满足齿廓啮合基本定律?

2. 直齿圆柱齿轮有哪些基本参数?为什么要规定这些基本参数?它们的标准化有什么意义?

3. 分度圆与节圆、压力角与啮合角各有什么不同?在什么条件下分度圆与节圆重合、压力角与啮合角重合?

4. 齿轮传动为什么一定要满足正确啮合和连续传动的条件?

5. 齿轮传动为什么有最少齿数的限制?对于压力角 $\alpha=20°$正常齿制直齿圆柱齿轮和斜齿圆柱齿轮 z_{min}各等于多少?

6. 试说明齿轮的几种主要失效形式及产生的原因。闭式软齿面及闭式硬齿面齿轮传动各以产生何种失效形式为主?其设计准则是什么?

7. 选择齿轮材料时,应考虑哪些问题?为何小齿轮的材料要选得比大齿轮好些(或小齿轮的齿面硬度取得大些)?

8. 复合齿形系数 Y_{FS}的含义是什么?它与什么参数有关?

9. 齿宽系数 ψ_d的大小对齿轮传动有何影响?设计时应如何选取?

练　习　题

4-1　已知一对外啮合标准直齿圆柱齿轮传动,中心距 $a=150$ mm,传动比 $i=2$,压力角 $\alpha=20°$,齿顶高系数 $h_a^*=1$,顶隙系数 $c^*=0.25$,模数 $m=5$ mm,试计算两轮的几何尺寸。

4-2　已知一个标准直齿圆柱齿轮的模数 $m=2$ mm,压力角 $\alpha=20°$,齿顶高系数 $h_a^*=1$,顶隙系数 $c^*=0.25$,齿数 $z=20$,求该齿轮在分度圆、基圆及齿顶处渐开线上的压力角。

4-3　当正常齿的渐开线标准直齿圆柱齿轮的齿根圆与基圆重合时,齿数是多少?若实际齿数大于这个齿数时,基圆与齿根圆哪个大?

4-4　已知一对外啮合直齿圆柱齿轮的传动比 $i_{12}=8/5$,模数 $m=3$ mm,齿数 $z_1=25$,压力角 $\alpha=20°$,齿顶高系数 $h_a^*=1$,顶隙系数 $c^*=0.25$,试求该对齿轮的下列几何尺寸:d、d_b、d_a、d_f、h_a、h_f、p、s、e 和 a。

4-5　如图 4-38 所示的两对渐开线齿轮,轮 1 为主动轮,试分别在图上标明:理论啮合线、开始啮合点、中止啮合点、实际啮合线、啮合角、节点与节圆。

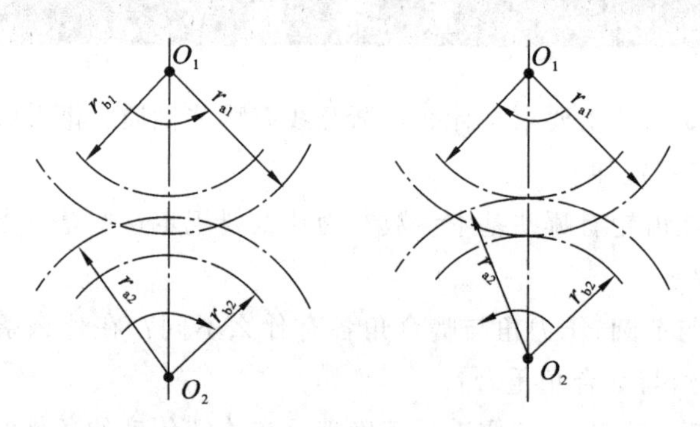

图 4-38　题 4-5 图

4-6　已知某单级直齿圆柱齿轮减速器的公称功率 $P=10$ kW,主动轴转速 $n_1=970$ r/min,单向运转,载荷平稳,齿轮模数 $m=3$ mm,$z_1=24$,$z_2=96$,小齿轮齿宽 $b_1=80$ mm,大齿轮齿宽 $b_2=72$ mm,小齿轮材料是 40Cr、调质,大齿轮材料是 45 钢、调质,试校核此对齿轮的强度。

4-7　试设计单级直齿圆柱齿轮减速器中的齿轮传动。已知传递的功率 $P=20$ kW,从动轴转速 $n_2=200$ r/min,传动比 $i=3.6$,单向运转,长期使用,载荷有中等冲击,电动机驱动。

任务 4-2　斜齿圆柱齿轮设计

【任务分析】

了解斜齿圆柱齿轮齿廓曲面的形成、斜齿圆柱齿轮的啮合特点和应用；了解斜齿圆柱齿轮的基本参数、正确啮合条件和几何尺寸计算公式等知识，学会在进行斜齿圆柱齿轮设计时对相关尺寸的计算。通过斜齿圆柱齿轮的受力情况分析，了解斜齿圆柱齿轮的强度计算公式，并学会斜齿圆柱齿轮传动设计的基本方法。

知识点 1

斜齿圆柱齿轮的设计

如图 4-39 所示的带式输送机减速器使用斜齿圆柱齿轮传动，其传动相对直齿圆柱齿轮传动更加平稳，减小了冲击、振动和噪声。由于斜齿圆柱齿轮传动相对直齿圆柱齿轮传动性能更优，故在高速、重载机械中得到了广泛的应用。

图 4-39　带式输送机减速器（斜齿圆柱齿轮传动）

1. 齿廓曲面的形成和啮合特点

前面研究的渐开线直齿圆柱齿轮的齿形，实际上只是齿轮的端面齿形，而齿廓曲面是按下述过程形成的。如图 4-40(a)所示，当与基圆柱相切的发生面沿基圆柱作纯滚动时，发生面上与齿轮轴线相平行的直线 KK 所展成的渐开线曲面，形成了直齿轮的齿廓曲面。

斜齿轮的齿廓曲面形成与直齿轮的齿廓曲面形成相似，只是直线 KK 不再与齿轮的轴线平行，而与它成一交角 β_b（见图 4-40(b)）。当发生面沿基圆柱作纯滚动时，直线 KK 上各点展成的渐开线集合，形成了斜齿轮的渐开螺旋形齿廓曲面。角 β_b 称为基圆柱上的螺旋角。

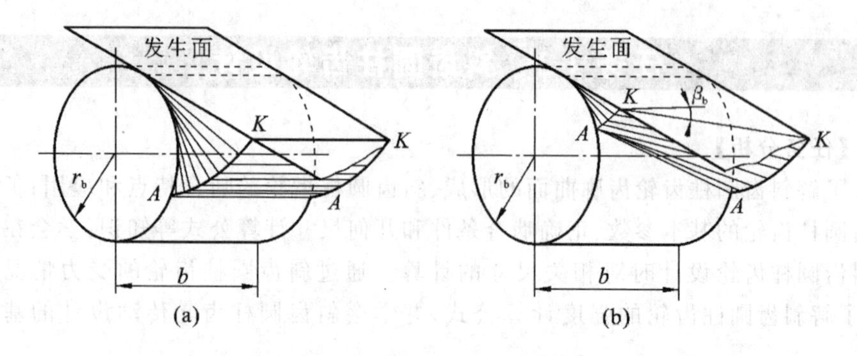

图 4-40　齿轮齿廓曲面的形成

(a)直齿圆柱齿轮齿廓曲面形成；(b)斜齿圆柱齿轮齿廓曲面形成

由齿廓曲面的形成可知：直齿轮在啮合过程中，每一瞬时都是直线接触，接触线均为平行于轴线的直线（见图 4-41(a)），因此在啮合开始和终止瞬时，一对轮齿突然地沿整个齿宽同时进入或脱离啮合，从而使轮齿的受力具有突加性，因此传动的平稳性较差；而斜齿轮在啮合过程中，除了啮合开始和终止瞬时外，其余每一瞬时接触线也是直线，但均不与轴线平行（见图 4-41(b)），且接触线长度有变化，由零逐渐增加到最大值，然后又由最大值逐渐减小到零，所以斜齿轮所受力不具有突加性。与直齿轮相比，斜齿轮传动平稳，噪声小。此外，由于斜齿轮同时啮合的轮齿对数比直齿轮多，故重合度比直齿轮大，承载能力相对较强。因而不论从受力或传动来说都要比直齿轮好。所以在高速、大功率的齿轮传动中，斜齿轮传动获得了广泛的应用。但由于斜齿轮的轮齿为螺旋形，在传动中会产生轴向分力，这对它的支承提出了较高要求。

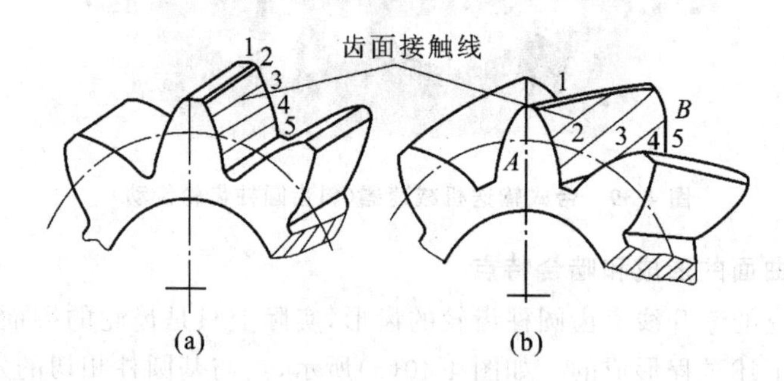

图 4-41　圆柱齿轮齿面接触线

(a)直齿轮；(b)斜齿轮

2. 斜齿圆柱齿轮的基本参数、正确啮合条件和几何尺寸的计算

1）螺旋角 β

β 是反映斜齿轮特征的一个重要参数，通常所说斜齿轮的螺旋角，如不特别注明，即指分度圆柱面上的螺旋角。β 大，则重合度 ε 增大，对运动平稳和降低噪声有利，但工作时产生的轴向力 F_a 也增大。故 β 的大小，应视工作要求和加工精度而定，一般机械推荐 $\beta=8^\circ\sim25^\circ$，而对于噪声有特殊要求的齿轮，$\beta$ 还要大一些。如小轿车齿轮，可取 $\beta=35^\circ\sim37^\circ$。

2）端面参数和法面参数的关系

垂直于斜齿轮轴线的平面称为端面，与分度圆柱面上螺旋线垂直的平面称为法面。在进行斜齿轮几何尺寸计算时，应注意端面参数和法面参数之间的换算关系。

（1）齿距与模数　图 4-42 所示为斜齿圆柱齿轮分度圆柱面的展开图。设 P_n 为法向齿距，p_t 为端面齿距，m_n 为法向模数，m_t 为端面模数。由图 4-42 所示可知它们的关系为

$$\left.\begin{aligned} p_n &= p_t\cos\beta \\ m_n &= m_t\cos\beta \end{aligned}\right\} \tag{4-25}$$

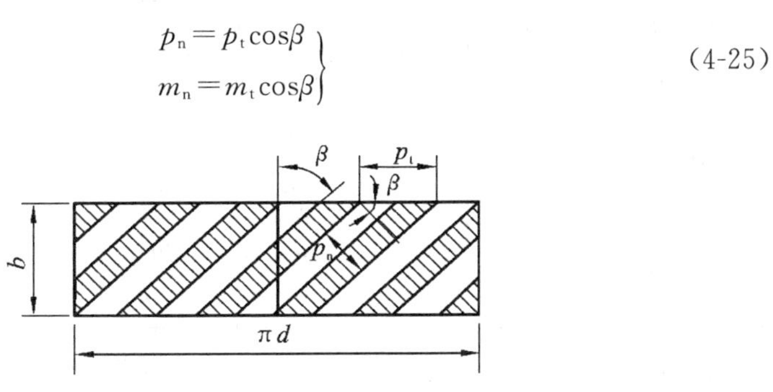

图 4-42　斜齿圆柱齿轮的展开图

（2）压力角　图 4-43 所示为斜齿条的一个齿，其法面内（ade 平面）的压力角 α_n 称法面压力角，端面内（abe 平面）的压力角 α_t 称端面压力角。由图可知，它们的关系为

$$\tan\alpha_n=\tan\alpha_t\cos\beta \tag{4-26}$$

用成形铣刀或滚刀加工斜齿轮时，刀具的进刀方向垂直于斜齿轮的法面，故一般规定法面内的参数为标准参数（见表 4-1）。

3）几何尺寸计算

因一对斜齿圆柱齿轮传动在端平面上相当于一对直齿圆柱齿轮传动，故可将直齿圆柱齿轮的几何尺寸计算公式用于斜齿轮的端面，其计算公式列于表 4-12 中。

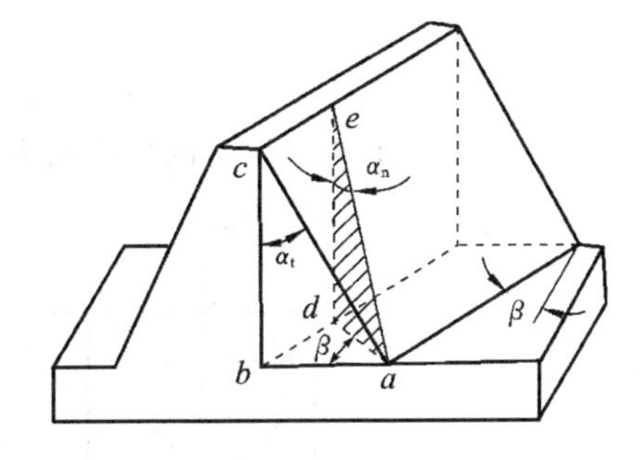

图 4-43　斜齿轮法面和端面压力角的关系

表 4-12　外啮合标准斜齿圆柱齿轮的几何计算

名　称	代号	计算公式	备　注
端面模数	m_t	$m_t=\dfrac{m_n}{\cos\beta}$($m_n$为法面模数)	m_n由强度计算决定,并为标准值
端面压力角	α_t	$\alpha_t=\arctan\dfrac{\tan\alpha_n}{\cos\beta}$	α_n 为标准值
螺旋角	β	一般取 $\beta=8°\sim25°$	
分度圆直径	d_1,d_2	$d_1=m_t z_1=\dfrac{m_n z_1}{\cos\beta}$, $d_2=m_t z_2=\dfrac{m_n z_2}{\cos\beta}$	
齿顶高	h_a	$h_a=h_a^* m_n=m_n$	h_a^* 为标准值
齿根高	h_f	$h_f=(h_a^*+c_n^*)m_n=1.25\ m_n$	c_n^* 为标准值
齿全高	h	$h=h_a+h_f=2.25\ m_n$	
顶隙	c	$c=h_f-h_a=0.25\ m_n$	
齿顶圆直径	d_{a1},d_{a2}	$d_{a1}=d_1+2\ m_n$ $d_{a2}=d_2+2m_n$	
齿根圆直径	d_{f1},d_{f2}	$d_{f1}=d_1-2.5m_n$ $d_{f2}=d_2-2.5m_n$	
中心距	a	$a=\dfrac{d_1+d_2}{2}=\dfrac{m_t}{2}(z_1+z_2)=\dfrac{m_n(z_1+z_2)}{2\cos\beta}$	

3. 斜齿圆柱齿轮的啮合

1）正确啮合条件

一对轴线平行的外啮合斜齿轮的正确啮合条件为

$$\left.\begin{aligned}m_{n1}&=m_{n2}=m_n\\a_{n1}&=a_{n2}=a_n\\\beta_1&=-\beta_2\end{aligned}\right\}\qquad(4\text{-}27)$$

式中:$\beta_1=-\beta_2$ 表示两斜齿轮的螺旋角大小相等、旋向相反,如图 4-44 所示。

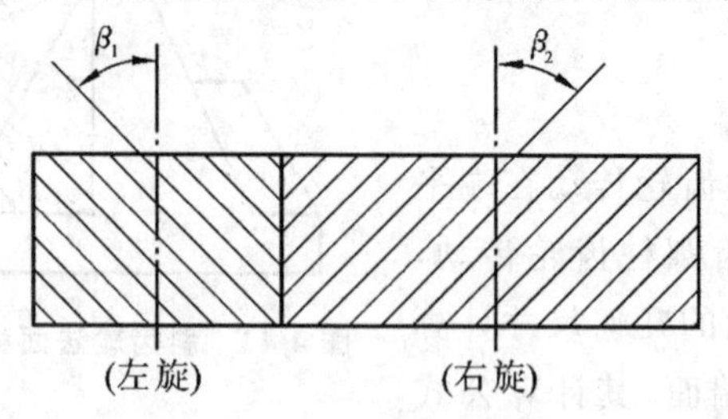

图 4-44　左、右旋斜齿轮啮合

2）斜齿轮传动的重合度

如图 4-45(a)表示斜齿轮与斜齿条在前端面的啮合情况。齿廓在点 A 开始进入啮合，在点 E 终止啮合，FG 是一对齿啮合过程中齿条分度线上一点所走过的距离，称为啮合弧。作从动齿条分度面的俯视图，如图 4-45(b)所示。显然，齿条前端面的工作齿廓只在 FG 区间处于啮合状态。由图可见，当轮齿到达虚线所示位置时，前端面虽已开始脱离啮合区，但轮齿的后端面仍处在啮合区内，整个轮齿尚未终止啮合。只有当轮齿后端面也走出啮合区，该齿才终止啮合。即斜齿轮传动的啮合弧比端面齿廓完全相同的直齿轮传动啮合弧增大 GH，故斜齿轮传动的重合度为

$$\varepsilon_{\mathrm{r}}=\frac{\text{啮合弧}}{\text{端面齿距}}=\frac{FH}{p_{\mathrm{t}}}=\frac{FG+GH}{p_{\mathrm{t}}}=\varepsilon_{\alpha}+\frac{b\tan\beta}{p_{\mathrm{t}}}=\varepsilon_{\alpha}+\varepsilon_{\beta} \tag{4-28}$$

式中：ε_{α}——端面重合度，其值等于与斜齿轮端面参数相同的直齿轮重合度，可近似由式(4-16)计算；

ε_{β}——轴向重合度，为轮齿倾斜而产生的附加重合度，有

$$\varepsilon_{\beta}=\frac{b\tan\beta}{p_{\mathrm{t}}}=\frac{b\tan\beta}{\pi m_{\mathrm{t}}}=\frac{\varphi_{\mathrm{d}}z_{1}}{\pi}\tan\beta \tag{4-29}$$

由式(4-28)、式(4-29)可知，斜齿轮传动的重合度随齿宽 b 和螺旋角 β 的增大而

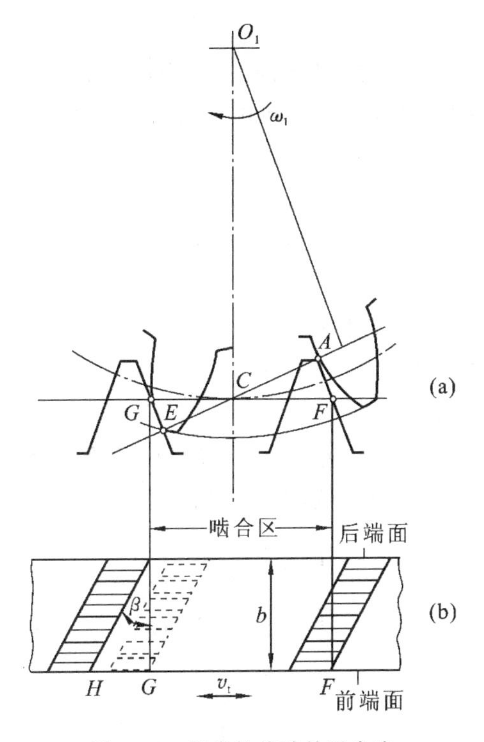

图 4-45　斜齿轮传动的重合度

增大，这是斜齿轮传动运转平稳、承载能力较高的原因之一。

3）斜齿轮的当量齿数

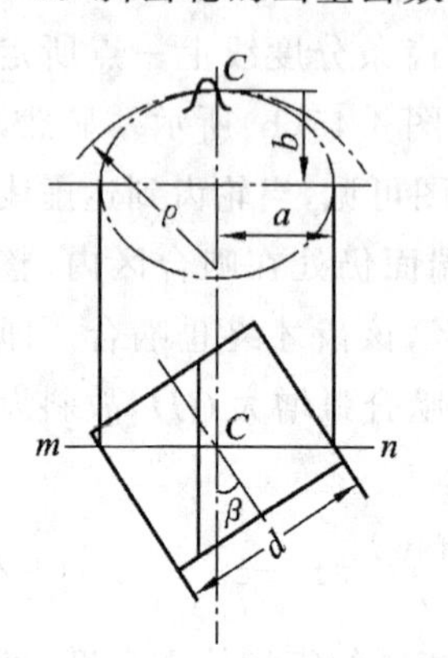

图 4-46　斜齿轮的当量齿轮

用仿形法加工斜齿轮或进行强度计算时，必须知道斜齿轮法面上的齿形。如图 4-46 所示，过斜齿轮分度圆上一点 C 作齿的法平面 nm，该平面与分度圆柱面的交线为椭圆，其长半轴 $a=\dfrac{d}{2\cos\beta}$，短半轴 $b=\dfrac{d}{2}$。由高等数学可知，椭圆在点 C 的曲率半径 ρ 为

$$\rho=\frac{a^2}{b}=\frac{d}{2\cos^2\beta}$$

以 ρ 为分度圆半径，以斜齿轮的法面模数 m_n 为模数，取标准压力角 a_n，作一直齿圆柱齿轮，其齿形近似于此斜齿轮的法面齿形。则此直齿圆柱齿轮称为该斜齿圆柱齿轮的当量齿轮，其齿数称为当量齿数，用 z_v 表示，即

$$z_v=\frac{2\pi\rho}{\pi m_n}=\frac{d}{m_n\cos^2\beta}=\frac{m_t z}{m_n\cos^2\beta}=\frac{z}{\cos^3\beta} \tag{4-30}$$

式中：z——斜齿轮的实际齿数。

当量齿数可以用来选择铣刀号码或进行强度计算，还可以将直齿轮的某些概念直接用到斜齿轮上。如用 z_v 计算斜齿轮的不产生根切的最少齿数 z_{min}，由式(4-30)可得

$$z_{min}=z_{vmin}\cos^3\beta \tag{4-31}$$

式中：z_{vmin}——直齿圆柱齿轮不产生切齿干涉的最少齿数。

由式(4-31)可知，斜齿轮不产生切齿干涉的最少齿数比直齿轮的少，故斜齿轮传动机构相对直齿轮传动机构更紧凑。

4. 斜齿轮的强度计算

1）斜齿轮的受力分析

在图 4-47(a)所示的斜齿轮传动中，主动齿轮的受力情况如下。当不计摩擦力时，轮齿所受的法向力 F_n 可分解为三个相互垂直的分力

$$\left.\begin{aligned}F_t&=\frac{2\,000T_1}{d_1}\\F_a&=F_t\tan\beta\\F_r&=F_t\frac{\tan a_n}{\cos\beta}\end{aligned}\right\} \tag{4-32}$$

而

$$F_n=\frac{F_t}{\cos a_n\cos\beta}$$

式中：F_t——切向力，N；

F_a——轴向力，N；

F_r——径向力，N；

F_n——法向力，N；

T_1——小齿轮上传递的名义转矩，N·m；

d_1——小齿轮分度圆直径，mm；

α_n——法面压力角。

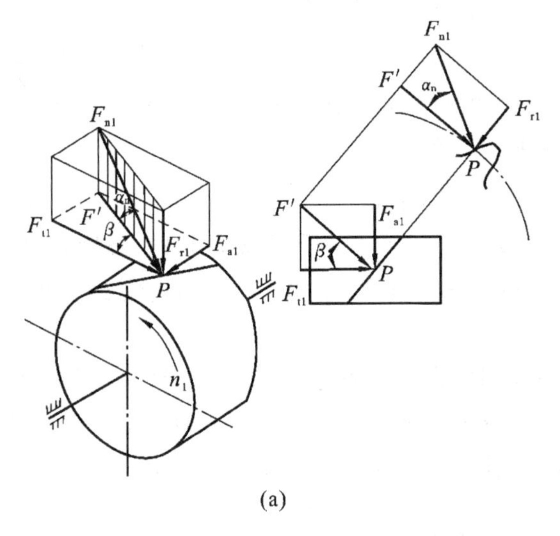

从动轮
左旋

主动轮
右旋

(b)

图 4-47　斜齿轮受力分析

图 4-47(b)所示为一对斜齿轮传动的受力情况，主动轮上的切向力 F_{t1} 与齿轮回转方向 n_1 相反；从动轮上的切向力 F_{t2} 与齿轮回转方向 n_2 相同。两轮的径向力 F_r 的方向都指向各自的轮心。至于轴向力 F_a 的方向，则与齿轮回转方向和螺旋线方向有关，可用主动轮左右手法则判断（见图 4-48）：左螺旋用左手，右螺旋用右手，握住齿轮轴线，四指曲指方向为回转方向，则大拇指的指向为轴向力 F_{a1} 的指向，从动轮的轴向力 F_{a2} 与其相反。

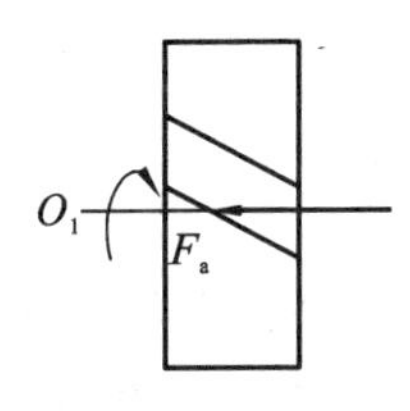

图 4-48　主动轮左右手法则

2）强度计算

(1) 齿面接触强度计算　斜齿轮齿面接触强度计算与直齿轮基本相同，其接触强度校核公式为

$$\sigma_H = Z_E Z_H Z_\varepsilon Z_\beta \sqrt{\frac{2KT_1}{bd_1^2} \cdot \frac{u+1}{u}} \leqslant [\sigma_H] \tag{4-33}$$

设计公式为

$$d_1 \geqslant \sqrt[3]{\frac{2KT_1}{\psi_d} \cdot \frac{u \pm 1}{u} \left(\frac{Z_E Z_H Z_\varepsilon Z_\beta}{[\sigma_H]} \right)^2} \tag{4-34}$$

上述公式中系数和数据的计算与选用方法如下。

① 重合度系数 Z_ε,同时考虑端面重合度 ε_α 和轴向重合度 ε_β 对接触应力影响而引入的系数,其值按下式计算。

$$Z_\varepsilon = \sqrt{\frac{4-\varepsilon_\alpha}{3}(1-\varepsilon_\beta) + \frac{\varepsilon_\beta}{\varepsilon_\alpha}} \tag{4-35}$$

若 $\varepsilon_\beta \geqslant 1$ 时,则取 $\varepsilon_\beta = 1$。

② 螺旋角系数 Z_β,因斜齿轮接触线倾斜,其接触强度比直齿轮有所提高,用螺旋角系数 Z_β 考虑其影响,并按下式计算。

$$Z_\beta = \sqrt{\cos\beta} \tag{4-36}$$

③ 弹性系数 Z_E、节点区域系数 Z_H 与直齿轮的同名系数相同,分别查表 4-8 和图 4-25;载荷系数 K,许用接触应力$[\sigma_H]$仍分别按式(4-15)和式(4-23)计算;齿宽系数 ψ_d 见表 4-10。

(2) 齿根弯曲强度计算　斜齿圆柱齿轮齿根弯曲强度按其法面上的当量直齿圆柱齿轮进行计算。除了考虑因接触线倾斜有利于提高弯曲强度而引入螺旋角系数 Y_β 外。其余与直齿轮完全相同。故有弯曲强度验算公式为

$$\sigma_F = \frac{2KT_1}{bd_1 m_n} Y_{FS} Y_\varepsilon Y_\beta \leqslant [\sigma_F] \tag{4-37}$$

代入 $b=\psi_d d_1$,$d_1 = \frac{m_n z_1}{\cos\beta}$,得设计公式为

$$m_n \geqslant \sqrt[3]{\frac{2KT_1 \cos^2\beta}{\psi_d z_1^2 [\sigma_F]} Y_{FS} Y_\varepsilon Y_\beta} \tag{4-38}$$

上述公式中各系数和数据的计算与选用方法如下:

① 复合齿形系数 Y_{FS},按当量齿数 z_v 由图 4-26 查取;

② 重合度系数 Y_ε,仍按式(4-19)计算;

③ 螺旋角系数 Y_β,按下式计算:

$$Y_\beta = 1 - \varepsilon_\beta \frac{\beta}{120^\circ} \tag{4-39}$$

当 $\varepsilon_\beta \geqslant 1$ 时,取 $\varepsilon_\beta = 1$。若 $Y_\beta < 0.75$,则取 $Y_\beta = 0.75$;

④ 许用弯曲应力$[\sigma_F]$、载荷系数 K 分别见式(4-24)和式(4-15)。

【案例】 带式输送机斜齿圆柱齿轮传动的设计

案例 4-4　图 4-49 所示为带式输送机传动简图,此减速器采用斜齿圆柱齿轮传动,试设计此带式输送机减速器的高速级齿轮传动。已知输入功率 $P=40$ kW,

小齿轮转速 $n_1=960\ \mathrm{r/min}$，齿数比 $u=3.5$，由电动机驱动，工作寿命 15 年(设每年工作 300 d)，两班制。带式输送机工作平稳，转向不变。

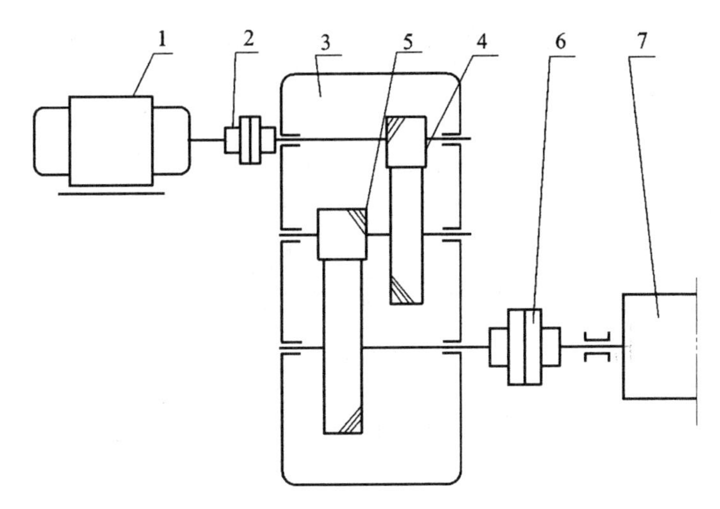

图 4-49　带式输送机传动简图

1—电动机；2，6—联轴器；3—减速器；4—高速级齿轮传动；5—低速级齿轮传动；7—输送机滚筒

解　设计步骤如下。

(1) 选精度等级、材料，确定许用应力$[\sigma_H]$及$[\sigma_F]$。

按图 4-49 所示传动方案，选用斜齿圆柱齿轮传动。此减速器的功率较大，故大、小齿轮都选用硬齿面。选大、小齿轮的材料均为 20Cr 钢，渗碳淬火，硬度为 56～62 HRC(查表 4-5)。齿轮按 7 级精度制造(查表 4-4)。

$$\sigma_{Hlim}=1500\ \mathrm{MPa}(\text{查图 4-27(b)}),\quad \sigma_{Flim}=460\ \mathrm{MPa}(\text{查图 4-28(b)})$$

$$S_H=1,\quad S_F=1(\text{查表 4-9}),\quad Y_x=1.0(\text{查图 4-29})$$

故

$$[\sigma_H]=\frac{\sigma_{Hlim}}{S_H}=\frac{1500}{1}\ \mathrm{MPa}=1500\ \mathrm{MPa}$$

$$[\sigma_F]=\frac{\sigma_{Flim}Y_x}{S_F}=\frac{460\times 1}{1}\ \mathrm{MPa}=460\ \mathrm{MPa}$$

(2) 按齿轮弯曲疲劳强度设计。

按式(4-38)计算齿轮的模数，即

$$m_n\geqslant\sqrt{\frac{2KT_1\cos^2\beta}{\psi_d z_1^2[\sigma_F]}Y_{FS}Y_\varepsilon Y_\beta},\mathrm{mm}$$

确定公式中的各计算数值如下。

① 初步选定齿轮参数。

$$z_1=24,\quad z_2=uz_1=3.5\times 24=84$$

取 $\psi_d=1$ (查表 4-10)

初选 $\beta=14°$

② 计算小齿轮的名义转矩。

$$T_1=9550\frac{P}{n_1}=9550\times\frac{40}{960}\ \mathrm{N\cdot m}=398\ \mathrm{N\cdot m}=3.98\times10^5\ \mathrm{N\cdot mm}$$

③ 计算载荷系数 K。

$$K_A=1(\text{查表 4-7})$$

初估速度

$$v'=4\ \mathrm{m/s},\quad v'\frac{z_1}{100}=4\times\frac{24}{100}=0.96$$

$$K_v=1.06(\text{查图 4-22(b)})$$

$$\varepsilon_\alpha=\left[1.88-3.2\left(\frac{1}{z_1}+\frac{1}{z_2}\right)\right]\cos\beta=\left[1.88-3.2\left(\frac{1}{24}+\frac{1}{84}\right)\right]\cos14°=1.66$$

$$\varepsilon_\beta=\frac{\psi_d z_1}{\pi}\tan\beta=\frac{1\times24}{\pi}\tan14°=1.9(\text{由式(4-29)})$$

$$\varepsilon_y=\varepsilon_\alpha+\varepsilon_\beta=1.66+1.9=3.56$$

$$K_\alpha=1.38(\text{查图 4-23})$$

$$K_\beta=1.28(\text{查图 11-24})$$

$$K=K_AK_vK_\alpha K_\beta=1\times1.06\times1.38\times1.28=1.87$$

④ 查取复合齿形系数 Y_{FS}。

$$z_{v1}=\frac{z_1}{\cos^3\beta}=\frac{24}{\cos^3 14°}=26.27,\text{查图 4-26,得 }Y_{FS1}=4.2$$

$$z_{v2}=\frac{z_2}{\cos\beta}=\frac{84}{\cos^3 14°}=91.95,\text{查图 4-26,得 }Y_{FS2}=3.95$$

⑤ 计算大、小齿轮的 $\frac{Y_{FS}}{[\sigma_F]}$ 并加以比较。

$$\frac{Y_{FS1}}{[\sigma_F]_1}=\frac{4.2}{460}=0.0091>\frac{Y_{FS2}}{[\sigma_F]_2}=\frac{3.95}{460}=0.0087$$

⑥ 计算重合度系数 Y_ε。

$$Y_\varepsilon=0.25+\frac{0.75}{\varepsilon_\alpha}=0.25+\frac{0.75}{1.66}=0.7018(\text{由式(4-22)})$$

⑦ 计算螺旋角系数 Y_β。

$$Y_\beta=1-\varepsilon_\beta\frac{\beta°}{120°}=1-1\times\frac{14°}{120°}=0.8833(\text{由式(4-39)})$$

⑧ 设计计算。

$$m_n=\sqrt[3]{\frac{2KT_1\cos^2\beta}{\psi_d z_1^2[\sigma_F]}Y_{FS}Y_\varepsilon Y_\beta}$$

$$=\sqrt[3]{\frac{2\times1.87\times3.98\times10^5\times\cos^2 14^\circ}{1\times24^2}\times0.0091\times0.7018\times0.8833}\ \text{mm}$$

$$=2.38\ \text{mm}$$

取 $m_n=2.5$ mm(查表 4-1)

(3) 几何尺寸计算。

① 计算中心距 a。

$$a=\frac{m_n(z_1+z_2)}{2\cos\beta}=\frac{2.5\times(24+84)}{2\times\cos14^\circ}\ \text{mm}=139.125\ \text{mm}(取\ a=139\ \text{mm})$$

② 修正螺旋角 β。

$$\beta=\arccos\left(\frac{z_1+z_2}{2a}m_n\right)=\arccos\left(\frac{24+84}{2\times139}\times2.5\right)=13^\circ50'$$

因 β 值与初选值相比改变不大,故参数 ε_α、K_α 等不必修正。

③ 计算大、小齿轮的分度圆直径 d_1、d_2 及 b_1、b_2。

$$d_1=\frac{m_n z_1}{\cos\beta}=\frac{2.5\times24}{\cos13^\circ50'}=61.79\ \text{mm}$$

$$d_2=\frac{m_n z_1}{\cos\beta}=\frac{2.5\times84}{\cos13^\circ50'}=216.27\ \text{mm}$$

$$b=\psi_d d_1=1\times61.79\ \text{mm}=61.79\ \text{mm}$$

圆整后,取 $b_2=62$ mm,$b_1=67$ mm

(4) 校核齿面接触疲劳强度。

$$Z_\varepsilon=\sqrt{\frac{4-\varepsilon_\alpha}{3}(1-\varepsilon_\beta)+\frac{\varepsilon_\beta}{\varepsilon_\alpha}}=\sqrt{\frac{4-1.66}{3}(1-1)+\frac{1}{1.66}}=0.766(由式(4\text{-}35))$$

$$Z_\beta=\sqrt{\cos\beta}=\sqrt{\cos 13^\circ50'}=0.9855(由式(4\text{-}36))$$

$$Z_E=189.8\ \sqrt{\text{MPa}}(查表\ 4\text{-}8)$$

$$Z_H=2.42(查图\ 4\text{-}25)$$

$$\sigma_H=Z_E Z_H Z_\varepsilon Z_\beta\sqrt{\frac{2KT_1}{bd_1^2}\frac{u+1}{u}}$$

$$=189.8\times2.42\times0.776\times0.98\sqrt{\frac{2\times1.87\times3.98\times10^5}{52\times61.79^2}\times\frac{4.5}{3.5}}\ \text{MPa}$$

$$=1084.5\ \text{MPa}<[\sigma_H]$$

故接触疲劳强度足够。

(5) 齿轮的实际圆周速度。

$$v=\frac{\pi d_1 n_1}{60\times1000}=\frac{\pi\times61.79\times960}{60\times1000}=3.1<v'=4\ \text{m/s}(\text{初估值})$$

对照表4-4知,齿轮选7级精度是合适的;且由于$\frac{v'z_1}{100}$与$\frac{vz_1}{100}$所选K_v值差距不大,对K影响很小,故无须修正以上设计计算。

(6) 结构设计及绘制齿轮零件图(从略)。

【学生设计题】 给定参数的斜齿轮减速器的设计。

试设计一斜齿圆柱齿轮减速器。该减速器用于重型机械上,由电动机驱动。已知传递功率$P=70$ kW,小齿轮转速$n_1=960$ r/min,齿数比$u=3$,载荷有中等冲击,单向运转,齿轮相对于轴承为对称布置,工作寿命10年(设每年工作300 d),单班制工作。

思 考 题

1. 斜齿轮的几何参数为何有法面和端面之分,哪个面上的参数为标准参数?

2. 试比较直齿圆柱齿轮、斜齿圆柱齿轮、直齿锥齿轮的受力情况,说明总压力与各分力的大小及方向。

3. 斜齿轮传动的正确啮合条件及重合度计算与直齿轮传动比较,有哪些相同处和不同处?

4. 什么是斜齿轮的当量直齿圆柱齿轮?其当量齿数如何计算,它有什么用途?

练 习 题

4-8 原有一对标准直齿圆柱齿轮传动,已知$z_1=19$,$z_2=53$,$m=2.5$ mm,为把中心距圆整成尾数为0或5的整数,拟采用斜齿圆柱齿轮传动。现要求在不改变模数和齿数的前提下,确定斜齿轮的螺旋角、分度圆直径、齿顶圆直径和当量齿数。

4-9 某两级斜齿圆柱齿轮减速器的传递功率$P=40$ kW,电动机驱动,长期使用,双向运转,高速级转速$n_1=1\ 470$ r/min,齿数$z_1=19$,$z_2=63$,模数$m_n=3$ mm,螺旋角$\beta=18°53'18''$,齿宽$b_1=60$ mm,$b_2=55$ mm,小齿轮材料是20CrMnTi(渗碳淬火HRC59),大齿轮材料是20Cr(渗碳淬火HRC59)。试校核

高速级齿轮传动的强度。

4-10　设计小型航空发动机中的一对斜齿圆柱齿轮传动，已知功率 $P=130$ kW，转速 $n_1=11640$ r/min，$z_1=23$，$z_2=73$，寿命 $L_h=100$ h，小齿轮作悬臂布置，使用系数 $K=1.25$。

任务 4-3　给定参数的直齿锥齿轮传动设计

【任务分析】

直齿圆柱齿轮和斜齿圆柱齿轮可以传递两根轴线互相平行的传动轴之间的运动和动力。在齿轮传动设计时有些场合需要设计两根轴线相交的传动轴来传递运动和动力，这时，我们可以采用直齿锥齿轮传动。通过本次任务相关知识的学习，掌握直齿锥齿轮传动设计的基本方法。

知识点 1

直齿锥齿轮

锥齿轮用于相交两轴之间的传动。和圆柱齿轮传动相似，两对锥齿轮的运动相当于一对节圆锥的纯滚动。除了节圆锥之外，锥齿轮还有分度圆锥、齿顶圆锥、齿根圆锥和基圆锥。图 4-50 所示为一对正确安装的标准锥齿轮，其节圆锥与分度圆锥重合。

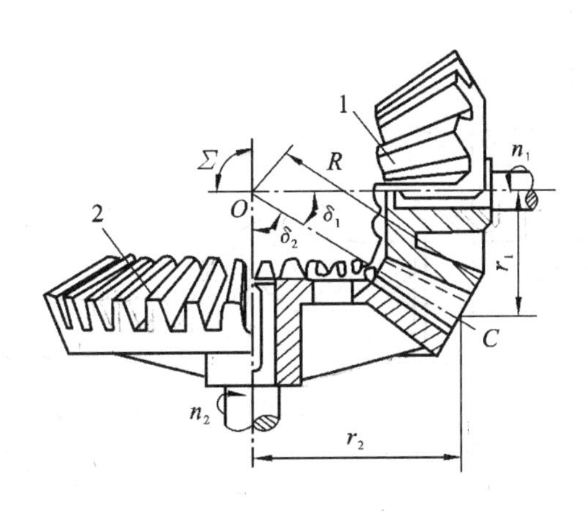

图 4-50　锥齿轮传动

设 δ_1 和 δ_2 分别为小锥齿轮和大锥齿轮的分度圆锥角。Σ 为两轴线的交角,因

$$r_2=\overline{OC}\sin\delta_2,\quad r_1=\overline{OC}\sin\delta_1$$

故传动比

$$i=\frac{w_1}{w_2}=\frac{z_2}{z_1}=\frac{r_2}{r_1}=\frac{\sin\delta_2}{\sin\delta_1} \tag{4-40}$$

$\Sigma=\delta_1+\delta_2$,在大多数情况下,$\Sigma=90°$,这时

$$i=\frac{w_1}{w_2}=\frac{z_2}{z_1}=\frac{r_2}{r_1}=\cot\delta_1=\tan\delta_2 \tag{4-41}$$

锥齿轮按其轮齿齿长形状可分为直齿、斜齿、圆弧齿等几种。直齿锥齿轮应用较广;斜齿锥齿轮由于加工困难,应用很少,并逐渐被弧齿锥齿轮所代替;弧齿锥齿轮需要专门机床加工,但较直齿锥齿轮传动平稳、承载能力强,正在汽车、拖拉机及煤矿机械中推广使用。

1. 直齿锥齿轮的传动比和几何尺寸的计算

一对轴交角 $\Sigma=90°$的标准直齿锥齿轮传动,如图 4-51 所示,直齿锥齿轮的几何尺寸计算都以大端为基准,故大端模数为标准模数。直齿锥齿轮各部分的名称和几何尺寸计算见表 4-13。由图 4-51 可以看出,轮齿啮合处的顶隙由大端逐渐向小端缩小,这种情况称为不等顶隙收缩齿。此外还有一种等顶隙收缩齿,如图 4-52 所示,即它的顶隙沿齿宽方向相等,都是 $0.2m$。显然,这时顶圆锥与分度圆锥的锥顶不再重合,顶锥角 $\delta_a=\delta+\theta_a$。

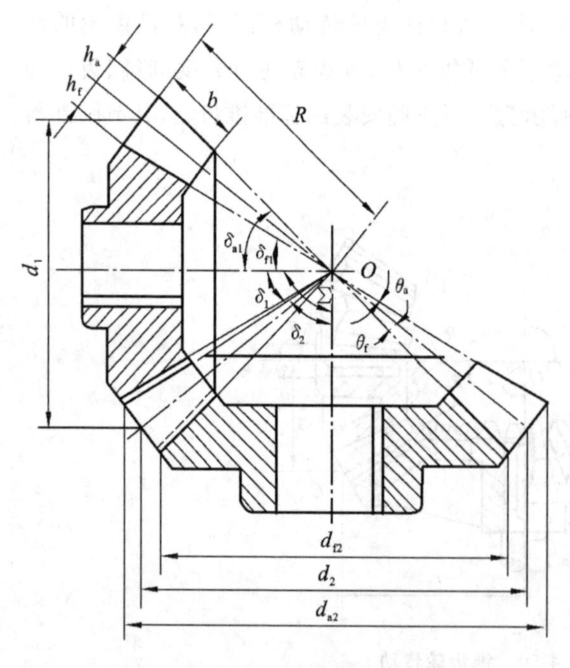

图 4-51 直齿锥齿轮的几何尺寸

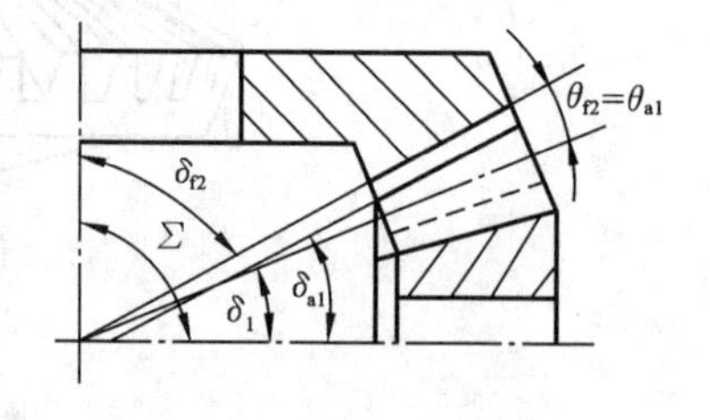

图 4-52 等顶隙收缩齿

表 4-13 标准锥齿轮几何尺寸计算公式($\Sigma=90°$)

名称代号	计算公式
模数 m	取大端模数为标准模数
分度圆直径 d	$d_1=m\cdot z_1$, $d_2=m\cdot z_2$
齿宽中点分度圆直径(平均分度圆直径)d_m	$d_{m1}=\left(1-0.5\dfrac{b}{R}\right)d_1$, $d_{m2}=\left(1-0.5\dfrac{b}{R}\right)d_2$
锥距 R	$R=\dfrac{d_1}{2\sin\delta_1}=\dfrac{d_2}{2\sin\delta_2}=\dfrac{m}{2}\sqrt{z_1^2+z_2^2}$
齿宽 b	$10m\geqslant b=\psi_R\cdot R\leqslant\dfrac{R}{3}$,$\psi_R$—齿宽系数,一般取 $\psi_R=0.25\sim0.35$
齿顶高 h_a	$h_a=m$
齿根高 h_f	$h_f=1.2m$
齿全高 h	$h=2.2m$
齿顶圆直径 d_a	$d_{a1}=d_1+2m\cos\delta_1=m(z_1+2\cos\delta_1)$ $d_{a2}=d_2+2m\cos\delta_2=m(z_2+2\cos\delta_2)$
齿根圆直径 d_f	$d_{f1}=d_1-2.4m\cos\delta_1=m(z_1-2.4\cos\delta_1)$ $d_{f2}=d_2-2.4m\cos\delta_2=m(z_2-2.4\cos\delta_2)$
齿顶角 θ_a	$\tan\theta_a=\dfrac{h_a}{R}$
齿根角 θ_f	$\tan\theta_f=\dfrac{h_f}{R}$
顶锥角 δ_a	$\delta_a=\delta+\theta_a$
根锥角 δ_f	$\delta_f=\delta+\theta_f$

2. 直齿锥齿轮的当量齿数

与斜齿圆柱齿轮一样,为了近似地将直齿圆柱齿轮原理(包括啮合理论及强度计算)应用到直齿锥齿轮上,也需要找出直齿锥齿轮的当量圆柱齿轮,即找出与锥齿轮大端齿形相当的直齿圆柱齿轮。

如图 4-53(a)所示,设 OAA' 为分度圆锥,$O'A$ 垂直 OA;$O'A'$ 垂直 OA',则 $O'AA'$ 称为直齿锥齿轮的背锥。以大端的齿形作为背锥上的齿形(其模数、压力角相同),并将背锥上的齿形随同背锥一起展开,再补足成完整的圆柱齿轮,如图 4-53(b)所示,这个齿轮就是该锥齿轮的当量圆柱齿轮,其齿数称为当量齿数,用 z_v 表示。

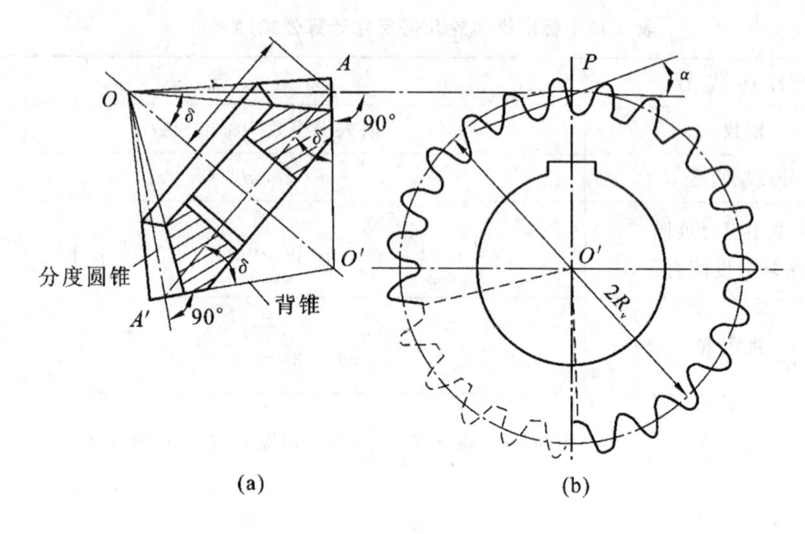

图 4-53　当量圆柱齿轮

(a)直齿锥齿轮;(b)当量齿轮

$$z_v = \frac{z}{\cos\delta} \tag{4-42}$$

标准锥齿轮不产生切齿干涉的最少齿数应为

$$z_{min} = z_{vmin}\cos\delta$$

3. 直齿锥齿轮的强度计算

1) 受力分析

如图 4-54 所示为直齿锥齿轮传动从动轮的受力情况。不计摩擦,假设法向力 F_1位于通过齿宽中点并垂直于分度圆锥母线,其方向垂直于齿廓。法向力 R 可分解为相互垂直的三个分力:

$$\left.\begin{aligned} &\text{切向力} \quad F_t = \frac{2\times10^3 T_1}{d_{m1}} \\ &\text{径向力} \quad F_{r1} = F'\cos\delta_1 = F_t\tan\alpha\cos\delta_1 \\ &\text{轴向力} \quad F_{a1} = F'\sin\delta_1 = F_t\tan\alpha\sin\delta_1 \end{aligned}\right\} \tag{4-43}$$

切向力的方向在主动轮上与回转方向相反,在从动轮上与回转方向相同;径向力的方向分别指向各自的轮心,轴向力的方向分别指向各自的大端,且有如下关系 $F_{r1}=-F_{a2}$,$F_{r2}=-F_{a1}$,负号表示方向相反,如图 4-55 所示。

2) 强度计算

直齿锥齿轮传动的强度计算比较复杂。为了简化计算,可近似地用齿宽中点处背锥所形成的当量直齿圆柱齿轮的强度计算代替,即用中点处的当量齿轮的有关参数代入式(4-17)、式(4-18),并根据中点处当量齿轮的参数与锥齿轮参数的关系,以锥齿轮参数取代当量齿轮的参数,即可以得到直齿锥齿轮传动的强

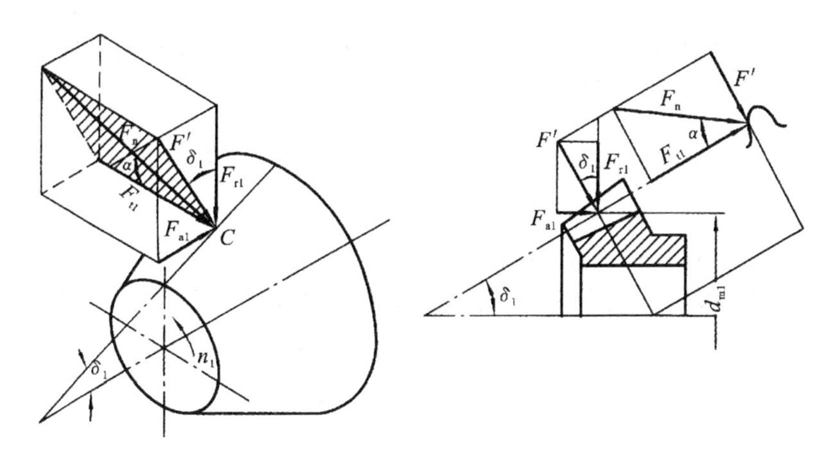

图 4-54　直齿锥齿轮受力分析

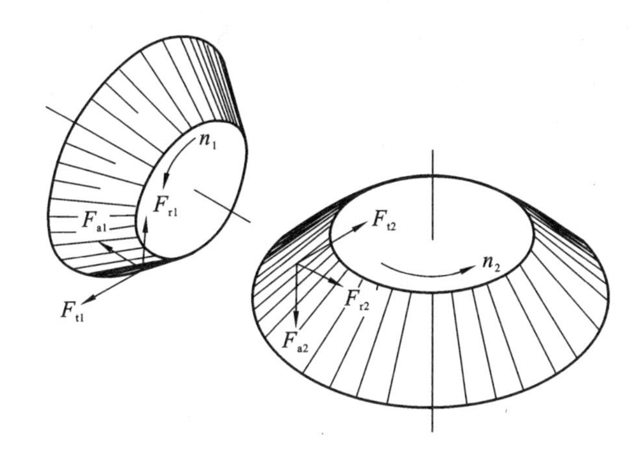

图 4-55　主、从动轮受力分析

度计算公式。锥齿轮制造精度较低。轮齿的刚度大端大、小端小。沿齿宽的载荷分布不均匀程度比圆柱齿轮严重，故锥齿轮齿宽不宜太大。在强度计算中忽略与重合度有关的系数影响，取齿间载荷分配系数 $K_{\alpha}=1$，重合度系数 $Z_{\varepsilon}=Y_{\varepsilon}=1$。

（1）接触强度计算。

接触疲劳强度校核公式

$$\sigma_{H}=Z_{E}Z_{H}\sqrt{\frac{4KT_{1}}{\psi_{R}(1-0.5\psi_{R})^{2}d_{1}^{3}u}}\leqslant[\sigma_{H}] \quad (4\text{-}44)$$

接触疲劳强度设计公式

$$d_{1}\geqslant\sqrt[3]{\frac{4KT_{1}}{\psi_{R}(1-0.5\psi_{R})^{2}u}\left(\frac{Z_{E}Z_{H}}{[\sigma_{H}]}\right)^{2}} \quad (4\text{-}45)$$

式中的有关系数和数据的计算方法如下：

① 载荷系数 $K=K_{A}K_{v}K_{\beta}$，使用系数 K_{A} 查表 4-7；动载系数 K_{v}，根据齿宽中

点的圆周速度由图 4-22(a)查取;齿向载荷分布系数 K_β,根据齿宽系数 ψ_{dm} 由图 4-24 查取。齿宽系数 ψ_{dm} 由下式计算。

$$\psi_{dm}=\frac{b}{d_{m1}}=\frac{\psi_R R}{d_{m1}}=\frac{\psi_R d_1\sqrt{u^2+1}}{2(1-0.5\psi_R)d_1}=\frac{\psi_R\sqrt{u^2+1}}{2-\psi_R} \tag{4-46}$$

式中:d_{m1}——小齿轮的平均分度圆直径。

通常取 $\psi_R=0.25\sim0.35$,最常用值为 $\psi_R=0.33$。

② 弹性系数 Z_E 查表 4-8;节点区域系数 Z_H 由图 4-25 查取;许用接触应力 $[\sigma_H]$ 由式(4-23)计算。

(2) 弯曲强度计算。

弯曲疲劳强度校核公式

$$\sigma_F=\frac{2KT_1Y_{FS}}{bd_{m1}m_m}=\frac{2KT_1Y_{FS}}{bm_m^2z_1}\leqslant[\sigma_F] \tag{4-47}$$

式中:m_m——平均模数,mm;式中的复合齿形系数 Y_{FS} 按当量齿数 z_v 由图 4-26 查取;许用弯曲应力 $[\sigma_F]$ 由式(4-24)计算;b 可表示为

$$b=R\psi_R=d_1\psi_R\frac{\sqrt{u^2+1}}{2}$$

$$=mz_1\psi_R\frac{\sqrt{u^2+1}}{2}$$

平均模数 m_m 和大端模数 m 有下列关系:

$$\frac{d_1}{d_{m1}}=\frac{m}{m_m}$$

所以

$$m_m=m(1-0.5\psi_R)$$

故弯曲疲劳校核公式又可写成

$$\sigma_F=\frac{4KT_1Y_{FS}}{\psi_R(1-0.5\psi_R)^2m^3z_1^2[\sigma_F]\sqrt{u^2+1}}\leqslant[\sigma_F] \tag{4-48}$$

弯曲疲劳强度设计公式

$$m\geqslant\sqrt[3]{\frac{4KT_1Y_{FS}}{\psi_R(1-0.5\psi_R)^2z_1^2[\sigma_F]\sqrt{u^2+1}}} \tag{4-49}$$

【案例】 带式输送机直齿锥齿轮设计

案例 4-5 已知带式输送机直齿锥齿轮的输入功率 $P=3.5$ kW,小齿轮转速 960 r/min,齿数比 $u=3$,由电动机驱动,工作寿命 10 年(设每年工作 300 d),一班制,带式输送机工作经常满载,空载启动,工作有轻微振动,不反转。试设计此带式输送机直齿锥齿轮。

解 设计步骤如下。

1. 选定齿轮精度等级、材料及齿数

1) 选定齿轮精度等级

锥-圆柱齿轮减速器为通用减速器,速度不高,故选用 8 级精度(查表 4-4)。

2）材料选择

由表 4-5 选择小齿轮材料为 40Cr（调质），硬度为 250 HBS，大齿轮材料为 45 钢（调质），硬度为 220 HBS。

3）确定齿轮齿数

选小齿轮齿数 $z_1=25$，大齿轮齿数 $z_2=3\times25=75$。

2. 按齿面接触疲劳强度设计

由设计计算公式进行试算，即

$$d_{1t}\geqslant\sqrt[3]{\frac{4KT_1}{\psi_R(1-0.5\psi_R)^2u}\left(\frac{Z_EZ_H}{[\sigma_H]}\right)^2}$$

1）确定公式内的各计算数值

（1）试选载荷系数 $K=1.8$。

（2）计算小齿轮的转矩

$$T_2=\frac{9.55\times10^6\ P}{n}=\frac{9.55\times10^6\times3.5}{960}\ \text{N}\cdot\text{mm}=34818\ \text{N}\cdot\text{mm}$$

（3）选齿宽系数 $\psi_R=0.33$

（4）由图 4-27(a)按齿面硬度查得小齿轮的接触疲劳强度极限 $\sigma_{Hlim}=750$ MPa，大齿轮的接触疲劳强度极限 $\sigma_{Hlim}=600$ MPa

（5）由表 4-8 查得材料的弹性系数 $Z_E=189.8\sqrt{\text{MPa}}$

（6）由图 4-25 查节点区域系数 $Z_H=2.5$

（7）计算应力循环次数：

$$N_1=60njL_h=60\times960\times1\times(1\times8\times300\times10)=1.3824\times10^9$$

$$N_2=\frac{1.3824\times10^9}{3.5}=3.9497\times10^8$$

（8）由图 4-63 取接触疲劳寿命系数：$Y_{N1}=0.84$， $Y_{N2}=0.84$

（9）计算接触疲劳许用应力

取失效概率为 1%，安全系数 $S_H=1$，得

$$[\sigma_H]_1=\frac{Y_{N1}\sigma_{Hlim1}}{S_H}=0.84\times750=630\ \text{MPa}$$

$$[\sigma_H]_2=\frac{Y_{N2}\sigma_{Hlim2}}{S_H}=0.84\times600=504\ \text{MPa}$$

2）计算

（1）试算小齿轮分度圆直径 d_{1t}，代入$[\sigma_H]$中较小的值

$$\begin{aligned}d_{1t}&\geqslant\sqrt[3]{\frac{4KT_1}{\psi_R(1-0.5\psi_R)^2u}\left(\frac{Z_EZ_H}{[\sigma_H]}\right)^2}\\&=\sqrt[3]{\frac{4\times1.8\times34818}{0.33(1-0.5\times0.33)^2\times3}\left(\frac{189.8\times2.5}{504}\right)^2}\ \text{mm}\\&=68.54\ \text{mm}\end{aligned}$$

(2) 计算圆周速度 v

$$v=\frac{\pi d_{1t}n_2}{60\times 1000}=\frac{3.14\times 68.54\times 960}{60\times 1000}\ \text{m/s}=3.44\ \text{m/s}$$

(3) 计算载荷系数

由表 4-7 查得使用系数 $K_A=1.25$

根据 $v=3.44$ m/s,8 级精度,由图 4-22(a)查得动载系数 $K_v=1.14$

根据大齿轮两端支承,小齿轮作悬臂布置,由式(4-46)得

$$\psi_{dm}=\frac{\psi_R\sqrt{u^2+1}}{2-\psi_R}=\frac{0.33\sqrt{3^2+1}}{2-0.33}=0.625$$

查图 4-24 得齿向载荷分布系数 $K_\beta=1.34$

载荷系数 $K=K_AK_vK_\alpha K_\beta=1.25\times 1.14\times 1.34=1.91$

(4) 按实际的载荷系数校正所算得的分度圆直径,得

$$d_1=d_{1t}\sqrt[3]{\frac{K}{K_t}}=68.54\times\sqrt[3]{\frac{1.91}{1.8}}\ \text{mm}=69.91\ \text{mm}$$

(5) 计算模数 m

$$m=\frac{d_1}{z_1}=\frac{69.91}{25}\ \text{mm}=2.80\ \text{mm}$$

取标准值 $m=3$ mm。

(6) 计算齿轮相关参数

$$d_1=mz_1=3\times 25\ \text{mm}=75\ \text{mm}$$

$$\delta_2=\arctan u=\arctan 3=71^\circ 33'54''$$

$$\delta_1=90^\circ-\delta_2=18^\circ 26'6''$$

$$R=\frac{m}{2}\sqrt{z_1^2+z_2^2}=\frac{3}{2}\sqrt{25^2+75^2}\ \text{mm}=118.59\ \text{mm}$$

(7) 圆整并确定齿宽

$$b=\psi_R R=0.33\times 118.59\ \text{mm}=39.13\ \text{mm}$$

圆整取 $b_2=40$ mm,$b_1=45$ mm。

3. 校核齿根弯曲疲劳强度

(1) 确定弯曲强度载荷系数

$$K=K_AK_vK_\alpha K_\beta=1.25\times 1.14\times 1.34=1.91$$

(2) 计算当量齿数

$$z_{v1}=\frac{z_1}{\cos\delta_1}=\frac{25}{\cos 18^\circ 26'6''}=26.35$$

$$z_{v2}=\frac{z_2}{\cos\delta_2}=\frac{75}{\cos 71^\circ 33'54''}=237.17$$

(3) 由图 4-26 查得齿形系数

$$Y_{FS1}=4.27,\quad Y_{FS2}=3.9$$

(4) 由图 4-28(a)查得小齿轮的弯曲疲劳强度极限 $\sigma_{Flim1}=300$ MPa,大齿轮

的弯曲疲劳强度极限 $\sigma_{Flim2}=240$ MPa。

(5) 计算弯曲疲劳许用应力

取弯曲疲劳安全系数 $S_F=1$，得

$$[\sigma_F]_1=\frac{300}{1}\ \text{MPa}=300\ \text{MPa}$$

$$[\sigma_F]_2=\frac{240}{1}\ \text{MPa}=240\ \text{MPa}$$

(6) 校核弯曲强度

根据弯曲强度条件公式进行校核

$$\sigma_{F1}=\frac{4KT_1Y_{FS1}}{\psi_R(1-0.5\psi_R)^2z_1^2m^3\ \sqrt{u^2+1}}$$
$$=\frac{4\times1.91\times34818\times4.27}{0.33\times(1-0.5\times0.33)^2\times25^2\times3^3\sqrt{3^2+1}}\ \text{MPa}=92.51\ \text{MPa}\leqslant[\sigma_F]_1$$

$$\sigma_{F2}=\frac{4KT_1Y_{FS2}}{\psi_R(1-0.5\psi_R)^2z_1^2m^3\ \sqrt{u^2+1}}$$
$$=\frac{4\times1.91\times34818\times3.9}{0.33\times(1-0.5\times0.33)^2\times75^2\times3^3\sqrt{3^2+1}}\ \text{MPa}=9.39\ \text{MPa}\leqslant[\sigma_F]_2$$

满足弯曲强度，所选参数合适。

【学生设计题】 给定参数的直齿锥齿轮传动设计。

已知闭式直齿锥齿轮传动($\Sigma=90°$)，传递功率 $P=4$ kW，$n_1=960$ r/min，$i=3$，单向运转，载荷有中等冲击，每天工作 10 h，使用年限 6 年。试设计此闭式直齿圆锥齿轮传动。

任务 4-4　蜗杆传动设计

【任务分析】

了解蜗杆传动的组成、类型及特点；了解圆柱蜗杆传动的主要参数和几何尺寸的计算公式；了解蜗杆、蜗轮的结构，蜗杆传动的失效形式、设计准则和材料的选择；掌握蜗杆传动的受力分析及蜗杆传动的强度计算；了解蜗杆传动的效率和热平衡计算；学会简单的蜗杆传动设计。

知识点 1

蜗杆传动设计

蜗杆传动用于传递空间两交错轴间的运动和动力，广泛应用于各种机械设备和仪表中，常用来减速。

1. 蜗杆传动的组成、类型及特点

1) 蜗杆传动的组成

蜗杆传动由蜗杆、蜗轮和机架组成(见图 4-56)，且蜗杆为主动件，轴交角为

图 4-56　蜗杆传动的组成

$\Sigma=90°$。蜗杆的外形与螺杆相似；蜗轮的外形与斜齿轮相似，但其分度圆柱面的母线改为了圆弧线，使之与螺杆螺旋线相互啮合。

2）蜗杆传动的分类

蜗杆传动可分为圆柱蜗杆传动、环面蜗杆传动、锥蜗杆传动三大类。圆柱蜗杆传动又包括普通圆柱蜗杆传动和圆弧圆柱蜗杆传动（ZC 蜗杆）两类。根据蜗杆的齿廓形状及形成机理不同，普通圆柱蜗杆传动又分为阿基米德圆柱蜗杆（ZA 型）、渐开线圆柱蜗杆（ZI 型）、法向直廓圆柱蜗杆（ZN 型）、锥面包络圆柱蜗杆（ZK 型）。

3）蜗杆传动的特点

与其他传动相比，蜗杆传动有以下特点：

（1）传动比大　一般动力传动中，$i=10\sim80$；在分度机构或手动机构中，i 可达 300，若主要是传递运动，i 可达 1000。

（2）工作平稳　由于蜗杆齿为连续不断的螺旋齿，故传动平稳，噪声小。

（3）可以实现自锁　在蜗杆传动中，蜗杆犹如螺杆，蜗杆传动作用力关系也和螺旋传动一样，故当蜗杆导程角小于蜗杆副的当量摩擦角时，蜗杆传动就具有自锁性。

（4）效率较低　由于蜗杆与蜗轮齿面间相对滑动速度很大，摩擦与磨损严重，故蜗杆传动效率较低。一般 $\eta=0.7\sim0.9$，自锁时 $\eta<0.5$。因此，在连续工作的闭式传动中，应具有良好的润滑和散热条件。

（5）蜗轮材料较贵　为了减摩和抗胶合，蜗轮材料常选用青铜合金制造，成本较高。

（6）不能实现互换　由于蜗轮是用与其匹配的蜗杆滚刀加工的，因此，仅模数和压力角相同的蜗杆与蜗轮是不能任意互换的。

蜗杆传动适用于传动比大、传递功率不大且不作长期连续运转的场合。由于普通圆柱蜗杆容易制造且在各种机械中得到广泛应用，这里仅讨论普通圆柱蜗杆传动。

2. 普通蜗杆传动的主要参数和几何尺寸的计算

1）普通蜗杆传动的主要参数

（1）模数 m 和压力角 α　包含蜗杆轴线并垂直蜗轮轴线的平面称为中间平面（见图 4-57）。在该平面内，蜗杆和蜗轮的啮合传动相当于渐开线齿轮与齿条的啮合传动，所以，蜗杆的轴向模数 m_{x1}，轴向压力角 α_{x1}，应分别与蜗轮的端面模数 m_{t2}，端面压力角 α_{t2} 相等，即

$$m_{x1}=m_{t2}=m$$

$$\alpha_{x1}=\alpha_{t2}=\alpha$$

式中的 m、α 为标准值，m 值应符合表 4-14 的规定。ZA 型蜗杆 $\alpha_x=20°$，ZI、ZN 型蜗杆的法向压力角 $\alpha_x=20°$。

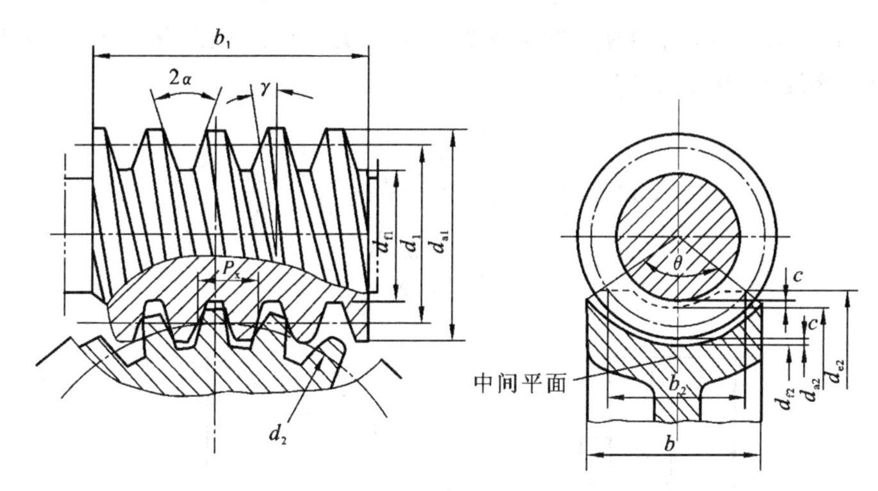

图 4-57 普通圆柱蜗杆传动的啮合

(2) 蜗杆分度圆直径 d_1 当用滚刀切制蜗轮时，为了减少滚刀的数量，国家标准对每个模数规定了几种蜗杆分度圆直径 d_1（见表 4-14），且

$$d_1 = mq \tag{4-50}$$

式中：q—— 蜗杆的直径系数。

表 4-14 蜗杆主要参数常用值及其匹配

模数 m/mm	分度圆直径 d_1/mm	蜗杆头数 z_1	(m^2d_1) /mm³	模数 m/mm	分度圆直径 d_1/mm	蜗杆头数 z_1	(m^2d_1) /mm³
3.15	(28)	1,2,4	277.8	8	(63)	1,2,4	4032
	35.5	1,2,4,6	352.2		80	1,2,4,6	5120
	(45)	1,2,4	446.5		(100)	1,2,4	6400
	56	1	556		140	1	8960
4	(31.5)	1,2,4	504	10	(71)	1,2,4	7100
	40	1,2,4,6	640		90	1,2,4,6	9000
	(50)	1,2,4	800		(112)	1,2,4	11200
	71	1	1136		160	1	16000
5	(40)	1,2,4	1000	12.5	(90)	1,2,4	14062
	50	1,2,4,6	1250		112	1,2,4	17500
	(63)	1,2,4	1575		140	1,2,4	21875
	90	1	2250		200	1	31250
6.3	(50)	1,2,4	1985	16	(112)	1,2,4	28672
	63	1,2,4,6	2500		140	1,2,4	35840
	(80)	1,2,4	3175		(180)	1,2,4	46080
	112	1	4445		250	1	64000

注：括号中的数值尽可能不采用；m=1,1.25,1.6,2,2.5 未列入表中。

（3）蜗杆导程角 γ 和蜗轮螺旋角 β　设蜗杆头数为 z_1，轴向齿距为 p_x。蜗杆类似一螺旋状，由图 4-58 得

$$S=z_1 p_x$$

$$\tan\gamma=\frac{S}{\pi d_1}=\frac{z_1 p_x}{\pi d_1}=\frac{z_1 \pi m}{\pi d_1}=\frac{z_1 m}{d_1}=\frac{z_1}{q} \tag{4-51}$$

或

$$d_1=\frac{z_1 m}{\tan\gamma} \tag{4-52}$$

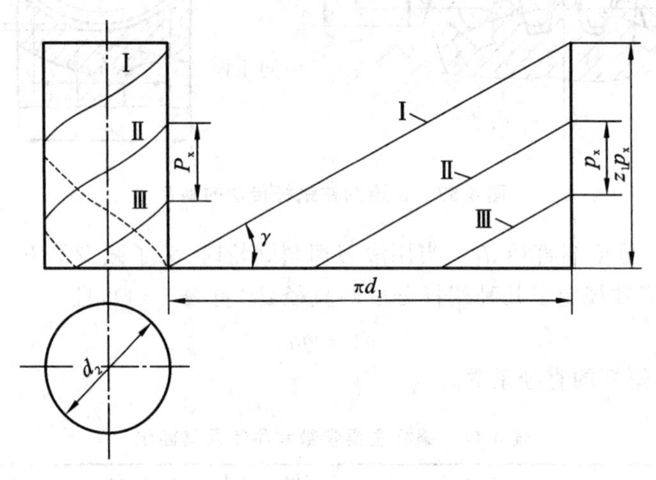

图 4-58　蜗杆分度圆上导程角 γ

对于普通圆柱蜗杆传动，为了保证正确啮合，还应保证 γ 与 β 大小相等，旋向相同，即 $\gamma=\beta$，γ 角的范围为 3°～3.5°，不同 z_1 时所用的 γ 值见表 4-15。

表 4-15　各种传动比时推荐的 z_1 和 z_2 值

蜗杆头数 z_1	1	2	4	6
导程角 γ	3°～8°	8°～16°	16°～30°	28°～33.5°
传动比 i	29～83	14.5～31.5	7.25～15.75	4.83～5.17
蜗轮齿数 z_2	29～83	29～63	29～63	29.31

（4）传动比 i、蜗杆头数 z_1 和蜗轮齿数 z_2。

① 蜗杆传动的传动比 i

$$i=\frac{n_1}{n_2}=\frac{z_2}{z_1}=\frac{d_2/m}{q\tan\gamma}=\frac{d_2}{d_1\tan\gamma} \tag{4-53}$$

式中：n_1、n_2——蜗杆、蜗轮的转速，r/min；

d_1、d_2——蜗杆、蜗轮分度圆直径，mm。

② 蜗杆头数 z_1。蜗杆头数一般为 $z_1=1$、2、4、6，当 z_1 过多时，难以制造较高

精度的蜗杆与蜗轮，传动比大且要求自锁的蜗杆传动取 $z_1=1$。

③ 蜗轮齿数 z_2。一般取 $z_2=27\sim80$。z_2 增多可以增加同时参与啮合的齿数，改善运动平稳性，但是，当 $z_2>80$ 时，会导致模数过小而削弱轮齿齿根强度或使蜗杆轴刚度下降；当 $z_2<27$ 时，蜗轮齿将产生根切与干涉现象。

不同 z_1 时，i、γ 和 z_2 值的荐用范围见表 4-15。

2）普通圆柱蜗杆传动的几何尺寸计算

蜗杆传动参数和尺寸计算以中间平面为基准（见图 4-57），计算公式见表 4-16。普通圆柱蜗杆传动的参数匹配见表 4-17。

表 4-16　圆柱蜗杆传动基本几何尺寸计算公式

名　称	符号	计 算 公 式
非变位传动中心距	a	$a=\frac{1}{2}(d_1+d_2)=\frac{m}{2}(q+z_2)$
变位传动中心距	a'	$a'=a+x_2m=\frac{m}{2}(q+z_2+2x_2)$
蜗杆轴向齿距	p_x	$p_x=\pi m$
蜗杆导程	S	$S=e_1p_x$
蜗杆直径系数	q	$q=\frac{d_1}{m}=\frac{z_1}{\tan\gamma}$
蜗杆分度圆直径	d_1	$d_1=mq=\frac{mz_1}{\tan\gamma}$
蜗杆齿顶圆直径	d_{a1}	$d_{a1}=d_1+2h_{a1}=mq+2h_a^*m, h_a^*=1$
蜗杆齿根圆直径	d_{f1}	$d_{f1}=d_1-2h_{f1}=mq-2(h_a^*-x_2+c^*)m$
蜗杆导程角	γ	$\tan\gamma=\frac{mz_1}{d_1}=\frac{z_1}{q}$
蜗杆齿宽	b_1	建议 $b_1\approx2.5m\sqrt{z_2+1}$
蜗轮螺旋角	β	$\beta=\gamma$，旋向相同，常用右旋
蜗轮分度圆直径	d_2	$d_2=mz_2$
蜗轮齿顶圆（喉圆）直径	d_{a2}	$d_{a2}=d_2+2h_{a2}=mz_2+2(h_a^*+x_2)m$
蜗轮齿根圆直径	d_{f2}	$d_{f2}=d_2-2h_{f2}=mz_2-2(h_a^*-x_2+c^*)m$
蜗轮外圆直径	d_{e2}	$d_{e2}=d_{a2}+m$
蜗轮齿宽	b_2	$b_2\approx2m(0.5+\sqrt{q+1})z_1<3$ 时，$b_2\leqslant0.75d_{a1}$；$z_1\geqslant4$ 时，$b_2\leqslant0.67d_{a1}$
蜗轮齿宽角	θ	$\theta=2\arcsin\frac{b_2}{d_1}$
蜗轮宽度	b	当 $z_1=1,2$ 时，$b_2\leqslant0.75d_{a1}$；$z_1=4,6$ 时，$b_2\leqslant0.67d_{a1}$

表 4-17　普通圆柱蜗杆基本参数($\Sigma=90°$)(摘自 GB 10085—1988)

公称传动比 i	参数	中心距 a / mm																
		40	50	63	80	100	125	160	180	200	225	250	280	315	355	400	450	500
20[①]	z_2/z_1	38/2[①]	39/2[①]	39/2[①]	39/2[①]	41/2[①]	41/2[①]	41/2[①]	38/2[①]	41/2[①]	38/2[①]	41/2[①]	39/2[①]	41/2[①]	38/2[①]	41/2[①]	39/2[①]	41/2[①]
	m	1.6	2	2.5	3.15	4	5	6.3	8	8	10	10	12.5	12.5	16	16	20	20
	d	20	22.4	28	35.5	40	50	63	63	80	71	90	90	112	112	140	140	160
	x_2	−0.25	−0.1	+0.1	+0.2619	−0.5	−0.5	−0.1032	−0.4375	−0.5	−0.05	0	−0.2	+0.22	−0.3125	+0.125	−0.5	+0.5
25	z_2/z_1	——	51/2	51/2	53/2	53/2	51/2	53/2	48/2	53/2	47/2	52/2	48/2	53/2	49/2	54/2	49/2	53/2
	m	——	1.6	2	2.5	3.15	4	5	6.3	6.3	8	8	10	10	12.5	12.5	16	16
	d_1	——	20	22.4	28	35.5	40	50	63	63	80	80	90	90	112	112	112	140
	x_2	——	−0.5	+0.4	−0.1	−0.3889	+0.75	+0.5	−0.428	+0.246	−0.375	+0.25	−0.5	+0.5	−0.58	+0.52	+0.125	+0.375
30	z_2/z_1	29/1	31/1	29/1	31/1	31/1	31/1	31/1	61/2	31/1	61/2	31/1	61/2	31/1	61/2	31/1	63/2	31/1
	m	2	2.5	3.15	4	5	6.3	8	5	10	6.3	12.5	8	16	10	20	12.5	25
	d_1	22.4	25	35.5	40	50	63	80	50	90	63	112	80	140	90	160	112	200
	x_2	−0.1	−0.5	−0.1349	−0.5	−0.5	−0.6587	−0.5	+0.5	0	+0.2143	+0.02	−0.5	−0.1875	+0.5	+0.05	+0.02	0.5
40[①]	z_2/z_1	38/1[①]	39/1[①]	39/1[①]	39/1[①]	41/1[①]	41/1[①]	41/1[①]	38/1[①]	41/1[①]	38/1[①]	41/1[①]	38/1[①]	41/1[①]	38/1[①]	41/1[①]	39/1[①]	41/1[①]
	m	1.6	2	2.5	3.15	4	5	6.3	8	8	10	10	12.5	12.5	16	16	20	20
	d_1	20	22.4	28	35.5	40	50	63	63	80	71	90	90	112	112	140	140	160
	x_2	−0.25	−0.1	+0.1	+0.2619	−0.5	−0.5	−0.1032	−0.4375	−0.5	−0.05	0	−0.2	+0.22	−0.3125	+0.125	−0.5	+0.5
50	z_2/z_1	49/1	51/1	51/1	53/1	53/1	51/1	53/1	48/1	53/1	47/1	52/1	48/1	53/1	49/1	54/1	49/1	53/1
	m	1.25	1.6	2	2.5	3.15	4	5	6.3	6.3	8	8	10	10	12.5	12.5	16	16
	d_1	20	20	22.4	28	35.5	40	50	63	63	80	80	90	90	112	112	112	140
	x_2	−0.5	−0.5	+0.4	−0.1	−0.3889	+0.75	+0.5	−0.428	+0.246	−0.375	0.25	−0.5	+0.5	−0.58	+0.52	+0.125	+0.375

① 为基本传动比。

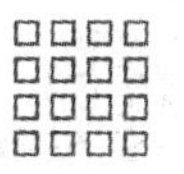

生产中常用变位蜗杆传动。变位的主要目的是凑配中心距或传动比，使之符合推荐值。蜗杆传动变位的方法与齿轮传动相同，也是在切削时将刀具移位。但在蜗杆传动中，由于切制蜗轮的蜗轮滚刀的参数尺寸与蜗杆相一致，为了保持刀具尺寸不变，故蜗杆尺寸不变，只对蜗轮进行变位。蜗轮变位系数 x_2 的范围为 $-0.5 \leqslant x_2 \leqslant +0.5$，最好取 x_2 为正值。

3）蜗杆、蜗轮的结构

（1）蜗杆的结构　通常蜗杆与轴做成一体，称为蜗杆轴（见图 4-59）。根据加工方法的不同，其结构有两种：

① 车制蜗杆（见图 4-59(a)），要求 $d_1 = d_{f1} + (2\sim4)\,\text{mm}$；② 铣制蜗杆（见图 4-59(b)），要求 $d_1 > d_{f1}$。

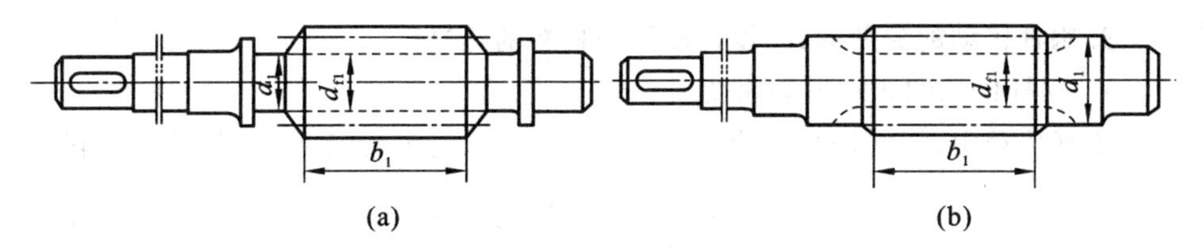

图 4-59　蜗杆轴

(a)车制蜗杆；(b)铣制蜗杆

当 $d_{f1}/d_1 \geqslant 1.7$ 时，可采用蜗杆齿轮圈配合于轴上。

（2）蜗轮的结构　蜗轮的典型结构见表 4-18。

表 4-18　蜗轮的典型结构

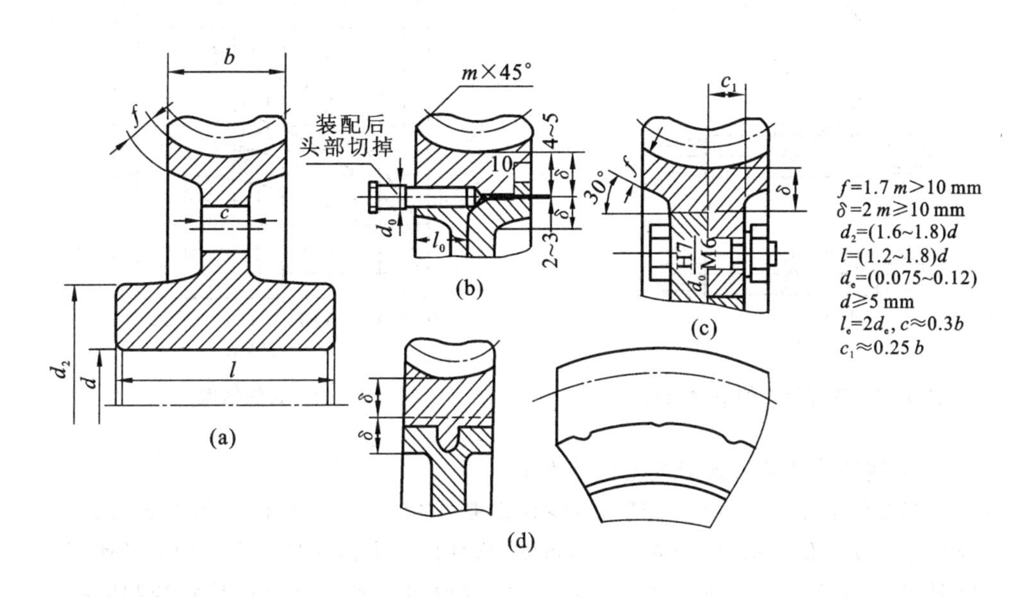

续表

结构形式	特　点
整体式	当直径小于 100 mm 时，可以用青铜铸成整体，当滑动速度 $v_1 \leqslant 2$ m/s 时，可用铸铁铸成整体
轮箍式	青铜轮缘与铸铁轮心通常采用$\frac{H7}{s6}$配合，并加台肩和螺钉固定。螺钉数为 6～12
螺栓连接式	铰制孔用螺栓连接，螺栓孔要同时铰制，其配合为$\frac{H7}{m6}$。螺栓数按剪切计算确定，并以轮缘受挤压，校核轮缘材料许用挤压应力 $\sigma_{jp}=0.3\sigma_s$。σ_s为轮缘材料的屈服强度

3. 蜗杆传动的失效形式、设计准则和材料的选择

1）蜗杆传动的相对滑动速度 v_s

蜗杆传动中，在蜗杆与蜗轮齿面间会产生很大的滑动速度 v_s，由图 4-60 得

$$v_s=\frac{v_1}{\cos\gamma}=\frac{\pi d_1 n_1}{60\times 1000\cos\gamma} \tag{4-54}$$

式中：v_s——蜗杆分度圆上的圆周速度，m/s；

d_1——蜗杆分度圆直径，mm；

n_1——蜗杆的转速，r/min；

γ——蜗杆分度圆导程角。

设计初，v_s的概略值见图 4-61。

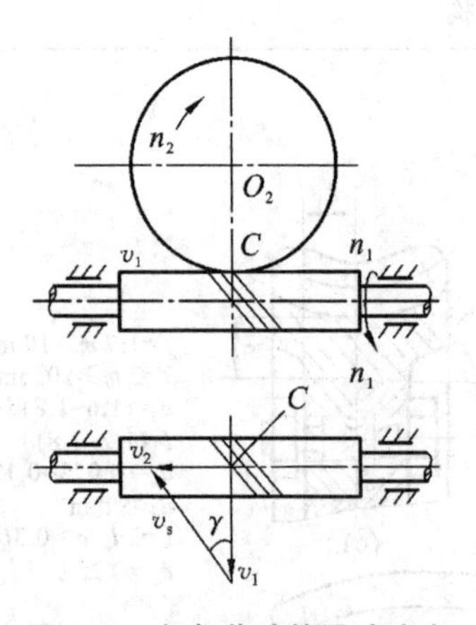

图 4-60　蜗杆传动的滑动速度

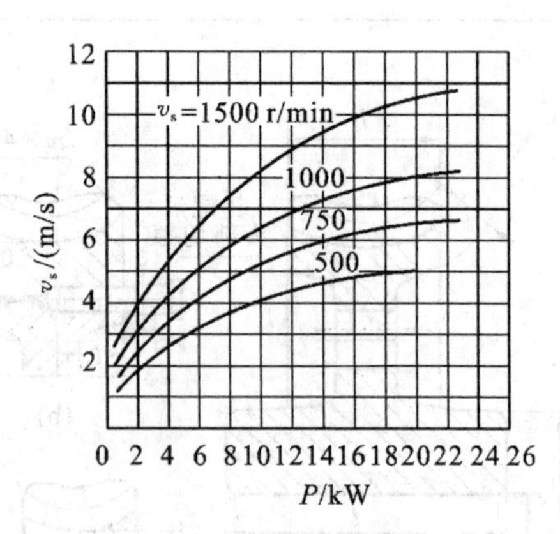

图 4-61　v_s的估值

2）蜗杆传动的失效形式及设计准则

蜗杆传动轮齿的受力情况与齿轮传动基本相同，故蜗杆传动的失效形式也与齿轮传动相似。但是，由式(4-49)可知，蜗杆传动齿面间具有很大的滑动速度，同时，传动效率低，发热量大。因此，蜗杆传动的主要失效形式是胶合和磨损。

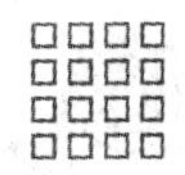

闭式蜗杆传动以胶合为主要失效形式，开式蜗杆传动主要是齿面磨损。由于目前对胶合和磨损的计算尚无成熟的方法，故仍按齿面接触疲劳强度和齿根弯曲疲劳强度进行条件性计算，只是在许用应力数值中适当考虑胶合和磨损的影响。

蜗杆材料的强度通常比蜗轮材料的高，且蜗杆齿为连续的螺旋齿，故蜗杆副的失效一般出现在蜗轮上。通常只对蜗轮进行承载能力计算。对闭式蜗杆传动，一般按齿面接触强度计算，并进行热平衡校核，只有当 $z>80\sim100$ 或蜗轮负变位时，才进行蜗轮齿根弯曲疲劳强度校核；对于开式蜗杆传动，只需进行齿根弯曲疲劳强度计算。

蜗杆通常为细长轴，过大的弯曲变形将导致啮合区接触不良，因此，当蜗杆轴的支承跨距较大时，应校核其刚度是否足够。

3）蜗杆和蜗轮的材料选择

根据蜗杆传动的失效特点，蜗杆副材料不但应具有足够的强度，而且还应具有良好的减磨性和抗胶合性能。实践证明，较理想的蜗杆副材料是磨削淬硬的钢制蜗杆匹配青铜蜗轮。

蜗杆常用材料为碳钢或合金钢。高速重载的传动，蜗杆常用低碳合金结构钢（如 20Cr、20CrMn、20CrNi 和 20CrMnTi 等）经渗碳淬火，表面硬度可达 50～63 HRC；中速中载传动，蜗杆常用优质碳素钢，或合金结构钢（如 45、40Cr、35CrMo 和 42SiMn 等）经表面淬火，表面硬度达到 45～55 HRC 低速、不重要的传动，可采用 45 钢调质处理，硬度达到 255～270 HBS。

常用蜗轮材料有铸造锡青铜、铸造铝铁青铜及灰铸铁等。锡青铜的抗胶合、减摩和耐磨性能最好，但价格较贵，用于 $v_s\geqslant5$ m/s 的重要传动；铝铁青铜具有足够的强度，并耐冲击，价格便宜，但胶合及耐磨性能不如锡青铜，一般用于 $v_s\leqslant5$ m/s 传动中；灰铸铁用于 $v_s\leqslant2$ m/s 不重要的场合。

4）蜗杆材料的许用应力

（1）许用接触应力$[\sigma_H]$　无锡青铜和灰铸铁蜗轮的许用接触应力见表 4-19。

表 4-19　灰铸铁及铸铝铁青铜蜗轮的许用接触应力$[\sigma_H]$

蜗轮材料	蜗杆材料	滑动速度 v_s/(m/s)							
		0.25	0.5	1	2	3	4	6	8
ZCuAl10Fe3、ZCuAl10Fe3Mn2	钢经淬火[1]	—	250	230	210	180	160	115	90
HT200、HT150(120～150HBS)	渗碳钢	202	182	154	115	—	—	—	—
HT150(120～150HBS)	调质或淬火钢	166	150	127	95	—	—	—	—

注：①蜗杆如未经淬火，其$[\sigma_H]$值需降低 20%。

各种蜗轮材料及 $N=10^7$ 时的许用接触应力见表 4-20。

锡青铜的许用接触应力按下式计算

$$[\sigma_H]=[\sigma'_H]Z_{vs}Z_N \tag{4-55}$$

式中：$[\sigma'_H]$——$N_L=10^7$时蜗轮轮缘材料的许用接触应力，MPa（见表4-20）；

Z_{vs}——滑动速度影响系数，查图4-62；

Z_N——接触强度计算的寿命系数，查图4-63；

N_L——应力循环次数，$N_L=60n_2jL_h$（其中n_2为蜗轮转速，r/min；j为蜗轮每转一周，每齿单侧啮合次数；L_h为工作寿命，h）。

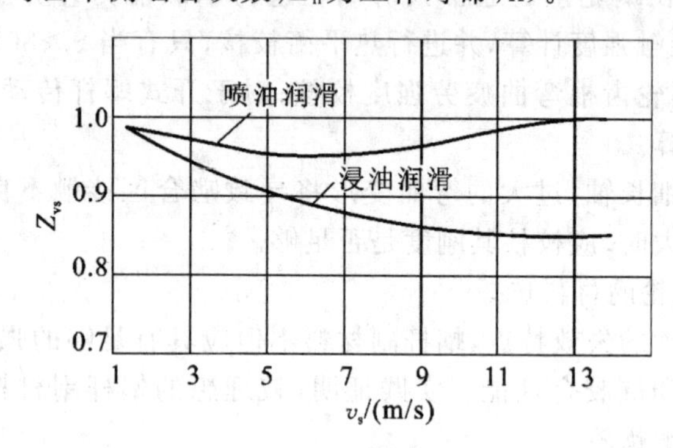

图4-62　滑动速度影响系数Z_{vs}

（2）许用弯曲应力$[\sigma_F]$

$$[\sigma_F]=[\sigma'_F]Y_N \tag{4-56}$$

式中：$[\sigma'_F]$——$N_L=10^6$时，蜗轮轮缘材料的许用弯曲应力，MPa，见表4-20；

Y_N——弯曲强度计算寿命的系数，查图4-63。

表4-20　$N=10^7$时蜗杆的许用接触应力$[\sigma'_H]$
$N=10^6$时蜗轮的许用弯曲应力$[\sigma'_F]$

蜗轮材料	铸造方法	适用的滑动速度 v_s/(m/s)	$[\sigma'_H]$/MPa 蜗杆齿面硬度 ≤350 HBS	$[\sigma'_H]$/MPa 蜗杆齿面硬度 >45 HRC	$[\sigma'_F]$/MPa 单侧受载
ZCuSn10P1	砂模	≤12	180	200	50
	金属模	≤25	200	220	70
ZCuSn5Pb5Zn5	砂模	≤10	110	125	32
	金属模	≤12	135	150	40
ZCuAl10Fe3	砂模	≤10	见表4-19		80
	金属模				90
ZCuAl10Fe3Mn2	砂模	≤10			—
	金属模				100
HT150	砂模	≤2			40
HT200	砂模	≤2～5			47

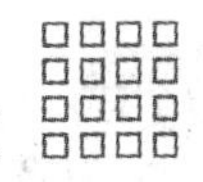

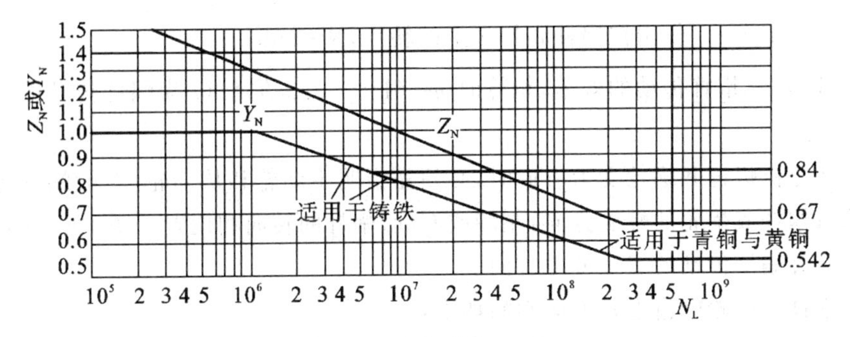

图 4-63　寿命系数 Z_N, Y_N

4. 蜗杆传动的强度计算

1）蜗杆传动的受力分析

蜗杆传动的受力分析与斜齿圆柱齿轮传动受力分析相似，在不计算摩擦力的情况下，作用在轮齿上的法向力 F_n。可分解为空间三个互相垂直的分力：圆周力 F_t、径向力 F_r 和轴向力 F_x。由图 4-64 可知

$$\left.\begin{aligned} F_{t1} &= \frac{2\,000T_1}{d_1} = -F_{x2} \\ F_{t2} &= \frac{2\,000T_2}{d_2} = -F_{x1} \\ F_{r2} &= F_{r2}\tan\alpha_{x1} = -F_{r1} \end{aligned}\right\} \tag{4-57}$$

$$T_2 = T_1 i\eta = 9\,550\frac{P_1}{n_1}i\eta$$

式中：d_1，d_2——蜗杆和蜗轮的分度圆直径，mm；

α_{x1}—— 蜗杆的轴向压力角，度；

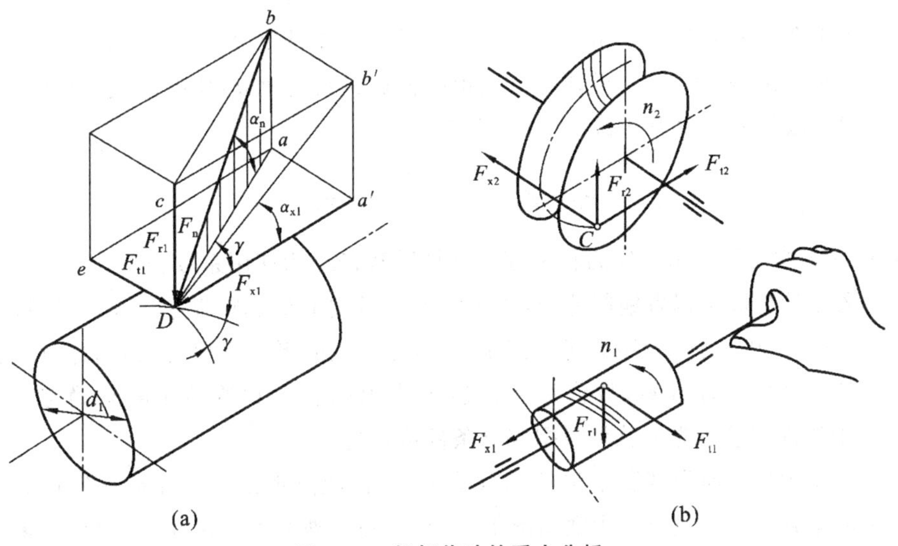

图 4-64　蜗杆传动的受力分析

T_1、T_2—— 作用在蜗杆和蜗轮上的转矩，N·mm；

η —— 蜗杆传动的效率，粗算时 $\eta=(100-3.5\sqrt{i})\%$（i 为蜗杆传动的传动比）。

在分析蜗杆和蜗轮受力方向时，必须先指明主动轮和从动轮（一般蜗杆为主动轮）；蜗杆或蜗轮的螺旋方向：左旋或右旋，蜗杆的转向和位置。图 4-60 所示为下置右旋蜗杆传动的三个分力方向。

蜗杆与蜗轮轮齿上各方向判断如下：

① 圆周力 F_t 的方向　主动轮圆周力 F_{t1} 与其节点速度方向相反，从动轮圆周力 F_{t2} 与其节点速度方向相同；

② 径向力 F_r 的方向　由啮合点分别指向各自轴心；

③ 轴向力 F_x 的方向　蜗杆主动时，蜗杆轴向力 F_{x1} 的方向由“主动轮左、右手定则”判定，右旋蜗杆用右手（左旋用左手），四指顺着蜗杆转动方向弯曲，大拇指指向即蜗杆轴向力 F_{x1} 的方向，蜗轮轴向力 F_{x2} 的方向与蜗杆圆周力 F_{t1} 的方向相反。

2）蜗杆传动的强度计算

蜗轮齿面的接触疲劳强度计算与斜齿轮相似。

（1）蜗轮齿面接触疲劳强度校核公式为

$$\sigma_H=500\sqrt{\frac{KT_2}{d_1d_2^2}}=500\sqrt{\frac{KT_1}{m^2d_1z_2^2}}\leqslant[\sigma_H] \tag{4-58}$$

式(4-58)适用于钢制蜗杆对青铜或铸铁蜗轮(指齿圈)。由式(4-58)得设计公式

$$m^2d_1\geqslant\left(\frac{500}{[\sigma_H]z_2}\right)^2KT_2 \tag{4-59}$$

上两式中 K 为载荷系数，一般 $K=1.1\sim1.4$。其余参数的单位：T_2 为 N·mm，$[\sigma_H]$ 和 σ 为 MPa，m、d_1、d_2 为 mm。设计时 m^2d_1 值由表 4-17 确定模数和蜗杆分度圆直径 d_1。

（2）以赫兹公式为基础，其强度校核公式为

$$\sigma_H=Z_EZ_\rho\sqrt{\frac{K_AT_2}{a^3}}\leqslant[\sigma_H]$$

式中：a 为中心距，mm；Z_E 为材料综合弹性系数；K_A 为使用系数。

若蜗轮齿圈是锡青铜制造的，蜗轮的失效形式主要是疲劳点蚀，其许用接触应力见表 4-20。若蜗轮用无锡青铜制造，蜗轮的失效形式主要是胶合，这时接触疲劳计算是条件性计算，故许用接触应力应根据组合和滑动速度来确定。表 4-19 中的许用接触应力就是根据胶合条件拟定的。

蜗轮轮齿弯曲强度所限定的承载能力，大都超过齿面点蚀和热平衡计算所限定的承载能力。只有在少数情况下，如在受到强烈冲击的传动中，或蜗轮采用脆性材料时，计算弯曲强度才有意义。需要计算时可参阅《机械设计手册》。

5. 蜗杆传动的效率和热平衡计算

1）蜗杆传动的效率

闭式蜗杆传动的功率损耗包括三部分：轮齿啮合时的摩擦损耗、轴承摩擦损耗和搅油损耗。故蜗杆传动的总效率为

$$\eta=\eta_1\eta_2\eta_3 \tag{4-60}$$

式中：η_1——蜗杆传动的啮合效率，其计算方法与螺旋传动的计算方法相同，当蜗杆为主动件时，$\eta_1=\dfrac{\tan\gamma}{\tan(\gamma+\rho_v)}$（其中 γ 为蜗杆导程角，ρ_v 为当量摩擦角，见表(4-21)）；

η_2——搅油效率，一般 $\eta_2=0.94\sim0.99$；

η_3—— 轴承效率，每对滚动轴承 $\eta_3=0.98\sim0.99$；每对滑动轴承 $\eta_3=0.97\sim0.99$。

蜗杆传动效率主要取决于 η_1，一般 η_1 随 γ 的增大而提高，但 $\gamma>28°$后，η_1 提高已不明显，而且大导程角的蜗杆制造困难，所以实际情况中，$\gamma\leqslant27°$。

表 4-21 圆柱蜗杆传动的当量摩擦角 ρ_v

蜗轮材料	锡青铜		无锡青铜	灰铸铁	
蜗杆齿面硬度	≥HRC	<45 HRC	≥45 HRC	≥45 HRC	<45 HRC
滑动速度 v_s/(m/s)	ρ_v	ρ_v	ρ_v	ρ_v	ρ_v
0.25	3°43′	4°17′	5°43′	5°43′	6°51′
0.50	3°09′	3°43′	5°09′	5°09′	5°43′
1.0	2°35′	3°09′	4°00′	4°00′	5°09′
1.5	2°17′	2°52′	3°43′	3°43′	3°43′
2.0	2°00′	2°35′	3°09′	3°09′	4°00′
2.5	1°43′	2°17′	2°52′	—	—
3.0	1°36′	2°00′	2°35′	—	—
4	1°22′	1°47′	2°17′	—	—
5	1°16′	1°40′	2°00′	—	—
8	1°02′	1°29′	1°43′	—	—
10	0°55′	1°22′	—	—	—
15	0°48′	1°09′	—	—	—

注：蜗杆齿面粗糙度 Ra 值为 0.2～0.8 μm。

2）蜗杆传动的热平衡计算

由于蜗杆传动效率较低，工作时发热量大，若散热不良，将使减速器温度和油温不断升高，润滑油稀释，变质老化，润滑失效，导致齿面胶合。所以对连续工作的闭式蜗杆传动，应进行热平衡计算。所谓热平衡是指蜗杆传动单位时间内由摩擦产生的热量 H_1 应小于等于同时间内由箱体表面散发的热量 H_2，即 $H_1 \leqslant H_2$，从而保证箱体内油温稳定在规定范围内。

单位时间内由摩擦产生的热量 $H_1 = 1000P_1(1-\eta)$，W；同时间内由箱体表面散发的热量 $H_2 = KA(t_1 - t_2)$，W。

根据热平衡条件 $H_1 \leqslant H_2$ 得

$$t_1 = \frac{1000P_1(1-\eta)}{KA} + t_0 \leqslant 70 \sim 80\ ℃（最高不超过 90\ ℃） \tag{4-61}$$

式中：P_1—— 蜗杆传动传递的功率，kW；

η—— 蜗杆传动的效率；

K—— 散热系数，W/(m^2 · ℃)，箱体内周围通风良好时，$K = 14 \sim 17.5$ W/(m^2 · ℃)，通风不良时，$K = 8.7 \sim 10.5$ W/(m^2 · ℃)；

A—— 箱体外壁与空气接触而内壁又被油飞溅到的箱壳面积，m^2。一般凸缘和散热片的面积按其表面积的 50％计算。初算时，A 可以用 $A = 0.33\left(\frac{a}{100}\right)^{1.75}$ 估算（a 为蜗杆传动中心距，mm）。

t_0——周围环境温度，通常取 $t_0 = 20$ ℃；

t_1—— 润滑油工作温度，℃。

若润滑油温度 t_1 超过许可温度，可采用下列措施：

(1) 增加散热面积　在箱体上铸出或焊上散热片；

(2) 提高散热系数　在蜗杆轴端装风扇强迫通风，如图 4-65(a)所示；

(3) 加冷却装置　若以上方法散热能力仍不够，可在箱体油池内装蛇形循环冷却水管（见图 4-65(b)，或采用压力喷油循环冷却（见图 4-65(c)）。

【案例】　蜗杆传动设计

案例 4-6　设计一驱动带式运输机的蜗杆传动。蜗杆传递功率 $P = 5.5$ kW，转速为 $n_1 = 960$ r/min，齿数比为 $u = 20$，要求使用寿命 10 年，每年工作 300 d，减速器工作时，载荷平稳，单向运转。

解　(1)选择材料。

蜗杆选用 40Cr，考虑到效率和耐磨性，蜗杆螺旋面要淬火，硬度为 45～55 HRC；蜗轮齿圈用锡青铜（ZCuSn10P1），金属模铸造。

(2) 确定许用应力。

查表 4-20，$N_L = 10^7$ 时蜗轮材料的许用接触应力 $[\sigma'_H] = 220$ MPa

v_s 的初估值：查图 4-61 得 $v_s \approx 5$ m/s

滑动系数影响系数 Z_{vs}，查图 4-62，$Z_{vs} = 0.9$（浸油润滑）

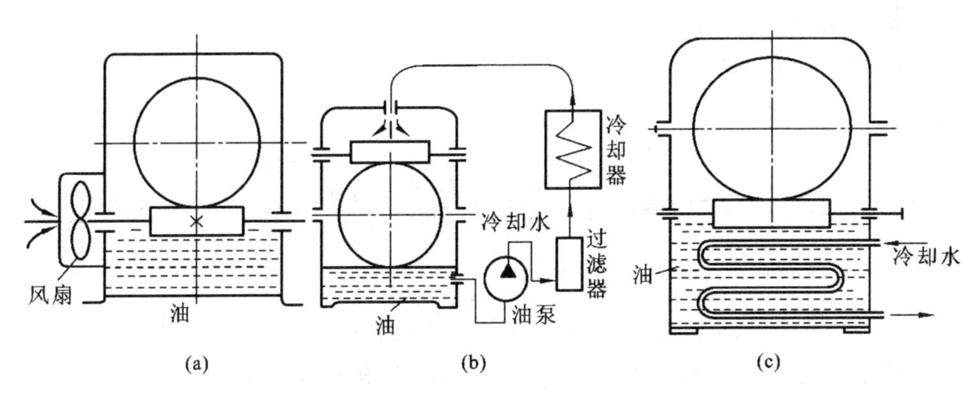

图 4-65　蜗杆传动的散热措施

(a)风扇冷却;(b)压力喷油循环冷却;(c)内装蛇形循环冷却水管

$$n_2=\frac{n_1}{u}=\frac{960}{20}=48$$

应力循环次数 N_L：$N_L=60n_2jL_h=60\times48\times1\times300\times10\times8=6.91\times10^7$

接触强度寿命系数 Z_N，查图 4-63 得 $Z_N=0.78$

许用接触应力$[\sigma_H]$：

由式(4-55)得，$[\sigma_H]=[\sigma_H']Z_{vs}Z_N=220\times0.9\times0.78\ \text{MPa}=154.44\ \text{MPa}$

(3) 按齿面接触疲劳强度设计。

选择蜗杆头数，取 $z_1=2$，则 $z_2=z_1u=2\times20=40$

蜗轮转速为

$$n_2=\frac{n_1}{u}=\frac{960}{20}\ \text{r/min}=48\ \text{r/min}$$

估算传动效率，取 $\eta=0.82$

$$T_2=9.55\times10^6\times\frac{P\eta}{n_2}=9.55\times10^6\times\frac{5.5\times0.82}{48}\ \text{N}\cdot\text{mm}=897302\ \text{N}\cdot\text{mm}$$

取载荷系数 $K=1.2$，由齿面解除疲劳强度设计公式，可得

$$m^2d_1\geqslant\left(\frac{500}{z_2\,[\sigma_H]_1}\right)^2KT_2=\left(\frac{500}{40\times154.4}\right)^2\times1.2\times897302\ \text{mm}^3=7057.4\ \text{mm}^3$$

(4) 确定基本参数、几何尺寸。

查表 4-14 的标准值，得 $m^2d_1=9000\ \text{mm}^3$，则 $m=10\ \text{mm}$，$d_1=90\ \text{mm}$。

直径系数

$$q=\frac{d_1}{m}=\frac{90}{10}=9$$

中心距

$$a=\frac{1}{2}(d_1+d_2)=\frac{m}{2}(q+z_2)=\frac{10}{2}(9+40)\ \text{mm}=245\ \text{mm}$$

蜗轮、蜗杆尺寸(略)。

(5) 热平衡计算。

因 $\tan\gamma=\dfrac{mz_1}{d_1}$,则

$$\gamma=\arctan\frac{mz_1}{d_1}=\arctan\frac{10\times 2}{90}=12°31'44''$$

所以

$$v_s=\frac{\pi d_1 n_1}{60\times 1000\cos\gamma}=\frac{\pi\times 90\times 860}{60\times 1000\times \cos 12°31'44''}\ \mathrm{m/s}=4.63\ \mathrm{m/s}$$

按 $v_s=4.63\mathrm{m/s}$,查表 4-21,得 $\rho_v=2°6'17''$,则传动效率为

$$\eta=(0.95\sim0.97)\frac{\tan\gamma}{\tan(\gamma+\rho_v)}$$

$$=(0.95\sim0.97)\frac{\tan 12°31'44''}{\tan(12°31'44''+2°6'17'')}=(0.809\sim0.826)$$

与初值吻合。

周围环境温度,取 $t_0=20$ ℃,即

$$t_1=\frac{1000P(1-\eta)}{KA}+t_0=\left[\frac{1000\times 5.5\times(1-0.82)}{12\times 1.5}+20\right]℃=75\ ℃\leqslant[\Delta t]$$

符合设计要求。

【学生设计题】 给定参数的蜗杆传动设计。

设计一带式运输机用的闭式普通圆柱蜗杆减速器。已知:输入功率 $P_1=5.5$ kW,蜗杆转速 $n_1=1440$ r/min,传动比 $i=25$,载荷平稳,单向运转。

思 考 题

1. 蜗杆传动有哪些特点?普通圆柱蜗杆传动的基本参数有哪些?哪些参数应取标准值?

2. 为什么将蜗杆传动分度圆直径规定为标准值?

3. 简述蜗杆传动的主要失效形式和设计准则,设计时应如何选择蜗杆材料?

4. 蜗杆传动为什么要进行热平衡计算?是否所有蜗杆传动都要进行?若箱内油温过高,常采用哪些措施散热?

练 习 题

4-11 有一普通圆柱蜗杆传动,已知传动比 $i=80$,中心距 $a=100$,根据普通圆柱蜗杆传动的参数匹配关系,确定其基本参数及主要几何尺寸。

4-12 如图 4-66 所示的蜗杆传动机构,已知蜗杆转向,蜗杆主动,试画出蜗

轮转向及作用在蜗轮上的各力方向。

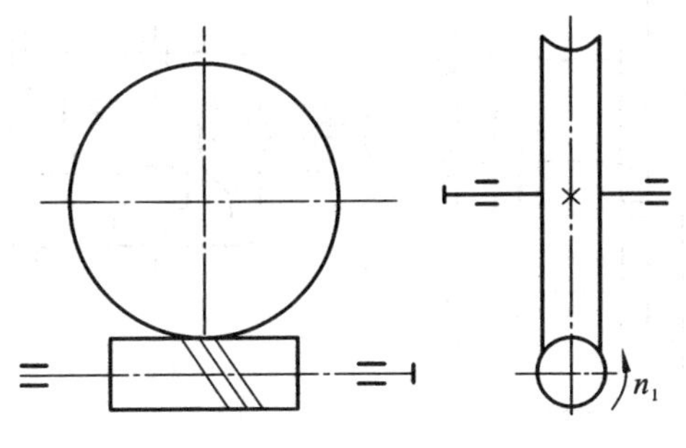

图 4-66　题 4-12 图

4-13　如图 4-56 所示的蜗杆传动机构，已知蜗杆为主动件，输入功率 $P_1=4.0$ kW，转速 $n_1=96$ r/min，$z_1=2$，$z_2=38$，$m=8$ mm，$d_1=80$ mm。求作用在蜗杆、蜗轮上三个分力的大小及方向。

任务 4-5　轮系传动比的计算

【任务分析】

了解轮系的划分；掌握定轴轮系和行星轮系的传动比设计公式；了解采用反转法推导行星轮系传动比公式的原理；掌握各种轮系传动比的计算方法。

知识点 1

齿轮系的传动比计算

在机械设备中，为了获得较大的传动比及变速或换向，常常要采用一对（或多对）齿轮进行传动，如机床、汽车上使用的变速箱（见图 4-65(a)）、差速器，工程上广泛采用的齿轮减速器（见图 4-67(b)）等。这种由多对齿轮所组成的传动系统称为齿轮系，简称轮系。

按照传动时各齿轮的轴线位置是否固定，将轮系划分为定轴轮系和行星轮系两种基本类型。若轮系由定轴轮系与行星轮系或由几个基本行星轮系组合而成，则该轮系称为混合轮系。

在如图 4-67 所示的轮系中，传动时所有齿轮的几何轴线位置均固定不变，这种轮系称为定轴轮系。

在如图 4-68 所示的轮系中，传动时齿轮 g 的几何轴线绕齿轮 a、b 和构件 H 的共同轴线转动，这样的轮系称为行星轮系。

本任务主要讨论定轴轮系、行星轮系和混合轮系的传动比计算方法及轮系的应用。

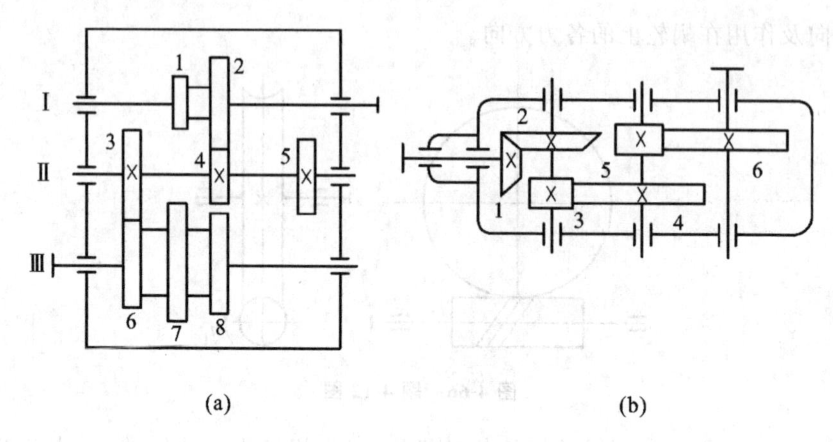

图 4-67　定轴轮系

(a)机床变速箱的传动系统;(b)圆锥圆柱齿轮减速器

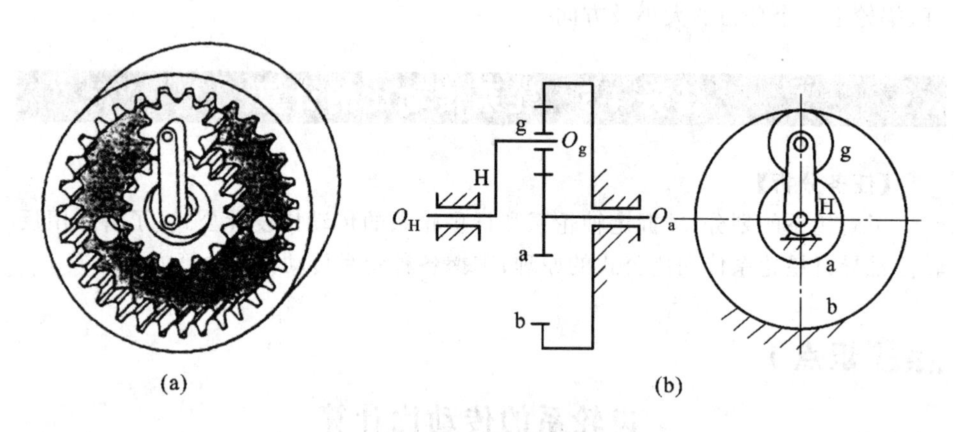

图 4-68　行星轮系

(a)轴侧图;(b)运动简图

1. 定轴轮系

1) 轮系的传动比

轮系始端主动轮与末端从动轮的转速之比值,称为轮系的传动比,用 i_{1k} 表示。

$$i_{1k}=\frac{n_1}{n_k} \tag{4-62}$$

式中:n_1——主动轮 1 的转速,r/min;

n_k——从动轮 k 的转速,r/min。

轮系传动比的计算,包括计算传动比的大小和确定从动轮的转向。

2) 定轴轮系传动比的计算

(1) 一对齿轮的传动比　设主动轮 1 的转速和齿数分别为 n_1、z_1,从动轮 2 的转速和齿数分别为 n_2、z_2,其传动比大小为

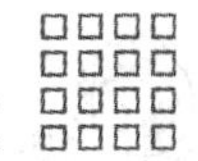

$$i_{12}=\frac{n_1}{n_2}=\frac{z_2}{z_1}$$

圆柱齿轮传动的两轮轴线平行。对于外啮合传动(见图 4-69(a)),两轮转向相反,传动比可用负号表示;对于内啮合传动(见图 4-69(b)),两轮转向相同,传动比用正号表示。故其传动比可写为

$$i_{12}=\frac{n_1}{n_2}=\pm\frac{z_2}{z_1}$$

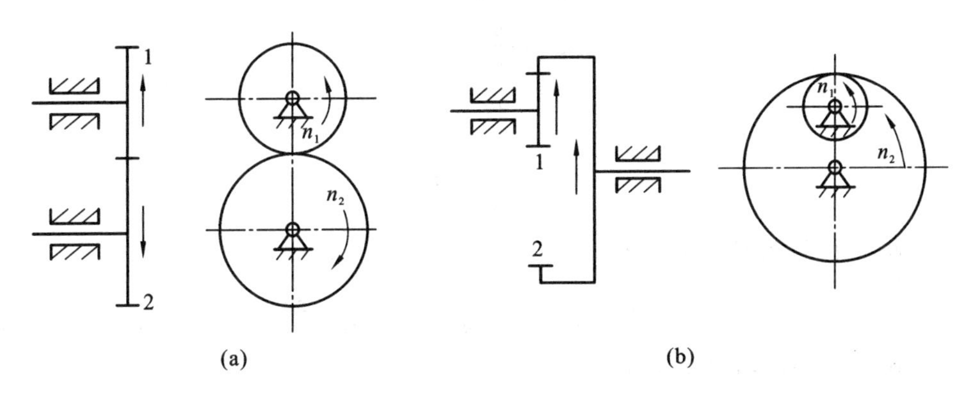

图 4-69　圆柱齿轮传动

(a) 外啮合传动;(b) 内啮合传动

两轮的转向关系也可在图上用箭头来表示。如图 4-69 所示,以箭头方向表示主动轮看得见一侧的运动方向。用反向箭头(箭头相对或相背)表示外啮合时两轮的相反转向,用同向箭头表示内啮合时两轮的相同转向。

对于圆锥齿轮的轴线相交,不能说两轮的转向是相同或相反。因此,其转向关系便不能用传动比的正、负号来表示,只能在图上用箭头表示。两轮的转向箭头必须同时指向节点,或同时背离节点(见图 4-70)。

由于蜗杆传动两轴线在空间相交错成 90°,同样,其转向关系也不能用传动比的正负来表示,只能用画箭头的方法来确定,如图 4-71 所示。

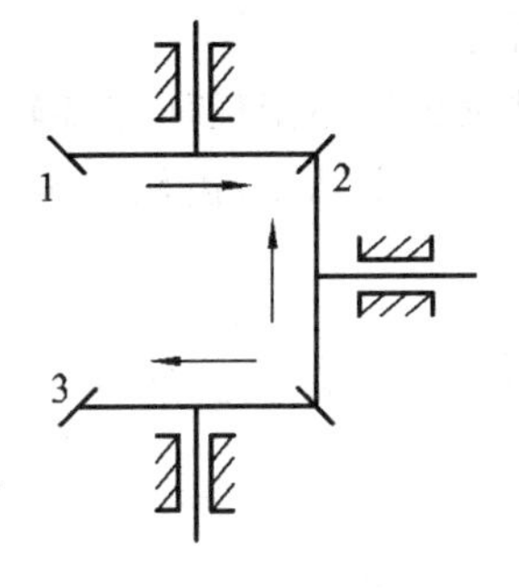

图 4-70　圆锥齿轮传动

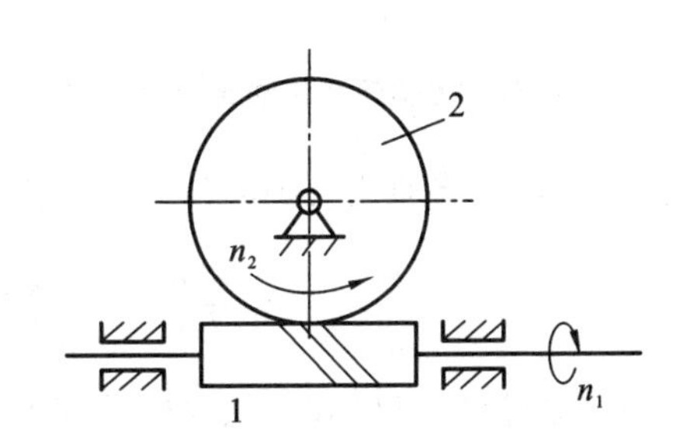

图 4-71　蜗杆传动

(2) 定轴轮系传动比大小的计算　在如图 4-72 所示的定轴轮系中,齿轮 1 为始端主动轮,齿轮 5 为末端从动轮,则轮系传动比为 $i_{15}=\frac{n_1}{n_5}$。下面讨论计算 i_{15} 大小的方法。

设各轮齿数分别为 z_1、z_2、$z_{2'}$、z_3、z_4、$z_{4'}$、z_5,各对齿轮传动的传动比为

$$i_{12}=\frac{n_1}{n_2}=\frac{z_2}{z_1}$$

$$i_{2'3}=\frac{n_{2'}}{n_3}=\frac{z_3}{z_{2'}}$$

$$i_{34}=\frac{n_3}{n_4}=\frac{z_4}{z_3}$$

$$i_{4'5}=\frac{n_{4'}}{n_5}=\frac{z_5}{z_{4'}}$$

将以上等式两边连乘可得

$$i_{12}\cdot i_{2'3}\cdot i_{34}\cdot i_{4'5}=\frac{n_1}{n_2}\cdot\frac{n_{2'}}{n_3}\cdot\frac{n_3}{n_4}\cdot\frac{n_{4'}}{n_5}=\frac{z_2}{z_1}\cdot\frac{z_3}{z_{2'}}\cdot\frac{z_4}{z_3}\cdot\frac{z_5}{z_{4'}}$$

由于 $n_{2'}=n_2$,$n_{4'}=n_4$,则有

$$i_{15}=\frac{n_1}{n_5}=i_{12}\cdot i_{2'3}\cdot i_{34}\cdot i_{4'5}=\frac{n_1}{n_2}\cdot\frac{n_{2'}}{n_3}\cdot\frac{n_3}{n_4}\cdot\frac{n_{4'}}{n_5}=\frac{z_2z_4z_5}{z_1z_{2'}z_{4'}}$$

上式表明,该定轴轮系的传动比为各级传动比的连乘积,其大小等于各对齿轮中的从动轮齿数连乘积与主动轮齿数连乘积之比。

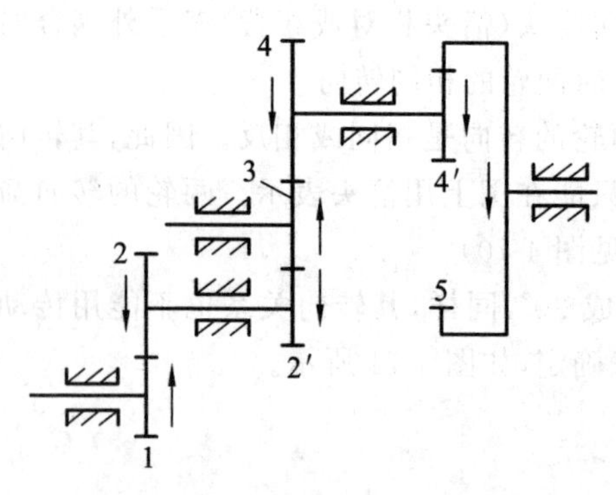

图 4-72　定轴轮系传动比分析

在图 4-72 中的齿轮 3 同时与两个齿轮相啮合,与齿轮 2′啮合时为从动轮,与齿轮 4 啮合时为主动轮,故在传动比计算式的分子、分母中同时出现 z_3 而互相抵消。这说明齿轮 3 齿数的多少不影响传动比的大小。但齿轮 3 能使从动轮的转向改变。这种齿轮称为惰轮或过桥轮。

上述结论也适用于任何定轴轮系。设齿轮 1 为始端主动轮,齿轮 k 为末端从动轮,则轮系传动比大小的计算通式为

$$i_{1k}=\frac{n_1}{n_k}=\frac{\text{从动轮齿数连乘积}}{\text{主动轮齿数连乘积}}$$

当主动轮转速已知时,从动轮的转速为 $n_k=n_1/i_{1k}$

(3) 从动轮转向的确定　对于圆柱齿轮组成的定轴轮系,确定从动轮的转向有两种方法。

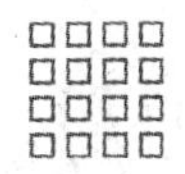

① $(-1)^m$法　由圆柱齿轮组成的定轴轮系，各轮轴线互相平行，主、从动轮的转向不是相同就是相反，其转向关系可以用传动比的正、负号表示。当二者转向相同时用正号，相反时用负号。轮系中有 m 对外啮合传动，则主动轮至从动轮的回转方向将改变 m 次。因此传动比的正、负号取决于外啮合齿轮对数 m，轮系主、从动轮转向的异同，可用$(-1)^m$来判定。将$(-1)^m$放在式(4-63)中齿数连乘积之比的前面，即

$$i_{1k}=\frac{n_1}{n_k}=(-1)^m\frac{\text{从动轮齿数连乘积}}{\text{主动轮齿数连乘积}} \tag{4-63}$$

可直接计算出传动比的大小和正负，这对计算圆柱齿轮组成的定轴轮系的传动比较为简便。在图 4-72 中，$m=3$，传动比为负值，说明齿轮 5 与齿轮 1 的转向相反。

注意：$(-1)^m$法只适用于圆柱齿轮所组成的定轴轮系。

② 画箭头法　先画出主动轮的转向箭头，根据前述一对齿轮传动转向的箭头表示法，依次画出各轮的转向。在图 4-72 中用画箭头方法同样可得出齿轮 5 和齿轮 1 转向相反的结论。

对于含有圆锥齿轮、蜗杆传动的定轴轮系，由于在轴线不平行的两齿轮传动比前加正、负号没有意义，所以从动轮的转向只能用逐对标定齿轮转向箭头的方法来确定，而不能采用$(-1)^m$法。

总之，画箭头法是确定定轴轮系从动轮转向的普遍适用的基本方法。

2. 行星轮系传动比的计算

行星轮系是一种先进的齿轮传动机构。由于行星传动机构中具有动轴线行星轮，采用合理的均载装置，由数个行星轮共同承担载荷，实行功率分流，并且合理地应用内啮合传动，以及输入轴与输出轴共轴线等，从而具有结构紧凑、体积小、质量小、承载能力大、传递功率范围及传动比范围大、运行噪声小、效率高及寿命长等优点。所以行星轮系传动在国防、冶金、起重运输、矿山、化工、轻纺、建筑工业等部门的机械设备中，得到了愈来愈广泛的应用。我国现已制订了部分行星减速器的标准系列。

1) 行星轮系的组成

图 4-73 所示为最常用的一种行星轮系的传动简图。齿轮 g 活套在构件 H 上，分别与外齿轮 a 和内齿轮 b 相啮合。构件 H、齿轮 a 和 b 三者的轴线必须重合，否则整个轮系不能转动。传动时，齿轮 g 一方面绕自身的几何轴线 O_g 转动(自转)，同时又随构件 H 绕固定的几何轴线 O_H 回转(公转)，如同天空中的行星运动一样。行星轮系有三种基本构件。

(1) 行星轮　作行星运动的齿轮。用符号 g 表示。从运动学角度来讲，如图 4-73 所示的单排行星轮系只需 1 个行星轮。而在实际传递动力的行星减速器中，都采用多个完全相同的行星轮，最多达 12 个，通常为 2～6 个。各行星轮均

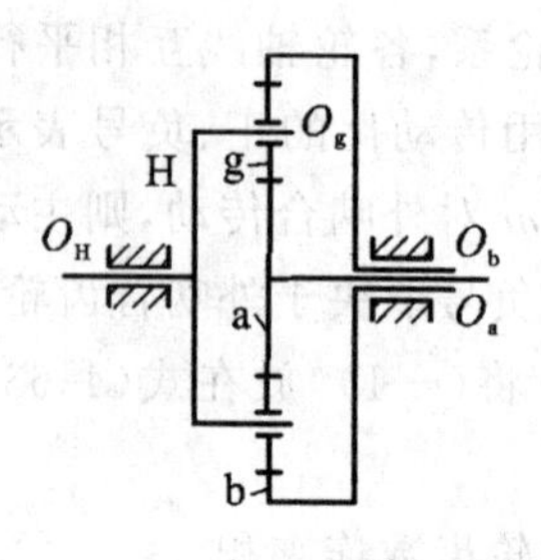

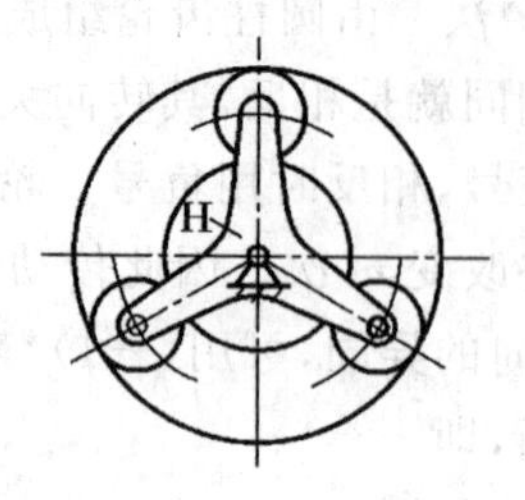

图 4-73 行星轮系的组成

匀地分布在中心轮四周。这样既可使几个行星轮共同来分担载荷,以减小齿轮尺寸,同时又可使各啮合处的径向分力和行星轮公转所产生的离心力得以平衡,以减小主轴承内的作用力,增加运转的平稳性。

(2) 行星架 用于支承行星轮并使其得到公转的构件称为行星架,用符号 H 表示。行星架又称系杆。

(3) 中心轮 在行星轮系传动中,与行星轮相啮合且轴线位置固定的齿轮,用符号 K 表示。通常将外齿中心轮称为太阳轮,用符号 a 表示;将内齿中心轮称为内齿圈,用符号 b 表示。

2) 行星轮系的分类

根据行星轮系基本构件的组成情况,可分为三种类型。

(1) 2K-H 型 由两个中心轮(2K)和一个行星架(H)组成的行星齿轮传动机构。2K-H 型传动方案很多。见表 4-22 中序号 1～4。由于 2K-H 型具有构件数量少、传动功率和传动比变化范围大、设计较容易等优点,因此应用最广泛。

(2) 3K 型 有三个中心轮(3K),其行星架不传递转矩,只起支承行星轮的作用,见表 4-22 中序号 5。

表 4-22 常用行星轮系传动机构的基本性能

序号	型号		传动简图	传动比范围	传动效率/(%)	传动功率范围/kW	制造工艺性	应用场合	说明
	按基本构件命名	按啮合方式命名							
1	2K-H 型	NGW 型		2.8～12.5	0.97～0.99	不限	加工与装配工艺较简单	用于任何工作情况下,功率大小不受限制	具有内外啮合 2K-H 型单级传动

续表

序号	型号		传动简图	传动比范围	传动效率/(%)	传动功率范围/kW	制造工艺性	应用场合	说明
	按基本构件命名	按啮合方式命名							
2	2K-H型	NW型	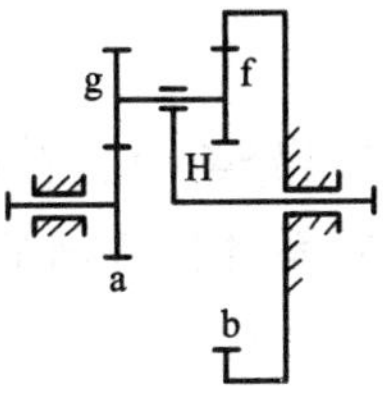	7～17	0.97～0.99	不限	因有双联行星轮，加工与装配较复杂	同NGW型	具有双排内外啮合的2K-H型传动
3	2K-H型	NN型	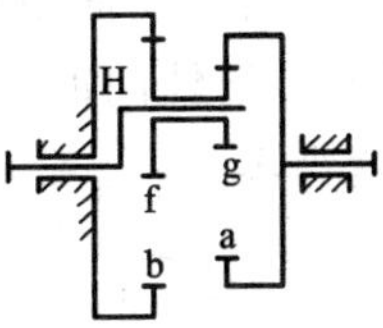	30～100传动功率很小时，可达1 700	效率低，且随传动比i的增大而下降，并有自锁可能	≤30	制造精度要求较高	适用于短期间断工作场合，推荐用于特轻型工作制度	双排内啮合2K-H型传动
4	2K-H型	WW型	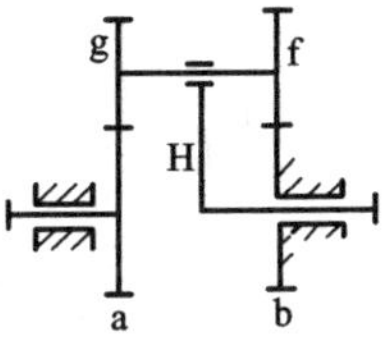	1.2至几千	效率低，且随传动比i的增大而下降，并有自锁可能	15	制造与装配工艺性不佳	推荐只在特轻型工作制度下用，最好不用于传力传动中	双排外啮合2K-H型传动
5	3K型	NGWN型	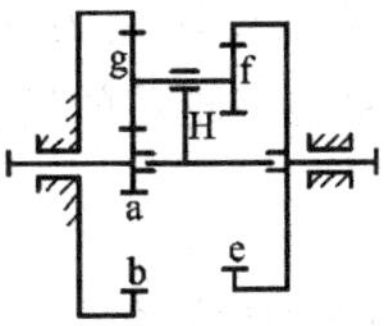	20～100小功率时可达500以上	效率低，且随传动比i的增大而下降，并有自锁可能	96	制造与装配工艺性不佳	适用于短期间断工作场合	具有内外啮合的3K型传动
6	K-H-V型	N型	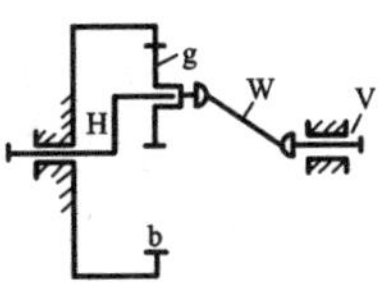	7～71	0.7～0.94	96	齿形及输出机构要求较高	适用于平行轴传动	内啮合K-H-V型传动

(3) K-H-V 型　由一个中心轮(K)、一个行星架(H)和一个输出机构组成，输出轴用 V 表示，见表 4-22 中序号 6。

行星轮系按啮合方式来命名有 NGW 型、NW 型和 NN 型等。其中，N 表示内啮合(齿轮 b-g)，W 表示外啮合(齿轮 a-g)，G 表示公用的行星轮 g。

常用行星轮系传动机构的基本性能见表 4-22。

3) 行星轮系传动比的计算

行星轮系与定轴轮系的根本差别在于行星轮系中具有转动的行星架，从而使得行星轮既有自转又有公转。因此，行星轮系各构件间的传动比不能直接引用定轴轮系传动比的公式来计算。

在图 4-74(a)所示的 2K-H 型行星轮系中，行星轮、中心轮和行星架的转速分别为 n_g、n_a、n_b、n_H。设想给整个行星轮系加上一个与行星架 H 的转速 n_H 大小相等、方向相反且绕固定轴线的公共转速($-n_H$)后，根据相对运动原理，各构件间的相对运动关系并不发生变化，正如手表中各指针间的相对运动关系不随手臂运动而改变一样。这样，行星架的绝对速度为零。

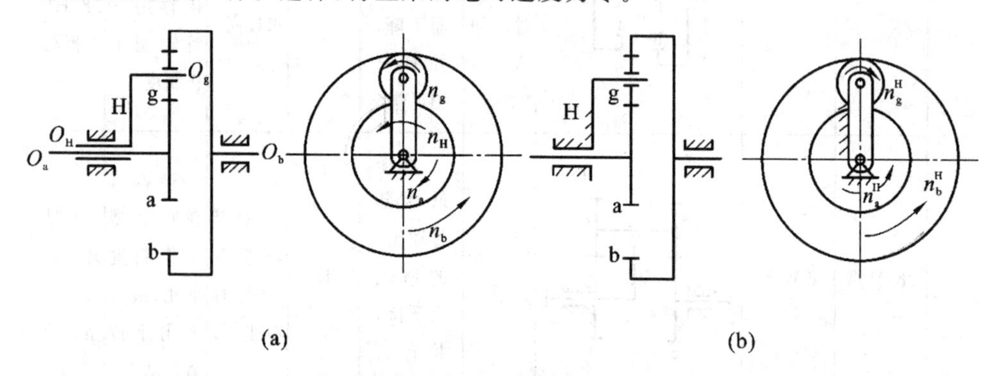

图 4-74　行星轮系与其转化轮系

(a) 行星轮系；(b)转化轮系

行星轮绕固定的轴线转动，原来的行星轮系便转化为一个假想的定轴轮系(见图 4-74(b))。这个假想的定轴轮系称为原行星轮系的转化轮系。

各构件在转化前后的转速见表 4-23。

表 4-23　各构件在转化前后的转速

构　件	行星轮系中的转速 n	转化轮系中的转速 n^H
中心轮 a	n_a	$n_a^H=n_a-n_H$
中心轮 b	n_b	$n_b^H=n_b-n_H$
行星轮 g	n_g	$n_g^H=n_g-n_H$
行星架 H	n_H	$n_H^H=n_H-n_H=0$

转化轮系中齿轮 a 与齿轮 b 的传动比为

$$i_{ab}^{H}=\frac{n_a^H}{n_b^H}=\frac{n_a-n_H}{n_b-n_H}=(-1)^1\ \frac{z_g z_b}{z_a z_g}=-\frac{z_b}{z_a}$$

$$i_{ab}^{H}=\frac{n_a-n_H}{n_b-n_H}=-\frac{z_b}{z_a} \tag{4-64}$$

式中的负号表示齿轮 a、b 在转化轮系中的转向相反。

式(4-64)虽然求出的是转化轮系的传动比，但它却给出了行星轮系中构件的绝对转速与齿数的关系。由于各轮齿数均已知，当给定 n_a、n_b 和 n_H 中的任意两个转速，便可求出第三个转速，从而计算出行星轮系的传动比。因此，借助于转化轮系传动比的计算式，求出各构件绝对转速之间的关系，是行星轮系传动比计算的关键步骤。这也是处理问题的一种思想方法。

由式(4-64)的推导过程可以看出，若传动比 i_{ab}^{H} 已知，计算 n_a、n_b 和 n_H，需要给定其中两个构件的运动，才能确定另一构件的运动，即机构的自由度为 2。这种自由度为 2 的行星轮系称为差动轮系。

将上述分析推广到一般情形。设齿轮 j 为主动轮，齿轮 k 为从动轮，则行星轮系的转化轮系传动比的一般计算式为

$$i_{jk}^{H}=\frac{n_j^H}{n_k^H}=\frac{n_j-n_H}{n_k-n_H}=\pm\frac{\text{轮 j 至轮 k 从动轮齿数连乘积}}{\text{轮 j 至轮 k 主动轮齿数连乘积}} \tag{4-65}$$

应用式(4-65)时的注意事项如下。

(1) 由于对各构件所加的公共转速($-n_H$)与各构件原来的转速是代数相加的，所以齿轮 j 和 k 的轴线与行星架 H 的轴线必须重合或互相平行。齿轮 j、k 可以是中心轮或行星轮。

(2) i_{jk}^{H} 的正负只表示转化轮系中 j、k 的转向关系，而不是行星轮系中二者的转向关系。

(3) $i_{jk}^{H}\neq i_{jk}$。i_{jk}^{H} 为转化轮系中轮 j、k 的转速之比(即 n_j^H/n_k^H)，其大小及正、负号应按求定轴轮系传动比的方法确定。在确定 i_{jk}^{H} 的正、负号时，对于圆柱齿轮组成的行星轮系，可用$(-1)^m$ 法，自齿轮 j 至齿轮 k 按传动顺序判定中间各轮的主、从动地位和外啮合齿轮对数 m；对于圆锥齿轮组成的行星轮系，用画箭头法。而 i_{jk} 是行星轮系中轮 j、k 的绝对转速之比(即 n_j/n_k)，其大小及正、负号只能由式(4-65)计算出未知转速后再确定。

(4) 将已知转速代入式(4-65)求解未知转速时，应注意转向。若假定某一方向的转向为正，其相反方向的转向就为负。必须将转速大小连同其符号一起代入公式计算。

在图 4-75 所示的锥齿轮组成的行星轮系中，齿轮 a、b 均与行星架 H 共轴线，故其转化轮系的传动比可写成

$$i_{ab}^{H}=\frac{n_a-n_H}{n_b-n_H}=-\frac{z_b}{z_a}$$

式中的负号是由画箭头法确定的（见图4-75(b)）。由于行星轮 g 的轴线不与行星架 H 的轴线相平行，所以不能用式(4-65)来计算锥齿轮行星轮系中行星轮的转速。

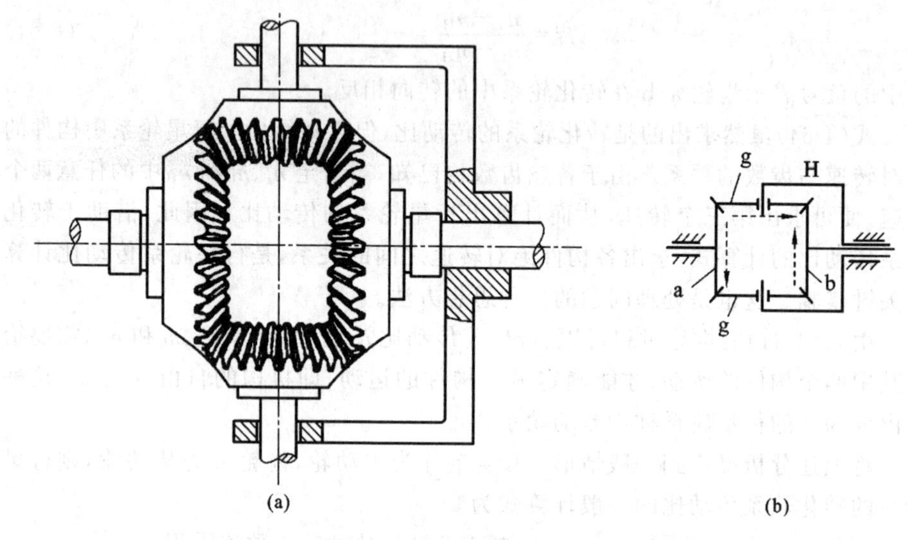

图 4-75 锥齿轮行星轮系

对于如图4-74(a)所示的2K-H型行星轮系，生产实际中常将内齿圈 b 固定（见图4-68）。这时 $n_b=0$，轮系的自由度为1。由式(4-64)得

$$i_{ab}^{H}=\frac{n_a-n_H}{n_b-n_H}=\frac{n_a-n_H}{0-n_H}=-\frac{z_b}{z_a}$$

该行星轮系的传动比为

$$i_{aH}=\frac{n_a}{n_H}=1-i_{ab}^{H}=1+\frac{z_b}{z_a} \tag{4-66}$$

当转动由中心轮 a 输入、行星架 H 输出时，因为 $i_{aH}=1+\frac{z_b}{z_a}>1$，所以为减速传动。这时输出转速为

$$n_H=\frac{n_a z_a}{z_a+z_b}$$

n_H与n_a同向。

4) 行星轮系各轮齿数的关系

在行星轮系中，各轮齿数的多少应满足以下四个条件：传动比条件、同心条件、装配条件和邻接条件。现以如图4-68所示的单排2K-H型行星轮系为例，简要说明如下。

(1) 传动比条件　行星轮系应能保证实现给定的传动比。由式(4-66)得

$$\frac{z_b}{z_a}=i_{aH}-1$$

(2) 同心条件　行星轮系要能够正常回转，行星架的回转轴线应与中心轮的几何轴线相重合。当采用标准齿轮传动或等移距变位齿轮传动时，内齿圈 b 的分度圆半径 r_b应等于太阳轮 a 的分度圆半径 r_a与行星轮 g 的分度圆直径($2r_g$)之和，即

$$r_b = r_a + 2r_g$$

或

$$z_b = z_a + 2z_g$$

(3) 安装条件　为使各行星轮都能装入两个中心轮之间且均匀分布，两中心轮的齿数和 $z_a + z_b$应为行星轮数目 k 的整数倍 N，即

$$\frac{z_a + z_b}{k} = N$$

(4) 邻接条件　为保证相邻两行星轮的齿顶不致相碰撞，应使其中心距大于行星轮的齿顶圆直径。若采用标准齿轮，齿顶高系数为 h_a^*，则

$$(z_a + z_g)\sin\frac{180^\circ}{k} > z_g + 2h_a^*$$

3. 组合轮系传动比的计算

机械中除广泛使用单一的定轴轮系和行星轮系外，还大量使用由定轴轮系与行星轮系或由几个基本行星轮系组合而成的轮系。由行星轮系与定轴轮系组成的轮系称为组合行星轮系。对于由几个基本行星轮系组成的多级行星轮系，由于其解题思路相类似，也可视为组合行星轮系。

计算组合行星轮系传动比的一般步骤如下。

1) 正确划分出基本类型的轮系

由于计算定轴轮系与行星轮系传动比的方法不同，要计算组合行星轮系的传动比，就须首先把轮系中的定轴轮系部分和行星轮系部分正确地划分出来，关键是划分出单个基本行星轮系(多为 2K-H 型)。其方法如下。

(1) 找出几何轴线运动的行星轮。

(2) 找出支承行星轮的行星架。应当注意：行星架不一定是简单的杆形，它既可能是盘形、壳体形等，也可能是齿轮或带轮兼具行星架的功能。

(3) 找出与行星轮直接啮合且绕固定轴线转动的中心轮。

(4) 由行星轮、行星架、中心轮和机架组成单个行星轮系。需要指出的是，每个基本行星轮系只能含有一个行星架；而同一个行星架可能为几个不同的行星轮系所共用。

划分出行星轮系后，其余的则为定轴轮系。

2) 分别列出传动比计算式

分清行星轮系和定轴轮系以后，按照前述方法分别列出行星轮系的转化轮系传动比计算式和定轴轮系传动比计算式。

3）联立求解

将各个传动比计算式联立，消去不需要的量，解出待求的未知量。

在列传动比计算式和联立求解时，应特别注意传动比的符号和各构件的回转方向，切勿错漏。弄清符号是正确求解的又一关键。

4. 轮系的应用

轮系的功用很多，主要表现在以下几个方面。

1）实现相距较远的两轴间运动和动力的传递

在齿轮传动中，当主、从动轴间的距离较远时，如果只用一对齿轮来传动，如图 4-76 中的齿轮 1 和齿轮 2，齿轮的尺寸势必很大。这样，既增大机器的结构尺寸和重量，又浪费材料，而且制造安装都不方便。若改用由两对齿轮 a、b、c、d 组成的轮系来传动，就可使齿轮尺寸小得多，制造安装也较方便。

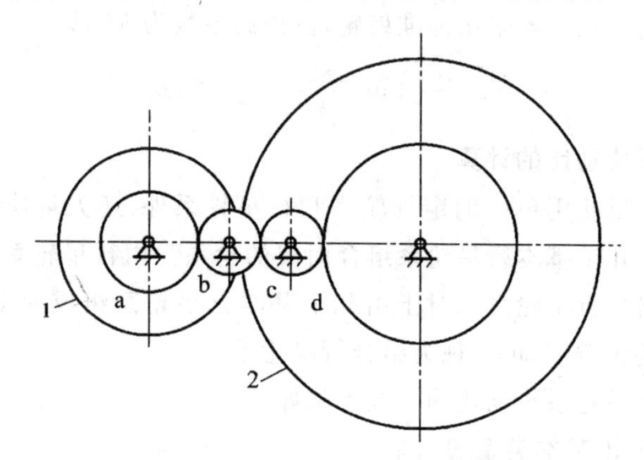

图 4-76　利用轮系减小传动尺寸

2）实现分路传动

利用轮系可以使一根主动轴带动若干根从动轴同时转动，获得所需的各种转速。例如，如图 4-77 所示的钟表传动示意图中，由发条盘驱动齿轮 1 转动时，通过齿轮 1 与齿轮 2 的啮合使分针 M 转动；同时由齿轮 1、2、3、4、5 和 6 组成的轮系可使秒针 S 获得一种转速；由齿轮 1、2、9、10、11 和 12 组成的轮系可使时针 H 获得另一种转速。按传动比的计算，如适当选择各轮的齿数，便可得到时针、分针、秒针之间所需的走时关系。

3）实现变速传动

当主动轴的转速不变时，利用轮系可以使从动轴获得多种工作转速，这种传动称为变速传动。汽车、机床、起重机等许多机械都需要变速传动。

图 4-67(a)所示为 C616 车床变速箱的传动系统。其中，电动机的转动由Ⅰ轴输入。通过移动双联滑移齿轮 1 和齿轮 2，使齿轮 1 与齿轮 3 啮合，或使齿轮 2 与齿轮 4 啮合，可使Ⅱ轴获得两种转速；通过移动Ⅲ轴上的三联滑移齿轮 6、7、8，

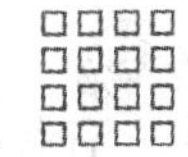

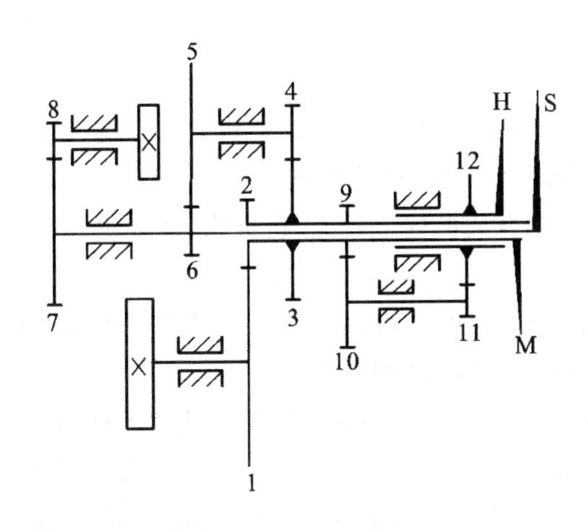

图 4-77　钟表传动示意图

使其分别与Ⅱ轴上的固定齿轮 3、4、5 相啮合。对于Ⅱ轴的每种转速，Ⅲ轴又可获得三种转速。这样，当电动机转速不变时，可使Ⅲ轴得到六种不同的转速。

4）获得较大的传动比

采用定轴轮系或行星轮系均可获得大的传动比。

若用定轴轮系来获得大传动比，需要多级齿轮传动，致使传动装置的结构复杂和庞大。而采用行星轮系，只需很少几个齿轮，就可获得很大的传动比（见案例 4-8）。由于行星轮系采用多个行星轮来分担载荷，而且常采用内啮合传动，合理地利用了内齿轮中部空间，而且其输入轴、输出轴在同一轴线上，这不仅使行星减速器的承载能力大大提高，而且径向尺寸非常紧凑。在功率和传动比相同的情况下，行星减速器的体积和重量只是定轴轮系减速器的 1/2～1/3。例如，应用最广的 2K-H（NGW）型减速器，一级传动比为 2.8～12.5，多级则可达 2800，最大已达 50000，其承载能力高达 5 万多千瓦。

5）实现运动的合成和分解

机械中采用具有两个自由度的差动行星轮系来实现运动的合成和分解。这是行星轮系独特的功用。

（1）实现运动的合成　如前所述，差动轮系有两个自由度，只有给定三个基本构件中任意两个的运动后，第三个基本构件的运动才能确定。这就是说，第三个基本构件的运动为另两个基本构件运动的合成。

如图 4-75 所示的锥齿轮差动轮系，常用来实现运动的合成。在该轮系中，因 $z_a = z_b$，故

$$i_{ab}^{H} = \frac{n_a - n_H}{n_b - n_H} = -\frac{z_b}{z_a} = -1$$

所以

$$2n_{\mathrm{H}}=n_{\mathrm{a}}+n_{\mathrm{b}}$$

这种轮系可用做加减法机构。当齿轮 a 和 b 分别输入加数和被加数的相应转角时,行星架 H 转角之二倍代表它们的和。

差动轮系可将运动合成的这一性能,在机床、计算机和补偿装置中得到广泛的应用。

(2) 实现运动的分解　利用差动轮系还可以将一个基本构件的转动按所需的比例分解为另外两个基本构件的转动。

图 4-78 所示为汽车后桥上的差速器简图。其发动机的动力经传动轴带动锥齿轮 1,再带动活套在后轴上的锥齿轮 2,齿轮 1 和 2 为一对定轴齿轮传动。齿轮 2 上固连着行星架 H,齿轮 g 为行星轮。齿轮 a、b、g 和行星架组成一个差动行星轮系。

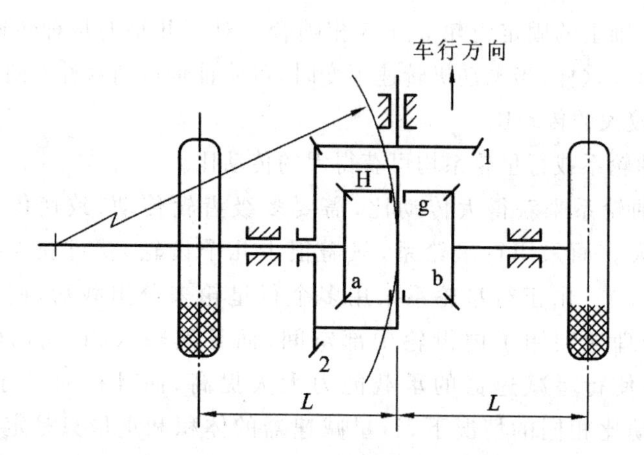

图 4-78　汽车后桥差速器

当汽车直线行驶时,左、右两个车轮滚过的距离相等,所以两后轮的转速也相同。此时,齿轮 a、b 和 g 如同一个整体,一起随齿轮 2 转动,行星轮 g 没有自转。

当汽车向左拐弯时,由于右车轮的转弯半径比左车轮大,为了使车轮与地面间不发生滑动,以减小轮胎磨损,就要求右轮比左轮转得快。这时,齿轮 a 和 b 便发生相对转动。齿轮 g 除随齿轮 2 转动外,还绕自身的轴线转动,差动轮系便发挥作用。两车轮的转速分别为

$$n_{\mathrm{a}}=\frac{r-L}{r}n_{\mathrm{H}}$$

$$n_{\mathrm{b}}=\frac{r+L}{r}n_{\mathrm{H}}$$

【案例】　轮系传动比的计算

案例 4-7　电动提升机传动系统的传动比的相关计算(定轴轮系传动比计算)。

一电动提升机的传动系统如图 4-79 所示,其末端为蜗杆传动。已知 $z_1=18$,$z_2=39$,$z_{2'}=20$,$z_3=41$,$z_{3'}=2$(右),$z_4=50$。若 $n_1=1460$ r/min,鼓轮直径 $D=200$ mm,鼓轮与蜗轮同轴。试求:(1)蜗轮的转速;(2)重物 G 的运动速度;(3)当 n_1 转向如图 4-79 所示(从 A 向看为顺时针方向)时,重物 G 运动的方向。

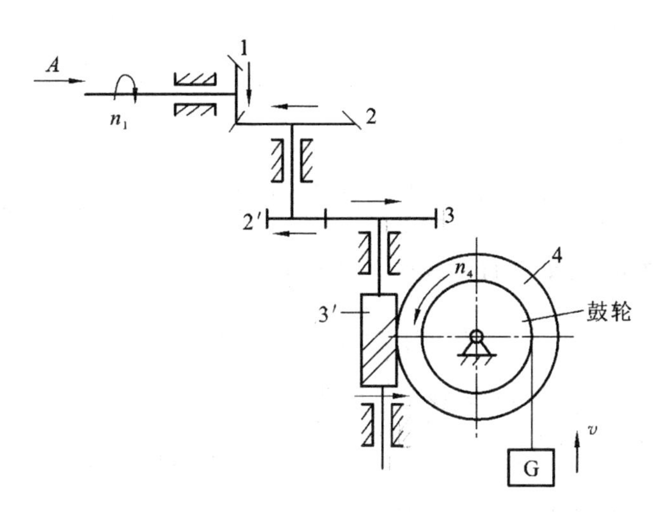

图 4-79　电动提升机的传动系统

解　(1)电动提升机的传动系统是由圆柱齿轮、锥齿轮和蜗轮蜗杆组成的定轴轮系。其传动比大小按式(4-63)计算,即

$$i_{14}=\frac{n_1}{n_4}=\frac{z_2 z_3 z_4}{z_1 z_{2'} z_{3'}}=\frac{39\times41\times50}{18\times20\times2}=111.04$$

蜗轮的转速 n_4 为

$$n_4=\frac{n_1}{i_{14}}=\frac{1\ 460}{111.04}\ \text{r/min}=13.2\ \text{r/min}$$

(2) 因鼓轮与蜗轮同轴,其转速也为 13.2 r/min,故重物 G 的运动速度为

$$v=\frac{\pi D n_4}{60\times1\ 000}=\frac{200\times13.2\times3.14}{60\times1\ 000}\ \text{m/s}=0.138\ \text{m/s}$$

(3) 用画箭头法确定蜗轮的转向,如图 4-79 所示,重物 G 向上运动。

【案例】　机床传动机构传动比的计算(行星轮系传动比的计算)

案例 4-8　某工厂铸造车间吊车提升机构的行星轮系如图 4-75(a)所示。

已知 $z_a=15, z_g=36, z_b=87, n_a=750$ r/min(顺时针方向)。

试求:(1) 当 $n_b=102$ r/min(逆时针方向)时,$n_H=?$ $i_{aH}=?$

(2) 当 $n_b=150$ r/min(逆时针方向)时,$n_H=?$

解 该轮系为差动轮系。

(1) 当 $n_b=102$ r/min(逆时针方向)时,设顺时针方向转速为正,则逆时针方向转速为负,$n_b=-102$ r/min。据式(4-64)

$$n_{ab}^{H}=\frac{n_a-n_H}{n_b-n_H}=-\frac{z_b}{z_a}$$

推得 n_H 为

$$n_H=\frac{n_a z_a+n_b z_b}{z_a+z_b}$$

代入数据得

$$n_H=\frac{n_a z_a+n_b z_b}{z_a+z_b}=\frac{750\times 15+(-102)\times 87}{15+87}\ \text{r/min}=23.3\ \text{r/min}$$

n_H 转向为正,行星架 H 与齿轮 a 同转向。

$$i_{aH}=\frac{n_a}{n_H}=\frac{750}{23.3}=32.19$$

(2) 当 $n_b=150$ r/min(逆时针方向)时,有

$$n_H=\frac{n_a z_a+n_b z_b}{z_a+z_b}=\frac{750\times 15+(-150)\times 87}{15+87}\ \text{r/min}=-17.6\ \text{r/min}$$

n_H 转向为负,说明行星架 H 的转向与齿轮 a 相反。

由本案例的求解可以看出:

① 需特别注意两处符号,一是转化轮系传动比计算式的正负号,另一处为转速的大小连同正负号一起代入。

② n_b 转向不变而大小改变时,不仅输出转速 n_H 的大小不同,而且其转向亦改变。可见行星轮系未知转速构件的转向不能由画箭头法直接确定,须由计算结果来定。

案例 4-9 机床传动机构传动比的计算(行星轮系传动比的计算)。

某机床上带轮处的行星传动机构如图 4-80(a)所示,齿轮 1 连接机床主轴。其一般运动简图如图 4-80(b)所示。已知:(1)各轮齿数 $z_1=38, z_2=39, z_{2'}=38, z_3=39$,计算该轮系的传动比 i_{H1};(2) 若改变齿数,取 $z_1=39, z_2=38, z_{2'}=39, z_3=38$,求 i_{H1};(3)若另取 $z_1=100, z_2=100, z_{2'}=100, z_3=101$,求行星轮系的传动比 i_{H1}。

解 (1) 双联齿轮 2 和 2′为行星轮,带轮为行星架,齿轮 1 和 3 为中心轮。齿轮 3 固定,$n_3=0$。该轮系的转化轮系的传动比为

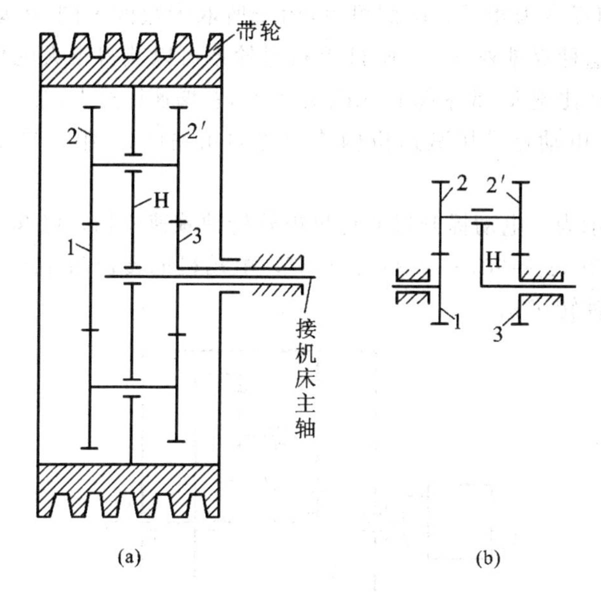

图 4-80　机床上行星传动

$$i_{13}^{\mathrm{H}}=\frac{n_1^{\mathrm{H}}}{n_3^{\mathrm{H}}}=\frac{n_1-n_{\mathrm{H}}}{n_3-n_{\mathrm{H}}}=(-1)^2\ \frac{z_2z_3}{z_1z_{2'}}$$

因 $n_3=0$，整理得

$$i_{\mathrm{H}1}=\frac{n_1}{n_{\mathrm{H}}}=1-i_{13}^{\mathrm{H}}=1-\frac{z_2z_3}{z_1z_{2'}}$$

$$i_{\mathrm{H}1}=\frac{1}{i_{\mathrm{H}1}}=\frac{1}{1-\dfrac{z_2z_3}{z_1z_{2'}}}=\frac{1}{1-\dfrac{39\times39}{38\times38}}=-18.75$$

齿轮 1 的转向与带轮的相反。

(2) 改变齿数，取 $z_1=39$，$z_2=38$，$z_{2'}=39$，$z_3=38$，那么行星轮系的传动比为

$$i_{\mathrm{H}1}=\frac{n_{\mathrm{H}}}{n_1}=\frac{1}{1-\dfrac{z_2z_3}{z_1z_{2'}}}=\frac{1}{1-\dfrac{38\times38}{39\times39}}=19.75$$

齿轮 1 的转向与带轮相同。

(3) 另取 $z_1=100$，$z_2=100$，$z_{2'}=100$，$z_3=101$，那么行星轮系的传动比为

$$i_{\mathrm{H}1}=\frac{n_{\mathrm{H}}}{n_1}=\frac{1}{1-\dfrac{z_2z_3}{z_1z_{2'}}}=\frac{1}{1-\dfrac{100\times101}{100\times100}}=-100$$

若稍微改变齿轮 2 的齿数，使 $z_2=99$，则

$$i_{\mathrm{H}1}=\frac{n_{\mathrm{H}}}{n_1}=\frac{1}{1-\dfrac{z_2z_3}{z_1z_{2'}}}=\frac{1}{1-\dfrac{99\times101}{100\times100}}=10000$$

注：本案例中齿轮 2 仅减少一个齿，而传动比却增大了一百倍，且主、从动轴的

转向由原来的相反变为相同。由此可见，由于所取齿数的不同，传动比的差异很大。也可看出，这种双排外啮合 2K-H 型行星轮系可以获得很大的传动比。将它用于减速时，传动比越大，效率越低；用于增速时，若增速比过大，会发生自锁。

案例 4-10 电动提升机减速机构传动比的相关计算（组合轮系传动比的计算）。

图 4-81 所示为一电动提升机的行星齿轮传动减速机构。已知各轮齿数分别为 $z_1=18, z_2=36, z_3=90, z_{2'}=33, z_4=87$。电动机的转速为 1460 r/min，求传动比 i_{14} 和输出轴转速 n_4。

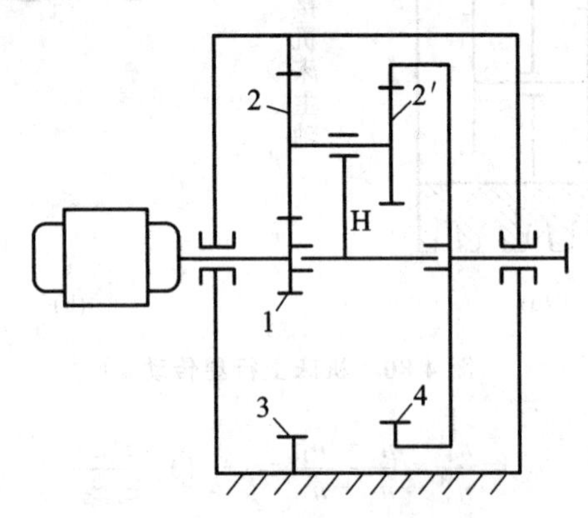

图 4-81 电动提升机的行星轮系

解 该轮系为 3K 型行星轮系。它相当于由两个 2K-H 型行星轮系组合而成。第一个 2K-H 型行星轮系由行星轮 2、行星架 H 和中心轮 1、3 等组成；第二个 2K-H 型行星轮系由行星轮 2 和 2′，行星架 H、中心轮 3、4 等组成。两个2K-H 型公用一个行星架。

对于前一个 2K-H 型行星轮系，其转化轮系的传动比为

$$i_{13}^{H}=\frac{n_1-n_H}{n_3-n_H}=-\frac{z_3}{z_1}$$

由于 $n_3=0$，得

$$i_{1H}=\frac{n_1}{n_H}=1+\frac{z_3}{z_1} \quad ①$$

对于后一个 2K-H 型行星轮系，其转化轮系的传动比为

$$i_{43}^{H}=\frac{n_4-n_H}{n_3-n_H}=+\frac{z_{2'}z_3}{z_4 z_2}$$

将 $n_3=0$ 代入，得

$$i_{4H}=\frac{n_4}{n_H}=1-\frac{z_{2'}z_3}{z_4 z_2} \quad ②$$

将式①除以式②，得

$$i_{14}=\frac{n_1}{n_4}=\frac{1+\frac{z_3}{z_1}}{1-\frac{z_{2'}z_3}{z_4z_2}}$$

将各轮齿数代入计算得

$$i_{14}=\frac{n_1}{n_4}=\frac{1+\frac{z_3}{z_1}}{1-\frac{z_{2'}z_3}{z_4z_2}}=\frac{1+\frac{90}{18}}{1-\frac{33\times 90}{87\times 36}}=116$$

i_{14}为正，说明齿轮 4 与齿轮 1 同转向。

$$n_4=\frac{n_1}{i_{14}}=\frac{1460}{116}\ \text{r/min}=12.6\ \text{r/min}$$

由本案例可以看出，在计算行星轮系转化机构的传动比时，选择固定的中心轮作为转化机构的从动件，可使运算简便。

案例 4-11 某机床变速传动装置传动比的计算(组合轮系传动比的计算)。

图 4-82 所示为某机床变速传动装置简图，已知各轮齿数，A 为快速进给电动机，B 为工作进给电动机，齿轮 4 与输出轴相连。求：(1)当 A 不动时，工作进给传动比 i_{64}；(2)当 B 不动时，快速进给传动比 i_{14}。

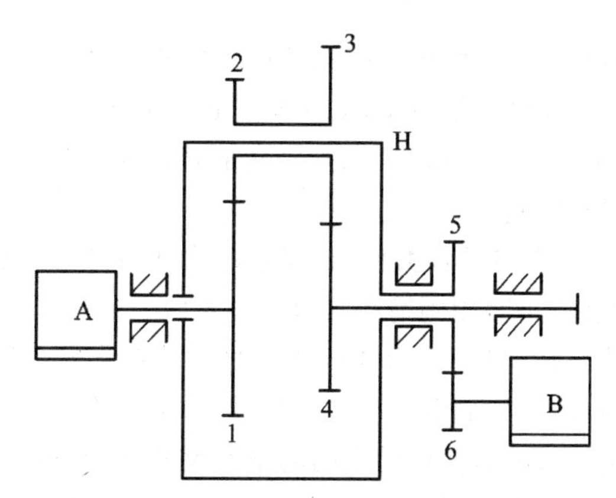

图 4-82 机床变速传动装置

解 (1) 求 $n_A=0$ 时的工作进给传动比 i_{64}。

当 $n_A=0$ 时，双联齿轮 2 和 3 为行星轮，H 为行星架，齿轮 1 和 4 为中心轮，它们一起构成行星轮系部分；齿轮 5 和 6 构成定轴轮系部分，该轮系为组合行星轮系。

对行星轮系部分，由式(4-64)可得

$$i_{41}^{H}=\frac{n_4-n_H}{n_1-n_H}=(-1)^2\frac{z_3z_1}{z_4z_2} \quad ①$$

对定轴轮系部分，由式(4-63)可得

$$i_{65}=\frac{n_6}{n_5}=(-1)^1\ \frac{z_5}{z_6} \quad ②$$

注意此时 $n_1=n_A=0$。两部分轮系之间的运动联系为 $n_H=n_5$,由式②得

$$n_5=-\frac{z_6}{z_5}n_6 \quad ③$$

将式③代入式①,整理得

$$i_{64}=\frac{n_6}{n_4}=\frac{1}{\frac{z_6}{z_5}\left(\frac{z_3 z_1}{z_4 z_2}-1\right)}$$

(2) 求 $n_B=0$ 时的快速进给传动比 i_{14}。

当 $n_B=0$ 时,由于 $n_B=n_6=n_5=n_H=0$,所以齿轮 1、2、3、4 构成定轴轮系,由式(4-63)得

$$i_{14}=\frac{n_1}{n_4}=(-1)^2\ \frac{z_2 z_4}{z_1 z_3}=\frac{z_2 z_4}{z_1 z_3}$$

本案例的变速装置结构紧凑,操纵方便,并可在运动中变速。

思 考 题

1. 定轴轮系和行星轮系的主要区别是什么?何谓差动轮系?

2. 由圆柱齿轮组成的定轴轮系,其传动比的大小和正负号如何确定?对于含有圆锥齿轮或蜗轮蜗杆的定轴轮系,从动轮的转向如何判定?

3. 惰轮的作用有哪些?

4. 在行星轮系中,若各轮齿数已定,任意两构件的传动比是否可以确定?为什么?未知转速的转向可否用画箭头法直接判定?

5. 在求行星轮系传动比时,为什么要先写出其转化轮系的传动比?i_{ab}^H 为正时,是否说明 a、b 两轮的转向相同?$i_{ab}=i_{ab}^H$ 对吗?为什么?

6. 为什么行星轮系减器能传递大的功率而尺寸又较小?

7. 怎样才能正确计算组合行星轮系的传动比?计算时两个关键之处是什么?

练 习 题

4-14 图 4-67(b)所示为带式输送机的三级减速器,齿轮 3 和 4 为斜齿轮,已知各轮齿数 $z_1=11$,$z_2=29$,$z_3=17$,$z_4=53$,$z_5=15$,$z_6=44$,求传动比 i_{16}。

4-15 图 4-83 所示为弧齿锥齿轮倒角机主运动的传动系统。已知:$z_1=2$(右),$z_2=30$,A、B 为挂轮,四组挂轮齿数(z_A/z_B)分别为 29/41、33/37、37/33、41/29。$z_3=z_{3'}=z_4=z_{4'}=z_5=24$,$z_{5'}=21$,$z_6=28$。电动机转速 $n=1440$ r/min。试确定刀具轴的四种转速,画出刀具轴的转向;并说明轮 3′的作用。

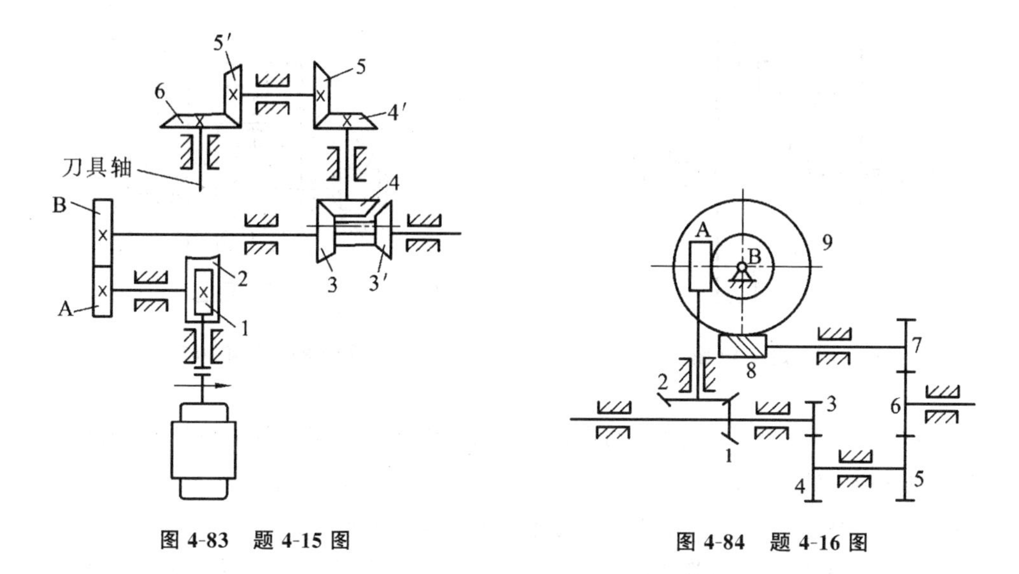

图 4-83　题 4-15 图

图 4-84　题 4-16 图

4-16　图 4-84 所示为一滚齿机工作台的传动系统，各轮齿数为 $z_1=15$，$z_2=28$，$z_3=15$，$z_4=35$，蜗杆 $z_8=1$（右转），$z_9=40$，$z_A=1$，B 为被切齿轮轮坯，现欲加工 64 个齿的齿轮（$z_B=64$），求传动 i_{75}。

4-17　矿山用电钻的传动系统如图 4-85 所示，a 为电动机，b 为麻花钻杆。已知 $z_1=15$，$z_3=105$，$n_1=2800$ r/min。试求：(1)传动比 i_{1H}；(2)钻杆的转速。

4-18　图 4-86 所示为万能工具磨床工作台进给机构。当转动手柄 A 时，通过行星传动和齿轮 4 齿条转动，使工作台获得进给运动。已知各轮齿数为 $z_1=z_{2'}=41$，$z_2=z_3=39$，求 i_{H1}。

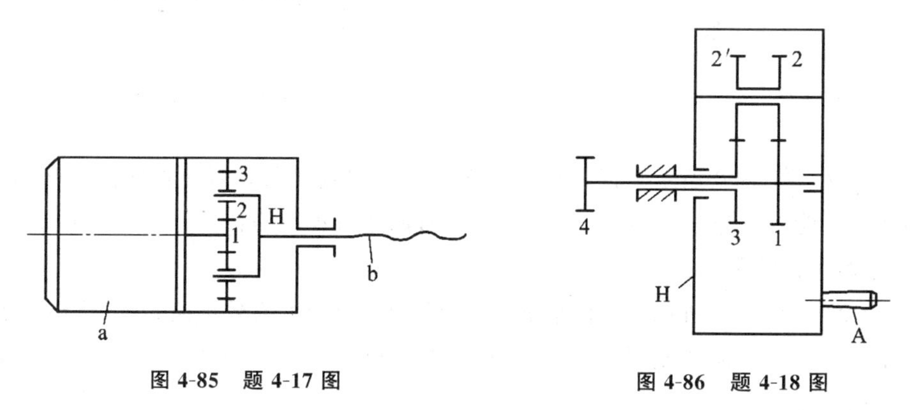

图 4-85　题 4-17 图

图 4-86　题 4-18 图

4-19　在如图 4-87 所示的差动轮系中，各轮的齿数为 $z_a=20$，$z_g=30$，$z_f=20$，$z_b=70$。轮 a 的转速为 $n_a=500$ r/min，轮 b 的转速 $n_b=100$ r/min。求行星架 H 的转速 n_H的大小和方向：(1)当 n_a与 n_b转向相同时；(2)当 n_a与 n_b转向相反时。

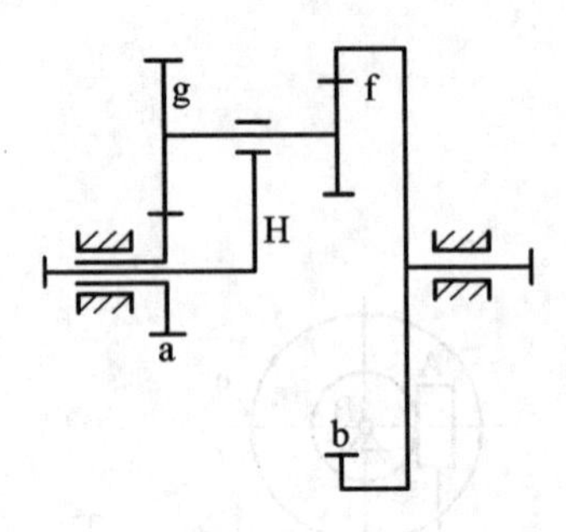

图 4-87　题 4-19 图

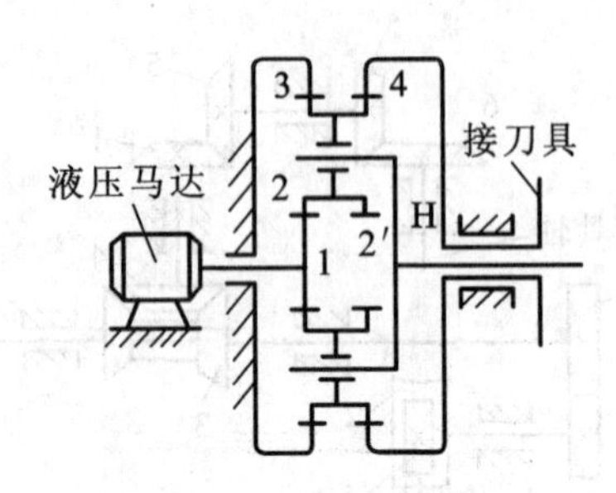

图 4-88　题 4-20 图

4-20　THK6355 型数控自动换刀镗床的刀库转位机构如图 4-88 所示，齿轮 4 与刀具连成一体，内齿轮 3 与机架固连，各轮的齿数为 $z_1=24$，$z_2=z_{2'}=28$，$z_3=80$，$z_4=78$（变位齿轮），试计算液压马达与刀具间的转速关系。

4-21　图 4-89 所示为 XDP3-11.2 行星齿轮减速器传动简图。各轮齿数为 $z_1=29$，$z_2=59$，$z_a=25$，$z_g=43$，$z_b=113$，求传动比 i_{1H}。

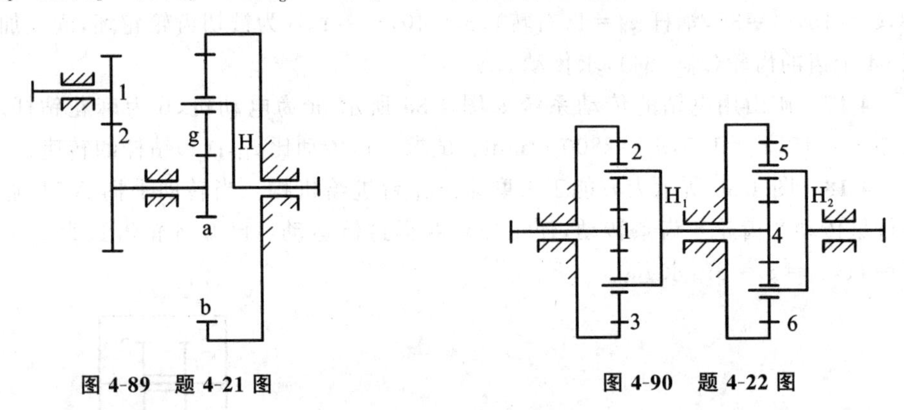

图 4-89　题 4-21 图　　　　图 4-90　题 4-22 图

4-22　图 4-90 所示为提升机上用 XL-30 行星齿轮传动减速器的传动简图。高速级各轮齿数为 $z_1=32$，$z_2=56$，$z_3=145$；低速级齿数为：$z_4=30$，$z_5=30$，$z_6=90$，求减速器的传动比 i_{1H2}。

4-23　图 4-91 所示为自行车里程表机构，C 为轮胎，有效直径 $D=0.7$ m。已知车行 1 km 时，时程表指针 P 刚好转动 1 周。若 $z_1=17$，$z_3=23$，$z_4=19$，$z_{4'}=20$，$z_5=24$，求 z_2。

4-24　图 4-92 所示为 JD-11.4 型调度绞车的传动系统。a 为电动机，b 为卷筒。已知 $z_1=z_{2'}=z_{3'}=17$，$z_2=z_3=38$，$z_4=59$，$z_5=135$。电动机转速为 1460 r/min，试计算：(1)当 B 闸刹紧、A 闸放松时，卷筒的转速；(2)当 A 闸刹紧、B 闸放松，卷筒 H 固定时，齿轮 5 的转速 n_5。

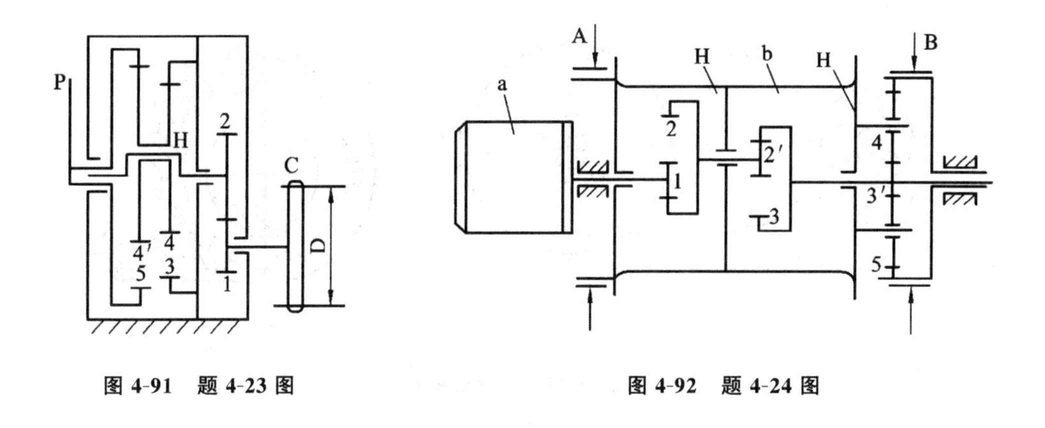

图 4-91 题 4-23 图

图 4-92 题 4-24 图

任务 4-6 鼓风机用普通 V 带传动系统设计

【任务分析】

了解带传动的类型、特点及工作情况；掌握带传动机构中各相关部分的名称，尺寸计算、受力分析；了解防止带传动失效的方法，学会设计在一般条件下使用的 V 带传动机构。带式输送机减速器中的 V 带传动机构具有一般带传动机构的普遍特征，掌握了该机构的知识也就掌握了一般带传动机构的知识。

知识点 1

带传动系统设计

1. 带传动的类型和特点

带传动是一种常用的机械传动装置，一般由主动带轮 1、从动带轮 2 及传动带 3 组成(见图 4-93)。其特点是传动平稳，噪声小，可缓冲吸振，有过载保护，可远距离传动，结构简单，制造、安装和维护方便；但传动比不准确，效率低，寿命较短，且对轴的压力大，不适合用于高温、易爆及有腐蚀性介质的场合。带传动适用于传递功率不大或不需要保证精确传动比的场合。在多级减速装置中，带传动通常配置在高速级。普通 V 带传递的功率一般不超过 50～100 kW，带的工作速度为 5～35 m/s。

根据工作原理的不同，带传动分为摩擦带传动和啮合带传动两大类，见图 4-93 和表 4-24，其中最常见的是摩擦带传动。一般说的带传动就是摩擦带传动。

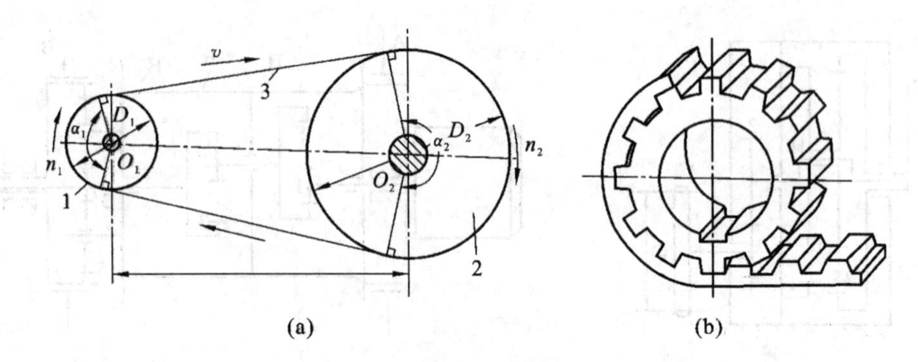

图 4-93　带传动简图

(a)摩擦型；(b)啮合型

表 4-24　带传动种类

类　型		种　类
摩擦型	平带传动	普通平带(胶帆布平带)、皮革带、棉织带、毛织带、锦纶片复合平带(聚酰胺片基平带)、绳芯橡胶平带、钢带等
	V 带传动	普通 V 带、轻型 V 带、窄 V 带、汽车 V 带、联组 V 带、齿形 V 带、大楔角 V 带、活络 V 带、宽 V 带(无级变速带)等
	特殊带传动	多楔带、双面 V 带(六角带)、圆带等
啮合型	同步带传动	梯形齿同步带、弧齿同步带(HTD 带、STPD 带)等

按带的剖面形状，摩擦带传动可分为平带、V 带、多楔带、圆形带，常用摩擦带的类型、特点及应用见表 4-25。在一般机械中，应用最广的是 V 带传动。V 带的横截面为等腰梯形，带轮上也做成相应的轮槽。传动时，V 带只与轮槽的两个侧面接触，即 V 带的两侧面为工作面(见表 4-25)，带的底面不与带轮接触。根据槽面摩擦原理，在同样的张紧力下，V 带传动较平带传动能产生更大的摩擦力，所以 V 带传动能力强，结构更紧凑，因而 V 带传动的应用比平带广泛得多。

表 4-25　常用摩擦带的类型、特点及应用

类型	截面图	截面形状	工作面	主 要 特 点	应 用 场 合
平带		矩形	内表面	结构简单、制造容易、效率高	用于中心距较大的传动、高速传动、物料输送等

续表

类型	截面图	截面形状	工作面	主要特点	应用场合
V带		等腰梯形	两侧面	能比平带产生更大的摩擦力，传动比较大，结构紧凑	用于传递功率较大、中心距较小、传动比较大的场合
多楔带		矩形和等腰梯形组合	两侧面	兼有平带和V带的特点，相当于几根V带的组合，传递功率大、传动平稳、结构紧凑	用于要求结构紧凑的场合，特别是需要V带根数多或轮轴垂直于地面的场合
圆形带		圆形	外表面	结构简单	用于小功率传递

2. 带传动的受力分析和应力分析

1）带传动的受力分析

由于带以初拉力 F_0 张紧的套在两个带轮上，在 F_0 的作用下，带与带轮的接触面上产生正压力。未工作时，如图 4-94(a)所示，带的两边的拉力相等，都等于 F_0。工作时，如图 4-94(b)所示，主动轮对带的摩擦力 F_f 与带的运动方向一致，从动轮对带的摩擦力 F_f 与带的运动方向相反。所以主动边（下边）被拉紧，拉力由 F_0 增加到 F_1，形成紧边；从动边（上边）被放松，拉力由 F_0 减少到 F_2，形成松边。如果近似认为带在工作时的总长度不变，则带的紧边拉力的增加量，应等于松边拉力的减少量，即

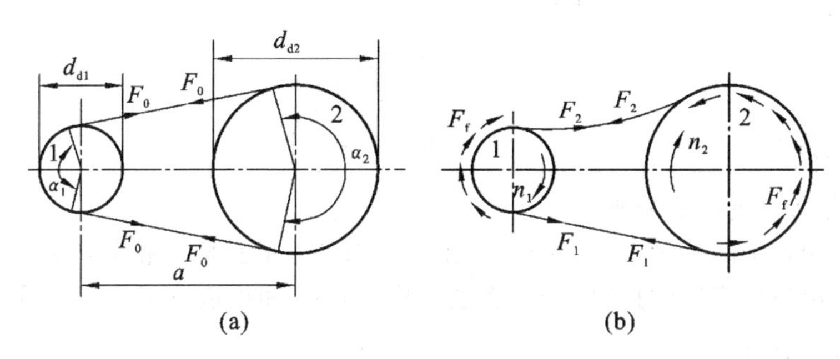

图 4-94　带传动的受力情况

(a)未工作前；(b)工作时

$$F_1 - F_0 = F_0 - F_2$$

或

$$F_1 + F_2 = 2F_0 \tag{4-67}$$

紧边拉力与松边拉力之差就是带传动传递的圆周力,称为有效拉力 F_e,它在数值上等于任意一个带轮接触弧上的摩擦力总和 F_f,即

有效拉力或圆周力

$$F_e = \sum F_f = F_1 - F_2 \tag{4-68}$$

将式(4-67)代入式(4-68),得

$$\left.\begin{aligned} &\text{紧边拉力} \quad F_1 = F_0 + \frac{F_e}{2} \\ &\text{松边拉力} \quad F_2 = F_0 - \frac{F_e}{2} \end{aligned}\right\} \tag{4-69}$$

圆周力 F_e(N),带速 v(m/s)和传递功率之间的关系 P(kW)为

$$P = \frac{F_e v}{1000} \tag{4-70}$$

由式(4-68)和式(4-70)可知,若带速度不变,传递的功率 P 取决于带与带轮之间的摩擦力 F_f。当初拉力 F_0 一定且其他条件不变时,摩擦力 F_f 有一个极限值,这就是带所能传递的最大有效拉力。当摩擦力达到极限值时,带的紧边拉力 F_1 与松边拉力 F_2 的关系可用柔韧体摩擦的欧拉公式来表示,即

$$F_1 = F_2 \, e^{f\alpha_1} \tag{4-71}$$

式中:e——自然对数的底,e ≈ 2.718;

f ——摩擦因数(对 V 带,用当量摩擦因数 f_v);

α_1——带与小带轮接触弧所对的圆心角,称为包角,rad。

由图 4-94(a),可得带在带轮上的包角为

$$\left.\begin{aligned} \alpha_1 &\approx 180° - 60° \times \frac{d_{d2} - d_{d1}}{a} \\ \alpha_2 &\approx 180° + 60° \times \frac{d_{d2} - d_{d1}}{a} \end{aligned}\right\} \tag{4-72}$$

由式(4-69)、式(4-71),可得

$$\left.\begin{aligned} &\text{紧边拉力} \quad F_1 = F \frac{e^{f\alpha}}{e^{f\alpha} - 1} \\ &\text{松边拉力} \quad F_2 = F \frac{1}{e^{f\alpha} - 1} \end{aligned}\right\} \tag{4-73}$$

2) 带传动的应力分析

带传动时,带中的应力有拉应力、由离心力产生的拉应力和弯曲应力。

(1) 由拉力产生的拉应力 σ 有紧边拉应力 σ_1 和松边拉应力 σ_2,分别表示为

$$\left.\begin{aligned} &\text{紧边拉应力} \quad \sigma_1 = \frac{F_1}{A} \\ &\text{松边拉应力} \quad \sigma_2 = \frac{F_2}{A} \end{aligned}\right\} \tag{4-74}$$

式中：A——带的横截面面积，mm^2。

（2）离心力产生的拉应力 σ_c　工作时，绕在带轮上的传动带随带轮作圆周运动，产生离心拉力，离心拉力为 $F_c=qv^2$，在带的所有横剖面上产生的离心拉应力 σ_c 是相等的，即

离心拉应力
$$\sigma_c=\frac{F_c}{A}=\frac{qv^2}{A} \tag{4-75}$$

式中：q——传动带单位长度的质量，kg/m，各种型号的 V 带的 q 值见表 4-26；

v——传动带的速度，m/s。

离心力只发生在带作圆周运动的部分，但产生的离心拉力却作用于带的全长。它作用于带的全长且各个截面数值相等。因离心拉应力与速度平方成正比，σ_c 过大会降低带传动的工作能力，因此应限制带速 $v\leqslant 25$ m/s。

表 4-26　基准宽度制 V 带每米长的质量 q 及带轮最小基准直径

带型	Y	Z	SPZ	A	SPA	B	SPB	C	SPC	D	E
q/(kg/m)	0.02	0.06	0.07	0.10	0.12	0.17	0.20	0.30	0.37	0.62	0.90
d_{dmin}/mm	20	50	63	75	90	125	140	200	224	355	500

（3）弯曲应力 σ_b　带轮绕过带轮时，引起弯曲变形并产生弯曲应力。

弯曲应力
$$\sigma_b\approx\frac{2Eh}{d} \tag{4-76}$$

式中：E——带材料的弹性模量，MPa；

h——带的高度，mm；

d——V 带带轮的直径，mm，对于 V 带轮，则为基准直径。

弯曲应力只发生在带与带轮接触的圆周部分，且带轮直径越小，带越厚（型号越大），带的弯曲应力就越大，如两个带轮直径不同时，带在小带轮上的弯曲应力比在大带轮上的大。

如图 4-95 表示带在工作时的应力分布情况。可以看出带在变应力状态下工作，当应力循环次数达到一定数值后，带将发生疲劳破坏。图中小带轮为主动轮，最大应力发生在紧边与小带轮接触处。

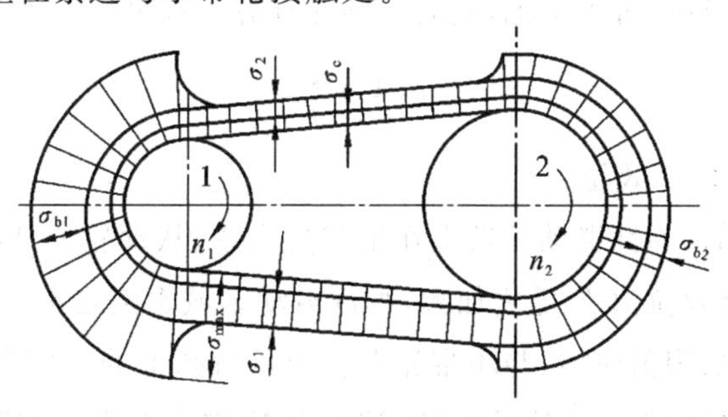

图 4-95　带的应力分布

最大应力 $$\sigma_{\max}=\sigma_1+\sigma_c+\sigma_{b1} \tag{4-77}$$

为保证带具有足够的疲劳寿命,应满足

$$\sigma_{\max}=\sigma_1+\sigma_c+\sigma_{b1}\leqslant[\sigma] \tag{4-78}$$

式中:$[\sigma]$——带的许用应力,$[\sigma]$是在 $\alpha_1=\alpha_2=180°$、规定的带长和应力循环次数、载荷平稳等条件下通过试验确定的。

3. 带的弹性滑动和打滑

1) 弹性滑动

带是弹性体,在传动过程中,由于受拉力而产生弹性变形,但由于紧边和松边的拉力不同,因而弹性变形也不同。如图 4-96 所示,在紧边时带被弹性拉长,到松边时又产生收缩,引起带在轮上发生微小局部滑动,这种由于带的弹性变形而引起的带与带轮间的滑动,称为弹性滑动。这是带传动正常工作时固有的特性,是不可避免的。

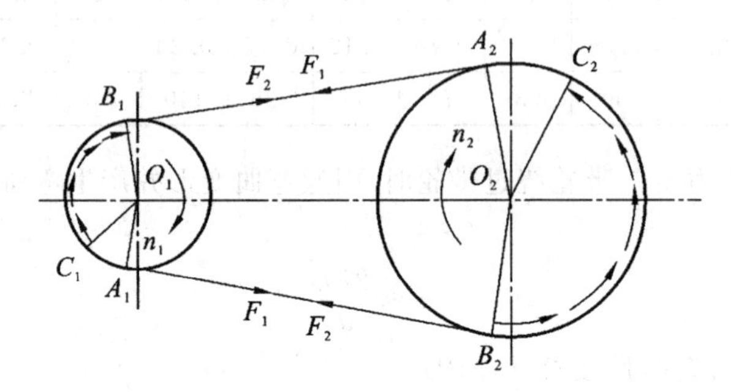

(圆圈中的箭头表示带轮对带的摩擦力方向)

图 4-96 带的弹性滑动示意图

弹性滑动引起的后果是:从动轮的圆周速度低于主动轮的圆周速度,产生了速度损失;降低了传动效率,增加带的磨损,缩短带的寿命;使带温升高。弹性滑动造成带的线速度略低于带轮的圆周速度,导致从动轮的圆周速度 v_2 低于主动轮的圆周速度 v_1,其速度降低率用相对滑动率 ε 表示。相对滑动率 ε=0.01～0.02,故在一般计算中可不考虑,此时传动比计算公式可简化为

传动比 $$i=\frac{n_1}{n_2}=\frac{d_{d2}}{d_{d1}} \tag{4-79}$$

2) 打滑与极限有效拉力

当外载较小时,弹性滑动只发生在带即将由主、从动轮离开的一段弧上。传递外载增大时,有效拉力 F_e 随之加大,弹性滑动区域也随之扩大,当有效拉力 F_e 达到或超过某一极限值时,带与小带轮在整个接触弧上的摩擦力达到极限,若外载继续增加,带将沿整个接触弧滑动,这种现象称为打滑。此时主动轮还在转

动，但从动轮转速急剧下降，带迅速磨损、发热而损坏，使传动失效。所以必须避免打滑，在设计时应限制带的最大拉力。当带有打滑趋势时，带与带轮间的摩擦力达到极限值，即有效拉力达到最大值，根据欧拉公式，有效拉力的最大值

$$F_{emax}=F_1\left(1-\frac{1}{e^{f\alpha}}\right)=2F_0\ \frac{e^{f\alpha_1}-1}{e^{f\alpha_2}+1} \tag{4-80}$$

式中：e——自然对数的底，e≈2.718；

f——摩擦系数（V 带用当量摩擦系数 f_v代替 f，$f_v=f/\sin(\varphi/2)$）；

α——包角，即带与带轮接触弧对应的中心角，rad，因大带轮包角总是大于小带轮包角，故这里应取 α 为小带轮包角。

由式(4-80)可知，最大有效拉力 $F_{e\max}$与下列几个因素有关：初拉力、包角和摩擦系数。

（1）初拉力 F_0　$F_{e\max}$与 F_0 成正比。F_0 越大，则带与带轮间的正压力越大，传动时的摩擦力就越大，$F_{e\max}$也就越大。但 F_0 过大，将导致带的磨损加剧和带的拉应力增大，带的寿命将降低，同时增大轴和轴承上的压力。若 F_0 过小，带的工作能力不能充分发挥，工作时易跳动和打滑。

（2）包角 α　$F_{e\max}$随 α 的增大而增大。因为包角增大，将使带与带轮在整个接触弧上的摩擦力总和增加，从而可提高传动能力。所以对于水平或近似水平布置的带传动，应将松边放在上边，以增大包角。由于小带轮的包角 α_1 总是小于大带轮的包角 α_2，因此一般要求 $\alpha_1\geqslant120°$，特殊情况下允许 $\alpha_{1\min}=90°$。

（3）摩擦系数 f　f 越大，摩擦力就越大。$F_{e\max}$也就越大。f 与带轮的材料、表面状况及工作条件等有关。

此外，欧拉公式是在忽略离心力影响下导出的，若 v 较大，带产生的离心力就大，这将降低带与带轮间的正压力，因而使 $F_{e\max}$减小。

4. 带的失效形式和设计准则

1）带的失效形式和设计准则

根据带传动工作能力分析可知，带传动的主要失效形式有：带在带轮上打滑，不能传递动力；带发生疲劳破坏（经历一定应力循环次数后发生拉断、撕裂、脱层等）。因此带传动的设计准则为：带在传递规定功率时不发生打滑同时具有一定的疲劳强度和寿命。

2）单根 V 带所能传递的额定功率

为保证带不出现打滑，必须限制带所传递的圆周力，使之不超过最大有效拉力，即 $F_e\leqslant F_{e\max}$；为保证 V 带有足够的寿命，必须使带工作时的最大应力小于或等于带的许用应力，即 $\sigma_{\max}\leqslant[\sigma]$。根据既不打滑又有一定疲劳寿命这两个条件，在特定的条件下得到的单根 V 带所能传递的功率称为单根 V 带的基本额定

功率。在包角为180°(i=1)、特定基准长度、载荷平稳时，单根V带的基本额定功率P_1见表4-27和表4-28。单根V带$i \neq 1$时传动功率增量ΔP_1的数值见表4-29和表4-30。

表4-27　单根普通V带所能传递的功率P_1($\alpha_1=\alpha_2=180°$,特定长度,载荷平稳)(kW)

型号	小带轮基准直径 d_{d1}/mm	小带轮转速 n_1/(r/min)													
		400	730	800	980	1200	1460	1600	2000	2400	2800	3200	3600	4000	5000
A	75	0.27	0.42	0.45	0.52	0.60	0.68	0.73	0.84	0.92	1.00	1.04	1.08	1.09	1.02
	90	0.39	0.63	0.68	0.79	0.93	1.07	1.15	1.34	1.50	1.64	1.75	1.83	1.87	1.82
	100	0.47	0.77	0.83	0.97	1.14	1.32	1.42	1.66	1.87	2.05	2.19	2.28	2.34	2.25
	125	0.67	1.11	1.19	1.40	1.66	1.93	2.07	2.44	2.74	2.98	3.16	3.26	3.28	2.91
	160	0.94	1.56	1.69	2.00	2.36	2.7	2.94	3.42	3.80	4.06	4.19	4.17	3.98	2.67
B	125	0.84	1.34	1.44	1.67	1.93	2.20	2.33	2.50	2.64	2.76	2.85	2.96	2.94	2.51
	160	1.32	2.16	2.32	2.72	3.17	3.64	3.86	4.15	4.40	4.60	4.75	4.89	4.80	3.82
	200	1.85	3.06	3.30	3.86	4.50	5.15	5.46	6.13	6.47	6.43	5.95	4.98	3.47	—
	250	2.50	4.14	4.46	5.22	6.04	6.85	7.20	7.87	7.89	7.14	5.60	3.12	—	—
	280	2.89	4.77	5.13	5.93	6.90	7.78	8.13	8.60	8.22	6.80	4.26	—	—	—

型号	小带轮基准直径 d_{d1}/mm	小带轮转速 n_1/(r/min)													
		200	300	400	500	600	730	800	980	1200	1460	1600	1800	2000	2200
C	200	1.39	1.92	2.41	2.87	3.30	3.08	4.07	4.66	5.29	5.86	6.07	6.28	6.34	6.26
	250	2.03	2.85	3.62	4.33	5.00	5.82	6.23	7.18	8.21	9.06	9.38	9.63	9.62	9.34
	315	2.86	4.04	5.14	6.17	7.14	8.34	8.92	10.23	11.53	12.48	12.72	12.67	12.14	11.08
	400	3.91	5.54	7.06	8.52	9.82	11.52	12.01	13.67	15.04	15.51	15.24	14.08	11.95	8.75
	450	4.91	6.40	8.20	9.81	11.29	12.98	13.08	15.39	16.59	16.41	15.57	13.29	9.64	4.44
D	355	5.31	7.35	9.24	10.90	12.39	14.04	14.83	16.30	17.25	16.70	15.63	12.97	—	—
	450	7.90	11.02	13.85	16.40	18.67	21.12	22.25	24.16	24.84	22.42	19.59	13.34	—	—
	560	10.76	15.07	18.95	22.38	25.32	28.28	29.55	31.00	29.67	22.08	15.13	—	—	—
	710	14.55	20.35	25.45	29.76	33.18	35.97	36.87	35.58	27.88	—	—	—	—	—
	800	16.76	23.39	29.08	33.72	37.13	39.26	39.55	35.26	21.32	—	—	—	—	—
E	500	10.86	14.96	18.55	21.65	24.21	14.83	27.57	28.52	25.53	16.25	—	—	—	—
	630	15.65	21.69	26.95	31.36	34.83	22.25	38.52	37.14	29.17	—	—	—	—	—
	800	21.70	30.05	37.05	42.53	46.26	29.55	47.38	39.08	16.46	—	—	—	—	—
	900	25.15	34.71	42.49	48.20	51.48	36.87	49.21	34.01	—	—	—	—	—	—
	1000	28.52	39.17	47.52	53.12	55.45	39.55	48.19	—	—	—	—	—	—	—

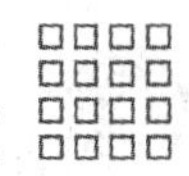

表 4-28　单根窄 V 带所能传递的功率 P_1　(kW)

型号	小带轮基准直径 d_{d1}/mm	小带轮转速 n_1/(r/min)										
		200	400	730	800	980	1200	1460	1600	2000	2400	2800
SPZ	63	0.20	0.35	0.56	0.60	0.70	0.81	0.93	1.00	1.17	1.32	1.45
	75	0.28	0.49	0.79	0.87	1.02	1.21	1.41	1.52	1.79	2.04	2.27
	90	0.37	0.67	1.12	1.21	1.44	1.70	1.98	2.14	2.55	2.93	3.26
SPB	90	0.43	0.75	1.21	1.30	1.52	1.76	2.02	2.16	2.49	2.77	3.00
	100	0.53	0.94	1.54	1.65	1.93	2.27	2.61	2.80	3.27	3.67	3.99
	125	0.77	1.40	2.33	2.52	2.98	3.50	4.38	5.15	5.80	6.34	—
SPB	140	1.08	1.92	3.13	3.35	3.92	4.55	5.21	5.54	6.31	6.86	7.15
	180	1.65	3.01	4.99	5.37	6.31	7.38	8.50	9.05	10.34	11.21	11.62
	200	1.94	3.54	5.88	6.35	7.47	8.74	10.70	10.70	12.18	13.11	14.41
SPC	224	2.90	5.19	8.82	10.43	10.39	11.89	13.26	13.81	14.58	14.01	—
	280	4.18	7.59	12.40	13.31	15.40	17.60	19.49	20.20	20.75	18.86	—
	315	4.97	9.07	14.82	15.90	18.37	20.88	22.92	23.58	23.47	19.98	—

表 4-29　单根普通 V 带 $i \neq 1$ 时传动功率的增量 ΔP_1　(kW)

型号	传动比 i	小带轮转速 n_1/(r_1/min)													
		400	730	800	980	1200	1460	1600	2000	2400	2800	3200	3600	4000	5000
A	1.35～1.51	0.04	0.07	0.08	0.08	0.11	0.13	0.15	0.19	0.23	0.26	0.30	0.34	0.38	0.47
	≥2	0.05	0.09	0.10	0.11	0.15	0.17	0.19	0.24	0.29	0.34	0.39	0.44	0.48	0.60
B	1.35～1.51	0.10	0.17	0.20	0.23	0.30	0.36	0.39	0.49	0.59	0.69	0.79	0.89	0.99	1.24
	≥2	0.13	0.22	0.25	0.30	0.38	0.46	0.51	0.63	0.76	0.89	10.1	1.14	1.27	1.60

型号	传动比 i	小带轮转速 n_1/(r/min)													
		200	300	400	500	600	730	800	980	1200	1460	1600	1800	2000	2200
C	1.35～1.51	0.14	0.21	0.27	0.34	0.41	0.48	0.55	0.65	0.82	0.99	1.10	1.23	1.37	1.51
	≥2	0.18	0.26	0.35	0.44	0.53	0.62	0.71	0.83	1.06	1.27	1.41	1.59	1.76	1.91
D	1.35～1.51	0.49	0.73	0.97	1.22	1.46	1.70	1.95	2.31	2.92	3.52	3.89	4.98	—	—
	≥2	0.63	0.94	1.28	1.56	1.88	2.19	2.50	2.97	3.75	4.53	5.00	6.52	—	—
E	1.35～1.51	0.96	1.45	1.93	2.41	2.89	3.38	3.86	4.58	5.61	6.83	—	—	—	—
	≥2	1.24	1.86	2.48	3.10	3.72	4.38	4.96	5.89	7.21	8.78	—	—	—	—

表 4-30　单根窄 V 带 $i\neq 1$ 时传动功率的增量 ΔP_1　(kW)

型号	传动比 i	小带轮转速 n_1/(r/min)										
		200	400	730	800	980	1200	1460	1600	2000	2400	2800
SPZ	1.39～1.57	0.02	0.04	0.08	0.09	0.11	0.13	0.16	0.18	0.22	0.27	0.31
	≥3.39	0.03	0.06	0.10	0.12	0.14	0.17	0.21	0.23	0.29	0.35	0.41
SPB	1.39～1.57	0.05	0.10	0.17	0.20	0.23	0.29	0.35	0.39	0.49	0.59	0.68
	≥3.39	0.06	0.13	0.22	0.25	0.30	0.38	0.46	0.51	0.63	0.76	0.89
SPB	1.39～1.57	0.10	0.20	0.36	0.40	0.49	0.60	0.73	0.80	1.00	1.20	1.40
	≥3.39	0.13	0.26	0.47	0.52	0.64	0.78	0.95	1.04	1.30	1.56	1.82
SPC	1.39～1.57	0.24	0.49	0.89	0.97	1.19	1.46	1.77	1.94	2.43	2.92	—
	≥3.39	0.32	0.63	1.15	1.26	1.55	1.89	2.30	2.52	3.15	3.79	—

3）输送机用 V 带设计步骤

通常情况下设计 V 带传动时已知的原始数据有：传递的功率 P；主动轮、从动轮的转速 n_1、n_2；传动的用途和工作条件；传动的位置要求，原动机种类等内容。

设计内容主要包括：带的型号、基准长度、根数、传动中心距、带轮直径及结构尺寸、轴上压力等。

（1）确定设计功率　根据传递的功率 P、载荷的性质和每天工作的时间等因素来确定设计功率

$$P_d = K_A P \tag{4-81}$$

式中：P——传递的额定功率，kW；

K_A——工作情况系数，见表 4-31。

（2）选择带型　根据设计功率 P_d 和小带轮转速 n_1 由图 4-97 或图 4-98 选定带型。

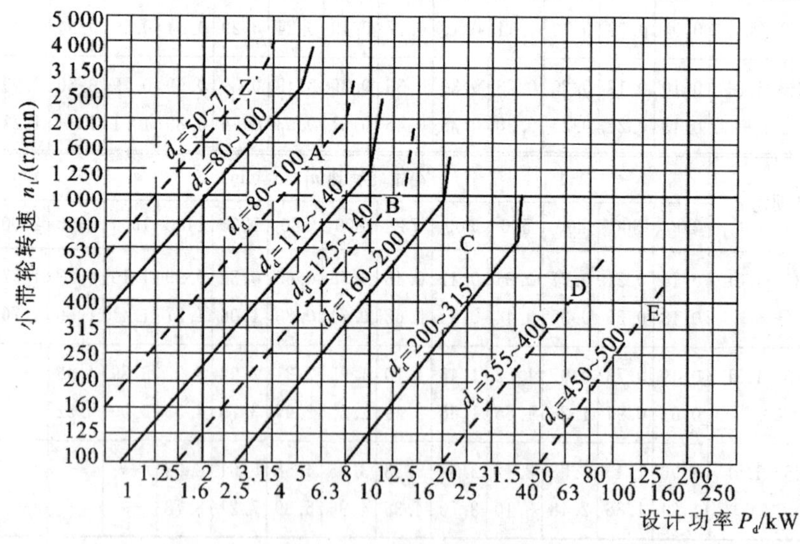

图 4-97　普通 V 带选型图

表 4-31　工作情况系数 K_A

工作情况		空、轻载启动			重载启动		
		每天工作小时数/h					
		<10	10～16	>16	<10	10～16	>16
载荷变动微小	液体搅拌机，通风机和鼓风机（≤7.5 kW）、离心式水泵和压缩机\轻型输送机	1.0	1.1	1.2	1.1	1.2	1.3
载荷变动小	带式输送机（不均匀负荷）、通风机（>7.5 kW）、旋转式水泵和压缩机（非离心式）、发电机、金属切削机床、印刷机、旋转筛、锯木机和木工机械	1.1	1.2	1.3	1.2	1.3	1.4
载荷变动较小	制砖机、斗式提升机、往复水泵和压缩机、起重机、麻粉机、冲剪机床、橡胶机械、振动筛、纺织机械、重载输送机	1.2	1.3	1.4	1.4	1.5	1.6
载荷变动较大	破碎机（旋转式、鄂式等）、磨碎机（球磨、棒磨、管磨）	1.3	1.4	1.5	1.5	1.6	1.8

注：① 空、轻载启动-电动机（交流启动、三角启动、直流并励）、四缸以上的内燃机、装有离心式离合器或液力联轴器的动力机；

② 重载启动-电动机（联机交流启动、直流复励或串励）、四缸以下内燃机；

③ 反复启动、正反转频繁、工作条件恶劣等场合 K_A 应乘以 1.2；

④ 增速传动时，K_A 应乘以下列系数，当 $i \geqslant 1.25 \sim 1.74$ 时为 1.05；$i \geqslant 1.75 \sim 2.49$ 时为 1.11；$i \geqslant 2.50 \sim 3.49$ 时为 1.18；$i \geqslant 3.50$ 时为 1.25。

（3）确定带轮的基准直径 d_{d1} 和 d_{d2}　可按以下三个步骤进行。

① 初选小带轮的基准直径 d_{d1}　带轮直径越小，结构越紧凑，但弯曲应力增大，寿命降低，而且带的速度也降低，单根带的基本额定功率减小，所以小带轮的基准直径 d_{d1} 不宜选得太小。

小带轮的基准直径可根据带的型号，参考表 4-27 和表 4-28 选取，同时根据 $d_{d1} \geqslant d_{min}$ 的要求，对照表 4-32 选择合适的基准直径。

② 验算带的速度 v　小带轮带速计算公式

$$v = \frac{\pi d_{d1} n_1}{60 \times 1000} \tag{4-82}$$

根据上式来计算带的速度 v，并满足 5 m/s $\leqslant v \leqslant v_{max}$。对于普通 V 带，$v_{max}$ = 25～30 m/s；对于窄 V 带，v_{max} = 35～40 m/s。如 $v > v_{max}$，则离心力过大，即应减小 d_{d1}；如 v 过小（$v <$ 5 m/s），这将使所需的有效圆周力 F_e 过大，即所需带的根数过多，于是带轮的宽度、轴径及轴承的尺寸都要随之增大，故 v 过小时应增大 d_{d1}。

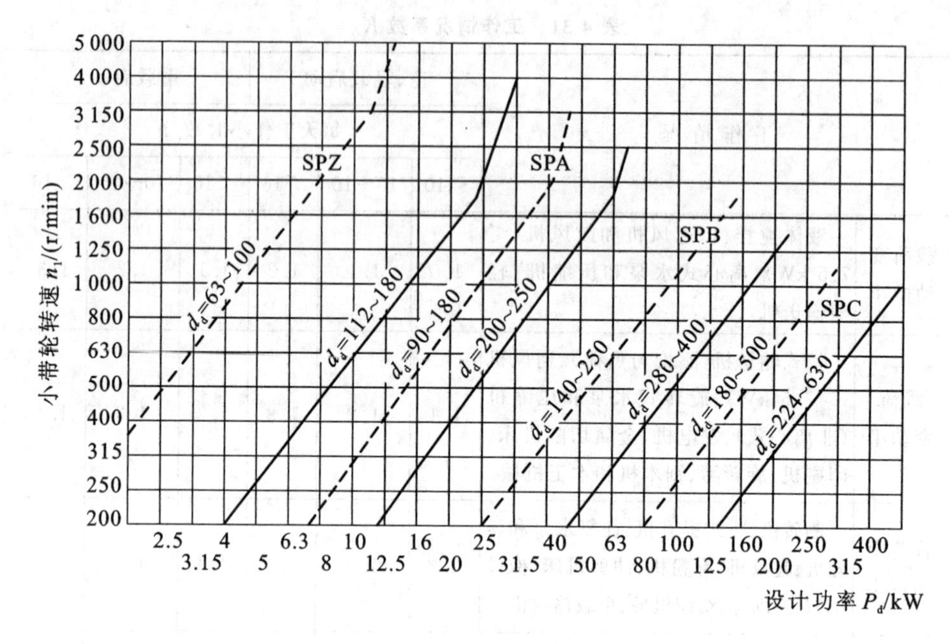

图 4-98　窄 V 带选型图

③ 计算从动轮的基准直径 d_{d2}　$d_{d2}=id_{d1}$，并按 V 带轮的基准直径系列（见表 4-32）进行圆整。

表 4-32　普通 V 带轮最小基准直径（摘自 GB/T 10412—2002）

带型	Y		Z		A		B		C		D		E
d_{dmin}	20		50		75		125		200		355		500
d_d的标准系列值	20	22.4	25	28	31.5	35.5	40	45	50	56	63	67	71	75	80
	85	90	95	100	112	118	125	132	140	150	160	170	180	200
	212	224	236	250	265	280	300	315	355	375	400	425	450
	475	500	530	560	600	630	670	710	750	800	900	1000	等

4）确定中心距 a 和带的基准长度

若带传动的中心距过大，会引起带的抖动，且传动尺寸也不紧凑；若中心距过小，带的长度愈短，带的应力变化也就愈频繁，会加速带的疲劳破坏，当传动比较大时，中心距太小将导致包角过小，降低传动能力。

如果中心距未给出，可根据传动的结构需要按下式给定的范围初定中心距 a_0

$$0.7(d_{d1}+d_{d2})\leqslant a_0\leqslant 2(d_{d1}+d_{d2}) \tag{4-83}$$

a_0 取定后，可根据带传动的几何关系，按下式计算所需带的基准长度

$$L_{d0}=2a_0+\frac{\pi}{2}(d_{d1}+d_{d2})+\frac{(d_{d2}-d_{d1})^2}{4a_0} \tag{4-84}$$

先根据 L_{d0} 由图 4-89 选取相近的基准长度 L_d，再根据 L_d 来计算实际中心距。带传动的实际中心距

$$a=A+\sqrt{(A^2-B)} \tag{4-85}$$

式中
$$A=\frac{L_d}{4}-\frac{\pi(d_{d1}+d_{d2})}{8}\ \text{mm}$$

$$B=\frac{(d_{d2}-d_{d1})^2}{8}\ \text{mm}^2$$

由于带传动的中心距一般是可以调整的，故可用下式近似计算

$$a\approx a_0+\frac{L_d-L_{d0}}{2} \tag{4-86}$$

考虑到安装调整和张紧的需要，实际中心距的变动范围为

$$a_{min}=a-0.015\ L_d,\quad a_{max}=a+0.03\ L_d$$

5）验算小带轮包角 α_1

根据式(4-69)及对包角的要求，应保证

$$\alpha_1\approx 180°-60°\times\frac{d_{d2}-d_{d1}}{a}\geqslant 90°\sim 120°$$

如 α_1 太小，则应增大中心距 a，或增设张紧轮。

6）确定带的根数 z

表 4-27 和表 4-28 中给出的单根 V 带的基本额定功率是在特定条件（$\alpha=180°$、特定的基准长度）下得出的，实际工作条件与上述条件不同时，应对 P_1 值进行修正，以求得实际工作条件下，单根 V 带的许用功率[P_1]，其计算公式为

$$[P_1]=(P_1+\Delta P_1)K_\alpha K_L \tag{4-87}$$

式中：ΔP_1——基本额定功率增量，kW。由于 $i\neq 1$ 时，带在大带轮上的弯曲应力较小，故在寿命相同的条件下，可增大传递的功率，其值见表 4-29 或表 4-30；

K_α——包角系数，考虑 $\alpha\neq 180°$ 时对传动能力的影响，见表 4-33；

K_L——长度系数，考虑带的基准长度不为特定长度时对传动能力的影响，见表 4-34。

表 4-33　包角系数 K_α

小轮包角 α_1	180°	175°	170°	165°	160°	155°	150°	145°	140°	135°	130°	125°	120°	110°	100°	90°
K_α	1	0.99	0.98	0.96	0.95	0.93	0.92	0.91	0.89	0.88	0.86	0.84	0.82	0.78	0.74	0.69

V 带的根数可用下式计算

$$z=\frac{P_d}{[P_1]}=\frac{P_d}{(P_1+\Delta P_1)K_\alpha K_L} \tag{4-88}$$

在确定 V 带的根数时，为了使各根 V 带受力均匀，根数不应过多，一般以不超过 8～10 根为宜；否则应改选带的型号，重新计算。

表 4-34 长度系数 K_L

基准长度 L_d/mm	K_L								
	普通 V 带					窄 V 带			
	A	B	C	D	E	SPZ	SPA	SPB	SPC
630	0.81					0.82			
710	0.82					0.84			
800	0.85					0.86	0.81		
900	0.87	0.81				0.88	0.83		
1000	0.89	0.84				0.90	0.85		
1120	0.91	0.96				0.93	0.87		
1250	0.93	0.88				0.94	0.89	0.82	
1400	0.96	0.90				0.96	0.91	0.84	
1600	0.99	0.93	0.84			1.00	0.93	0.84	
1800	1.01	0.95	0.85			1.01	0.95	0.88	
2000	1.03	0.98	0.88			1.02	0.96	0.90	0.81
2240	1.06	1.00	0.91			1.05	0.98	0.92	0.83
2500	1.09	1.03	0.93			1.07	1.00	0.94	0.86
2800	1.11	1.05	0.95	0.83		1.09	1.02	0.96	0.88
3150	1.13	1.07	0.97	0.86		1.11	1.04	0.98	0.90
3550	1.17	1.10	0.98	0.89		1.13	1.06	1.00	0.92
4000	1.19	1.13	1.02	0.91			1.08	1.02	0.94
4500		1.15	1.04	0.93	0.90		1.09	1.04	0.96
5000		1.18	1.07	0.96	0.92			1.06	0.98

7）确定带的初拉力 F_0

$$F_0=500\times\frac{(2.5-K_\alpha)P_d}{zvK_\alpha}+qv^2 \tag{4-89}$$

式(4-89)中各符号的意义同前，F_0的单位为 N。

由于新带容易松弛，所以对非自动张紧的带传动，安装新带时的初拉力应为上述初拉力的 1.5 倍。

在带传动中，初拉力是通过在两带轮的切点跨距的中点 M 处，加上一个垂直于两轮上部外公切线的适当载荷 G(见图 4-99)，使沿跨距每长 100 mm 所产生的挠度 y 为 1.6 mm 来控制的。G 值可查阅有关机械设计手册。

8）计算对轴的压力 F_Q

为了设计安装带传动的轴和轴承，必须确定带传动作用在轴上的径向压力 F_Q。如果不考虑带的两边拉力差，则压轴力可近似地按带两边的初拉力的合力来计算，由图 4-100 可得

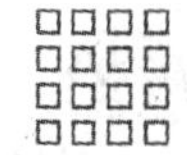

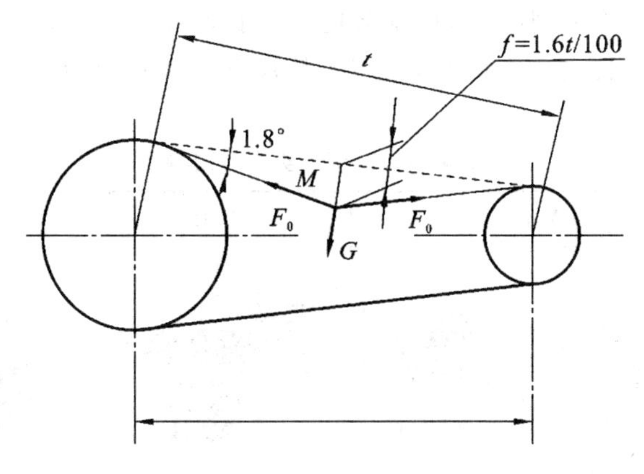

图 4-99 初拉力的测定

$$F_Q = 2zF_0 \sin\frac{\alpha_1}{2} \tag{4-90}$$

式中各参数的意义同前，F_Q的单位为 N。

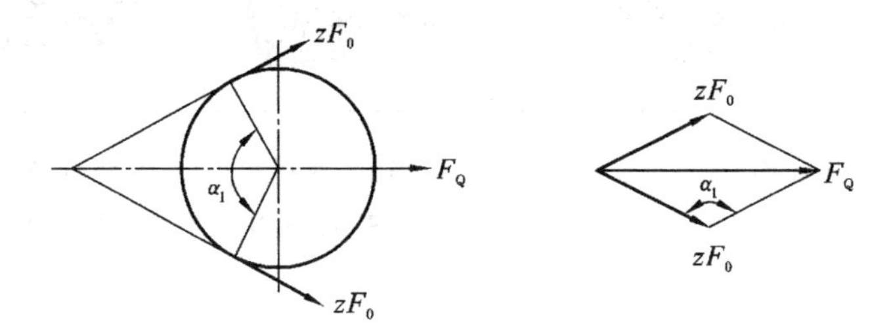

图 4-100 带传动对轴的压力

9）带轮的结构设计

确定带轮的材料、结构尺寸和加工要求，绘制带轮工作图。

5. V 带和带轮

1）V 带

V 带有普通 V 带、窄 V 带、联组 V 带、齿形 V 带、大楔角 V 带、宽 V 带等多种类型（见表 4-35）。常用的是普通 V 带。窄 V 带具有传递功率大，传动尺寸小、带速高，效率较高、寿命长等优点，已广泛应用于高速和中、大功率的各种机械中。

标准普通 V 带都制成无接头的环形。其结构（见表 4-35）由顶胶 1、抗拉体 2、底胶 3 和包布 4 等部分组成。抗拉体的结构分为帘布芯 V 带和绳芯 V 带两种类型。帘布芯 V 带制造方便，抗拉强度高。绳芯 V 带柔韧性好，抗拉强度低，仅为帘布芯结构的 80%，但抗弯强度高，适用于转速较高，载荷不大和带轮直径较小的场合。

窄 V 带是用合成纤维绳或钢丝绳作抗拉体，与普通 V 带相比，当高度相同时,窄 V 带的宽度约缩小 1/3,而承载能力可提高 1.5～2.5 倍,允许的速度和曲挠次数也较高,传动中心距小,适用于传递动力大而又要求传动装置紧凑的场合。

表 4-35　V 带的类型与结构

名称	普通 V 带	窄 V 带	联组 V 带
简图	1 2 3 4 (a) 帘布芯结构 1 2 3 4 (b) 绳芯结构		
名称	宽 V 带	齿形 V 带	大楔角 V 带
简图			

国家标准规定(GB/T 11544—1997),按截面尺寸的大小普通 V 带分为 Y、Z、A、B、C、D、E 七种型号,窄 V 带分为 SPZ、SPA、SPB、SPC 四种型号,各种型号带的截面尺寸见表 4-36。

表 4-36　V 带的截面尺寸和线密度(摘自 GB/T 11544—1997)　(mm)

带型		节宽	顶宽	高度	质量 q	楔角 θ
普通 V 带	窄 V 带	b_p	b	h	kg / m	
Y	—	5.3	6	4	0.03	40°
Z	SPZ	8.5 8	10	6 8	0.06 0.07	
A	SPA	11.0	13	8 10	0.11 0.12	
B	SPB	14.0	17	11 14	0.19 0.20	
C	SPC	19.0	22	14 18	0.33 0.37	
D	—	27.0	32	19	0.60	
E	—	32.0	38	23	1.02	

注:在一列中有两个数据的,上边一个对应普通 V 带、下边一个对应窄 V 带,下同。

当带绕过带轮时，顶胶伸长，而底胶缩短，只有在两者之间的中性层长度不变，中性层所在的平面称为节面。带的节面宽度称为节宽 b_p，当带弯曲时，该宽度保持不变。

在 V 带轮上，与所配用 V 带的节宽 b_p 相对应的带轮直径称为基准直径 d_d（见表 4-38 中图）。V 带在规定的张紧力下，位于带轮基准直径上的周线长度称为基准长度 L_d。V 带的公称长度以基准长度 L_d 表示，其尺寸系列如图4-101 所示。

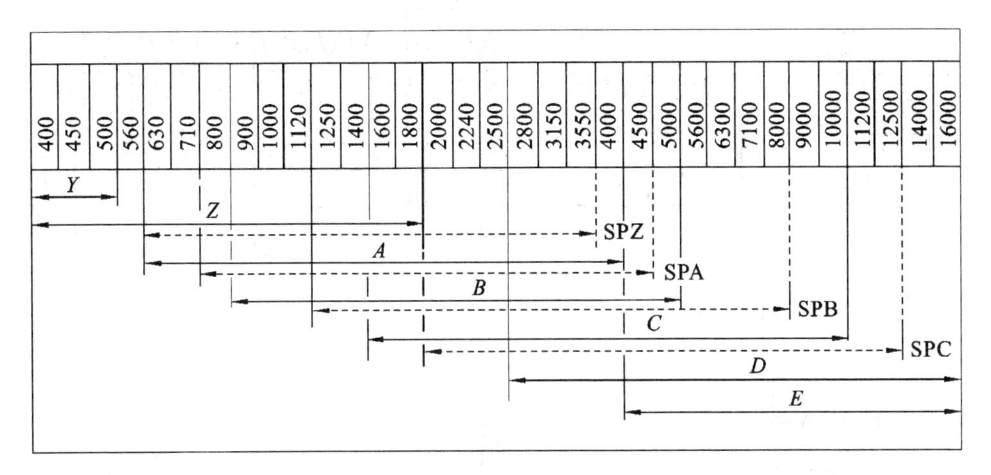

图 4-101　V 带基准长度

普通 V 带的标记是由型号、基准长度和标准号三部分组成，如基准长度为 1 600 mm 的B 型普通 V 带，其标记为：B1600 GB/T 11544—1997。V 带的标记及制造年月和生产厂名，通常都压印在带的顶面。

2）V 带带轮

（1）带轮的材料及设计要求　常用的带轮材料为 HT150 或 HT200。当带轮线速度 $v<25$ m/s 时，采用 HT150；当 $v=25\sim30$ m/s 时，采用 HT200。速度更高时，可采用铸钢或钢板冲压后焊接而成。小功率时可用铸铝或工程塑料。

设计 V 带轮时应满足的主要要求有：结构合理，质量分布均匀，转速高时要经过动平衡。与带轮接触的轮槽表面粗糙度要低，以减少带的磨损；各槽的尺寸和角度应保持一定的精度，以使载荷分布较为均匀等。

带轮的结构设计，主要是根据带轮的基准直径选择结构类型；根据带的截型确定轮槽尺寸，根据经验公式确定带轮的其他结构尺寸；绘制带轮的零件图，并按工艺要求注出相应的技术要求等。

(2) 带轮的结构　带轮由轮缘（外圈环形部分）、轮毂（与轴联结的筒形部分）和轮辐（连接轮缘和轮毂的中间部分）三部分组成。

根据轮辐结构的不同可将带轮分为实心式（见图 4-102(a)）、腹板式（见图 4-102(b)）、孔板式（见图 4-102(c)）和椭圆轮辐式（见图 4-102(d)）四种形式。

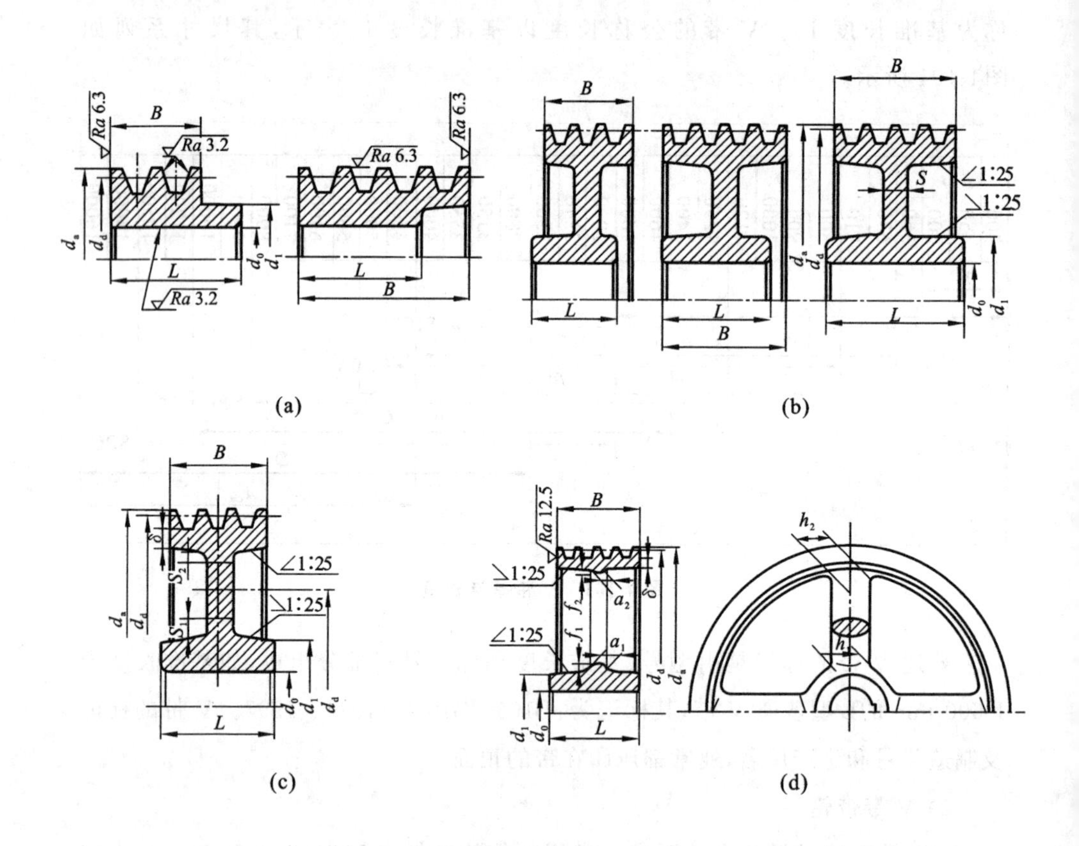

图 4-102　V 带轮的典型结构

(a) 实心式；(b) 腹板轮；(c) 孔板式；(d) 椭圆轮辐

$d_1=(1.8\sim2)d_0$；$L=(1.5\sim2)d_0$；S 查表 4-37，$S_1\geqslant1.5S$，$S_2\geqslant0.5S$；$h_1=290\sqrt[3]{\frac{P}{nA}}$，mm；

P—传递功率，kW；n—带轮转速，r/min；

A—轮辐数；$h_2=0.8h_1$；$a_1=0.4h_1$；$a_2=0.8a_1$；$f_1=0.2h_1$；$f_2=0.2h_2$

带轮的结构类型可根据带轮的基准直径参照表 4-37 决定。

V 带带轮的轮缘尺寸见表 4-38，带轮的其他尺寸见图 4-102 中的经验公式。

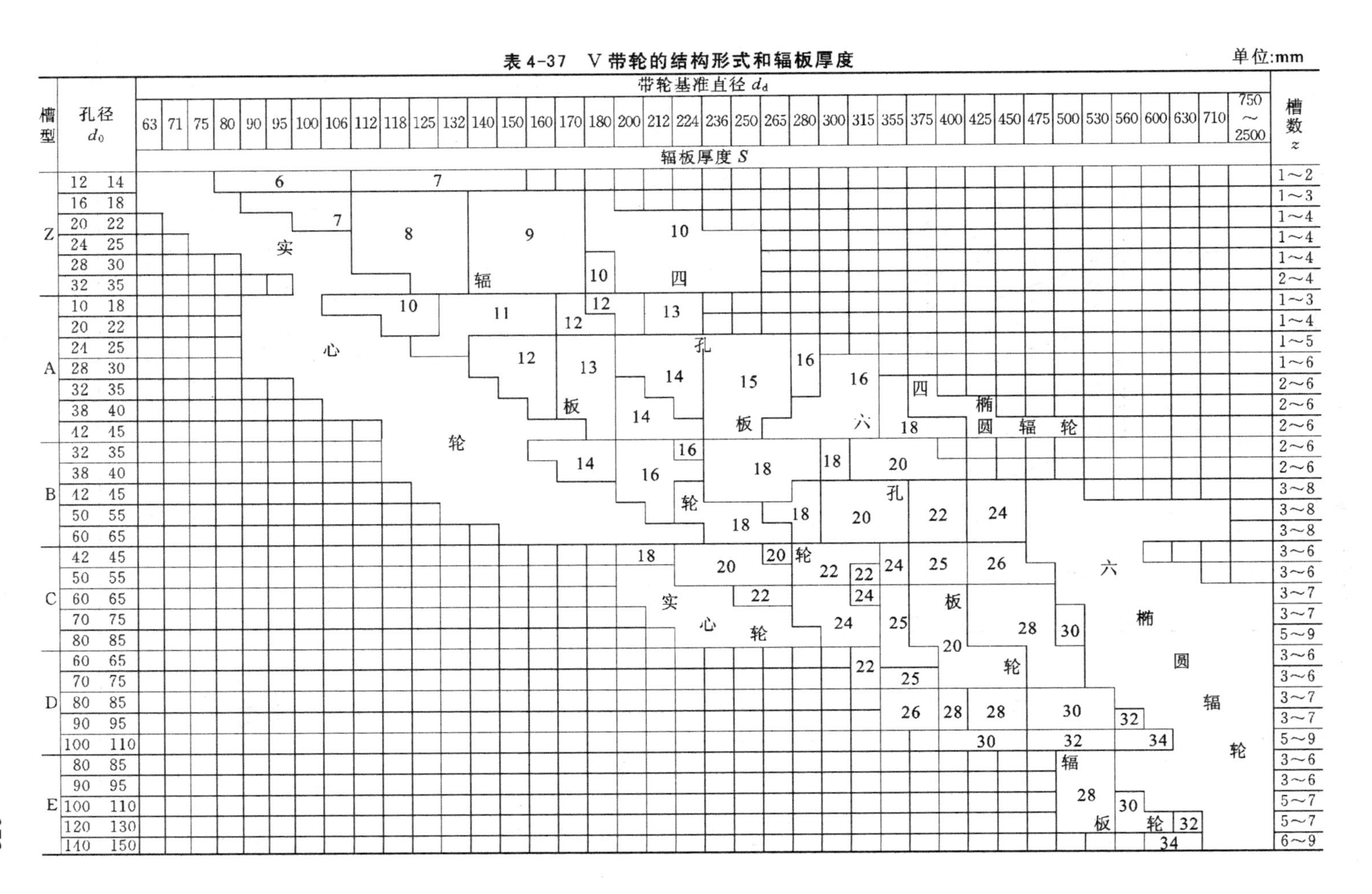

表 4-37 V 带轮的结构形式和辐板厚度

单位:mm

槽型	孔径 d_0	带轮基准直径 d_d																																						槽数 z
		63	71	75	80	90	95	100	106	112	118	125	132	140	150	160	170	180	200	212	224	236	250	265	280	300	315	355	375	400	425	450	475	500	530	560	600	630	710	750~2500	
		辐板厚度 S																																						
Z	12 14						6					7																													1~2
	16 18																																								1~3
	20 22								7												10																				1~4
	24 25						实				8					9																									1~4
	28 30																																								1~4
	32 35													辐				10			四																				2~4
A	10 18										10				11			12		13																					1~3
	20 22																12																								1~4
	24 25								心													孔																			1~5
	28 30														12		13			14					16																1~6
	32 35																						15				16		四												2~6
	38 40																板		14												椭										2~6
	42 45																						板				六		18		圆	辐		轮							2~6
B	32 35												轮								16					18															2~6
	38 40																14			16				18				20													2~6
	42 45																				轮							孔													3~8
	50 55																					18			18		20			22		24									3~8
	60 65																																								3~8
C	42 45																		18			20		20	轮			24		25	26										3~6
	50 55																									22	22									六					3~6
	60 65																			实			22				24			板											3~7
	70 75																					心				24		25					28				椭				3~7
	80 85																						轮							20				30							5~9
D	60 65																										22					轮						圆			3~6
	70 75																												25												3~6
	80 85																												26	28	28			30					辐		3~7
	90 95																																			32					3~7
	100 110																														30			32			34			轮	5~9
E	80 85																																	辐							3~6
	90 95																																		28						3~6
	100 110																																			30					5~7
	120 130																																		板		轮	32			5~7
	140 150																																				34				6~9

表 4-38 V带轮的轮缘尺寸（摘自 GB/T 13575.1—2008） （mm）

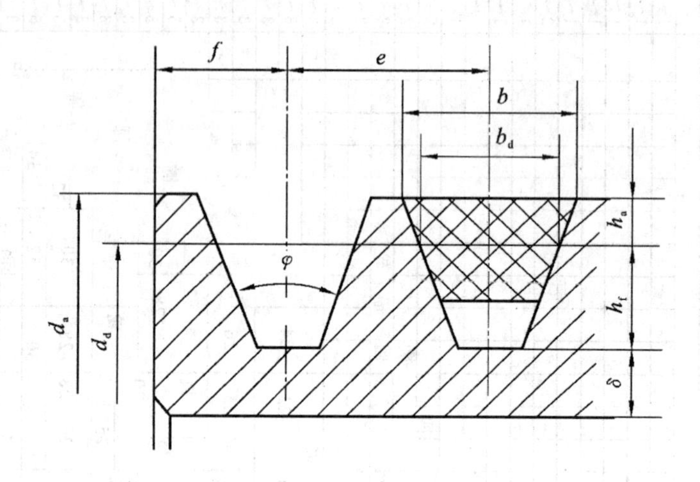

项 目	符号	槽 型						
		Y	Z SPZ	A SPA	B SPB	C SPC	D	E
基准宽度	b_d	5.3	8.5	11.0	14.0	19.0	27.0	32.0
基准线上槽深	h_{amin}	1.6	2.0	2.75	3.5	4.8	8.1	9.6
基准线下槽深	h_{fmin}	4.7	7.0 9.0	8.7 11.0	10.8 14.0	14.3 19.0	19.9	23.4
槽间距	e	8±0.3	12±0.3	15±0.3	19±0.4	25.5±0.5	37±0.6	44.5±0.7
槽边距	f_{min}	6	7	9	11.5	16	23	28
最小轮缘厚	δ_{min}	5	5.5	6	7.5	10	12	15
带轮宽	B	$B=(z-1)e+2f$ z—轮槽数						
外径	d_a	$d_a=d_d+2h_a$						
轮槽角 φ/(°) 32	相应的基准直径 d_d	≤60	—	—	—	—	—	—
轮槽角 φ/(°) 34	相应的基准直径 d_d	—	≤80	≤118	≤190	≤315	—	—
轮槽角 φ/(°) 36	相应的基准直径 d_d	>60	—	—	—	—	≤475	≤600
轮槽角 φ/(°) 38	相应的基准直径 d_d	—	>80	>118	>190	>315	>475	>600
轮槽角 φ/(°) 偏 差		±30′						

V 带轮的基准直径系列见表 4-39。

表 4-39　V 带轮的基准直径系列　(mm)

基准直径 D	带型						
	Y	Z SPZ	A SPA	B SPB	C SPC	D	E
	外径						
75	—	79	80.5	—	—	—	—
80	83.2	84	85.5	—	—	—	—
85	—	—	90.5	—	—	—	—
90	93.2	94	95.5	—	—	—	—
95	—	—	100.5	—	—	—	—
100	103.2	104	105.5	—	—	—	—
106	—	—	111.5	—	—	—	—
112	115.2	116	117.5	—	—	—	—
118	—	—	123.5	—	—	—	—
125	128.2	129	130.5	132	—	—	—
132	—	136	137.5	139	—	—	—
140	—	144	145.5	147	—	—	—
150	—	154	155.5	157	—	—	—
160	—	164	165.5	167	—	—	—
170	—	—	—	177	—	—	—
180	—	184	185.5	187	—	—	—
200	—	204	205.5	207	209.6	—	—
212	—	—	—	219	221.6	—	—
224	—	224	259.5	231	233.6	—	—
236	—	—	—	243	245.6	—	—
250	—	254	225.5	257	259.6	—	—
265	—	—	—	—	274.6	—	—
280	—	284	285.5	287	289.6	—	—
315	—	319	320.5	322	324.6	—	—
355	—	359	360.5	362	364.2	371.2	—
375	—	—	—	—	—	391.2	—
400	—	404	405.5	407	409.6	416.2	—
425	—	—	—	—	—	441.2	—
450	—	—	455.5	457	459.6	166.2	—
475	—	—	—	—	—	491.2	—
500	—	504	505.5	507	509.6	516.2	519.2

注：①直径的极限偏差：基准直径按 C11，外径按 h12，仅限于普通 V 带轮；

②没有外径值的基准直径不推荐采用，仅限于 SP 型窄 V 带轮。

V 带的两侧面夹角 φ 均为 40°，但带绕过带轮弯曲时，会产生横向变形，使其夹角变小，为使带轮轮槽工作面和 V 带两侧面接触良好，一般轮槽楔角都小于 40°。且带轮直径越小，轮槽的楔角也越小。

GB/T 10412—2002 规定了普通 V 带带轮的基本类型、尺寸、标记和技术要求，应尽可能参照选用。

3）带轮的技术要求

轮槽工作面不应有砂眼、气孔，轮辐及轮毂不应有缩孔和较大的凹陷。轮槽棱边要倒圆或倒钝。带轮轮槽工作面的表面粗糙度 Ra 为 3.2 μm，轮毂两侧面的表面粗糙度 Ra 为 6.3 μm，轮缘两侧面、轮槽底面的表面粗糙度 Ra 取为 12.5 μm。带轮顶圆的径向圆跳动和轮缘两侧面的端面圆跳动按 11 级精度取值。

6. V 带传动的张紧与维护

1）V 带传动的张紧装置

由于传动带的材料不是完全的弹性体，因而带在工作一段时间后会发生塑性伸长而松弛，使张紧力降低。为了保证带传动的能力，应定期检查张紧力的数值，发现不足时，必须重新张紧，才能正常工作。因此，带传动需要有重新张紧的装置。张紧装置分定期张紧和自动张紧两类，见表 4-40。

2）带传动的使用和维护

正确安装、使用和妥善保养，是保证带传动正常工作、延长胶带寿命的有效措施，一般应注意以下几点。

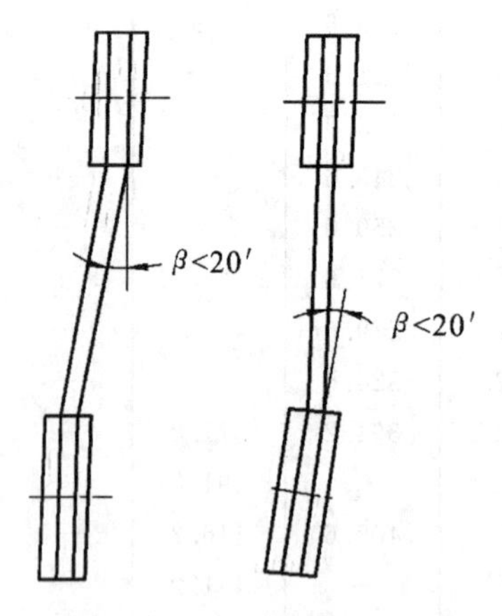

图 4-103　带轮安装的位置

（1）安装时两轮轴线应相互平行，各带轮轴线的平行度应小于 $0.006a$（a 为轴间距）；两轮相对应的 V 形槽的对称平面应重合，误差不得超过 20′（见图 4-103）；否则将加剧带的磨损，甚至使带从带轮上脱落。

（2）安装 V 带时，应先缩小中心距，将 V 带套入槽中后，再调整中心距并予以张紧，不应将带硬往带轮上撬，以免损坏带的工作表面和降低带的弹性。

（3）胶带不宜与酸、碱或油接触，工作温度不宜超过 60 ℃，应避免日光直接曝晒。

（4）带传动装置应加防护罩，以免发生意外事故。

（5）定期检查胶带，发现其中一根过度松弛或疲劳破坏时，应全部更换新带，不能新旧混合使用。

表 4-40 带传动的张紧方法

张紧方法		简图	特点和应用
调节轴间距离	定期张紧	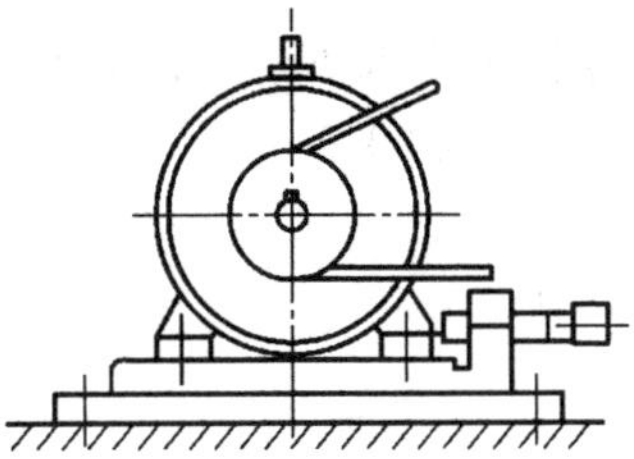 (a) 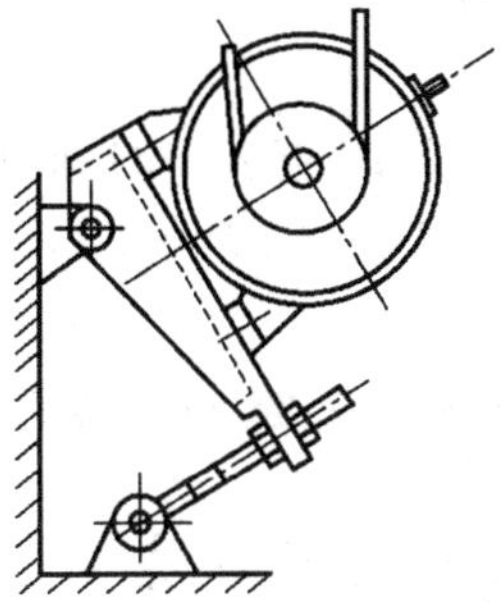 (b)	图(a)所示方法多用于水平或接近水平的传动。 图(b)所示方法多用于垂直或接近垂直的传动。 是最简单的通用方法
调节轴间距离	自动张紧	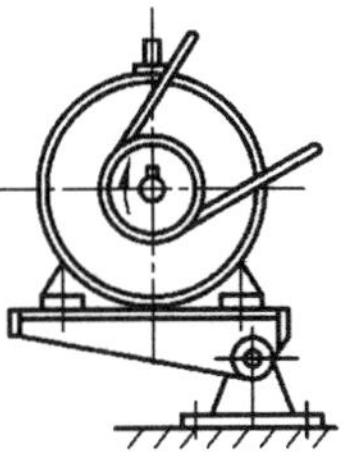 (c) 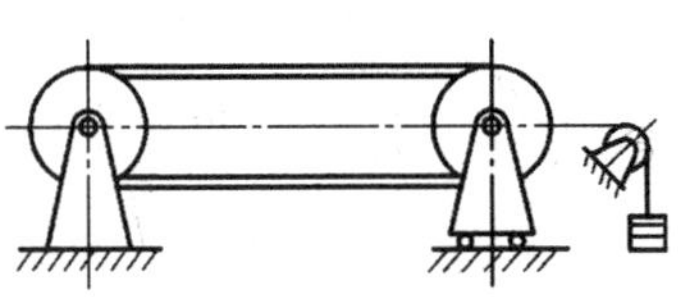 (d)	图(c)所示方法是靠电动机的自重或定子的反力矩张紧，多用于小功率传动；应使用电动机和带轮的转向有利于减轻配重或减小偏心距。 图(d)所示方法常用于带传动的试验装置
张紧轮	定期张紧	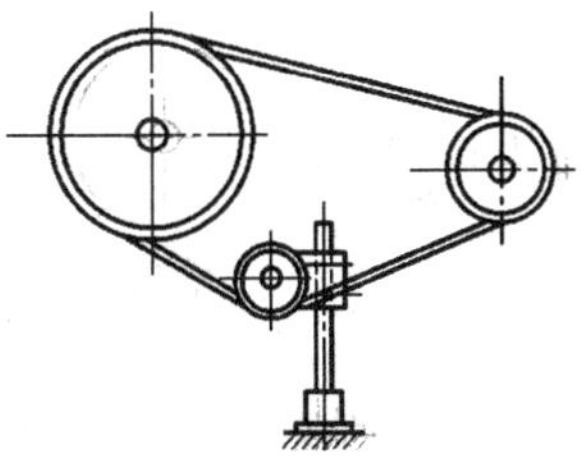 (e)	图(e)所示方法适用于当中心距不便调整时，可任意调节预紧力，增大包角，容易装卸；但影响带的寿命，不能逆转。 张紧轮的直径 $d_i \geqslant (0.8 \sim 1) d_1$ 应安装在带的松边

【案例】 普通 V 带传动设计。

案例 4-12 设计一鼓风机用普通 V 带传动。原动机为 Y 系列三相异步电动机，功率 $P = 70$ kW，转速 $n_1 = 730$ r/min，鼓风机转速 $n_2 = 500$ r/min。

该机启动负荷较小,工作平稳,载荷变动小,每天工作 16 h。试设计此 V 带传动。

解 设计步骤如下

(1) 确定设计功率。

由式(4-78),$P_d=K_AP$,查表 4-31 取工作情况系数 $K_A=1.2$,则

$$P_d=K_AP=1.2\times70\ \text{kW}=84\ \text{kW}$$

(2) 选 V 带型号。

根据 P_d 和 n_1,查图 4-97,选 D 型普通 V 带

(3) 确定带轮直径。

由表 4-27,取小带轮基准直径 $d_{d1}=355$ mm

传动比 $$i=n_1/n_2=730/500=1.46$$

大带轮基准直径 $$d_{d2}=id_{d1}=1.46\times355\ \text{mm}=518\ \text{mm}$$

取 $d_{d2}=530$ mm

实际传动比 $$i=\frac{d_{d2}}{d_{d1}}=\frac{530}{355}=1.49$$

从动轮转速 $$n_2=\frac{n_1}{i}=\frac{730}{1.49}\ \text{r/min}\approx490\ \text{r/min}$$

转速误差 $$\Delta n_2=\left|\frac{490-500}{500}\times100\%\right|=2\%<5\%$$

(4) 验算带速。

由式(4-79)得

$$v=\frac{\pi d_{d1}n_1}{60\times1000}=\frac{3.14\times355\times730}{60\times1000}\ \text{m/s}=13.6\ \text{m/s}\ ,\text{合适}$$

(5) 确定带的基准长度和传动中心距。

由 $0.7(d_{d1}+d_{d2})\leqslant a_0\leqslant2(d_{d1}+d_{d2})$ 初定中心距 $a_0=1400$ mm

由式(4-81),带的基准长度

$$L_{d0}=2a_0+\frac{\pi}{2}(d_{d1}+d_{d2})+\frac{(d_{d2}-d_{d1})^2}{4a_0}$$

$$=\left[2\times1400+\frac{\pi}{2}(530+335)+\frac{(530-355)^2}{4\times1400}\right]\ \text{mm}=4196\ \text{mm}$$

查图 4-101,取 $L_d=4000$ mm

由式(4-83),得实际中心距

$$a=a_0+\frac{L_d-L_{d0}}{2}=\left(1400+\frac{4000-4196}{2}\right)\ \text{mm}\approx1300\ \text{mm}$$

(6) 验算小带的轮角。

由式(4-69),有

$$\alpha_1\approx180^\circ-60^\circ\times\frac{d_{d2}-d_{d1}}{a}=180^\circ-60^\circ\times\frac{530-355}{1300}=172.3^\circ>120^\circ,\text{合适}$$

(7) 计算带的根数。

由式(4-88),即

$$z=\frac{P_{d}}{(P_{1}+\Delta P_{1})K_{\alpha}K_{L}}$$

查取式中各参数如下。

由 $d_{d1}=355$ mm,$n_1=730$ r/min,查表 4-28,取 $P_1=14.04$

由 $i=1.49$,$n_1=730$ r/min,查表 4-29,取 $\Delta P_1=1.70$

由 $\alpha_1=172.3°$,查表 4-33,取 $K_\alpha=0.982$

查表 4-34,由 $L_d=4000$ mm,取 $K_L=0.91$

故由式(4-85),有

$$z=\frac{P_{d}}{(P_{1}+\Delta P_{1})K_{\alpha}K_{L}}=\frac{84}{(14.04+1.70)\times 0.982\times 0.91}=5.97$$

取 $z=6$ 根。

(8) 计算初拉力。

由式(4-86),有

$$F_0=500\times\frac{(2.5-K_\alpha)p_d}{K_\alpha zv}+qv^2$$

查表 4-36,D 型带,$q=0.60$ kg/m

$$F_0=\left[500\times\frac{(2.5-0.982)\times 84}{0.982\times 6\times 13.6}+0.60\times 13.6^2\right]\text{ N}=906.6\text{ N}$$

(9) 计算对轴的压力。

由式(4-87),有

$$F_Q=2zF_0\sin\frac{\alpha_1}{2}=2\times 6\times 906.6\times\sin\frac{172.3°}{2}\text{ N}=10860\text{ N}$$

(10) 带轮结构设计,绘工作图(略)。

【学生设计题】

1. 设计一鼓风机用 V 带传动。原动机为 Y 系列三相异步电动机,功率 $P=60$ kW,转速 $n_1=600$ r/min,鼓风机转速 $n_2=500$ r/min。该机启动负荷较小,工作平稳,载荷变动小,每天工作 16 h。

2. 某带式运输机其异步电动机与齿轮减速器之间用普通 V 带传动,电动机额定功率 $P=5.5$ kW,转速 $n_1=960$ r/min,V 带传动速比 $i_{12}=2.5$,运输机单向运转,载荷平稳,一班制工作,试设计此 V 带传动(允许传动比误差 $\Delta i\leqslant\pm 5\%$)。

思　考　题

1. 常用的带传动有几种类型?为什么在相同的条件下,常用 V 带传动?

2. 试分析摩擦带传动的工作原理。为增大摩擦,带与带轮接触面的粗糙度是否越高越好?

3. 弹性滑动与打滑有什么区别?它们对传动有什么影响?是否可以避免?打滑是先发生在大轮上还是在小轮上?

4. 带传动的主要失效形式是什么?其设计准则是什么?

5. 带传动张紧的目的是什么?常用的张紧装置有哪些?在什么情况下使用张紧轮,装在什么地方比较合理?

练　习　题

4-25　已知一普通V带传动,采用三根B型带,主动轮转速 $n_1=1450$ r/min,基准直径为 $d_{d1}=180$ mm,从动轮转速 $n_2=650$ r/min,传动中心距 $a\approx800$ mm,载荷平稳,单班制工作,试求能传递的最大功率;若为使结构紧凑,取 $d_{d1}=125$ mm,$a\approx400$ mm,问带所能传递的功率比原设计降低了多少?

4-26　设计某带式输送机传动系统中第一级用的窄V带传动。设已知电动机的型号为Y112-M4,额定功率 $P=4$ kW,转速为 $n_1=1440$ r/min,传动比 $i=3.8$,一天运转时间<10 h。

参考文献

[1] 张建中.机械设计基础[M].南京:中国矿业大学出版社,2004.

[2] 刘小群.机械设计基础[M].北京:人民邮电出版社,2009.

[3] 张京辉.机械设计基础[M].西安:西安电子科技大学出版社,2004.

[4] 蔡厚平.机械设计基础[M].南昌:江西高校出版社,2004.

[5] 李茹.机械工程基础[M].西安:西安电子科技大学出版社,2004.

[6] 杨可桢,程光蕴.机械设计基础[M].3版.北京:高等教育出版社,1989.

[7] 李世慈,费鸿学.机械设计基础[M].3版.北京:高等教育出版社,1996.

[8] 机械设计实用手册编委会.机械设计实用手册[M].北京:机械工业出版社,2007.

[9] 洪钟德.简明机械设计手册[M].上海:同济大学出版社,2002.